ADVANCED
MATHEMATICS

高等数学（上）

林丽华　赵绍玉　戴平凡　◎主　编

杜素勤　刘荣惠　陈凌焜　◎副主编

厦门大学出版社
XIAMEN UNIVERSITY PRESS
国家一级出版社
全国百佳图书出版单位

图书在版编目(CIP)数据

高等数学. 上 / 林丽华，赵绍玉，戴平凡主编. --
厦门：厦门大学出版社，2020.7(2023.7 重印)
ISBN 978-7-5615-6325-0

Ⅰ. ①高… Ⅱ. ①林… ②赵… ③戴… Ⅲ. ①高等数学—高等学校—教材 Ⅳ. ①O13

中国版本图书馆CIP数据核字(2020)第111562号

出版人 郑文礼
责任编辑 眭 蔚

出版发行 厦门大学出版社
社 址 厦门市软件园二期望海路 39 号
邮政编码 361008
总 机 0592-2181111 0592-2181406(传真)
营销中心 0592-2184458 0592-2181365
网 址 http://www.xmupress.com
邮 箱 xmup@xmupress.com
印 刷 厦门市明亮彩印有限公司

开本 787 mm×1 092 mm 1/16
印张 16.5
字数 390 千字
版次 2020 年 7 月第 1 版
印次 2023 年 7 月第 3 次印刷
定价 43.00 元

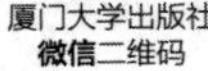
厦门大学出版社
微信二维码

厦门大学出版社
微博二维码

前　言

习近平总书记在党的二十大报告中指出:“当代中国青年生逢其时,施展才干的舞台无比广阔,实现梦想的前景无比光明.”数学是开启科学大门的钥匙,是一切科学的基础.任何一门科学只有与数学紧密结合,并且通过数学方法来表达和处理后才能成为一门精密的科学.在过去的一个世纪,数学理论与应用得到了极大的发展,使得数学所研究的两个重要内容,即数量关系和空间形式具有了更丰富的内涵和广泛的外延.数学作为一门工具,几乎在所有的学科中大展身手,产生了前所未有的推动力.

作为一门数学基础课,本书不仅保持了数学学科的科学性和系统性,也较好地体现了实用性原则.在教材体系设计及知识介绍方法上我们进行了必要的尝试,在讲授理论知识并突出数学思想的基础上,扩大了工程应用案例分析,让学生更多地了解应用数学知识解决工程问题,增强他们的应用意识,提高综合分析能力和创新能力,进而为学生奠定良好的数学基础.编者根据多年的教学经验,充分考虑了公共数学基础课的特点,同时也注意到与后续课程的衔接.本着加强基础、强化应用、整体优化、注意衔接的原则,力争做到科学性、系统性和实用性的统一,培养抽象思维能力、逻辑推理能力、空间想象能力,并提高分析问题、解决问题的能力,为后续更多的专业领域学习准备必要的数学基础.

本书分上下两册,上册内容为函数与极限、一元函数微积分、微分方程,下册内容为空间解析几何、多元函数微积分、无穷级数.上册第一章由杜素勤编写,第二章由林丽华编写,第三章由戴平凡编写,第四章、第五章由赵绍玉编写,第六章由陈凌焜编写,第七章由刘荣惠编写.下册第八章由张启贤编写,第九章由曾云辉编写,第十章由祁辉编写,第十一章由陈孝国、张丽娟编写,第十二章由郑书富编写.全书由林丽华、陈孝国统稿.

本书的编写得到了黑龙江科技大学母丽华教授、广东海洋大学杜红教授、华侨大学莫毓昌教授的指导，以及厦门大学出版社的支持和帮助，在此表示衷心的感谢.感谢福建省本科高校重大教育教学改革研究项目(FBJG20190257)、福建省慕课教学团队“公共数学慕课应用本科教学团队”、福建省精品在线开放培育课程“经济数学(一元微积分)”、福建省高校精品线上线下混合式课程“微积分”、三明学院教育教学改革重点项目(J1910305)、三明学院教育教学改革项目(J1910306、J1910307、J1910308)和三明学院基础教育教学改革研究项目(2021)的支持.

限于编者水平，书中一定存在不妥之处，恳请读者批评指正.

作　者

2023年6月

目 录

第一章　函数、极限与连续

微积分是一门以极限方法研究变量而产生的一门科学，应用极限方法研究函数变化率问题，如变速直线运动中已知路程关于时间的函数求其速度，求曲线切线的斜率等，就产生了微分学；应用极限方法研究变速直线运动规律，如已知速度函数求其路程函数，求曲边图形的面积等，涉及微小量无穷累加的问题，就产生了积分学.也就是说，极限理论是研究微积分的基础，极限思想揭示了变量与常量、无限与有限的对立统一关系.通过极限思想，人们可以从有限认识无限，从部分认识整体，从“直”认识“曲”，从量变认识质变，从近似认识精确，因此它在现代数学乃至其他学科中有着广泛的应用.

第一节　函　　数

一、函数

1. 邻域

我们已经学习过数集及区间的概念，区间包括开区间与闭区间，高等数学中常用到一种特殊的区间，即以某点为对称中心的开区间，称为该点的邻域.

给定实数 a，以点 a 为中心的任何开区间称为点 a 的**邻域**，记作 $U(a)$.

设 δ 是给定的正数，称开区间 $(a-\delta, a+\delta)$ 为点 a 的 **δ 邻域**，记作 $U(a,\delta)$，即

$$U(a,\delta)=\{x \mid a-\delta<x<a+\delta\}.$$

点 a 称为**邻域的中心**，δ 称为**邻域半径**(如图 1.1-1 所示).

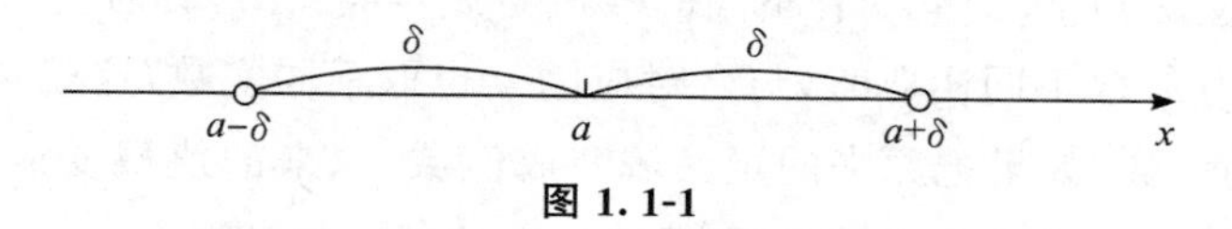

图 1.1-1

由于

$$\{x \mid a-\delta<x<a+\delta\}=\{x \mid |x-a|<\delta\},$$

所以

$$U(a,\delta)=\{x \mid |x-a|<\delta\},$$

表示与点 a 距离小于 δ 的一切点 x 的全体.

开区间$(a-\delta,a)$称为点a的**δ 左邻域**,开区间$(a,a+\delta)$称为点a的**δ 右邻域**.

点a的邻域$U(a)$中把中心a去掉,称为点a的**去心邻域**,记作$\mathring{U}(a)$.

点a的δ邻域$U(a,\delta)$中把中心a去掉,称为点a的**δ 去心邻域**,记作$\mathring{U}(a,\delta)$,即

$$\mathring{U}(a,\delta)=\{x \mid 0<|x-a|<\delta\},$$

其中$|x-a|>0$表示$x\neq a$.

2. 函数概念

定义 1.1.1 设x、y是两个变量,D是给定的数集,若对于x在D内每取一个数值,变量y按照一定的对应法则f,总有唯一确定的数值与x对应,则称y是x的**函数**,记作$y=f(x)$.其中数集D称为函数$f(x)$的**定义域**,记作D_f,x称为**自变量**,y称为**因变量**.

当x在D_f内取定某个数值x_0时,对应的y取到的数值y_0称为函数$y=f(x)$在x_0处的**函数值**.函数值的全体称为函数的**值域**,记作$f(D)$或R_f.

函数也可记为:$f:D\to f(D)(x\mapsto y=f(x))$.

由定义 1.1.1 可知,函数具有三个要素 —— 定义域、对应法则与值域,而值域由定义域与对应法则唯一确定,所以确定函数的两个要素是定义域和对应法则.判定两个函数是否相同,就根据这两个要素,即如果两个函数的定义域和对应法则中有一项不相同,那么这两个函数就是不同的函数.因此用“$y=f(x)$,$x\in D$”来表示定义在D上的函数.

函数符号:函数$y=f(x)$中表示对应关系的记号f也可改用其他字母,例如g,h,F,G,φ,ψ等.

函数的表示法有三种:解析法(公式法)、图形法、表格法.

在函数定义中,对于每个$x\in D$,按照对应法则f,对应的函数值y总是唯一的,这样定义的函数称为单值函数;如果对于每个$x\in D$,按照对应法则f,对应的函数值y不是唯一的.例如$y^2=x$,当x任取一个正数时,对应的y值有两个,所以这个函数是一个多值函数.对于多值函数,只要取部分值域就可以转化为单值函数,上述函数加上$y\geqslant 0$(或$y\leqslant 0$),就可以转化为单值函数了.本书中所讨论的函数除非特别说明,均指的是单值函数.

由函数定义知,函数具有两种对应关系:一种是对于x在D内取至少两个不同的数值,按照对应法则f,变量y有唯一确定的数值与x对应,称这种对应为**多对一对应关系**,例如$y=x^2$,$x\in\mathbf{R}$,当$x=\pm 1$时,$y=1$,这就是多对一对应关系;另一种是对于x在D内取不同的数值,按照对应法则f,变量y有不同的数值与x对应,称这种对应为**一一对应关系**,例如$y=x$,$x\in\mathbf{R}$,当x取不同实数时,与之对应的y也取不同实数,这就是一一对应关系.对于一一对应关系的函数,如果把原来的定义域变成值域,原来的值域变成定义域,对应法则使原来对应的元素不变,则得到新的函数.下面给出这种函数的概念.

3. 反函数

定义 1.1.2 设函数$f:D\to f(D)(x\mapsto y=f(x))$是一一对应关系的函数,记满足$f(D)\to D(y\mapsto x)$的对应法则为$f^{-1}$,称$x=f^{-1}(y)$为函数$y=f(x)$的**反函数**.

习惯上,常以x为自变量,y表示函数,于是反函数又记为$y=f^{-1}(x)$.

相对于反函数$y=f^{-1}(x)$来说,原来的函数$y=f(x)$称为**直接函数**.

反函数 $y=f^{-1}(x)$ 与直接函数 $y=f(x)$ 的关系：

(1) $y=f(x)$ 的定义域为 $y=f^{-1}(x)$ 的值域，$y=f(x)$ 的值域为 $y=f^{-1}(x)$ 的定义域.

(2) $y=f^{-1}(x)$ 的图形与 $y=f(x)$ 的图形关于直线 $y=x$ 对称(图 1.1-2).这是因为如果 $M(x_0,y_0)$ 是 $y=f(x)$ 图形上的点，则有 $y_0=f(x_0)$，由反函数的定义，有 $x_0=f^{-1}(y_0)$，故 $N(y_0,x_0)$ 是 $y=f^{-1}(x)$ 图形上的点；反之，若 $N(y_0,x_0)$ 是 $y=f^{-1}(x)$ 图形上的点，则 $M(x_0,y_0)$ 是 $y=f(x)$ 图形上的点，而 $M(x_0,y_0)$ 与 $N(y_0,x_0)$ 是关于直线 $y=x$ 对称的.

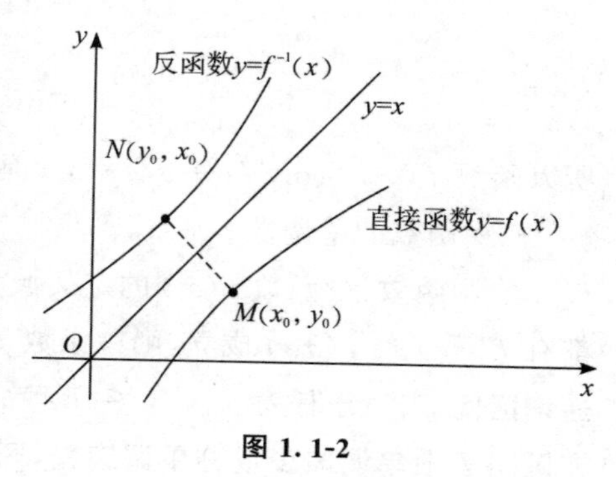

图 1.1-2

例 1.1.1 求 $y=2+\log_2(x+1)$ 的反函数.

解 由 $y=2+\log_2(x+1)$，得

$$\log_2(x+1)=y-2,$$

解得 $x=2^{y-2}-1$，故所求的反函数为 $y=2^{x-2}-1$.

4. 复合函数

定义 1.1.3 设函数 $y=f(u)$ 的定义域为 D_f，函数 $u=g(x)$ 的定义域为 D_g，值域为 R_g，若 $R_g\subseteq D_f$，则称

$$y=f[g(x)],x\in D_g$$

为由函数 $u=g(x)$ 和函数 $y=f(u)$ 构成的**复合函数**，简记为 $f\circ g$，它的定义域为 D_g，变量 u 称为**中间变量**，函数 $y=f(u)$ 称为 $f[g(x)]$ 的**外函数**，函数 $u=g(x)$ 称为 $f[g(x)]$ 的**内函数**.

函数 $u=g(x)$ 和函数 $y=f(u)$ 构成复合函数的条件是：函数 g 在 D_g 上的值域 R_g 必须包含在 $y=f(u)$ 的定义域 D_f 内，即 $R_g\subseteq D_f$，否则，不能构成复合函数.

例如，函数 $y=\sqrt{u}$ 和函数 $u=-(x^2+1)$ 不能构成复合函数，这是因为对任一 $x\in\mathbf{R}$，$u=-(x^2+1)$ 均不在 $y=\sqrt{u}$ 的定义域 $[0,+\infty)$ 内.

5. 函数的四种特性

(1) 函数的奇偶性

奇函数与偶函数：设函数 $f(x)$ 的定义域 D 关于原点对称，若对于任一 $x\in D$，都有 $f(-x)=-f(x)$，则称 $f(x)$ 为**奇函数**；若对于任一 $x\in D$，都有 $f(-x)=f(x)$，则称 $f(x)$ 为**偶函数**.

例如，函数 $y=x^2$，$y=\sqrt{1-\cos x^2}$，$y=\sin^2 x$ 都是偶函数；函数 $y=x$，$y=x\cos x$，$y=x^2\tan x$ 都是奇函数；函数 $y=x+\cos x$ 既不是奇函数也不是偶函数，称为**非奇非偶函数**.显然，奇函数的图像关于原点对称，偶函数的图像关于 y 轴对称.

例 1.1.2 判断函数 $f(x)=\ln(\sqrt{1+x^2}-x)$ 的奇偶性.

解 函数的定义域为 $(-\infty,+\infty)$，且

$$f(-x)=\ln(\sqrt{1+x^2}+x)=\ln\frac{1}{\sqrt{1+x^2}-x}$$

$$=-\ln(\sqrt{1+x^2}-x)=-f(x),$$

所以函数 $f(x)=\ln(\sqrt{1+x^2}-x)$ 是奇函数.

(2) 函数的单调性

单调函数:设函数 $f(x)$ 的定义域为 D,区间 $I\subset D$,若对于任意 $x_1,x_2\in I$ 且 $x_1<x_2$,都有 $f(x_1)<f(x_2)$ 成立,则称函数 $f(x)$ 在区间 I 上**单调增加**或称**单调递增**,区间 I 称为**递增区间**;若对于任意 $x_1,x_2\in I$ 且 $x_1<x_2$,都有 $f(x_1)>f(x_2)$ 成立,则称函数 $f(x)$ 在区间 I 上**单调减少**或称**单调递减**,区间 I 称为**递减区间**.区间 I 上单调增加或单调减少的函数统称为**单调函数**.

从几何直观上看,递增是指随着自变量 x 的增加,函数的图像上升;递减是指随着自变量 x 的增加,函数的图像下降.

定理 1.1.1 单调函数 $y=f(x)$ 与其反函数 $y=f^{-1}(x)$ 具有相同的单调性.

证 只证函数 $y=f(x)$ 在区间 I 单调递增的情形.

设 $y=f(x)$ 的值域为 I',任取 $x_1\in I',x_2\in I',y_1=f^{-1}(x_1),y_2=f^{-1}(x_2)$ 且 $x_1<x_2$,由反函数定义知 $y_1\neq y_2$,那么必有 $y_1<y_2$;否则,如果 $y_1>y_2$,因为 $y_1\in I,y_2\in I$,而函数 $y=f(x)$ 在区间 I 单调递增,于是 $x_1=f(y_1)>x_2=f(y_2)$,这与假设 $x_1<x_2$ 矛盾.所以函数 $y=f(x)$ 在区间 I 单调递增,其反函数 $y=f^{-1}(x)$ 在区间 I' 也单调递增.

例如,$y=x^2,x\in[0,+\infty)$ 与其反函数 $y=\sqrt{x},x\in[0,+\infty)$ 都单调递增.

(3) 函数的有界性

有界函数:设函数 $f(x)$ 的定义域为 D,数集 $X\subset D$,如果存在数 m,使对于任一 $x\in X$,有 $f(x)\leqslant m$,则称函数 $f(x)$ 在 X 上**有上界**,而称 m 为函数 $f(x)$ 在 X 上的一个**上界**.图形特点是 $y=f(x)$ 的图形在直线 $y=m$ 的下方.如果存在数 n,使对于任一 $x\in X$,有 $f(x)\geqslant n$,则称函数 $f(x)$ 在 X 上**有下界**,而称 n 为函数 $f(x)$ 在 X 上的一个**下界**.图形特点是 $y=f(x)$ 的图形在直线 $y=n$ 的上方.如果函数 $f(x)$ 在 X 上既有上界又有下界,则称函数 $f(x)$ 在 X 上**有界**,否则称函数 $f(x)$ 在 X 上**无界**.

定理 1.1.2 如果函数 $f(x)$ 在 X 上有界,则存在正数 M 使得 $|f(x)|\leqslant M$.

证 因为函数 $f(x)$ 在 X 上有界,所以函数 $f(x)$ 在 X 上既有上界又有下界,则存在数 m,n,使得 $n\leqslant f(x)\leqslant m$,取 $M\geqslant\max\{|m|,|n|\}$,于是有 $|f(x)|\leqslant M$,从而存在正数 M 使得 $|f(x)|\leqslant M$.

例如,函数 $y=\cos x$ 在 $(-\infty,+\infty)$ 上是有界的,因为对任一 $x\in(-\infty,+\infty)$,都有 $|\cos x|\leqslant 1$. 函数 $y=x$ 在 $(0,1)$ 上是有界的,在 $(-\infty,+\infty)$ 上是无界的.

(4) 函数的周期性

设函数 $f(x)$ 的定义域为 D,若存在正数 T,使得对于任意 $x\in D$,有 $x+T\in D$,且 $f(x\pm T)=f(x)$,则称 $f(x)$ 为**周期函数**,T 称为 $f(x)$ 的一个**周期**.满足上式的最小正数 T,称为函数 $f(x)$ 的**最小正周期**.

周期函数的图形特点:在函数的定义域内,函数的图形按区间长度 T 循环出现.

例如,$y=\sin x$,$y=\cos x$ 的最小正周期是 2π;$y=\sin 2x$,$y=\cos 2x$ 的最小正周期是 π;$y=\tan x$,$y=\cot x$ 的最小正周期是 π,$y=\sin^2 x$ 的最小正周期是 π.

由于以极限方法研究变量时,使用函数的解析式比较方便,所以本课程所讨论的函数以解析式为主.本课程主要涉及两类函数:初等函数与分段函数.

二、初等函数

1. 基本初等函数

下列六类函数统称为**基本初等函数**:

(1) 常数函数:$y=C$(C 为常数),定义域$(-\infty,+\infty)$,值域$\{C\}$(图 1.1-3).

(2) 幂函数:$y=x^\alpha$(α 为任意实数),定义域取决于 α.无论 α 取何值,$y=x^\alpha$ 在$(0,+\infty)$上都有定义,图形都过(1,1) 点.常用的幂函数有 $y=x$,$y=x^2$,$y=x^3$,$y=x^{\frac{1}{2}}$,$y=x^{-1}$(图 1.1-4).

(3) 指数函数:$y=a^x$($a>0$,$a\neq1$),定义域为$(-\infty,+\infty)$.当 $a>1$ 时,$y=a^x$ 单调递增;当 $a<1$ 时,$y=a^x$ 单调递减(图 1.1-5).常用指数函数有 $y=\mathrm{e}^x$.

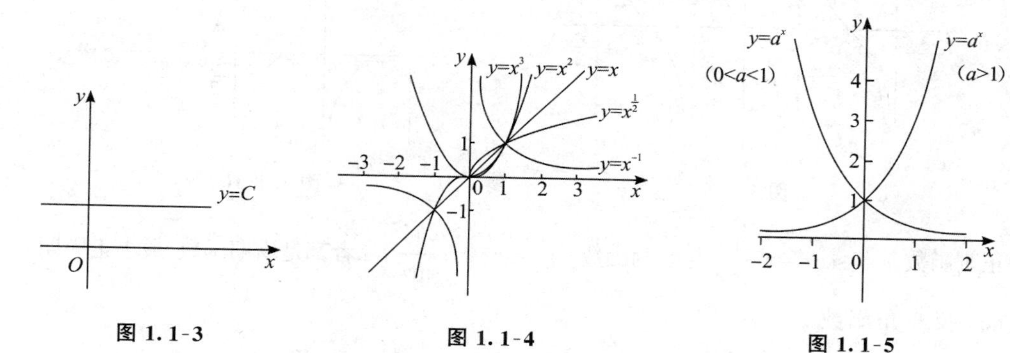

图 1.1-3　　图 1.1-4　　图 1.1-5

(4) 对数函数:$y=\log_a x$($a>0$,$a\neq1$),定义域为$(0,+\infty)$.当 $a>1$ 时,$y=\log_a x$ 单调递增;当 $a<1$ 时,$y=\log_a x$ 单调递减(图 1.1-6).常用对数函数有 $y=\log_{\mathrm{e}} x$,简记为 $y=\ln x$.

函数 $y=a^x$ 与函数 $y=\log_a x$ 互为反函数,它们的图形关于 $y=x$ 对称.

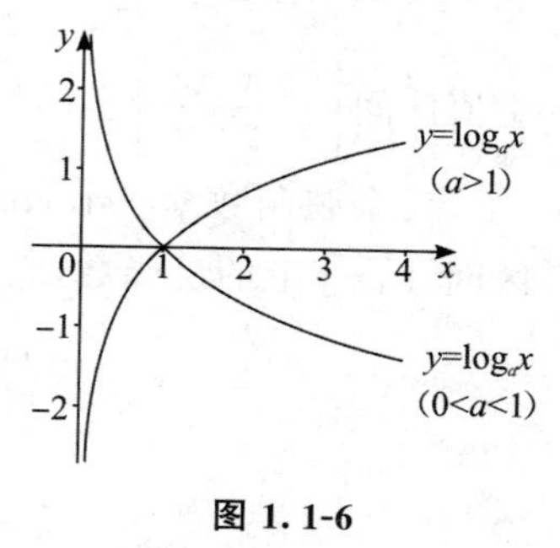

图 1.1-6

(5) 三角函数

正弦函数 $y=\sin x$,定义域为$(-\infty,+\infty)$,值域为$[-1,1]$,是奇函数且有界,是周期函数,最小正周期为 2π(图 1.1-7).规定 $y=\sin x$ 的主值区间为$\left[-\frac{\pi}{2},\frac{\pi}{2}\right]$.

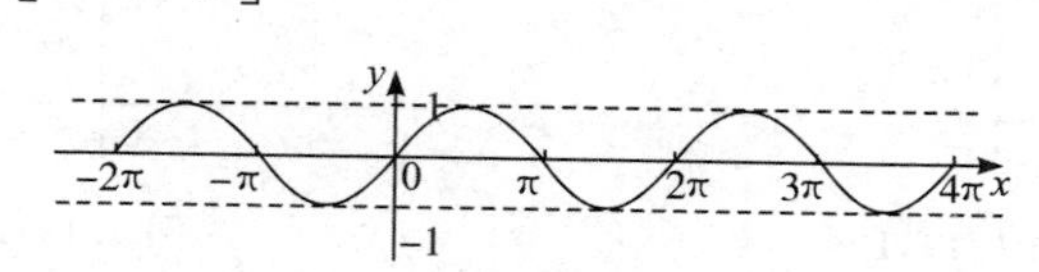

图 1.1-7

余弦函数 $y=\cos x$，定义域为$(-\infty,+\infty)$，值域为$[-1,1]$，是偶函数且有界，是周期函数，最小正周期为 2π(图 1.1-8).规定 $y=\cos x$ 的主值区间为$[0,\pi]$.

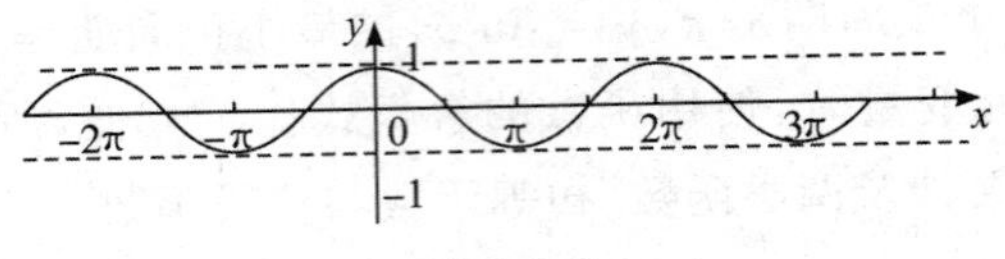

图 1.1-8

正切函数 $y=\tan x$，定义域为 $D=\{x\mid x\in\mathbf{R},x\neq\frac{\pi}{2}+k\pi,k\in\mathbf{Z}\}$，值域为$(-\infty,+\infty)$，是奇函数，也是周期函数，最小正周期为 π(图 1.1-9).规定 $y=\tan x$ 的主值区间为$\left(-\frac{\pi}{2},\frac{\pi}{2}\right)$.

余切函数 $y=\cot x$，定义域为 $D=\{x\mid x\in\mathbf{R},x\neq k\pi,k\in\mathbf{Z}\}$，值域为$(-\infty,+\infty)$，是奇函数，也是周期函数，最小正周期为 π(图 1.1-10).规定 $y=\cot x$ 的主值区间为$(0,\pi)$.

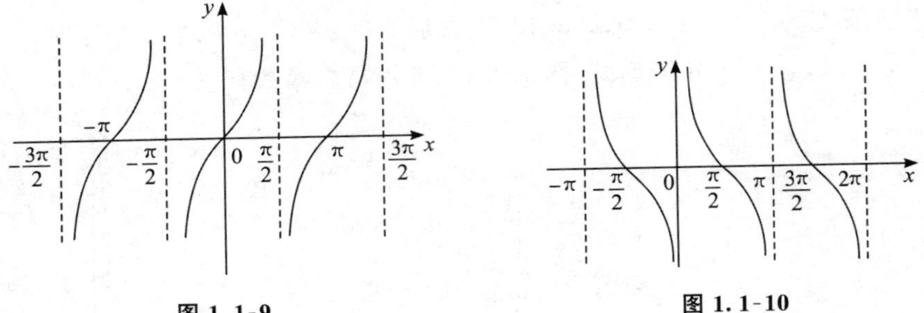

图 1.1-9　　图 1.1-10

正割函数 $y=\sec x=\dfrac{1}{\cos x}$ 与余割函数 $y=\csc x=\dfrac{1}{\sin x}$，二者都是周期函数，最小正周期为 2π.

(6) 反三角函数

反正弦函数 $y=\arcsin x$，定义域为$[-1,1]$，值域为$\left[-\frac{\pi}{2},\frac{\pi}{2}\right]$，是正弦函数 $y=\sin x$ 在主值区间$\left[-\frac{\pi}{2},\frac{\pi}{2}\right]$上的反函数，它是奇函数且单调递增(图 1.1-11).

反余弦函数 $y=\arccos x$，定义域为$[-1,1]$，值域为$[0,\pi]$，是余弦函数 $y=\cos x$ 在主值区间$[0,\pi]$上的反函数，它是单调递减的(图 1.1-12).

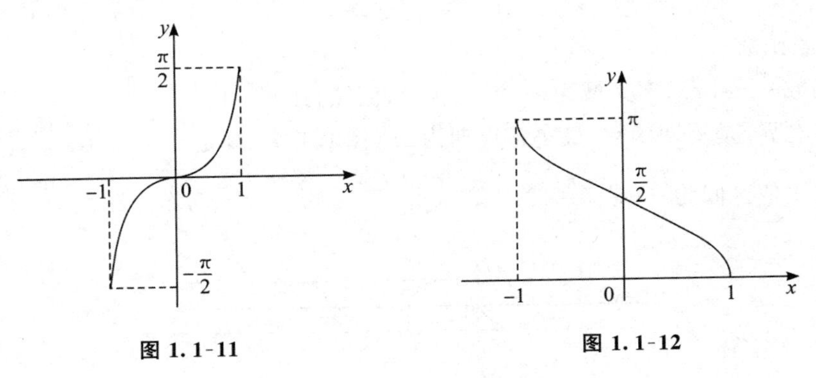

图 1.1-11　　图 1.1-12

反正切函数 $y=\arctan x$，定义域为 $(-\infty,+\infty)$，值域为 $\left(-\frac{\pi}{2},\frac{\pi}{2}\right)$，是正切函数 $y=\tan x$ 在主值区间 $\left(-\frac{\pi}{2},\frac{\pi}{2}\right)$ 上的反函数，它是奇函数且单调递增(图 1.1-13).

反余切函数 $y=\operatorname{arccot}x$，定义域为 $(-\infty,+\infty)$，值域为 $(0,\pi)$，是余切函数 $y=\cot x$ 在主值区间 $(0,\pi)$ 上的反函数，它是单调递减的(图 1.1-14).

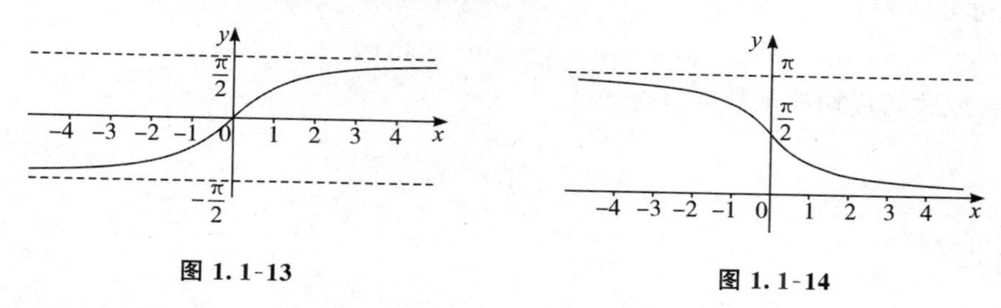

图 1.1-13　　图 1.1-14

2. 初等函数

初等函数：由基本初等函数经过有限次的四则运算和复合且能用一个式子表示的函数，统称为**初等函数**.

例如，$y=e^{\sqrt{x}-3x}$，$y=\ln x-\sin x^2+x$ 都是初等函数.

例 1.1.3　分解下列复合函数为基本初等函数：

(1) $y=\cos^2(\ln x)$；　(2) $y=\sqrt[3]{e^{\sin x}}$.

解　(1) 原函数由以下基本初等函数复合而成：

$$y=u^2, u=\cos v, v=\ln x.$$

(2) 原函数由以下基本初等函数复合而成：

$$y=\sqrt[3]{u}, u=e^v, v=\sin x.$$

例 1.1.4　求函数 $y=\ln(1-x^2)$ 的定义域.

解　$y=\ln(1-x^2)$ 可分解为

$$y=\ln u, u=1-x^2,$$

因为 $u>0$，即 $u=1-x^2>0$，于是 $-1<x<1$，即原函数的定义域为 $(-1,1)$.

例 1.1.5　求函数 $y=\arccos(2x+1)$ 的定义域.

解　$y=\arccos(2x+1)$ 可分解为 $y=\arccos u$，$u=2x+1$.

因为 $|u|\leqslant 1$，即 $|2x+1|\leqslant 1$，于是 $-1\leqslant x\leqslant 0$，即原函数的定义域为 $[-1,0]$.

3. 幂指函数

定义 1.1.4　称形如 $y=[u(x)]^{v(x)}$ 的函数为**幂指函数**，其中 $u(x)$，$v(x)$ 都是 x 的函数，且 $u(x)>0$.

例 1.1.6　将下列幂指函数写成初等函数的复合形式，并分解成基本初等函数或其四则运算组合式：

(1) $y=x^x$；　(2) $y=x^{\sin x}$；　(3) $y=\left(1+\frac{1}{x}\right)^x$.

解　(1) 将原式写成初等函数的复合形式

$$y=x^{x}=e^{x\ln x},$$

于是上式可分解为

$$y=e^{u},u=x\ln x.$$

(2) 将原式写成初等函数的复合形式

$$y=x^{\sin x}=e^{\sin x\cdot\ln x},$$

于是上式可分解为

$$y=e^{u},u=\sin x\cdot\ln x.$$

(3) 将原式写成初等函数的复合形式

$$y=\left(1+\frac{1}{x}\right)^{x}=e^{x\ln(1+\frac{1}{x})},$$

于是上式可分解为

$$y=e^{u},u=x\cdot\ln v,v=1+\frac{1}{x}.$$

对于一般的 $y=[u(x)]^{v(x)}$,也可以按照例 1.1.6 方法分解成若干个基本初等函数或其四则运算组合式,可见,幂指函数也是初等函数.

三、分段函数

在自变量的不同变化范围中,对应法则用不同式子来表示的函数称为**分段函数**.

例 1.1.7 求绝对值函数 $y=|x|=\begin{cases}x & x\geqslant 0\\ -x & x<0\end{cases}$ 的定义域、值域,并画出图像.

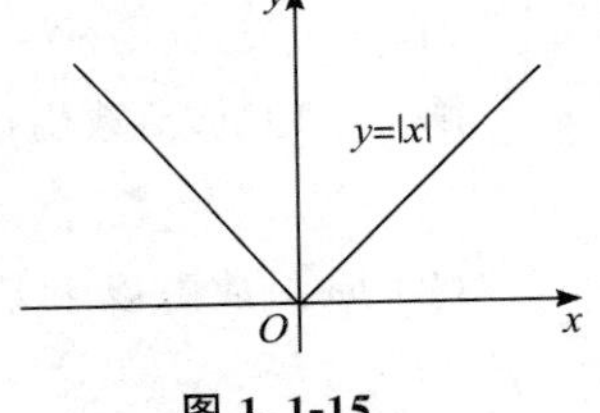

图 1.1-15

解 定义域为 $(-\infty,+\infty)$,值域为 $[0,+\infty)$(如图 1.1-15 所示).

例 1.1.8 函数 $y=\begin{cases}1 & x>0\\ 0 & x=0\\ -1 & x<0\end{cases}$ 称为**符号函数**,简记为 $y=\mathrm{sgn}x$,求其定义域、值域,并画出图像.

解 定义域为 $(-\infty,+\infty)$,值域为 $\{-1,0,1\}$(如图 1.1-16 所示).

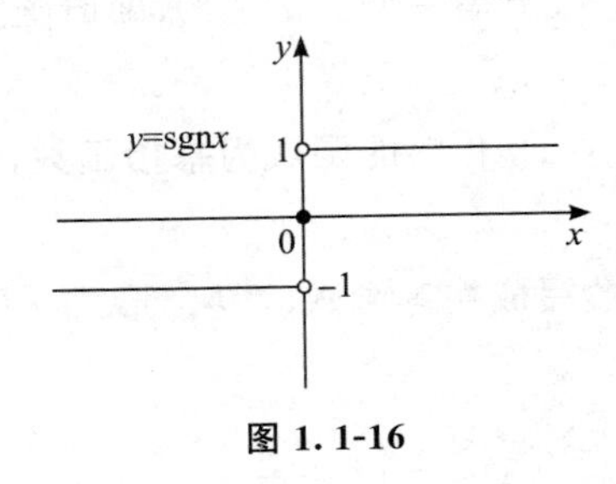

图 1.1-16

例 1.1.9 设任意实数 x,用 $[x]$ 表示不超过 x 的最大整数,称 $f(x)=[x]$ 为**取整函**

数，求取整函数$[x]$的定义域、值域并画出图像.

解　取整函数$[x]$的定义域是$\mathbf{R}$，值域是整数集(如图 1.1-17 所示)，如

$$[1.2]=1,[-2.8]=-3,[3]=3,\cdots.$$

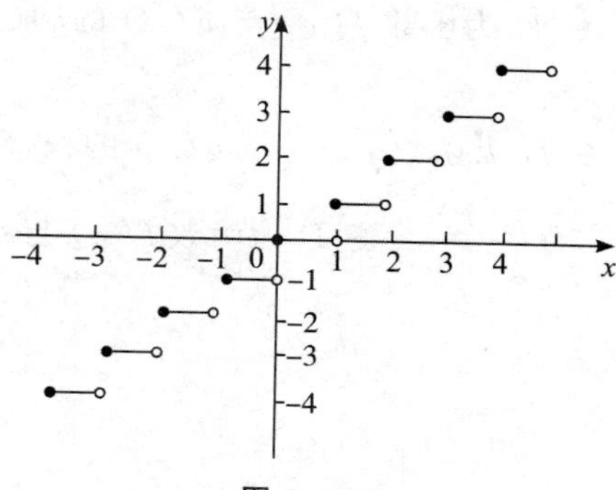

图 1.1-17

例 1.1.10　设 $f(x)=\begin{cases}1 & x>0\\ 0 & x=0\\ -1 & x<0\end{cases}$，$g(x)=\ln x$，求 $f[f(x)]$，$f[g(x)]$ 和 $g[f(x)]$.

解　先求 $f[f(x)]$.

设 $u=f(x)$，则 $u=f(x)$ 的值域是 $f(u)$ 的定义域，于是

$$f[f(x)]=\begin{cases}1 & f(x)>0\\ 0 & f(x)=0\\ -1 & f(x)<0\end{cases}=\begin{cases}1 & x>0\\ 0 & x=0\\ -1 & x<0\end{cases},$$

可见 $f[f(x)]=f(x)$.

再求 $f[g(x)]$.

因为 $g(x)$ 的值域是 $f(x)$ 的定义域，则对 $g(x)$ 的函数值按如下分类：

$$g(x)=\ln x\begin{cases}>0 & x>1\\ =0 & x=1\\ <0 & 0<x<1\end{cases},$$

于是

$$f[g(x)]=\begin{cases}1 & x>1\\ 0 & x=1\\ -1 & 0<x<1\end{cases}.$$

最后求 $g[f(x)]$.

因为 $f(x)$ 的值域是 $g(x)$ 的定义域，而 $g(x)$ 的定义域是$(0,+\infty)$，所以 $f(x)$ 的值域只能取$\{1\}$，于是

$$g[f(x)]=0,x>1.$$

四、函数的运算

定义 1.1.5 设函数 $f(x)$，$g(x)$ 的定义域依次为 D_f，D_g，且 $D=D_f\cap D_g\neq\varnothing$，则

(1) 称 $f(x)\pm g(x)$，$x\in D$ 为函数 $f(x)$ 与 $g(x)$ 的和(差)，简记为 $(f\pm g)(x)$ 或 $f\pm g$.

(2) 称 $f(x)\cdot g(x)$，$x\in D$ 为函数 $f(x)$ 与 $g(x)$ 的积，简记为 $(f\cdot g)(x)$ 或 $f\cdot g$.

(3) 若 $g(x)\neq 0$，$x\in D$，称 $\dfrac{f(x)}{g(x)}$，$x\in D$ 为函数 $f(x)$ 与 $g(x)$ 的商，简记为 $\left(\dfrac{f}{g}\right)(x)$ 或 $\dfrac{f}{g}$.

例 1.1.11 设 $f(x)=\begin{cases}x+1 & x>0\\ 1 & x=0\\ -x-1 & x<0\end{cases}$，$g(x)=2x$，求：(1) $(f\pm g)(x)$；(2) $(f\cdot g)(x)$；(3) 当 $g(x)\neq 0$ 时，$\left(\dfrac{f}{g}\right)(x)$.

解 (1)

$$(f+g)(x)=\begin{cases}x+1+2x & x>0\\ 1+2x & x=0\\ -x-1+2x & x<0\end{cases}=\begin{cases}3x+1 & x>0\\ 1 & x=0\\ x-1 & x<0\end{cases}=\begin{cases}3x+1 & x\geqslant 0\\ x-1 & x<0\end{cases},$$

$$(f-g)(x)=\begin{cases}x+1-2x & x>0\\ 1-2x & x=0\\ -x-1-2x & x<0\end{cases}=\begin{cases}-x+1 & x>0\\ 1 & x=0\\ -3x-1 & x<0\end{cases}=\begin{cases}-x+1 & x\geqslant 0\\ -3x-1 & x<0\end{cases}.$$

(2)

$$(f\cdot g)(x)=\begin{cases}(x+1)\cdot 2x & x>0\\ 1\cdot 2x & x=0\\ (-x-1)\cdot 2x & x<0\end{cases}=\begin{cases}2x(x+1) & x>0\\ 0 & x=0\\ -2x(x+1) & x<0\end{cases}$$

$$=\begin{cases}2x(x+1) & x\geqslant 0\\ -2x(x+1) & x<0\end{cases}.$$

$$(3)\left(\frac{f}{g}\right)(x)=\begin{cases}\dfrac{x+1}{2x} & x>0\\ \dfrac{-x-1}{2x} & x<0\end{cases}.$$

定理 1.1.3 设函数 $f(x)$ 的定义域为 $(-a,a)$，$a>0$，则必存在 $(-a,a)$ 上的偶函数 $u(x)$ 及奇函数 $v(x)$，使得 $f(x)=u(x)+v(x)$.

证 作 $u(x)=\dfrac{1}{2}[f(x)+f(-x)]$，$v(x)=\dfrac{1}{2}[f(x)-f(-x)]$，则

$$u(-x)=\frac{1}{2}[f(-x)+f(x)]=\frac{1}{2}[f(x)+f(-x)]=u(x),$$

$$v(-x)=\frac{1}{2}[f(-x)-f(x)]=-\frac{1}{2}[f(x)-f(-x)]=-v(x),$$

于是 $u(x)$ 与 $v(x)$ 分别是 $(-a,a)$ 上的偶函数与奇函数，并且

$$f(x)=u(x)+v(x).$$

五、几个常用的三角函数公式

在后续各章微积分的计算过程中，常用到以下几个三角函数公式：

(1) $\sin^2 x+\cos^2 x=1$；

(2) $\tan^2 x+1=\sec^2 x$；

(3) $1+\cot^2 x=\csc^2 x$；

(4) $\cos 2x=\cos^2 x-\sin^2 x=2\cos^2 x-1=1-2\sin^2 x$.

习题 1-1

1. 求下列函数的定义域：

(1) $y=\frac{1}{x}-\sqrt{4-x^2}$；　(2) $y=\arccos(2-x)+\sqrt{2-x}$；

(3) $y=\frac{\sqrt{\arctan x}}{x-3}+\ln(\ln x)$；　(4) $y=\begin{cases}\sqrt{4-x^2} & |x|\leqslant 2\\ \frac{x-1}{x} & 2<|x|<4\end{cases}$.

2. 判断下列函数 $f(x)$ 与 $g(x)$ 是否相同：

(1) $f(x)=\frac{x(x-1)}{x}, g(x)=x-1$；　(2) $f(x)=x+2, g(x)=\sqrt{(x+2)^2}$；

(3) $f(x)=\ln x^2, g(x)=2\ln x$；　(4) $f(x)=1, g(x)=\sin^2 x+\cos^2 x$.

3. 求下列函数的反函数：

(1) $y=\sqrt[3]{2x+1}$；　(2) $y=2+\frac{1}{1+x}$；

(3) $y=\ln(3x+2)-1$；　(4) $y=\frac{1-2x}{1+3x}$.

4. 设下面所考虑的函数都是定义在对称区间 $(-c,c)$ 上的，证明：

(1) 两个偶函数的和是偶函数，两个奇函数的和是奇函数；

(2) 两个偶函数的乘积是偶函数，两个奇函数的乘积是偶函数，偶函数与奇函数的乘积是奇函数.

5. 下列函数中哪些是偶函数，哪些是奇函数，哪些既非奇函数又非偶函数？

(1) $f(x)=x\sin x$；　(2) $f(x)=e^x+e^{-x}$；

(3) $f(x)=\ln(\sqrt{1+x^2}+x)$；　(4) $f(x)=\sin x-\cos x$.

6. 下列各函数中哪些是周期函数？对于周期函数，指出其最小正周期：

(1) $f(x)=\sin(x-1)$；　(2) $f(x)=x\sin 2x$；

(3) $f(x)=\tan 2(x+1)$；　(4) $f(x)=\sin^2 x$.

7. 下列各函数中哪些是有界函数：

(1) $f(x)=\cos\dfrac{1}{x-1}$；　(2) $f(x)=\arcsin 2x$；

(3) $f(x)=\arctan(x+1)^2$；　(4) $f(x)=x\sin\dfrac{1}{x}$.

8. 将下列幂指函数写成初等函数的复合形式，并分解成基本初等函数或其四则运算组合式：

(1) $y=(\tan x)^{2x}$；　(2) $y=(x+1)^{\sin x}$；　(3) $y=\left(1-\dfrac{1}{x}\right)^{2x}$.

9. 分解下列复合函数为基本初等函数.

(1) $y=\sqrt{\arcsin a^{3x}}$，a 是大于 0 且不等于 1 的常数；(2) $y=(\cos\ln x^2)^3$；

(3) $y=e^{\ln(\ln^3 x)}$.

10. 设 $f(x)=\begin{cases}1 & |x|\leqslant 1\\ -1 & |x|>1\end{cases}$，$g(x)=e^x$，求：(1) $f[f(x)]$；(2) $g[g(x)]$；(3) $f[g(x)]$；(4) $g[f(x)]$.

11. 设 $f(x)=\begin{cases}2x & x>0\\ 1 & x=0\\ -x & x<0\end{cases}$，$g(x)=x+1$，求：(1) $(f+g)(x)$；(2) $(f-g)(x)$；(3) $(f\cdot g)(x)$；(4) 当 $g(x)\neq 0$ 时，$\left(\dfrac{f}{g}\right)(x)$.

第二节　数列的极限

一、数列极限的概念

春秋战国时期《庄子·天下篇》中记载这样一句话："一尺之棰，日取其半，万世不竭"，是说一尺长的木棍，每天取下它的一半，则每天余下的长度为原来长度的

$$\frac{1}{2},\frac{1}{4},\frac{1}{8},\cdots,\frac{1}{2^n},\cdots.$$

此即无穷多个数的序列，且随着时间 n 的无限增大，剩余长度 $\frac{1}{2^n}$ 无限地趋近于 0，却不等于 0，即所谓"万世不竭".上例中蕴含了无穷数列及其极限的思想.

定义 1.2.1　如果按照某一法则，对每个 $n\in\mathbf{N}_+$，对应着一个确定的实数 x_n，这些实数

按照正整数下标的顺序排列起来的序列

$$x_1, x_2, \cdots, x_n, \cdots$$

称为**数列**，简记为$\{x_n\}$.数列中的每一个数叫作数列的**项**.第 n 项 x_n 叫作数列的**一般项**或**通项**.

例 1.2.1 下面给出几个具有代表性的数列

(1)$\{c\}: c, c, c, \cdots, c, \cdots, c \in \mathbf{R}$；

(2)$\{n\}: 1, 2, 3, \cdots, n, \cdots$；

(3)$\left\{\frac{1}{n}\right\}: 1, \frac{1}{2}, \frac{1}{3}, \cdots, \frac{1}{n}, \cdots$；

(4)$\{3^n\}: 1, 9, 27, \cdots, 3^n, \cdots$；

(5)$\left\{\frac{1}{3^n}\right\}: \frac{1}{3}, \frac{1}{9}, \frac{1}{27}, \cdots, \frac{1}{3^n}, \cdots$；

(6)$\left\{\frac{(-1)^n}{n}\right\}: -1, \frac{1}{2}, -\frac{1}{3}, \cdots, \frac{(-1)^n}{n}, \cdots$；

(7)$\{1+(-1)^n\}: 0, 2, 0, \cdots, 1+(-1)^n, \cdots$.

数列与函数：数列$\{x_n\}$可以看作自变量为正整数 n 的函数，即 $x_n = f(n)$，它的定义域是全体正整数.

对于一个给定的数列$\{x_n\}$，考察当 n 无限增大时(记作 $n \to \infty$)它的项的变化趋势.从例 1.2.1 中的七个数列来看：随 n 增大，数列(1)是常数列，其各项值都相同；数列(2)是自然数列，也是等差数列，其值越来越大，而且无限增大；数列(3)的各项是数列(2)对应项的倒数，其值越来越接近 0；数列(4)是等比数列，其值越来越大，而且无限增大；数列(5)的各项是数列(4)对应项的倒数，其值越来越接近 0；数列(6)是正负数相间的数列，其值越来越接近 0；数列(7)是 0 与 2 相间的数列.由此，可以这样理解数列极限的概念：设数列$\{x_n\}$，当 n 趋于无穷大(表示为 $n \to \infty$)时，如果数列各项的值无限趋近于某个常数 a(表示为 $x_n \to a$)，则称常数 a 为数列$\{x_n\}$的极限，数列$\{x_n\}$称为收敛数列.例 1.2.1 中数列(1)、(3)、(5)、(6)就是收敛数列，它们的极限分别为 c、0、0、0.

若数列$\{x_n\}$的极限为 a，说明当 n 无限增大，即 $n \to \infty$ 时，x_n 无限地接近于 a，也就是 x_n 与 a 的距离无限趋于 0，即$|x_n - a| \to 0$，于是得到极限的定义.

定义 1.2.2 设$\{x_n\}$是一个数列，a 是常数，若对于任意给定的正数 ε，总存在一个正整数 N，使得当 $n > N$ 时，不等式$|x_n - a| < \varepsilon$恒成立，则称常数 a 为数列 x_n 当 $n \to \infty$ 时的**极限**，或称数列$\{x_n\}$**收敛于** a，记为$\lim\limits_{n\to\infty} x_n = a$ 或 $x_n \to a\ (n \to \infty)$，否则称数列$\{x_n\}$**没有极限**或**发散**，也称$\lim\limits_{n\to\infty} x_n$不存在.

如果$\lim\limits_{n\to\infty} x_n = a$，则在任意一个以 a 为中心、ε 为半径的邻域 $U(a, \varepsilon)$ 内，数列中总存在一项 x_N，在此项后面的所有项 $x_{N+1}, x_{N+2}, x_{N+3}, \cdots$(即除了前 N 项以外)，它们在数轴上对应的点都在邻域 $U(a, \varepsilon)$ 中.因为 $\varepsilon > 0$ 可以任意小，所以数列中各项所对应的点 x_n 都集聚在点 a 附近，这便是数列极限的几何意义(如图 1.2-1 所示).

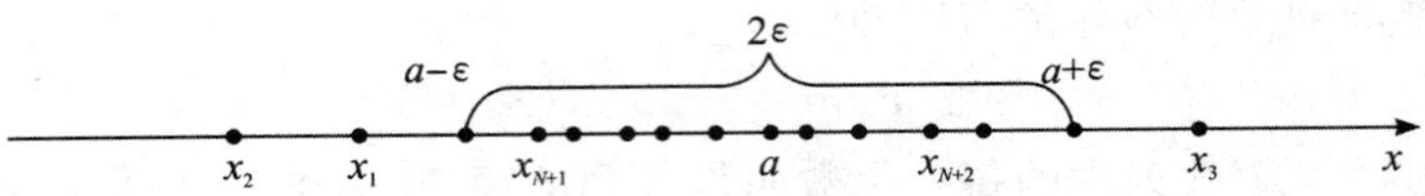

图 1.2-1

定义 1.2.2 中,ε 可以是任意小的正数,它刻画了 x_n 与 a 的接近程度.N 的真正含义是其存在性,它是不唯一的,往往与正数 ε 有关,通常当 ε 减少时,N 将会相应地增大.验证极限时,关键是对任意给定 $\varepsilon>0$,验证满足条件的 N 的存在性,即找到满足条件的 N.

为了表达方便,引入记号"$\forall$"表示"任意给定"或"对于任意一个",记号"$\exists$"表示"存在",于是数列极限 $\lim\limits_{n\to\infty}x_n=a$ 可表达为

$$\lim_{n\to\infty}x_n=a \Leftrightarrow \forall\varepsilon>0,\exists N\in\mathbf{N}_+,\text{当 } n>N \text{ 时,有 } |x_n-a|<\varepsilon.$$

例 1.2.2 用定义证明 $\lim\limits_{n\to\infty}\dfrac{1}{n}=0$.

证 $\forall\varepsilon>0$,要使 $\left|\dfrac{1}{n}-0\right|=\dfrac{1}{n}<\varepsilon$,只要 $n>\dfrac{1}{\varepsilon}$,取 $N=\left[\dfrac{1}{\varepsilon}\right]$,则当 $n>N$ 时,必有 $\left|\dfrac{1}{n}-0\right|=\dfrac{1}{n}<\varepsilon$,即 $\lim\limits_{n\to\infty}\dfrac{1}{n}=0$.

例 1.2.3 用定义证明 $\lim\limits_{n\to\infty}\dfrac{1}{3^n}=0$.

证 任取 ε,满足 $1>\varepsilon>0$,要使 $\left|\dfrac{1}{3^n}-0\right|=\dfrac{1}{3^n}<\varepsilon$ 成立,只需 $n\ln\dfrac{1}{3}<\ln\varepsilon$,即 $-n\ln3<\ln\varepsilon$,于是 $n>-\dfrac{\ln\varepsilon}{\ln3}$.取 $N=\left[-\dfrac{\ln\varepsilon}{\ln3}\right]$,则当 $n>N$ 时,必有 $\left|\dfrac{1}{3^n}-0\right|<\varepsilon$,即 $\lim\limits_{n\to\infty}\dfrac{1}{3^n}=0$.

二、收敛数列的性质

定理 1.2.1(极限的唯一性) 如果数列 $\{x_n\}$ 收敛,那么它的极限唯一.

证 用反证法.假设同时有 $\lim\limits_{n\to\infty}x_n=a$ 及 $\lim\limits_{n\to\infty}x_n=b$,且 $a<b$.

任取 ε,满足 $\dfrac{b-a}{2}>\varepsilon>0$,则 $U(a,\varepsilon)\cap U(b,\varepsilon)=\varnothing$,于是存在正整数 N_1,N_2,当 $n>N_1$ 时,$|x_n-a|<\varepsilon$,即 $x_n\in U(a,\varepsilon)$;当 $n>N_2$ 时,$|x_n-b|<\varepsilon$,即 $x_n\in U(b,\varepsilon)$.取 $N=\max(N_1,N_2)$,当 $n>N$ 时,$x_n\in U(a,\varepsilon)$ 且 $x_n\in U(b,\varepsilon)$,即 $x_n\in U(a,\varepsilon)\cap U(b,\varepsilon)$,这与 $U(a,\varepsilon)\cap U(b,\varepsilon)=\varnothing$ 矛盾,于是假设不成立,定理 1.2.1 得证.

定理 1.2.1 说明收敛数列不能收敛于两个不同的极限.

定理 1.2.2(收敛数列的有界性) 如果数列 $\{x_n\}$ 收敛,那么数列 $\{x_n\}$ 一定有界.

证 设数列 $\{x_n\}$ 收敛,且收敛于 a,根据数列极限的定义,对于 $\varepsilon=\dfrac{1}{2}$,存在正整数 N,当 $n>N$ 时,$|x_n-a|<\dfrac{1}{2}$,即 $a-\dfrac{1}{2}<x_n<a+\dfrac{1}{2}$,令

$$m=\max\left\{x_1,x_2,\cdots,x_N,a+\frac{1}{2}\right\},n=\min\left\{x_1,x_2,\cdots,x_N,a-\frac{1}{2}\right\},$$

则对于所有 x_n，都满足 $n \leqslant x_n \leqslant m$，于是数列$\{x_n\}$有界.

由定理 1.2.2 直接得到下面推论 1.2.1.

推论 1.2.1　无界数列必发散.

定理 1.2.3(收敛数列的保号性)　如果数列$\{x_n\}$收敛于 a，且 $a>0$(或 $a<0$)，那么存在正整数 N，当 $n>N$ 时，有 $x_n>0$(或 $x_n<0$).

证　就 $a>0$ 的情形证明. 由数列极限的定义，取 $\varepsilon<a$，即 $a-\varepsilon>0$，存在正整数 N，当 $n>N$ 时，有 $|x_n-a|<\varepsilon$，于是 $x_n>a-\varepsilon>0$，从而定理 1.2.3 得证.

推论 1.2.2　如果数列$\{x_n\}$从某项起有 $x_n \geqslant 0$(或 $x_n \leqslant 0$)，且数列$\{x_n\}$收敛于 a，那么 $a \geqslant 0$(或 $a \leqslant 0$).

证　就 $x_n \leqslant 0$ 情形用反证法证明. 设数列$\{x_n\}$从第 N_1 项起，当 $n>N_1$ 时，有 $x_n \leqslant 0$，若 $a>0$，则由定理 1.2.3 知，存在正整数 N_2，当 $n>N_2$ 时，有 $x_n>0$. 取 $N=\max(N_1,N_2)$，当 $n>N$ 时，有 $x_n>0$，这与假设"当 $n>N_1$ 时，有 $x_n \leqslant 0$"矛盾，所以必有 $a \leqslant 0$.

子数列：在数列$\{x_n\}$中任意抽取无限多项并保持这些项在原数列中的先后次序，这样得到的一个数列称为原数列$\{x_n\}$的**子数列**，简称**子列**，记为$\{x_{n_k}\}$.

例如，数列$\{1+(-1)^n\}$：$0,2,0,\cdots,1+(-1)^n,\cdots$，取奇数项得到的子数列为 $0,0,\cdots,0,\cdots$，取偶数项得到的子数列为 $2,2,\cdots,2,\cdots$.

注意：在子数列$\{x_{n_k}\}$中，一般项 x_{n_k} 是第 k 项，而 x_{n_k} 在原数列中却是第 n_k 项，显然 $n_k \geqslant k$.

定理 1.2.4(收敛数列与其子数列间的关系)　如果数列$\{x_n\}$收敛于 a，那么它的任一子数列也收敛，且极限也是 a.

证　设数列$\{x_{n_k}\}$是数列$\{x_n\}$的任一子数列.

因为数列$\{x_n\}$收敛于 a，对于 $\varepsilon>0$，存在正整数 N，当 $n>N$ 时，$|x_n-a|<\varepsilon$. 取 $K=N$，则当 $k>K$ 时，$n_k \geqslant k>K=N$，于是$|x_{n_k}-a|<\varepsilon$. 这就证明了$\lim\limits_{k\to\infty}x_{n_k}=a$.

推论 1.2.3　数列$\{x_n\}$收敛的充分必要条件是其奇数项与偶数项所构成的子列均收敛，且收敛于同一数值.

证　必要性由定理 1.2.4 直接得到，下面只证明充分性. 设$\{x_n\}$的奇数项与偶数项所构成的子列分别为$\{x_{2k-1}\}$，$\{x_{2k}\}$，$k\in\mathbf{N}_+$，且收敛于 a，由定义 1.2.2 知，对于 $\varepsilon>0$，存在正整数 K_1,K_2，当 $k>K_1$ 时，有$|x_{2k-1}-a|<\varepsilon$；当 $k>K_2$ 时，有$|x_{2k}-a|<\varepsilon$. 取 $N=\max(K_1,K_2)$，当 $n>2N$ 时，$n>k>N$，于是$|x_n-a|<\varepsilon$. 这就证明了$\lim\limits_{n\to\infty}x_n=a$.

例 1.2.4　证明$\lim\limits_{n\to\infty}\{1+(-1)^n\}$不存在.

证　因为$\lim\limits_{k\to\infty}\{1+(-1)^{2k-1}\}=0$，$\lim\limits_{k\to\infty}\{1+(-1)^{2k}\}=2$，可见原数列奇数项与偶数项所构成的子列不收敛于同一数值，由推论 1.2.3 知，$\lim\limits_{n\to\infty}[1+(-1)^n]$不存在.

例 1.2.5　证明$\lim\limits_{n\to\infty}\dfrac{1+(-1)^n}{n}$存在，并求其极限.

证　因为$\lim\limits_{k\to\infty}\dfrac{1+(-1)^{2k-1}}{2k-1}=0$，$\lim\limits_{k\to\infty}\dfrac{1+(-1)^{2k}}{2k}=\lim\limits_{k\to\infty}\dfrac{1}{k}=0$，由推论 1.2.3 知，

$\lim\limits_{n\to\infty}\dfrac{1+(-1)^n}{n}=0.$

三、收敛数列的四则运算

定理 1.2.5 设$\lim\limits_{n\to\infty}x_n=a,\lim\limits_{n\to\infty}y_n=b$,则

(1) $\lim\limits_{n\to\infty}(x_n\pm y_n)=\lim\limits_{n\to\infty}x_n\pm\lim\limits_{n\to\infty}y_n=a\pm b$;

(2) $\lim\limits_{n\to\infty}(x_n\cdot y_n)=\lim\limits_{n\to\infty}x_n\cdot\lim\limits_{n\to\infty}y_n=ab$;

(3) 当$y_n\neq 0,b\neq 0$时,$\lim\limits_{n\to\infty}\dfrac{x_n}{y_n}=\dfrac{\lim\limits_{n\to\infty}x_n}{\lim\limits_{n\to\infty}y_n}=\dfrac{a}{b}$.

证 (1) 因为$\lim\limits_{n\to\infty}x_n=a,\lim\limits_{n\to\infty}y_n=b$,根据数列极限的定义 1.2.2,对于$\forall\varepsilon>0$,存在正整数$N_1,N_2$,当$n>N_1$时,$|x_n-a|<\dfrac{\varepsilon}{2}$;当$n>N_2$时,$|y_n-b|<\dfrac{\varepsilon}{2}$.取$N=\max\{N_1,N_2\}$,当$n>N$时,

$$|(x_n\pm y_n)-(a\pm b)|\leqslant|(x_n-a)\pm(y_n-b)|\leqslant|x_n-a|+|y_n-b|<\frac{\varepsilon}{2}+\frac{\varepsilon}{2}=\varepsilon,$$

于是$\lim\limits_{n\to\infty}(x_n\pm y_n)=\lim\limits_{n\to\infty}x_n\pm\lim\limits_{n\to\infty}y_n=a\pm b$.

(2) 因为$\lim\limits_{n\to\infty}x_n=a,\lim\limits_{n\to\infty}y_n=b$,所以数列$\{x_n\},\{y_n\}$有界,存在正数$M_1,M_2$,使得$|x_n|\leqslant M_1,|y_n|\leqslant M_2$,根据数列极限的定义 1.2.2,对于$\forall\varepsilon>0$,存在正整数$N_1,N_2$,当$n>N_1$时,$|x_n-a|<\dfrac{\varepsilon}{M_2+|b|}$;当$n>N_2$时,$|y_n-b|<\dfrac{\varepsilon}{M_1+|a|}$,取$N=\max\{N_1,N_2\}$,当$n>N$时,

$$\begin{aligned}
&|x_n\cdot y_n-a\cdot b|\\
&=\frac{1}{2}|(x_n+a)(y_n-b)+(x_n-a)(y_n+b)|\\
&\leqslant\frac{1}{2}[|(x_n+a)(y_n-b)|+|(x_n-a)(y_n+b)|]\\
&=\frac{1}{2}(|x_n+a|\cdot|y_n-b|+|x_n-a|\cdot|y_n+b|)\\
&\leqslant\frac{1}{2}[(|x_n|+|a|)|y_n-b|+|x_n-a|(|y_n|+|b|)]\\
&\leqslant\frac{1}{2}[(M_1+|a|)|y_n-b|+|x_n-a|(M_2+|b|)]\\
&<\frac{1}{2}\left[(M_1+|a|)\frac{\varepsilon}{M_1+|a|}+\frac{\varepsilon}{M_2+|b|}(M_2+|b|)\right]\\
&<\frac{1}{2}(\varepsilon+\varepsilon)\\
&=\varepsilon,
\end{aligned}$$

于是
$$\lim_{n\to\infty}(x_n\cdot y_n)=\lim_{n\to\infty}x_n\cdot\lim_{n\to\infty}y_n=ab.$$

(3) 先证明 $\lim\limits_{n\to\infty}\dfrac{1}{y_n}=\dfrac{1}{b}=\dfrac{1}{\lim\limits_{n\to\infty}y_n}$，因为 $\lim\limits_{n\to\infty}y_n=b$，所以，一方面，对于 $\varepsilon=\dfrac{|b|}{2}$，存在正整数 N_1，当 $n>N_1$ 时，$|y_n-b|<\dfrac{|b|}{2}$，即 $b-\dfrac{|b|}{2}<y_n<b+\dfrac{|b|}{2}$. 若 $b>0$，有 $\dfrac{b}{2}<y_n<\dfrac{3b}{2}$；若 $b<0$，有 $\dfrac{3b}{2}<y_n<\dfrac{b}{2}$，于是 $|y_n|>\dfrac{|b|}{2}$. 另一方面，对于 $\forall\varepsilon>0$，存在正整数 N_2，当 $n>N_2$ 时，$|y_n-b|<\dfrac{|b|^2}{2}\varepsilon$，取 $N=\max\{N_1,N_2\}$，当 $n>N$ 时，

$$\left|\frac{1}{y_n}-\frac{1}{b}\right|=\left|\frac{y_n-b}{by_n}\right|<\frac{\dfrac{|b|^2}{2}\varepsilon}{|b|\cdot\dfrac{|b|}{2}}=\varepsilon,$$

即 $\left|\dfrac{1}{y_n}-\dfrac{1}{b}\right|<\varepsilon$，于是 $\lim\limits_{n\to\infty}\dfrac{1}{y_n}=\dfrac{1}{b}$.

由(2)得 $\lim\limits_{n\to\infty}\dfrac{x_n}{y_n}=\lim\limits_{n\to\infty}x_n\lim\limits_{n\to\infty}\dfrac{1}{y_n}=a\cdot\dfrac{1}{b}=\dfrac{a}{b}=\dfrac{\lim\limits_{n\to\infty}x_n}{\lim\limits_{n\to\infty}y_n}$，即 $\lim\limits_{n\to\infty}\dfrac{x_n}{y_n}=\dfrac{\lim\limits_{n\to\infty}x_n}{\lim\limits_{n\to\infty}y_n}=\dfrac{a}{b}$.

推论 1.2.4　若数列 $\{x_n\}$，$\{y_n\}$ 恰有一个收敛，一个发散，则数列 $\{x_n\pm y_n\}$ 必发散.

证　不妨设数列 $\{x_n\}$ 收敛，令 $\lim\limits_{n\to\infty}x_n=a$，数列 $\{y_n\}$ 发散. 用反证法，若数列 $\{x_n\pm y_n\}$ 收敛，设 $\lim\limits_{n\to\infty}(x_n+y_n)=c_1$，$\lim\limits_{n\to\infty}(x_n-y_n)=c_2$，由定理 1.2.5 的(1)，一方面

$$\lim_{n\to\infty}[(x_n+y_n)-x_n]=\lim_{n\to\infty}(x_n+y_n)-\lim_{n\to\infty}x_n=c_1-a,$$
$$\lim_{n\to\infty}[x_n-(x_n-y_n)]=\lim_{n\to\infty}x_n-\lim_{n\to\infty}(x_n-y_n)=a-c_2,$$

另一方面

$$\lim_{n\to\infty}[(x_n+y_n)-x_n]=\lim_{n\to\infty}y_n,\ \lim_{n\to\infty}[x_n-(x_n-y_n)]=\lim_{n\to\infty}y_n,$$

而已知 $\lim\limits_{n\to\infty}y_n$ 不存在，故产生矛盾，于是假设不成立，所以推论 1.2.4 成立.

例 1.2.6　证明 $\lim\limits_{n\to\infty}\left\{n+\dfrac{(-1)^n}{n}\right\}$ 不存在.

证　因为 $\lim\limits_{n\to\infty}n$ 不存在，$\lim\limits_{n\to\infty}\dfrac{(-1)^n}{n}=0$，所以由推论 1.2.4 可知，$\lim\limits_{n\to\infty}\left\{n+\dfrac{(-1)^n}{n}\right\}$ 不存在.

由定理 1.2.5 的(2) 直接得推论 1.2.5 与推论 1.2.6.

推论 1.2.5　若 $\lim\limits_{n\to\infty}x_n=a$，$c$ 是任意常数，则 $\lim\limits_{n\to\infty}cx_n=c\lim\limits_{n\to\infty}x_n=ca$.

推论 1.2.6　若 $\lim\limits_{n\to\infty}x_n=a$，$k$ 是正整数，则 $\lim\limits_{n\to\infty}x_n^k=(\lim\limits_{n\to\infty}x_n)^k=a^k$.

由定理 1.2.5 的(1)(2) 直接得推论 1.2.7.

推论 1.2.7　任意有限个收敛数列的加减乘混合运算得到的数列也收敛，并且收敛于这些数列的极限按对应的加减乘混合运算所得到的数.

例如，$\lim\limits_{n\to\infty}x_n=a$，$\lim\limits_{n\to\infty}y_n=b$，$\lim\limits_{n\to\infty}z_n=c$，则

$$\lim_{n\to\infty}(x_ny_n-y_nz_n+z_nx_n)$$

$$=\lim_{n\to\infty}x_n y_n-\lim_{n\to\infty}y_n z_n+\lim_{n\to\infty}z_n x_n$$
$$=\lim_{n\to\infty}x_n\lim_{n\to\infty}y_n-\lim_{n\to\infty}y_n\lim_{n\to\infty}z_n+\lim_{n\to\infty}z_n\lim_{n\to\infty}x_n$$
$$=ab-bc+ca.$$

例 1.2.7 求极限$\lim\limits_{n\to\infty}\left(\dfrac{1}{\sqrt{n+1}}+\dfrac{1}{n}\right)$.

解 根据数列$\left\{\dfrac{1}{\sqrt{n+1}}\right\}$当 n 趋于无穷大的变化趋势得$\lim\limits_{n\to\infty}\dfrac{1}{\sqrt{n+1}}=0$,数列$\left\{\dfrac{1}{n}\right\}$当 n 趋于无穷大的变化趋势得$\lim\limits_{n\to\infty}\dfrac{1}{n}=0$,于是

$$\lim_{n\to\infty}\left(\frac{1}{\sqrt{n+1}}+\frac{1}{n}\right)=\lim_{n\to\infty}\frac{1}{\sqrt{n+1}}+\lim_{n\to\infty}\frac{1}{n}=0+0=0.$$

例 1.2.8 求极限$\lim\limits_{n\to\infty}\dfrac{2n^2-3n+1}{5n^2+n-2}$.

解 根据数列$\left\{\dfrac{1}{n}\right\}$当 n 趋于无穷大的变化趋势得$\lim\limits_{n\to\infty}\dfrac{1}{n}=0$,于是

$$\lim_{n\to\infty}\frac{2n^2-3n+1}{5n^2+n-2}=\lim_{n\to\infty}\frac{2-3\cdot\frac{1}{n}+\frac{1}{n^2}}{5+\frac{1}{n}-\frac{2}{n^2}}=\frac{\lim\limits_{n\to\infty}2-3\cdot\lim\limits_{n\to\infty}\frac{1}{n}+\left(\lim\limits_{n\to\infty}\frac{1}{n}\right)^2}{\lim\limits_{n\to\infty}5+\lim\limits_{n\to\infty}\frac{1}{n}-2\cdot\left(\lim\limits_{n\to\infty}\frac{1}{n}\right)^2}$$
$$=\frac{2-0+0}{5+0-0}=\frac{2}{5}.$$

习题 1-2

1. 观察下列数列的变化趋势,判别哪些数列有极限,如有极限,写出它们的极限:

(1)$x_n=\log_a n(0<a<1)$;

(2)$x_n=1+\dfrac{(-1)^n}{n}$;

(3)$x_n=\dfrac{2n}{n+1}$;

(4)$x_n=\cos n\pi$;

(5)$x_n=(-1)^n$;

(6)$x_n=\sin\dfrac{n\pi}{2}$;

(7)$x_n=(-n)^n$;

(8)$x_n=\dfrac{n+1}{n+2}$.

2. 求下列数列极限.

(1) $\lim\limits_{n\to\infty}\left(\dfrac{1}{n-2}+\sin\dfrac{1}{n}\right)$;

(2) $\lim\limits_{n\to\infty}\dfrac{n^3-2n^2+1}{2n^4+n-2}$;

(3) $\lim\limits_{n\to\infty}\dfrac{1}{(n+1)^3}$;

(4) $\lim\limits_{n\to\infty}\dfrac{n}{(n-2)\ln n}$.

(5) $\lim\limits_{n\to\infty}\dfrac{n^3-n+1}{5n^3+n-2}$；　　(6) $\lim\limits_{n\to\infty}\dfrac{n^2+1}{(n+1)^2e^n}$.

3. 用数列极限的定义证明：

(1) $\lim\limits_{n\to\infty}\dfrac{1}{n^2+1}=0$；　　(2) $\lim\limits_{n\to\infty}\dfrac{n+1}{n}=1$；

(3) $\lim\limits_{n\to\infty}\ln\left(1+\dfrac{1}{n}\right)=0$；　　(4) $\lim\limits_{n\to\infty}e^{\frac{1}{n}}=1$.

4. 数列有界是数列收敛的什么条件？

5. 无界数列是否一定发散？如果是，请说明理由；如果不是，请给出反例.

6. 有界数列是否一定收敛？如果是，请说明理由；如果不是，请给出反例.

7. 数列$\{x_n\}$有界，又$\lim\limits_{n\to\infty}y_n=0$，证明$\lim\limits_{n\to\infty}x_ny_n=0$.

第三节　函数的极限

一、函数极限的概念

数列$\{x_n\}$可以看作自变量为正整数n的函数，即$x_n=f(n)$，它的定义域是全体正整数，如果数列$\{x_n\}$以数a为极限，就是当n趋于无穷大时，对应的函数值$x_n=f(n)$无限接近于数a.由此，将这个变化过程推广到一般的函数$y=f(x)$，便得到函数极限通俗的概念：在自变量的某个变化趋势中，如果对应的函数值无限趋近于某个确定的常数A，则称常数A为在这一变化趋势中函数$y=f(x)$的极限.

函数$y=f(x)$自变量的变化趋势可分为不同的两大类：

(1) 自变量x无限增大

①x的绝对值$|x|$无限增大，记作$x\to\infty$；

②x大于零且绝对值$|x|$无限增大，记作$x\to+\infty$；

③x小于零且绝对值$|x|$无限增大，记作$x\to-\infty$；

(2) 自变量x无限趋于有限值

①x无限接近x_0，记作$x\to x_0$；

②x从x_0右侧无限接近x_0，记作$x\to x_0^+$；

③x从x_0左侧无限接近x_0，记作$x\to x_0^-$.

1. 当$x\to\infty$时，函数$f(x)$的极限

例如，函数$f(x)=\dfrac{1}{x+1}$，当$x\to\infty$时，$f(x)$无限地接近于数0，则称数0是$x\to\infty$时函数$f(x)$的极限.

由此，可以这样理解，当$x\to\infty$时，函数$f(x)$极限的概念：设函数$f(x)$对于$|x|$大于

某一正数时有定义,当$|x|$无限增大时,函数$f(x)$无限趋近于某个常数A,则称常数A为$f(x)$当$|x|$无限增大时的极限,记作$\lim\limits_{x\to\infty}f(x)=A$或$f(x)\to A(x\to\infty)$.

定义 1.3.1 设函数$f(x)$对于$|x|$大于某一正数时有定义,A是常数,若对于任意给定的正数ε,总存在一个正数X,当$|x|>X$时,$|f(x)-A|<\varepsilon$恒成立,则称常数A为函数$f(x)$当$x\to\infty$时的**极限**,记作$\lim\limits_{x\to\infty}f(x)=A$或$f(x)\to A(x\to\infty)$,又称当$x\to\infty$时,函数$f(x)$**收敛**,否则称当$x\to\infty$时,函数$f(x)$**发散**,或称$\lim\limits_{x\to\infty}f(x)$不存在.

注意:定义 1.3.1 中的ε刻画了函数$f(x)$与A的接近程度,X刻画了$|x|$充分大的程度.

上述定义可记作:

$\lim\limits_{x\to\infty}f(x)=A\Leftrightarrow\forall\varepsilon>0,\exists X>0$,当$|x|>X$时,有$|f(x)-A|<\varepsilon$成立.

$\lim\limits_{x\to\infty}f(x)=A$的几何意义:任意画一条以直线$y=A$为中心线,宽为$2\varepsilon$的横带(无论怎样窄),则总有一个正数$X$存在,使得当$x<-X$或$x>X$时,函数$f(x)$总位于横带之间(如图 1.3-1 所示),此时称$y=A$为$f(x)$的水平渐进线.

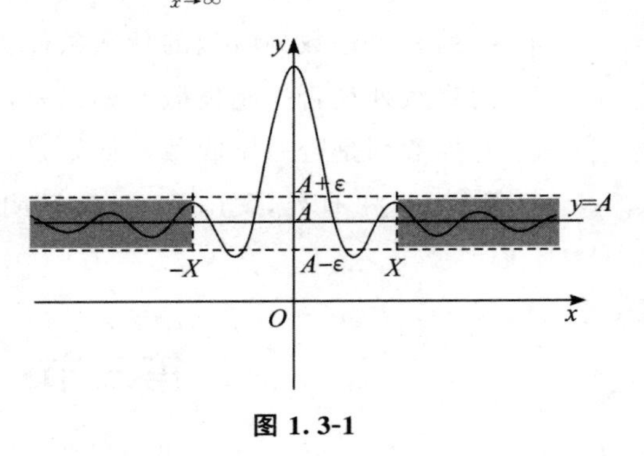

图 1.3-1

对于当$x\to+\infty$时函数$f(x)$的极限定义,只要将定义 1.3.1 中的$|x|>X$改为$x>X$;同理对于当$x\to-\infty$时函数$f(x)$的极限定义,只要将定义 1.3.1 中的$|x|>X$改为$x<-X$即可.

当$x\to\infty,x\to+\infty,x\to-\infty$时,函数极限的定义还可以做如下表达:

$\lim\limits_{x\to\infty}f(x)=A\Leftrightarrow\forall\varepsilon>0,\exists X>0$,当$|x|>X$时,有$|f(x)-A|<\varepsilon$成立;

$\lim\limits_{x\to+\infty}f(x)=A\Leftrightarrow\forall\varepsilon>0,\exists X>0$,当$x>X$时,有$|f(x)-A|<\varepsilon$成立;

$\lim\limits_{x\to-\infty}f(x)=A\Leftrightarrow\forall\varepsilon>0,\exists X>0$,当$x<-X$时,有$|f(x)-A|<\varepsilon$成立.

定义 1.3.2 一般地,如果$\lim\limits_{x\to\infty}f(x)=A$,则称直线$y=A$为函数$y=f(x)$图形的**水平渐近线**.

例 1.3.1 证明$\lim\limits_{x\to\infty}\dfrac{1}{x+1}=0$.

证 取任意满足$1>\varepsilon>0$的ε,要证$\exists X$,当$|x|>X$时,不等式

$$\left|\frac{1}{x+1}-0\right|=\left|\frac{1}{x+1}\right|<\varepsilon$$

成立,只需

$$x>\frac{1}{\varepsilon}-1\text{ 或 }x<-\frac{1}{\varepsilon}-1,$$

取$X=\dfrac{1}{\varepsilon}+1$,当$|x|>X$时,$\left|\dfrac{1}{x+1}-0\right|<\varepsilon$,即证明了$\lim\limits_{x\to\infty}\dfrac{1}{x+1}=0$.

由例 1.3.1 知,函数$y=0$是函数$f(x)=\dfrac{1}{x+1}$图形的水平渐近线.

2. 当 $x \to x_0$ 时，函数 $f(x)$ 的极限

可以这样理解当 $x \to x_0$ 时函数 $f(x)$ 极限的概念：设 $f(x)$ 在 x_0 的某个去心邻域内有定义，当 x 无限趋近于 x_0 时，函数 $f(x)$ 无限趋近于某个常数 A，则称常数 A 为 $f(x)$ 当 x 无限趋近于 x_0 时的极限，记作 $\lim\limits_{x \to x_0} f(x) = A$ 或 $f(x) \to A(x \to x_0)$.

定义 1.3.3　设函数 $f(x)$ 在 x_0 的某个去心邻域内有定义，A 是常数，若对于任意给定的正数 ε，总存在一个正数 δ，当 $0 < |x - x_0| < \delta$ 时，$|f(x) - A| < \varepsilon$ 恒成立，则称常数 A 为函数 $f(x)$ 当 $x \to x_0$ 时的**极限**，记作 $\lim\limits_{x \to x_0} f(x) = A$ 或 $f(x) \to A(x \to x_0)$，又称当 $x \to x_0$ 时，函数 $f(x)$ **收敛**，否则称当 $x \to x_0$ 时，函数 $f(x)$ **发散**，或称 $\lim\limits_{x \to x_0} f(x)$ 不存在.

上述定义可记作：

$\lim\limits_{x \to \infty} f(x) = A \Leftrightarrow \forall \varepsilon > 0, \exists \delta > 0$，当 $0 < |x - x_0| < \delta$ 时，有 $|f(x) - A| < \varepsilon$.

注意：在此极限定义中，"$0 < |x - x_0| < \delta$"指出了 $x \neq x_0$，说明函数 $f(x)$ 在 $x \to x_0$ 时的极限与函数 $f(x)$ 在 x_0 点有无定义无关.

$\lim\limits_{x \to x_0} f(x) = A$ 的几何意义：任意画一条以直线 $y = A$ 为中心线，宽为 2ε 的横带(无论怎样窄)，则总有一个正数 δ 存在，必存在一条以 $x = x_0$ 为中心，宽为 2δ 的直带，使直带内的函数图像全部落在横带内，函数 $f(x)$ 总位于横带之间(如图 1.3-2 所示).

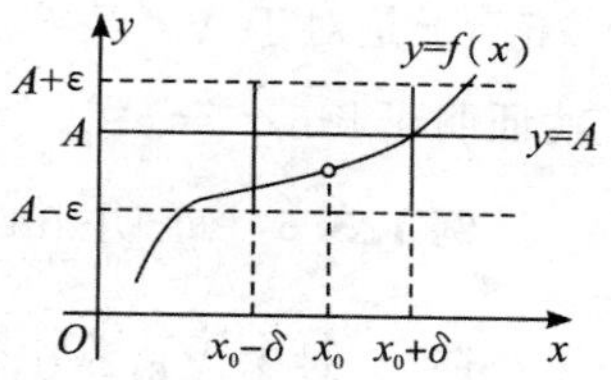

图 1.3-2

对于当 $x \to x_0^+$ 时函数 $f(x)$ 的极限定义，只要将定义 1.3.3 中的 $0 < |x - x_0| < \delta$ 改为 $0 < x - x_0 < \delta$ 即可；同理对于当 $x \to x_0^-$ 时函数 $f(x)$ 的极限定义，只要将定义 1.3.3 中的 $0 < |x - x_0| < \delta$ 改为 $0 < x_0 - x < \delta$ 即可.

当 $x \to x_0, x \to x_0^+, x \to x_0^-$ 时，函数极限的定义还可以作如下表达：

$\lim\limits_{x \to x_0} f(x) = A \Leftrightarrow \forall \varepsilon > 0, \exists \delta > 0$，当 $0 < |x - x_0| < \delta$ 时，有 $|f(x) - A| < \varepsilon$；

$\lim\limits_{x \to x_0^+} f(x) = A \Leftrightarrow \forall \varepsilon > 0, \exists \delta > 0$，当 $0 < x - x_0 < \delta$ 时，有 $|f(x) - A| < \varepsilon$；

$\lim\limits_{x \to x_0^-} f(x) = A \Leftrightarrow \forall \varepsilon > 0, \exists \delta > 0$，当 $0 < x_0 - x < \delta$ 时，有 $|f(x) - A| < \varepsilon$.

$\lim\limits_{x \to x_0^+} f(x) = A$ 称为函数 $f(x)$ 在 $x \to x_0$ 时的**右极限**，又记作 $f(x_0^+) = A$.

$\lim\limits_{x \to x_0^-} f(x) = A$ 称为函数 $f(x)$ 在 $x \to x_0$ 时的**左极限**，又记作 $f(x_0^-) = A$.

左极限与右极限统称为**单侧极限**.

例 1.3.2　设 x_0 为任一实数，证明 $\lim\limits_{x \to x_0} 2 = 2$.

证　设 $f(x) = 2, A = 2$，由于 $|f(x) - A| = |2 - 2| = 0$，所以对于任意给定的正数 ε，任取一正数 δ，当 $0 < x - x_0 < \delta$ 时，都有 $|f(x) - 2| = 0 < \varepsilon$ 成立，所以 $\lim\limits_{x \to x_0} 2 = 2$.

例 1.3.3　证明 $\lim\limits_{x \to 0} \dfrac{2x^2}{x} = 0$.

证　$\forall \varepsilon > 0$，要使 $\left| \dfrac{2x^2}{x} - 0 \right| = |2x| < \varepsilon$ 成立，只需 $|x| < \dfrac{\varepsilon}{2}$. 取 $\delta = \dfrac{\varepsilon}{2}$，于是对 $\forall \varepsilon >$

0,$\exists\delta$,当 $0<|x|<\delta$ 时,都有 $\left|\dfrac{2x^2}{x}-0\right|<\varepsilon$,于是 $\lim\limits_{x\to0}\dfrac{2x^2}{x}=0$.

例 1.3.3 说明函数 $f(x)=\dfrac{2x^2}{x}$ 在 $x=0$ 处虽然无定义,在 $x=0$ 处的极限却存在.

例 1.3.4 证明 $\lim\limits_{x\to x_0}e^x=e^{x_0}$.

证 对于任意 ε,满足 $e^{x_0}>\varepsilon>0$,要使得 $|e^x-e^{x_0}|<\varepsilon$,只需 $e^{x_0}-\varepsilon<e^x<e^{x_0}+\varepsilon$,只需 $\ln(e^{x_0}-\varepsilon)<x<\ln(e^{x_0}+\varepsilon)$,只需 $\ln(e^{x_0}-\varepsilon)-x_0<x-x_0<\ln(e^{x_0}+\varepsilon)-x_0$,这里 $\ln(e^{x_0}-\varepsilon)-x_0<0$,因为

$$\begin{aligned}\ln(e^{x_0}+\varepsilon)-x_0-[x_0-\ln(e^{x_0}-\varepsilon)]&=\ln\frac{(e^{x_0}+\varepsilon)(e^{x_0}-\varepsilon)}{e^{2x_0}}\\&=\ln\frac{e^{2x_0}-\varepsilon^2}{e^{2x_0}}<0,\end{aligned}$$

所以 $\ln(e^{x_0}+\varepsilon)-x_0<x_0-\ln(e^{x_0}-\varepsilon)$,故只需 $|x-x_0|<\ln(e^{x_0}+\varepsilon)-x_0$,取 $\delta=\ln(e^{x_0}+\varepsilon)-x_0$,于是对于 $\forall\varepsilon>0$,$\exists\delta=\ln(e^{x_0}+\varepsilon)-x_0$,当 $|x-x_0|<\delta$ 时,有 $|e^x-e^{x_0}|<\varepsilon$,这就证明了 $\lim\limits_{x\to x_0}e^x=e^{x_0}$.

例 1.3.5 证明 $\lim\limits_{x\to x_0}\ln x=\ln x_0$,$x_0\in(0,+\infty)$.

证 对于 $\forall\varepsilon>0$,要使得 $|\ln x-\ln x_0|<\varepsilon$,只需 $\left|\ln\dfrac{x}{x_0}\right|<\varepsilon$,只需 $-\varepsilon<\ln\dfrac{x}{x_0}<\varepsilon$,只需 $e^{-\varepsilon}<\dfrac{x}{x_0}<e^{\varepsilon}$,只需 $e^{-\varepsilon}-1<\dfrac{x-x_0}{x_0}<e^{\varepsilon}-1$,这里 $e^{-\varepsilon}-1<0$,因为

$$e^{\varepsilon}-1-(1-e^{-\varepsilon})=e^{\varepsilon}+e^{-\varepsilon}-2=\left(e^{\frac{\varepsilon}{2}}-e^{\frac{-\varepsilon}{2}}\right)^2>0(\text{因为 }\varepsilon>0),$$

所以 $e^{\varepsilon}-1>1-e^{-\varepsilon}$,故只需 $\left|\dfrac{x-x_0}{x_0}\right|<1-e^{-\varepsilon}$,只需 $|x-x_0|<x_0(1-e^{-\varepsilon})$,取 $\delta=x_0(1-e^{-\varepsilon})$,于是对于 $\forall\varepsilon>0$,$\exists\delta=x_0(1-e^{-\varepsilon})$,当 $|x-x_0|<\delta$ 时,有 $|\ln x-\ln x_0|<\varepsilon$,这就证明了 $\lim\limits_{x\to x_0}\ln x=\ln x_0$,$x_0\in(0,+\infty)$.

约定:在下面的讨论中"lim"下方没有标明自变量的变化趋势,意思是指定理对自变量的任何一种变化趋势:$x\to\infty$,$x\to+\infty$,$x\to-\infty$,$x\to x_0$,$x\to x_0^+$,$x\to x_0^-$ 都成立.

二、函数极限的性质

定理 1.3.1(极限的唯一性) 如果极限 $\lim f(x)$ 存在,那么极限唯一.

证 只证 $\lim\limits_{x\to x_0}f(x)$ 存在的情形.用反证法.假设同时有 $\lim\limits_{x\to x_0}f(x)=A$ 及 $\lim\limits_{x\to x_0}f(x)=B$,且 $A<B$.

任取 ε,且满足 $\dfrac{B-A}{2}>\varepsilon>0$,则 $U(A,\varepsilon)\cap U(B,\varepsilon)=\varnothing$,于是存在正数 δ_1,δ_2,当 $0<|x-x_0|<\delta_1$ 时,$|f(x)-A|<\varepsilon$,也就是 $f(x)\in U(A,\varepsilon)$;当 $0<|x-x_0|<\delta_2$ 时,$|f(x)-B|<\varepsilon$,也就是 $f(x)\in U(B,\varepsilon)$.取 $\delta=\min(\delta_1,\delta_2)$,当 $0<|x-x_0|<\delta$ 时,

$f(x)\in U(A,\varepsilon)$ 且 $f(x)\in U(B,\varepsilon)$,即 $f(x)\in U(A,\varepsilon)\cap(B,\varepsilon)$,这与 $U(a,\varepsilon)\cap(b,\varepsilon)=\varnothing$ 矛盾,于是假设不成立,定理 1.3.1 得证.

定理 1.3.1 说明收敛函数不能收敛于两个不同的极限.

定理 1.3.1 其他情形的证明与 $\lim\limits_{x\to x_0}f(x)$ 的情形类似,在此不做证明,由读者自行证明.

推论 1.3.1　$\lim\limits_{x\to\infty}f(x)=A$ 存在的充分必要条件是 $\lim\limits_{x\to+\infty}f(x)=\lim\limits_{x\to-\infty}f(x)=A$.

证　必要性.

设 $\lim\limits_{x\to\infty}f(x)=A$,则 $\forall\varepsilon>0$, $\exists X>0$,当 $|x|>X$ 时,有 $|f(x)-A|<\varepsilon$,于是 $\forall\varepsilon>0$, $\exists X>0$,当 $x>X$ 时,有 $|f(x)-A|<\varepsilon$,且 $\forall\varepsilon>0$, $\exists X>0$,当 $x<-X$ 时,有 $|f(x)-A|<\varepsilon$,此即 $\lim\limits_{x\to+\infty}f(x)=\lim\limits_{x\to-\infty}f(x)=A$.

充分性.

设 $\lim\limits_{x\to+\infty}f(x)=\lim\limits_{x\to-\infty}f(x)=A$,则 $\forall\varepsilon>0$, $\exists X_1>0$,当 $x>X_1$ 时,有 $|f(x)-A|<\varepsilon$,且 $\exists X_2>0$;当 $x<-X_2$ 时,有 $|f(x)-A|<\varepsilon$.取 $X=\max(X_1,X_2)$,当 $x>X$ 或 $x<-X$ 时,有 $|f(x)-A|<\varepsilon$,即 $\forall\varepsilon>0$, $\exists X>0$,当 $|x|>X$ 时,有 $|f(x)-A|<\varepsilon$,于是 $\lim\limits_{x\to\infty}f(x)=A$.

由推论 1.3.1 知,即使 $\lim\limits_{x\to+\infty}f(x)$ 与 $\lim\limits_{x\to-\infty}f(x)$ 都存在,但不相等,$\lim\limits_{x\to\infty}f(x)$ 也不存在.

例 1.3.6　判断 $\lim\limits_{x\to\infty}\arctan x$ 是否存在.

解　根据函数 $\arctan x$ 随自变量 x 的变化趋势得

$$\lim_{x\to+\infty}\arctan x=\frac{\pi}{2},\ \lim_{x\to-\infty}\arctan x=-\frac{\pi}{2},$$

所以由推论 1.3.1 知 $\lim\limits_{x\to\infty}\arctan x$ 不存在.

推论 1.3.1′　$\lim\limits_{x\to x_0}f(x)=A$ 存在的充分必要条件是 $\lim\limits_{x\to x_0^+}f(x)=\lim\limits_{x\to x_0^-}f(x)=A$.

推论 1.3.1′ 的证明与推论 1.3.1 的证明类似,在此不做证明,作为习题由读者自行证明.

由推论 1.3.1′ 知,即使 $\lim\limits_{x\to x_0^+}f(x)$ 与 $\lim\limits_{x\to x_0^-}f(x)$ 都存在,但不相等,$\lim\limits_{x\to x_0}f(x)=A$ 也不存在.

例 1.3.7　设 $f(x)=\begin{cases}-1 & x<0\\ x & x\geqslant 0\end{cases}$,判断 $\lim\limits_{x\to 0}f(x)$ 是否存在.

解　根据函数 $f(x)$ 随自变量 x 的变化趋势得,当 $x<0$ 时,

$$\lim_{x\to 0^-}f(x)=\lim_{x\to 0^-}(-1)=-1,$$

而当 $x\geqslant 0$ 时,

$$\lim_{x\to 0^+}f(x)=\lim_{x\to 0^+}x=0,$$

可见左、右极限都存在但不相等,所以由推论 1.3.1′ 知,当 $x\to 0$ 时,$f(x)$ 的极限不存在(如图 1.3-3 所示).

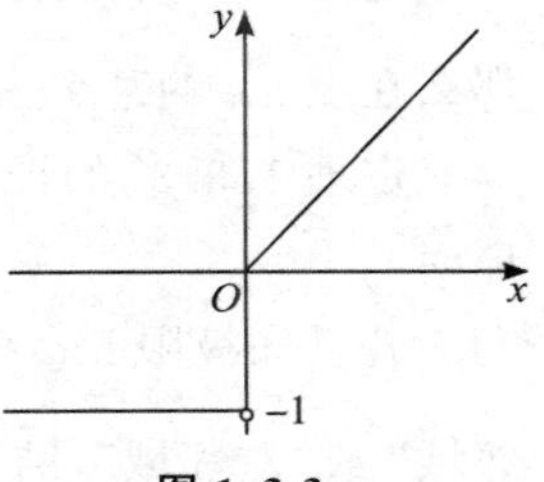

图 1.3-3

例 1.3.8　设 $f(x)=|x-1|$,求当 $x\to 1$ 时,$f(x)$ 的左、右

极限.

解 $f(x)=|x-1|=\begin{cases}1-x & x<1\\ x-1 & x\geqslant 1\end{cases}$,根据函数 $f(x)$ 随自变量 x 的变化趋势得,当 $x\to 1$ 时,$f(x)$ 的左、右极限分别是

$$\lim_{x\to 1^+}f(x)=\lim_{x\to 1^+}(x-1)=0,\lim_{x\to 1^-}f(x)=\lim_{x\to 1^-}(1-x)=0,$$

所以由推论 1.3.1′ 知,$\lim\limits_{x\to 1}|1-x|=0$.

定理 1.3.2(函数极限的局部有界性) 如果极限 $\lim\limits_{x\to\infty}f(x)=A$,那么 $\exists X>0$,对于 $\forall x$,当 $|x|>X$ 时,$f(x)$ 有界.

证 因为 $\lim\limits_{x\to\infty}f(x)=A$,所以对于 $\varepsilon=\dfrac{1}{2}$,$\exists X>0$,当 $|x|>X$ 时,有 $|f(x)-A|<\dfrac{1}{2}$,即 $A-\dfrac{1}{2}<f(x)<A+\dfrac{1}{2}$,取 $m=A+\dfrac{1}{2}$,$n=A-\dfrac{1}{2}$,那么 $\exists X>0$,对于 $\forall x$,当 $|x|>X$ 时,$n<f(x)<m$,即 $f(x)$ 有界.

若已知极限 $\lim\limits_{n\to+\infty}f(x)=A$ 或 $\lim\limits_{n\to-\infty}f(x)=A$,只需将定理1.3.2的"$|x|>X$"改成"$x>X$"或"$x<-X$",结论仍成立.

定理 1.3.2′(函数极限的局部有界性) 如果极限 $\lim\limits_{x\to x_0}f(x)$ 存在,那么在点 x_0 的某个去心邻域内,函数 $f(x)$ 有界.

定理 1.3.2′ 的证明与定理 1.3.2 的证明类似,在此不做证明,作为习题由读者自行证明.

若已知极限 $\lim\limits_{x\to x_0^+}f(x)$ 或 $\lim\limits_{x\to x_0^-}f(x)$ 存在,只需将定理1.3.2′的"去心邻域"分别改成"右邻域"或"左邻域",结论仍成立.

定理 1.3.3(函数极限的局部保号性) 如果极限 $\lim\limits_{x\to\infty}f(x)=A$,且 $A>0$(或 $A<0$),那么 $\exists X>0$,对于 $\forall x$,当 $|x|>X$ 时,$f(x)>0$(或 $f(x)<0$).

证 只证 $A>0$ 的情形.

因为 $\lim\limits_{x\to\infty}f(x)=A$,取 $0<\varepsilon<A$,即 $0<A-\varepsilon$,$\exists X>0$,对于 $\forall x$,当 $|x|>X$ 时,$|f(x)-A|<\varepsilon$,故 $0<A-\varepsilon<f(x)$,即 $0<f(x)$,于是定理 1.3.3 得证.

若已知极限 $\lim\limits_{x\to+\infty}f(x)=A$ 或 $\lim\limits_{x\to-\infty}f(x)=A$,只需将定理 1.3.3 的"$|x|>X$"改成"$x>X$"或"$x<-X$",结论仍成立.

定理 1.3.3′(函数极限的局部保号性) 如果极限 $\lim\limits_{x\to x_0}f(x)=A$,且 $A>0$(或 $A<0$),那么在点 x_0 的某个去心邻域内,$f(x)>0$(或 $f(x)<0$).

定理 1.3.3′ 的证明与定理 1.3.3 的证明类似,在此不做证明,作为习题由读者自行证明.

若已知极限 $\lim\limits_{x\to x_0^+}f(x)=A$ 或 $\lim\limits_{x\to x_0^-}f(x)=A$,只需将定理 1.3.3′ 的"去心邻域"改成"右邻域"或"左邻域",结论仍成立.

推论 1.3.2 如果极限 $\lim\limits_{x\to\infty}f(x)=A$,并且 $\exists X>0$,对于 $\forall x$,当 $|x|>X$ 时,$f(x)\geqslant$

0(或 $f(x)\leqslant 0$),那么 $A\geqslant 0$(或 $A\leqslant 0$).

证　就 $f(x)\leqslant 0$ 情形用反证法证明. 设 $\exists X_1>0$,对于 $\forall x$,当 $|x|>X_1$ 时,$f(x)\leqslant 0$,若 $A>0$,则由定理 1.3.3 知,$\exists X_2>0$,对于 $\forall x$,当 $|x|>X_2$ 时,$f(x)>0$.取 $X=\max(X_1,X_2)$,当 $|x|>X$ 时,有 $f(x)>0$,这与假设“当 $|x|>X_1$ 时,$f(x)\leqslant 0$”矛盾,所以必有 $A\leqslant 0$.

若已知极限 $\lim\limits_{x\to+\infty}f(x)=A$ 或 $\lim\limits_{x\to-\infty}f(x)=A$,只需将推论 1.3.2 的“$|x|>X$”分别改成“$x>X$”或“$x<-X$”,结论仍成立.

推论 1.3.2′　如果极限 $\lim\limits_{x\to x_0}f(x)=A$,并且在点 x_0 的某个去心邻域内,$f(x)\geqslant 0$(或 $f(x)\leqslant 0$),那么 $A\geqslant 0$(或 $A\leqslant 0$).

推论 1.3.2′ 的证明与推论 1.3.2 的证明类似,在此不做证明,作为习题由读者自行证明.

若已知极限 $\lim\limits_{x\to x_0^+}f(x)=A$ 或 $\lim\limits_{x\to x_0^-}f(x)=A$,只需将推论 1.3.2′ 的“去心邻域”分别改成“右邻域”或“左邻域”,结论仍成立.

三、函数极限的四则运算

定理 1.3.4　设 $\lim f(x)=A$,$\lim g(x)=B$,则

(1) $\lim[f(x)\pm g(x)]=\lim f(x)\pm\lim g(x)=A\pm B$;

(2) $\lim f(x)\cdot g(x)=\lim f(x)\cdot\lim g(x)=A\cdot B$;

(3) 当 $B\neq 0$ 且 $g(x)\neq 0$ 时,$\lim\dfrac{f(x)}{g(x)}=\dfrac{\lim f(x)}{\lim g(x)}=\dfrac{A}{B}$.

证　只证明已知 $\lim\limits_{x\to x_0}f(x)=A$,$\lim\limits_{x\to x_0}g(x)=B$ 的情形.

(1) 因为 $\lim\limits_{x\to x_0}f(x)=A$,$\lim\limits_{x\to x_0}g(x)=B$,所以 $\forall\varepsilon>0$,$\exists\delta_1>0$,当 $0<|x-x_0|<\delta_1$ 时,有 $|f(x)-A|<\dfrac{\varepsilon}{2}$;且 $\exists\delta_2>0$,当 $0<|x-x_0|<\delta_2$ 时,有 $|g(x)-B|<\dfrac{\varepsilon}{2}$,取 $\delta=\min\{\delta_1,\delta_2\}$,当 $0<|x-x_0|<\delta$ 时,

$$
\begin{aligned}
|[f(x)\pm g(x)]-(A\pm B)| &\leqslant |[f(x)-A]\pm[g(x)-B]| \\
&\leqslant |f(x)-A|+|g(x)-B|<\frac{\varepsilon}{2}+\frac{\varepsilon}{2}=\varepsilon,
\end{aligned}
$$

于是

$$\lim_{x\to x_0}[f(x)\pm g(x)]=\lim_{x\to x_0}f(x)\pm\lim_{x\to x_0}g(x)=A\pm B.$$

(2) 因为 $\lim\limits_{x\to x_0}f(x)=A$,$\lim\limits_{x\to x_0}g(x)=B$,故 $f(x)$,$g(x)$ 有界,于是存在正数 M_1,M_2,使得 $|f(x)|\leqslant M_1$,$|g(x)|\leqslant M_2$,所以 $\forall\varepsilon>0$,$\exists\delta_1>0$,当 $0<|x-x_0|<\delta_1$ 时,有

$$|f(x)-A|<\frac{\varepsilon}{M_2+|B|},$$

且 $\exists\delta_2>0$,当 $0<|x-x_0|<\delta_2$ 时,有

$$|g(x)-B|<\frac{\varepsilon}{M_1+|A|},$$

取 $\delta=\min\{\delta_1,\delta_2\}$,当 $0<|x-x_0|<\delta$ 时,

$$
\begin{aligned}
&|f(x)\cdot g(x)-A\cdot B|\\
&=\frac{1}{2}|[f(x)+A][g(x)-B]+[f(x)-A][g(x)+B]|\\
&\leqslant\frac{1}{2}\{|[f(x)+A][g(x)-B]|+|[f(x)-A][g(x)+B]|\}\\
&=\frac{1}{2}[|f(x)+A|\cdot|g(x)-B|+|f(x)-A|\cdot|g(x)+B|]\\
&\leqslant\frac{1}{2}\{[|f(x)|+|A|]|g(x)-B|+|f(x)-A|[|g(x)|+|B|]\}\\
&\leqslant\frac{1}{2}[(M_1+|A|)|g(x)-B|+|f(x)-A|(M_2+|B|)]\\
&<\frac{1}{2}[(M_1+|A|)\frac{\varepsilon}{M_1+|A|}+\frac{\varepsilon}{M_2+|B|}(M_2+|B|)]\\
&<\frac{1}{2}(\varepsilon+\varepsilon)\\
&=\varepsilon,
\end{aligned}
$$

从而

$$\lim_{x\to x_0}f(x)\cdot g(x)=\lim_{x\to x_0}f(x)\cdot\lim_{x\to x_0}g(x)=A\cdot B.$$

(3) 先证明 $\lim\limits_{x\to x_0}\dfrac{1}{g(x)}=\dfrac{1}{B}=\dfrac{1}{\lim\limits_{x\to x_0}g(x)}$.

因为 $\lim\limits_{x\to x_0}g(x)=B$,所以,一方面,对于 $\varepsilon=\dfrac{|B|}{2}$,$\exists\delta_1>0$,当 $0<|x-x_0|<\delta_1$ 时,有 $|g(x)-B|<\dfrac{|B|}{2}$,即 $B-\dfrac{|B|}{2}<g(x)<B+\dfrac{|B|}{2}$.若 $B>0$,有 $\dfrac{B}{2}<g(x)<\dfrac{3B}{2}$;若 $B<0$,有 $\dfrac{3B}{2}<g(x)<\dfrac{B}{2}$,于是 $|g(x)|>\dfrac{|B|}{2}$.另一方面,对于 $\forall\varepsilon>0$,$\exists\delta_2>0$,当 $0<|x-x_0|<\delta_2$ 时,有 $|g(x)-B|<\dfrac{|B|^2}{2}\varepsilon$,取 $\delta=\min\{\delta_1,\delta_2\}$,当 $0<|x-x_0|<\delta$ 时,

$$\left|\frac{1}{g(x)}-\frac{1}{B}\right|=\left|\frac{g(x)-B}{Bg(x)}\right|<\frac{\dfrac{|B|^2}{2}\varepsilon}{|B|\cdot\dfrac{|B|}{2}}=\varepsilon,$$

即 $\left|\dfrac{1}{g(x)}-\dfrac{1}{B}\right|<\varepsilon$,于是

$$\lim_{x\to x_0}\frac{1}{g(x)}=\frac{1}{B}=\frac{1}{\lim\limits_{x\to x_0}g(x)}.$$

由(2) 得

$$\lim_{x\to x_0}\frac{f(x)}{g(x)}=\lim_{x\to x_0}f(x)\cdot\lim_{x\to x_0}\frac{1}{g(x)}=A\cdot\frac{1}{B}=\frac{A}{B}=\frac{\lim\limits_{x\to x_0}f(x)}{\lim\limits_{x\to x_0}g(x)},$$

即

$$\lim_{x\to x_0}\frac{f(x)}{g(x)}=\frac{\lim\limits_{x\to x_0}f(x)}{\lim\limits_{x\to x_0}g(x)}=\frac{A}{B}.$$

推论 1.3.3 若极限 $\lim f(x)$,$\lim g(x)$ 恰有一个存在,一个不存在,则 $\lim[f(x)\pm g(x)]$ 不存在.

推论 1.3.3 的证明与推论 1.2.4 类似,在此不做证明.

例 1.3.9 证明$\lim\limits_{x\to 0}(x+\cot x)$ 不存在.

证 根据函数 x 随自变量 x 的变化趋势得$\lim\limits_{x\to 0}x=0$;根据函数 $\cot x$ 随自变量 x 的变化趋势得$\lim\limits_{x\to 0}\cot x$ 不存在,所以由推论 1.3.3 知,$\lim\limits_{x\to 0}(x+\cot x)$ 不存在.

由定理 1.3.4 的(2) 直接得推论 1.3.4 与推论 1.3.5.

推论 1.3.4 若 $\lim f(x)=A$,c 是任意常数,则 $\lim cf(x)=c\lim f(x)=cA$.

推论 1.3.5 若 $\lim f(x)=A$,k 是正整数,则 $\lim[f(x)]^k=[\lim f(x)]^k=A^k$.

由定理 1.3.4 的(1)(2) 直接得推论 1.3.6.

推论 1.3.6 任意有限个收敛函数的加减乘混合运算得到的函数也收敛,并且收敛于这些函数的极限按对应的加减乘混合运算所得到的数.

例如,$\lim f(x)=A$,$\lim g(x)=B$,$\lim h(x)=C$,则

$$\begin{aligned}&\lim[f(x)g(x)-g(x)h(x)+h(x)f(x)]\\&=\lim f(x)g(x)-\lim g(x)h(x)+\lim h(x)f(x)\\&=\lim f(x)\lim g(x)-\lim g(x)\lim h(x)+\lim h(x)\lim f(x)\\&=AB-BC+CA.\end{aligned}$$

例 1.3.10 求 $\lim\limits_{x\to+\infty}\left(\frac{1}{2x}-\frac{1}{\ln x}\right)$.

解 根据函数$\frac{1}{x}$ 随自变量 x 的变化趋势得 $\lim\limits_{x\to+\infty}\frac{1}{x}=0$;函数$\frac{1}{\ln x}$ 随自变量 x 的变化趋势得 $\lim\limits_{x\to+\infty}\frac{1}{\ln x}=0$,于是

原式 $=\lim\limits_{x\to+\infty}\frac{1}{2x}-\lim\limits_{x\to+\infty}\frac{1}{\ln x}=\frac{1}{2}\lim\limits_{x\to+\infty}\frac{1}{x}-0=\frac{1}{2}\times 0-0=0.$

例 1.3.11 求$\lim\limits_{x\to 0}(x^2-e^x)$.

解 根据函数 x^2 随自变量 x 的变化趋势得$\lim\limits_{x\to 0}x^2=0$;函数 e^x 随自变量 x 的变化趋势得$\lim\limits_{x\to 0}e^x=1$,于是

原式 $=\lim\limits_{x\to 0}x^2-\lim\limits_{x\to 0}e^x=0-1=-1.$

例 1.3.12 求$\lim\limits_{x\to 0}\frac{\sin x-\cos x}{x-1}$.

解 根据函数 $\sin x$ 随自变量 x 的变化趋势得 $\lim\limits_{x\to0}\sin x=0$；函数 $\cos x$ 随自变量 x 的变化趋势得 $\lim\limits_{x\to0}\cos x=1$；函数 x，1 随自变量 x 的变化趋势得 $\lim\limits_{x\to0}x=0$，$\lim\limits_{x\to0}1=1$，于是

$$原式=\lim_{x\to0}\frac{\sin x-\cos x}{x-1}=\frac{\lim\limits_{x\to0}(\sin x-\cos x)}{\lim\limits_{x\to0}(x-1)}=\frac{\lim\limits_{x\to0}\sin x-\lim\limits_{x\to0}\cos x}{\lim\limits_{x\to0}x-\lim\limits_{x\to0}1}=\frac{0-1}{0-1}=1.$$

例 1.3.13 求 $\lim\limits_{x\to2}\dfrac{2x^2+1}{x^3+x-1}$.

解

$$原式=\frac{\lim\limits_{x\to2}(2x^2+1)}{\lim\limits_{x\to2}(x^3+x-1)}=\frac{\lim\limits_{x\to2}2x^2+\lim\limits_{x\to2}1}{\lim\limits_{x\to2}x^3+\lim\limits_{x\to2}x-\lim\limits_{x\to2}1}=\frac{2\left(\lim\limits_{x\to2}x\right)^2+\lim\limits_{x\to2}1}{\left(\lim\limits_{x\to2}x\right)^3+\lim\limits_{x\to2}x-\lim\limits_{x\to2}1}$$

$$=\frac{2\times2^2+1}{2^3+2-1}=\frac{9}{9}=1.$$

习题 1-3

1. 对图 1.3-4 所示的函数 $f(x)$，求下列极限，如果不存在，请说明理由.

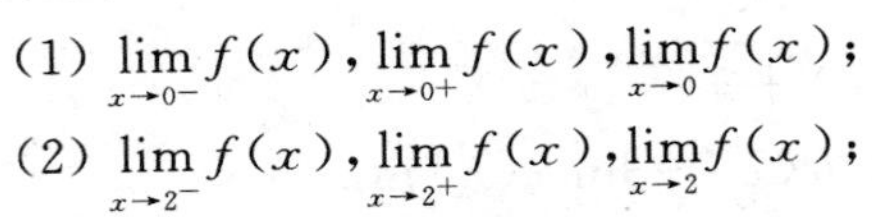

(1) $\lim\limits_{x\to0^-}f(x)$，$\lim\limits_{x\to0^+}f(x)$，$\lim\limits_{x\to0}f(x)$；

(2) $\lim\limits_{x\to2^-}f(x)$，$\lim\limits_{x\to2^+}f(x)$，$\lim\limits_{x\to2}f(x)$；

(3) $\lim\limits_{x\to-2^-}f(x)$，$\lim\limits_{x\to-2^+}f(x)$，$\lim\limits_{x\to-2}f(x)$；.

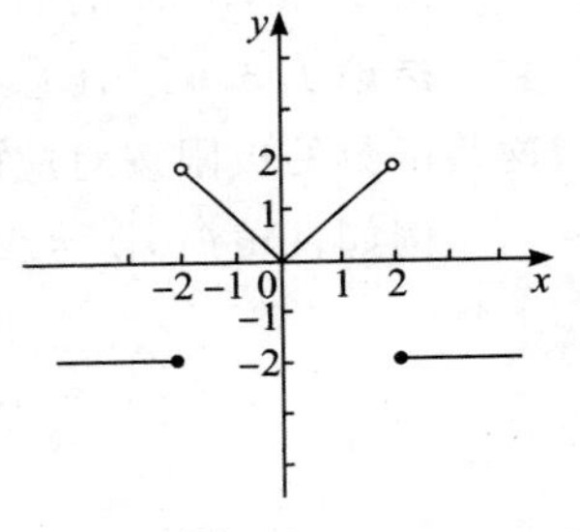

图 1.3-4

2. 观察下列函数在自变量的给定变化趋势下是否有极限，如有极限，写出它们的极限：

(1) $f(x)=\dfrac{1}{x^2}(x\to0)$；

(2) $f(x)=e^x(x\to-\infty)$；

(3) $f(x)=\ln x^2(x\to\infty)$；

(4) $f(x)=\arctan x(x\to\infty)$.

3. 求下列极限.

(1) $\lim\limits_{x\to\infty}\left(\dfrac{1}{\ln x}-\dfrac{2}{x+2}\right)$；

(2) $\lim\limits_{x\to-1}\dfrac{x^2+x}{x^2-x+3}$；

(3) $\lim\limits_{x\to\infty}\left(1-\dfrac{2}{x}-\dfrac{3}{x^3}\right)$；

(4) $\lim\limits_{x\to-\infty}\left(1-\dfrac{2}{x^2}-\arctan x\right)$；

(5) $\lim\limits_{x\to-\infty}\left(e^x-\operatorname{arccot}x-\dfrac{3}{x^3}\right)$；

(6) $\lim\limits_{x\to2}(2-x^2-\cos x\pi)$.

4. 用函数极限的定义证明：

(1) $\lim\limits_{x\to1}(2x-1)=1$；

(2) $\lim\limits_{x\to\infty}\dfrac{x-1}{2x}=\dfrac{1}{2}$；

(3) $\lim\limits_{x \to -\infty} e^x = 0$; (4) $\lim\limits_{x \to 0^+} \ln x = -\infty$.

5. 设 $f(x) = \begin{cases} -2x+1 & x<1 \\ x+1 & x \geqslant 1 \end{cases}$, $\lim\limits_{x \to 1^+} f(x)$, $\lim\limits_{x \to 1^-} f(x)$, $\lim\limits_{x \to 1} f(x)$ 是否存在?

6. 设 $f(x) = \begin{cases} x-1 & x<0 \\ \dfrac{1}{x+1} & x \geqslant 0 \end{cases}$, $\lim\limits_{x \to 0^+} f(x)$, $\lim\limits_{x \to 0^-} f(x)$, $\lim\limits_{x \to 0} f(x)$ 是否存在?

7. 设 $f(x) = \begin{cases} 2\sin x & x > \dfrac{\pi}{2} \\ 3x+a & x \leqslant \dfrac{\pi}{2} \end{cases}$,问常数 a 为何值时,$\lim\limits_{x \to \frac{\pi}{2}} f(x)$ 存在.

8. 证明:如果极限 $\lim\limits_{x \to \infty} f(x)$ 存在,那么极限唯一.

9. 证明:$\lim\limits_{x \to x_0} f(x) = A$ 存在的充分必要条件是 $\lim\limits_{x \to x_0^+} f(x) = \lim\limits_{x \to x_0^-} f(x) = A$.

10. 如果极限 $\lim\limits_{x \to x_0} f(x)$ 存在,证明在点 x_0 的某个去心邻域内,函数 $f(x)$ 有界.

11. 如果极限 $\lim\limits_{x \to x_0} f(x) = A$,且 $A > 0$(或 $A < 0$),证明在点 x_0 的某个去心邻域内,$f(x) > 0$(或 $f(x) < 0$).

12. 如果极限 $\lim\limits_{x \to x_0} f(x) = A$,并且在点 x_0 的某个去心邻域内,$f(x) \geqslant 0$(或 $f(x) \leqslant 0$),证明 $A \geqslant 0$(或 $A \leqslant 0$).

13. 若极限 $\lim\limits_{x \to x_0} f(x)$,$\lim\limits_{x \to x_0} g(x)$ 恰有一个存在,一个不存在,证明 $\lim\limits_{x \to x_0} [f(x) \pm g(x)]$ 不存在.

第四节 无穷小与无穷大

在研究函数极限的过程中,经常用到以 0 为极限的函数,本节将着重讨论此类函数.

一、无穷小

1. 无穷小定义

定义 1.4.1 如果 $\lim\limits_{x \to \infty} f(x) = 0$(或 $\lim\limits_{x \to +\infty} f(x) = 0$, $\lim\limits_{x \to -\infty} f(x) = 0$, $\lim\limits_{x \to x_0} f(x) = 0$, $\lim\limits_{x \to x_0^+} = 0$, $\lim\limits_{x \to 0_0^-} f(x) = 0$),则称 $f(x)$ 为当 $x \to \infty$(或 $x \to +\infty$, $x \to -\infty$, $x \to x_0$, $x \to x_0^+$, $x \to x_0^-$)时的**无穷小**.

特别地,设数列 $\{x_n\}$,如果 $\lim\limits_{x \to \infty} x_n = 0$,则称数列 $\{x_n\}$ 为当 $n \to \infty$ 时的**无穷小**.

例 1.4.1 对于函数 x, $\dfrac{1}{x}$, $x-1$, $\sin x$, $\sin x - 1$, $\cos x - 1$, $\dfrac{1}{\ln x}$ 及数列 $\dfrac{1}{n+1}$ $(n \in \mathbf{N}_+)$, e^n $(n \in \mathbf{N}_+)$,问

(1) 当 $x \to 0$ 时,哪些函数是无穷小?

(2) 当 $x \to 1$ 时,哪些函数是无穷小?

(3) 当 $x \to +\infty$ 时,哪些函数是无穷小?

(4) 当 $n \to \infty$ 时,哪些数列是无穷小?

解 (1) 因为只有函数 x,$\sin x$,$\cos x - 1$ 满足

$$\lim_{x\to 0} x = 0, \lim_{x\to 0}\sin x = 0, \lim_{x\to 0}(\cos x - 1) = 0,$$

所以函数 x,$\sin x$,$\cos x - 1$ 是当 $x \to 0$ 时的无穷小.

(2) 因为只有函数 $x - 1$ 满足 $\lim\limits_{x\to 1}(x-1)=0$,所以函数 $x-1$ 是当 $x \to 1$ 时的无穷小.

(3) 因为只有函数 $\frac{1}{x}$,$\frac{1}{\ln x}$ 满足 $\lim\limits_{x\to+\infty}\frac{1}{x}=0$,$\lim\limits_{x\to+\infty}\frac{1}{\ln x}=0$,所以函数 $\frac{1}{x}$,$\frac{1}{\ln x}$ 是当 $x \to +\infty$ 时的无穷小.

(4) 因为只有数列 $\left\{\frac{1}{n+1}\right\}$ 满足 $\lim\limits_{n\to\infty}\frac{1}{n+1}=0$,所以数列 $\left\{\frac{1}{n+1}\right\}$ 是当 $n \to \infty$ 时的无穷小.

注意:无穷小不是很小的常数,无穷小是依赖于自变量变化的函数,0 是特殊的无穷小.

2. 无穷小与函数极限的关系

定理 1.4.1 $\lim f(x) = A$ 的充分必要条件是 $f(x) = A + \alpha(x)$,其中 $\alpha(x)$ 是当 x 与 $\lim f(x) = A$ 中 x 的变化趋势一致时的无穷小.

证 只证 $\lim\limits_{x\to\infty} f(x) = A$ 的情形.

必要性:因为 $\lim\limits_{x\to\infty} f(x) = A$,令 $\alpha(x) = f(x) - A$,两边同取极限得

$$\lim_{x\to\infty}\alpha(x) = \lim_{x\to\infty}[f(x) - A] = \lim_{x\to\infty} f(x) - \lim_{x\to\infty} A = A - A = 0.$$

由定义 1.4.1 知,$\alpha(x)$ 是当 $x \to \infty$ 时的无穷小.

充分性:设 $f(x) = A + \alpha(x)$,$\alpha(x)$ 是当 $x \to \infty$ 时的无穷小,即 $\lim\limits_{x\to\infty}\alpha(x) = 0$,于是对 $f(x) = A + \alpha(x)$ 两边同取极限得

$$\lim_{x\to\infty} f(x) = \lim_{x\to\infty}[A + \alpha(x)] = \lim_{x\to\infty} A + \lim_{x\to\infty}\alpha(x) = A + 0 = A,$$

即 $\lim\limits_{x\to\infty} f(x) = A$.

例如,由 $\lim\limits_{x\to 0}\cos x = 1$ 得 $\cos x = 1 + \alpha(x)$,其中 $\alpha(x)$ 是当 $x \to 0$ 时的无穷小.

由 $\lim\limits_{x\to 4}\sqrt{x} = 2$ 得 $\sqrt{x} = 2 + \alpha(x)$,其中 $\alpha(x)$ 是当 $x \to 4$ 时的无穷小.

3. 无穷小的加、减、乘运算法则

由定理 1.3.4(1)(2) 直接得到下面定理 1.4.2 与定理 1.4.3.

定理 1.4.2 常数与无穷小的乘积还是无穷小.

定理 1.4.3 有限个无穷小的加、减、乘混合运算还是无穷小.

例如,$\lim\alpha(x) = 0$,$\lim\beta(x) = 0$,$\lim\gamma(x) = 0$,则

$$\lim[\alpha(x)\beta(x) - \beta(x)\gamma(x) + \gamma(x)\alpha(x)] = 0.$$

定理 1.4.4 有界函数与无穷小的乘积还是无穷小.

证　只证自变量的变化趋势是 $x\to\infty$ 的情形.设 $y=f(x)$ 有界,$\lim\limits_{x\to\infty}\alpha(x)=0$,因为 $y=f(x)$ 有界,所以 $\exists M>0$,使得 $|f(x)|<M$,又因为 $\lim\limits_{x\to\infty}\alpha(x)=0$,所以 $\forall\varepsilon>0$,$\exists X>0$,当 $|x|>X$ 时,有 $|\alpha(x)-0|=|\alpha(x)|<\dfrac{\varepsilon}{M}$,于是

$$|f(x)\cdot\alpha(x)-0|\leqslant|f(x)|\cdot|\alpha(x)|<M\cdot\frac{\varepsilon}{M}=\varepsilon,$$

即当 $x\to\infty$ 时,$f(x)\cdot\alpha(x)$ 也是无穷小.

例 1.4.2　求下列极限:

(1) $\lim\limits_{x\to0}3x\cdot\sin^2\dfrac{1}{x}$;(2) $\lim\limits_{x\to\infty}\dfrac{1}{x^2}\cdot\sin2x$;(3) $\lim\limits_{x\to+\infty}\dfrac{1}{\ln x}\cdot\cos x$.

解　(1) 因为 $\left|\sin\dfrac{1}{x}\right|\leqslant1$,所以 $\left|\sin^2\dfrac{1}{x}\right|=\left|\sin\dfrac{1}{x}\right|^2\leqslant1$,又因为 $\lim\limits_{x\to0}3x=3\lim\limits_{x\to0}x=0$,所以由定理 1.4.4 得,$\lim\limits_{x\to0}3x\cdot\sin^2\dfrac{1}{x}=0$.

(2) 因为 $|\sin2x|\leqslant1$,$\lim\limits_{x\to\infty}\dfrac{1}{x^2}=\left(\lim\limits_{x\to\infty}\dfrac{1}{x}\right)^2=0$,所以由定理 1.4.4 得,$\lim\limits_{x\to\infty}\dfrac{1}{x^2}\cdot\sin2x=0$.

(3) 因为 $|\cos x|\leqslant1$,$\lim\limits_{x\to+\infty}\dfrac{1}{\ln x}=0$,所以由定理 1.4.4 得,$\lim\limits_{x\to+\infty}\dfrac{1}{\ln x}\cdot\cos x=0$.

例 1.4.3　求 $\lim\limits_{x\to\infty}\dfrac{x^2+x-1}{2x^3-x+2}$.

解

$$\lim_{x\to\infty}\frac{x^2+x-1}{2x^3-x+2}=\lim_{x\to\infty}\frac{\dfrac{1}{x}+\dfrac{1}{x^2}-\dfrac{1}{x^3}}{2-\dfrac{1}{x^2}+\dfrac{2}{x^3}}=\frac{\lim\limits_{x\to\infty}\dfrac{1}{x}+\lim\limits_{x\to\infty}\dfrac{1}{x^2}-\lim\limits_{x\to\infty}\dfrac{1}{x^3}}{\lim\limits_{x\to\infty}2-\lim\limits_{x\to\infty}\dfrac{1}{x^2}+\lim\limits_{x\to\infty}\dfrac{2}{x^3}}=\frac{0}{2}=0.$$

例 1.4.4　求 $\lim\limits_{x\to\infty}\dfrac{4x^3+x^2-1}{2x^3-x+2}$.

解

$$\lim_{x\to\infty}\frac{4x^3+x^2-1}{2x^3-x+2}=\lim_{x\to\infty}\frac{4+\dfrac{1}{x}-\dfrac{1}{x^3}}{2-\dfrac{1}{x^2}+\dfrac{2}{x^3}}=\frac{\lim\limits_{x\to\infty}4+\lim\limits_{x\to\infty}\dfrac{1}{x}-\lim\limits_{x\to\infty}\dfrac{1}{x^3}}{\lim\limits_{x\to\infty}2-\lim\limits_{x\to\infty}\dfrac{1}{x^2}+\lim\limits_{x\to\infty}\dfrac{2}{x^3}}=\frac{4}{2}=2.$$

二、无穷大

如果对自变量的任何一种变化趋势($x\to\infty$,$x\to+\infty$,$x\to-\infty$,$x\to x_0$,$x\to x_0^+$,$x\to x_0^-$),对应的函数值的绝对值 $|f(x)|$ 无限增大,就称函数 $f(x)$ 为当 x 对应于相应变化趋势时的无穷大.

定义 1.4.2　设函数 $f(x)$ 在 $|x|$ 大于某一正数时有定义,如果对于任意 $M>0$,存在 $X>0$,当 $|x|>X$ 时,总有 $|f(x)|>M$,则称函数 $f(x)$ 是当 $x\to\infty$ 时的**无穷大**.

如果将定义1.4.2中的“$|x|$大于某一正数”改成“x大于某一正数”或“x小于某一负数”，“$x \to \infty$”改成“$x \to +\infty$”或“$x \to -\infty$”即得到函数$f(x)$当$x \to +\infty$或$x \to -\infty$时的无穷大的定义.

定义 1.4.2′ 设函数$f(x)$在点x_0的某个去心邻域内有定义,如果对于任意$M > 0$,存在$\delta > 0$,在x_0的δ去心邻域内,总有$|f(x)| > M$,则称函数$f(x)$是当$x \to x_0$时的**无穷大**.

如果将定义1.4.2′中的“去心邻域”改成“右邻域”或“左邻域”,“$x \to x_0$”改成“$x \to x_0^+$”或“$x \to x_0^-$”即得到函数$f(x)$当$x \to x_0^+$或$x \to x_0^-$时的无穷大的定义.

当$x \to \infty$(或$x \to +\infty$,$x \to -\infty$,$x \to x_0$,$x \to x_0^+$,$x \to x_0^-$)时的无穷大函数,其极限是不存在的,但为了说明函数这一性态,有时也称函数的极限是无穷大,并记作$\lim f(x) = \infty$.

当$x \to \infty$,$x \to +\infty$,$x \to -\infty$时,无穷大的定义还可以做如下表达:

$\lim\limits_{x \to \infty} f(x) = \infty \Leftrightarrow \forall M > 0$,$\exists X > 0$,当$|x| > X$时,有$|f(x)| > M$成立;

$\lim\limits_{x \to +\infty} f(x) = \infty \Leftrightarrow \forall M > 0$,$\exists X > 0$,当$x > X$时,有$|f(x)| > M$成立;

$\lim\limits_{x \to -\infty} f(x) = \infty \Leftrightarrow \forall M > 0$,$\exists X > 0$,当$x < -X$时,有$|f(x)| > M$成立.

当$x \to x_0$,$x \to x_0^+$,$x \to x_0^-$时,无穷大的定义还可以做如下表达:

$\lim\limits_{x \to x_0} f(x) = \infty \Leftrightarrow \forall M > 0$,$\exists \delta > 0$,当$0 < |x - x_0| < \delta$时,有$|f(x)| > M$;

$\lim\limits_{x \to x_0^+} f(x) = \infty \Leftrightarrow \forall M > 0$,$\exists \delta > 0$,当$0 < x - x_0 < \delta$时,有$|f(x)| > M$;

$\lim\limits_{x \to x_0^-} f(x) = \infty \Leftrightarrow \forall M > 0$,$\exists \delta > 0$,当$0 < x_0 - x < \delta$时,有$|f(x)| > M$.

如果将定义1.4.2、定义1.4.2′中的“$|f(x)| > M$”改成“$f(x) > M$”或$f(x) < -M$,“无穷大”改成“正无穷大”或“负无穷大”,即得到函数$f(x)$当$x \to \infty(x \to x_0)$时的正无穷大或负无穷大的定义,记作$\lim f(x) = +\infty$,$\lim f(x) = -\infty$.

注意:无穷大不是很大的数,不能把无穷大与很大的数混为一谈.无穷大是依赖于自变量变化的函数.

例如,当$x \to 1$时,根据$\dfrac{1}{x-1}$的变化趋势,$\dfrac{1}{x-1}$是无穷大;当$x \to \infty$时,根据$\dfrac{1}{x-1}$的变化趋势,$\dfrac{1}{x-1}$是无穷小;当$x \to 2$时,根据$\dfrac{1}{x-1}$的变化趋势,$\dfrac{1}{x-1}$趋于1,既不是无穷大也不是无穷小.

例 1.4.5 证明$\lim\limits_{x \to 0} \dfrac{1}{x} = \infty$.

证 对于任意$M > 0$,要使$\left|\dfrac{1}{x}\right| > M$,只需$|x| < \dfrac{1}{M}$,取$\delta = \dfrac{1}{M}$,当$0 < |x - 0| < \delta$时,总有$\dfrac{1}{x} > M$,所以$\lim\limits_{x \to 0} \dfrac{1}{x} = \infty$.

例 1.4.6 证明$\lim\limits_{x \to 1^+} \ln(x-1) = -\infty$.

证 对于任意$M > 0$,要使$\ln(x-1) < -M$,只需$x - 1 < e^{-M}$,取$\delta = e^{-M}$,当$0 < x - 1 < \delta$时,总有$\ln(x-1) < -M$,所以$\lim\limits_{x \to 1^+} \ln(x-1) = -\infty$.

定义 1.4.3　如果$\lim\limits_{x \to x_0} f(x)=\infty$，则称直线 $x=x_0$ 是函数 $y=f(x)$ 图形的**铅直渐近线**.

例如，直线 $x=0$ 是函数 $y=\dfrac{1}{x}$ 图形的铅直渐近线.

定理1.4.5(无穷大与无穷小之间的关系)　在自变量的同一变化趋势中，如果 $f(x)$ 为无穷大，则$\dfrac{1}{f(x)}$ 为无穷小；反之，如果 $f(x)$ 为无穷小，且 $f(x)\neq 0$，则$\dfrac{1}{f(x)}$ 为无穷大.

证　对于函数 $f(x)$，只证明当 $x\to\infty$ 情形.

如果$\lim\limits_{x\to\infty} f(x)=\infty$，对于 $\forall \varepsilon>0$，取 $M=\dfrac{1}{\varepsilon}>0$，存在 $X>0$，当 $|x|>X$ 时，总有 $|f(x)|>M$，于是$\dfrac{1}{|f(x)|}<\dfrac{1}{M}=\varepsilon$，即$\left|\dfrac{1}{f(x)}-0\right|<\varepsilon$，从而$\lim\limits_{x\to\infty}\dfrac{1}{f(x)}=0$，即$\dfrac{1}{f(x)}$ 为当 $x\to\infty$ 时的无穷小.

如果$\lim\limits_{x\to\infty} f(x)=0$，对于 $\forall M>0$，取 $\varepsilon=\dfrac{1}{M}>0$，存在 $X>0$，当 $|x|>X$ 时，总有 $|f(x)-0|=|f(x)|<\varepsilon=\dfrac{1}{M}$，于是$\dfrac{1}{|f(x)|}>M$，即$\left|\dfrac{1}{f(x)}\right|>M$，从而$\lim\limits_{x\to\infty}\dfrac{1}{f(x)}=\infty$，即$\dfrac{1}{f(x)}$ 为当 $x\to\infty$ 时的无穷大.

例如，$\lim\limits_{x\to 0}\sin x=0 \Leftrightarrow \lim\limits_{x\to 0}\dfrac{1}{\sin x}=\infty$，$\lim\limits_{x\to+\infty}\mathrm{e}^x=\infty \Leftrightarrow \lim\limits_{x\to+\infty}\dfrac{1}{\mathrm{e}^x}=0$.

例 1.4.7　求$\lim\limits_{x\to 2}\dfrac{x^2-x-3}{x^2-x-2}$.

解　因为

$$\lim_{x\to 2}\frac{x^2-x-2}{x^2-x-3}=\frac{\lim\limits_{x\to 2}(x^2-x-2)}{\lim\limits_{x\to 2}(x^2-x-3)}=\frac{\lim\limits_{x\to 2}x^2-\lim\limits_{x\to 2}x-\lim\limits_{x\to 2}2}{\lim\limits_{x\to 2}x^2-\lim\limits_{x\to 2}x-\lim\limits_{x\to 2}3}=\frac{2^2-2-2}{2^2-2-3}=0,$$

所以$\lim\limits_{x\to 2}\dfrac{x^2-x-3}{x^2-x-2}=\infty$.

例 1.4.8　求$\lim\limits_{x\to\infty}\dfrac{x^3+x-3}{2x^2-x-2}$.

解　因为

$$\lim_{x\to\infty}\frac{2x^2-x-2}{x^3+x-3}=\lim_{x\to\infty}\frac{\dfrac{2}{x}-\dfrac{1}{x^2}-\dfrac{2}{x^3}}{1+\dfrac{1}{x^2}-\dfrac{3}{x^3}}=\frac{\lim\limits_{x\to\infty}\dfrac{2}{x}-\lim\limits_{x\to\infty}\dfrac{1}{x^2}-\lim\limits_{x\to\infty}\dfrac{2}{x^3}}{\lim\limits_{x\to\infty}1+\lim\limits_{x\to\infty}\dfrac{1}{x^2}-\lim\limits_{x\to\infty}\dfrac{3}{x^3}}=\frac{0}{1}=0,$$

所以$\lim\limits_{x\to\infty}\dfrac{x^3+x-3}{2x^2-x-2}=\infty$.

对于 $x\to\infty$ 时，求多项式之比的极限，通常的做法是分子分母同时除以分母的最高次项.

例 1.4.3、例 1.4.4、例 1.4.8 是下列一般情形的特例,

$$\lim_{x\to\infty}\frac{a_0x^m+a_1x^{m-1}+\cdots+a_m}{b_0x^n+b_1x^{n-1}+\cdots+b_n}=\begin{cases}\dfrac{a_0}{b_0} & n=m\\ 0 & n>m\\ \infty & n<m\end{cases},\text{其中 } a_0\neq 0,b_0\neq 0.$$

三、复合函数的极限

说明:下面定理 1.4.6、定理 1.4.7 与定理 1.4.8 中"x 的变化范围"由 x 的变化趋势确定,当 $x\to\infty$,$x\to+\infty$,$x\to-\infty$,$x\to x_0$,$x\to x_0^+$,$x\to x_0^-$ 时,所对应的 x 变化范围分别是:

$x\to\infty$:$\exists X>0,\forall x,|x|>X$; $x\to+\infty$:$\exists X>0,\forall x,x>X$;

$x\to-\infty$:$\exists X>0,\forall x,x<-X$; $x\to x_0$:$\exists \delta>0,\forall x,0<|x-x_0|<\delta$;

$x\to x_0^+$:$\exists \delta>0,\forall x,0<x-x_0<\delta$;$x\to x_0^-$:$\exists \delta>0,\forall x,0<x_0-x<\delta$.

定理 1.4.6 设函数 $y=f[g(x)]$ 是由函数 $y=f(u)$ 与函数 $u=g(x)$ 复合而成,$y=f[g(x)]$ 在 x 的变化范围内均有定义.若 $\lim\limits_{u\to u_0}f(u)=A$(这里的 A 是数值,u_0 可以是数值,也可以是 ∞,$+\infty$ 或 $-\infty$),$\lim g(x)=u_0$,且在 x 的变化范围内 $g(x)\neq u_0$,则

$$\lim f[g(x)]=\lim_{u\to u_0}f(u)=A.$$

证 只证 $\lim\limits_{x\to\infty}g(x)=u_0$,$u_0=\infty$ 的情形.

因为 $\lim\limits_{u\to u_0}f(u)=A$,所以对于 $\forall\varepsilon>0$,存在 $U>0$,当 $|u|>U$ 时,总有 $|f(u)-A|<\varepsilon$,因为 $\lim\limits_{x\to\infty}g(x)=\infty$,所以对于 $U>0$,存在 $X>0$,当 $|x|>X$ 时,总有 $|g(x)|>U$,即 $|u|>U$.

于是对于 $\forall\varepsilon>0$,存在 $X>0$,当 $|x|>X$ 时,总有 $|f(u)-A|=|f[g(x)]-A|<\varepsilon$,即 $\lim\limits_{x\to\infty}f[g(x)]=A$.

定理 1.4.6 的已知条件中,若将"$\lim\limits_{u\to u_0}f(u)=A$"改成"$\lim\limits_{u\to u_0^+}f(u)=A$"或"$\lim\limits_{u\to u_0^-}f(u)=A$",这里 u_0 是一个数值,则亦有结论:

$$\lim f[g(x)]=\lim_{u\to u_0^+}f(u)=A \text{ 或 } \lim f[g(x)]=\lim_{u\to u_0^-}f(u)=A.$$

例 1.4.9 求 $\lim\limits_{x\to 3}\sqrt{\dfrac{x^2-2x-3}{x-3}}$.

解 $y=\sqrt{\dfrac{x^2-2x-3}{x-3}}$ 是由 $y=\sqrt{u}$ 与 $u=\dfrac{x^2-2x-3}{x-3}$ 复合而成的,因为

$$\lim_{x\to 3}\frac{x^2-2x-3}{x-3}=\lim_{x\to 3}\frac{(x-3)(x+1)}{x-3}=\lim_{x\to 3}(x+1)=4,$$

所以

$$\lim_{x\to 3}\sqrt{\frac{x^2-2x-3}{x-3}}=\lim_{u\to 4}\sqrt{u}=2.$$

例 1.4.10　求$\lim\limits_{x\to\infty}\arctan e^x$.

解　$y=\arctan e^x$ 是由 $y=\arctan u$ 与 $u=e^x$ 复合而成的，因为$\lim\limits_{x\to\infty}e^x=+\infty$，所以

$$\lim_{x\to\infty}\arctan e^x=\lim_{u\to+\infty}\arctan u=\frac{\pi}{2}.$$

根据定理 1.4.6，下面给出换元法求极限 $\lim f[g(x)]$ 的步骤：

(1) 令$u=g(x)$，先求$\lim g(x)=u_0$(这里的u_0可以是一个数值，也可以是∞，$+\infty$或$-\infty$)；

(2) 再求$\lim\limits_{u\to u_0}f(u)=A$.

例 1.4.11　求 $\lim\limits_{x\to+\infty}(\sqrt{2x^2+x}-\sqrt{2x^2-x})$.

解

$$\begin{aligned}\lim_{x\to+\infty}(\sqrt{2x^2+x}-\sqrt{2x^2-x})&=\lim_{x\to+\infty}\frac{(2x^2+x)-(2x^2-x)}{\sqrt{2x^2+x}+\sqrt{2x^2-x}}\\&=\lim_{x\to+\infty}\frac{2x}{\sqrt{2x^2+x}+\sqrt{2x^2-x}}\\&=\lim_{x\to+\infty}\frac{2}{\sqrt{2+\frac{1}{x}}+\sqrt{2-\frac{1}{x}}},\end{aligned}$$

令$u=\dfrac{1}{x}$，有$\lim\limits_{x\to+\infty}\dfrac{1}{x}=0$，于是

$$\text{原式}=\lim_{u\to0}\frac{2}{\sqrt{2+u}+\sqrt{2-u}}=\frac{\lim\limits_{u\to0}2}{\lim\limits_{u\to0}\sqrt{2+u}+\lim\limits_{u\to0}\sqrt{2-u}}=\frac{2}{\sqrt{2}+\sqrt{2}}=\frac{\sqrt{2}}{2}.$$

因为幂指函数 $y=[u(x)]^{v(x)}$ $(u(x)>0)$ 也是复合函数，下面定理 1.4.7 给出幂指函数极限求法.

定理 1.4.7　设幂指函数 $y=[u(x)]^{v(x)}$ $(u(x)>0)$，如果$\lim u(x)$，$\lim v(x)$都存在，且$\lim u(x)>0$，则$\lim[u(x)]^{v(x)}=[\lim u(x)]^{\lim v(x)}$.

证　只证$\lim\limits_{x\to\infty}u(x)=u_0$，$\lim\limits_{x\to\infty}v(x)=v_0$，其中$u_0$，$v_0$是数值.

设$u=u(x)$，因为$\lim\limits_{x\to\infty}u(x)=u_0>0$，$\lim\limits_{u\to u_0}\ln u=\ln u_0$(由例 1.3.5 知)，所以

$$\lim_{x\to\infty}\ln u(x)=\lim_{u\to u_0}\ln u=\ln u_0=\ln[\lim_{x\to\infty}u(x)].$$

因为$\lim\limits_{x\to\infty}v(x)=v_0$，所以

$$\lim_{x\to\infty}[v(x)\ln u(x)]=\lim_{x\to\infty}v(x)\cdot\lim_{x\to\infty}\ln u(x)=v_0\cdot\ln[\lim_{x\to\infty}u(x)]=\ln[\lim_{x\to\infty}u(x)]^{v_0},$$

即$\lim\limits_{x\to\infty}[v(x)\ln u(x)]$存在，记$w=v(x)\ln u(x)$，$\lim\limits_{x\to\infty}w=\lim\limits_{x\to\infty}[v(x)\ln u(x)]=w_0$，因为

$$\lim_{x\to\infty}[v(x)\ln u(x)]=w_0,\ \lim_{w\to w_0}e^w=e^{w_0}\text{(由例 1.3.4 知)},$$

所以$\lim\limits_{x\to\infty}e^{v(x)\ln u(x)}$ 存在，且

$$\begin{aligned}\lim_{x\to\infty}[u(x)]^{v(x)}&=\lim_{x\to\infty}e^{v(x)\ln u(x)}=\lim_{w\to w_0}e^w=e^{w_0}=e^{\lim\limits_{x\to\infty}v(x)\cdot\ln u(x)}=e^{\ln[\lim\limits_{x\to\infty}u(x)]^{v_0}}\\&=[\lim_{x\to\infty}u(x)]^{\lim\limits_{x\to\infty}v(x)},\end{aligned}$$

即

$$\lim_{x\to\infty}[u(x)]^{v(x)}=[\lim_{x\to\infty}u(x)]^{\lim\limits_{x\to\infty}v(x)}.$$

例 1.4.12 求下列极限.

(1) $\lim\limits_{x\to 1}(x+1)^{2x}$;(2) $\lim\limits_{x\to+\infty}(\arctan x)^{\frac{1}{x}}$;(3) $\lim\limits_{x\to\frac{\pi}{2}}(\sin x)^{\cos x}$.

解 (1) 因为$\lim\limits_{x\to 1}(x+1)=2$,$\lim\limits_{x\to 1}2x=2$,所以由定理 1.4.7 知,$\lim\limits_{x\to 1}(x+1)^{2x}=2^2=4$.

(2) 因为 $\lim\limits_{x\to+\infty}\arctan x=\frac{\pi}{2}$,$\lim\limits_{x\to+\infty}\frac{1}{x}=0$,所以由定理 1.4.7 知,$\lim\limits_{x\to\infty}(\arctan x)^{\frac{1}{x}}=\left(\frac{\pi}{2}\right)^0$ $=1$.

(3) 因为$\lim\limits_{x\to\frac{\pi}{2}}\sin x=1$,$\lim\limits_{x\to\frac{\pi}{2}}\cos x=0$,所以由定理 1.4.7 知,$\lim\limits_{x\to\frac{\pi}{2}}(\sin x)^{\cos x}=1^0=1$.

四、函数极限与数列极限的关系

定理 1.4.8 如果$\lim\limits_{x\to x_0}f(x)$(这里的 x_0 可以是数值,也可以是 ∞,$+\infty$ 或 $-\infty$)存在,数列$\{x_n\}$的项包含在 x 的变化范围内,且$\lim\limits_{n\to\infty}x_n=x_0$,那么相应的函数值数列$\{f(x_n)\}$必收敛,且$\lim\limits_{x\to x_0}f(x)=\lim\limits_{n\to\infty}f(x_n)$.

定理 1.4.8 的函数值数列$\{f(x_n)\}$也是复合函数,是由函数 $y=f(u)$ 与函数 $u=x_n$ 复合而成的,$\{f(x_n)\}$的定义域是正整数,所以定理 1.4.8 的证明与定理 1.4.6 类似,在此不做证明.

若定理 1.4.8 的已知条件"$\lim\limits_{x\to x_0}f(x)$"(这里 x_0 是一个数值)改成"$\lim\limits_{x\to x_0^+}f(x)$"或"$\lim\limits_{x\to x_0^-}f(x)$",类似地,有结论

$$\lim_{x\to x_0^+}f(x)=\lim_{n\to\infty}f(x_n) \text{ 或 } \lim_{x\to x_0^-}f(x)=\lim_{n\to\infty}f(x_n).$$

根据定理 1.4.8,数列极限的问题常常可以转化为函数极限的问题.

例 1.4.13 求下列极限.

(1) $\lim\limits_{n\to\infty}\sin\frac{1}{n}$;(2) $\lim\limits_{n\to\infty}\mathrm{arccot}\,n$;(3) $\lim\limits_{n\to\infty}e^{\frac{1}{n}}$.

解 (1) 因为$\lim\limits_{x\to 0}\sin x=0$,而$\frac{1}{n}\in\mathring{U}(0)$,所以$\lim\limits_{x\to 0}\sin x=\lim\limits_{n\to\infty}\sin\frac{1}{n}=0$,即$\lim\limits_{n\to\infty}\sin\frac{1}{n}=0$.

(2) 因为 $\lim\limits_{x\to+\infty}\mathrm{arccot}\,x=0$,而 $n\geqslant 1$,所以 $\lim\limits_{x\to+\infty}\mathrm{arccot}\,x=\lim\limits_{n\to\infty}\mathrm{arccot}\,n=0$,即$\lim\limits_{n\to\infty}\mathrm{arccot}\,n=0$.

(3) 因为$\lim\limits_{x\to\infty}\frac{1}{x}=0$,所以$\lim\limits_{x\to\infty}e^{\frac{1}{x}}=e^0=1$,又因为 $n\geqslant 1$,于是

$$\lim_{x\to+\infty}e^{\frac{1}{x}}=\lim_{n\to\infty}e^{\frac{1}{n}}=1,$$

即$\lim\limits_{n\to\infty}e^{\frac{1}{n}}=1$.

将幂指函数 $y=[u(x)]^{v(x)}(u(x)>0)$ 中的 x 改成正整数 n,数列$\{[u(n)]^{v(n)}\}(u(n)>0)$称为**幂指数列**,由定理 1.4.7 与定理 1.4.8 可得下面推论 1.4.1.

推论 1.4.1　设幂指数列$\{[u(n)]^{v(n)}\}(u(n)>0)$，如果$\lim\limits_{n\to\infty}u(n)$，$\lim\limits_{n\to\infty}v(n)$都存在，且$\lim\limits_{n\to\infty}u(n)>0$，则$\lim\limits_{n\to\infty}[u(n)]^{v(n)}=[\lim\limits_{n\to\infty}u(n)]^{\lim\limits_{n\to\infty}v(n)}$.

五、无穷小的比较

两个无穷小的和、差及乘积仍是无穷小，但关于两个无穷小的商，却出现不同的情况，例如，当$x\to 1$时，$x-1$，$(x-1)^2$，x^2-1都是无穷小，而

$$\lim_{x\to1}\frac{(x-1)^2}{x-1}=\lim_{x\to1}(x-1)=0,\lim_{x\to1}\frac{x-1}{(x-1)^2}=\lim_{x\to1}\frac{1}{x-1}=\infty,\lim_{x\to1}\frac{x-1}{x^2-1}=\lim_{x\to1}\frac{1}{x+1}=\frac{1}{2}.$$

两个无穷小商的极限的各种不同结果，反映了不同的无穷小趋向于零的速度快慢，就上例来说，在$x\to1$的过程中，$(x-1)^2$比$x-1$快些；$x-1$与x^2-1的快慢相仿.

下面通过无穷小之比的极限结果来说明两个无穷小趋于零的速度快慢，注意，下面的α与β都是在同一个自变量的变化趋势中的无穷小，且$\beta\neq0$.

定义 1.4.4

(1) 若$\lim\dfrac{\alpha}{\beta}=0$，则称$\alpha$是比$\beta$**高阶的无穷小**，记为$\alpha=o(\beta)$.

(2) 若$\lim\dfrac{\alpha}{\beta}=\infty$，则称$\alpha$是比$\beta$**低阶的无穷小**.

(3) 若$\lim\dfrac{\alpha}{\beta}=k\neq0$，则称$\alpha$与$\beta$是**同阶的无穷小**.

(4) 若$\lim\dfrac{\alpha}{\beta}=1$，则称$\alpha$与$\beta$是**等价的无穷小**，记为$\alpha\sim\beta$.

等价无穷小的性质：

设α、β与γ都是在同一个自变量的变化趋势中的无穷小，则

(1) 反身性：$\alpha\sim\alpha$；

(2) 对称性：$\alpha\sim\beta\Rightarrow\beta\sim\alpha$；

(3) 传递性：$\alpha\sim\beta$，$\beta\sim\gamma\Rightarrow\alpha\sim\gamma$；

(4) 幂等性：$\alpha^\mu\sim\beta^\mu$，$\mu>0$.

以上性质是显然的.

例 1.4.14　当$n\to\infty$时，按从低阶到高阶的顺序排列下列无穷小：$\dfrac{1}{3n}$，$\dfrac{n-1}{n^4}$，$\dfrac{2n-1}{n^3}$.

解　因为

$$\lim_{n\to\infty}\frac{\frac{n-1}{n^4}}{\frac{2n-1}{n^3}}=\lim_{n\to\infty}\frac{n-1}{n(2n-1)}=\lim_{n\to\infty}\frac{\frac{1}{n}-\frac{1}{n^2}}{2-\frac{1}{n}}=0,$$

所以$\dfrac{n-1}{n^4}$是比$\dfrac{2n-1}{n^3}$高阶的无穷小.

因为

$$\lim_{n\to\infty}\frac{\frac{2n-1}{n^3}}{\frac{1}{3n}}=\lim_{n\to\infty}\frac{3(2n-1)}{n^2}=\lim_{n\to\infty}\left(\frac{6}{n}-\frac{1}{n^2}\right)=0,$$

所以$\frac{2n-1}{n^3}$是比$\frac{1}{3n}$高阶的无穷小.

于是当 $n\to\infty$ 时,按从低阶到高阶排列的无穷小为:$\frac{1}{3n},\frac{2n-1}{n^3},\frac{n-1}{n^4}$.

例 1.4.15 当 $x\to 2^+$ 时,比较无穷小 $2\sqrt{x-2}$ 与下列无穷小的阶,并指出该无穷小与下列哪些无穷小等价.

(1)$x-2$;(2) $\sqrt{x-2}$;(3) $\sqrt[3]{x-2}$;(4) $\frac{2\sqrt{3}}{3}\sqrt{x^2-x-2}$.

解 (1) 因为$\lim\limits_{x\to 2}\frac{2\sqrt{x-2}}{x-2}=\lim\limits_{x\to 2}\frac{2}{\sqrt{x-2}}=\infty$,所以 $2\sqrt{x-2}$ 是比 $x-2$ 低阶的无穷小.

(2) 因为$\lim\limits_{x\to 2}\frac{2\sqrt{x-2}}{\sqrt{x-2}}=2$,所以 $2\sqrt{x-2}$ 是与$\sqrt{x-2}$ 同阶的无穷小.

(3) 因为$\lim\limits_{x\to 2}\frac{2\sqrt{x-2}}{\sqrt[3]{x-2}}=2\lim\limits_{x\to 2}\sqrt[6]{x-2}=0$,所以 $2\sqrt{x-2}$ 是比$\sqrt[3]{x-2}$ 高阶的无穷小.

(4) 因为

$$\lim_{x\to 2}\frac{2\sqrt{x-2}}{\frac{2\sqrt{3}}{3}\sqrt{x^2-x-2}}=\sqrt{3}\lim_{x\to 2}\frac{\sqrt{x-2}}{\sqrt{(x-2)(x+1)}}=\sqrt{3}\cdot\frac{1}{\sqrt{3}}=1,$$

所以 $2\sqrt{x-2}$ 与$\frac{2\sqrt{3}}{3}\sqrt{x^2-x-2}$ 是同阶且等价的无穷小,即 $2\sqrt{x-2}\sim\frac{2\sqrt{3}}{3}\sqrt{x^2-x-2}$.

定理 1.4.9 α 与 β 是等价无穷小的充分必要条件为 $\alpha=\beta+o(\beta)$.

证 必要性:设 $\alpha\sim\beta$,则 $\lim\frac{\alpha}{\beta}=1$,由定理 1.4.1 知$\frac{\alpha}{\beta}=1+\mu(x)$,其中 $\mu(x)$ 是当 x 与 $\lim\frac{\alpha}{\beta}=1$ 中 x 的变化趋势一致时的无穷小,即 $\lim\mu(x)=0$,于是 $\alpha=\beta+\beta\mu(x)$,因为 $\lim\frac{\beta\mu(x)}{\beta}=\lim\mu(x)=0$,所以 $\beta\mu(x)=o(\beta)$,于是 $\alpha=\beta+o(\beta)$.

充分性:设 $\alpha=\beta+o(\beta)$,则

$$\lim\frac{\alpha}{\beta}=\lim\frac{\beta+o(\beta)}{\beta}=1+\lim\frac{o(\beta)}{\beta}=1+0=1,$$

于是 $\alpha\sim\beta$.

例如,例 1.4.15(4) 当 $x\to 2$ 时,$2\sqrt{x-2}\sim\frac{2\sqrt{3}}{3}\sqrt{x^2-x-2}$,于是

$$\frac{2\sqrt{3}}{3}\sqrt{x^2-x-2}=2\sqrt{x-2}+o(2\sqrt{x-2}).$$

定理 1.4.10　设在相同自变量的同一趋势下，$\alpha_1 \sim \alpha_2$，$\beta_1 \sim \beta_2$，且 $\lim \dfrac{\alpha_2}{\beta_2}$ 存在，则 $\lim \dfrac{\alpha_1}{\beta_1} = \lim \dfrac{\alpha_2}{\beta_2}$.

证　因为 $\alpha_1 \sim \alpha_2$，$\beta_1 \sim \beta_2$，所以 $\lim \dfrac{\alpha_1}{\alpha_2} = 1$，$\lim \dfrac{\beta_2}{\beta_1} = 1$，于是

$$\lim \frac{\alpha_1}{\beta_1} = \lim\left(\frac{\alpha_1}{\alpha_2} \cdot \frac{\alpha_2}{\beta_2} \cdot \frac{\beta_2}{\beta_1}\right) = \lim \frac{\alpha_1}{\alpha_2} \cdot \lim \frac{\alpha_2}{\beta_2} \cdot \lim \frac{\beta_2}{\beta_1} = 1 \cdot \lim \frac{\alpha_2}{\beta_2} \cdot 1 = \lim \frac{\alpha_2}{\beta_2},$$

即 $\lim \dfrac{\alpha_1}{\beta_1} = \lim \dfrac{\alpha_2}{\beta_2}$.

六、几个常用的等价无穷小

当 $x \to 0$ 时，(1)$e^x - 1 \sim x$；(2)$\ln(1+x) \sim x$；(3)$\sin x \sim x$；(4)$\tan x \sim x$；(5)$\arcsin x \sim x$；(6)$\arctan x \sim x$；(7)$1 - \cos x \sim \dfrac{1}{2}x^2$；(8)$x - \ln(1+x) \sim \dfrac{1}{2}x^2$；(9)$\tan x - \sin x \sim \dfrac{1}{2}x^3$；(10)$\tan x - x \sim \dfrac{1}{3}x^3$；(11)$x - \sin x \sim \dfrac{1}{6}x^3$；(12)$a^x - 1 \sim x\ln a$.

上述无穷小的等价关系均可由第三章第二节定理 3.2.1 证得.

例 1.4.16　已知当 $x \to 0$ 时，$\tan x \sim x$，$e^x - 1 \sim x$，求极限 $\lim\limits_{x \to 0} \dfrac{x\tan^2 x}{(e^x - 1)^3}$.

解　因为当 $x \to 0$ 时，$\tan x \sim x$，$e^x - 1 \sim x$，所以由定理 1.4.10 得

$$\lim_{x \to 0} \frac{x\tan^2 x}{(e^x - 1)^3} = \lim_{x \to 0} \frac{x \cdot x^2}{x^3} = \lim_{x \to 0} 1 = 1.$$

例 1.4.17　求 $\lim\limits_{x \to 0} \dfrac{\sin 5x}{\tan 2x}$.

解　当 $x \to 0$ 时 $\sin 5x \sim 5x$，$\tan 2x \sim 2x$，故

$$\lim_{x \to 0} \frac{\sin 5x}{\tan 2x} = \lim_{x \to 0} \frac{5x}{2x} = \frac{5}{2}.$$

结论：若未定式的分子或分母为若干个因子的乘积，则可对其中任意一个或几个无穷小因子做等价无穷小代换，而不会改变原式的极限.

例 1.4.18　求 $\lim\limits_{x \to 0} \dfrac{(x+1)\sin x}{\arcsin x}$.

解　$\lim\limits_{x \to 0} \dfrac{(x+1)\sin x}{\arcsin x} = \lim\limits_{x \to 0} \dfrac{(x+1)x}{x} = 1.$

例 1.4.19　求 $\lim\limits_{x \to 0} \dfrac{\tan x - \sin x}{\sin^3 2x}$.

错解　当 $x \to 0$ 时，$\tan x \sim x$，$\sin x \sim x$，

原式 $= \lim\limits_{x \to 0} \dfrac{x - x}{(2x)^3} = 0.$

解 当 $x \to 0$ 时，$\sin 2x \sim 2x$，$\tan x - \sin x = \tan x(1-\cos x) \sim \frac{1}{2}x^3$，

$$原式 = \lim_{x\to 0}\frac{\frac{1}{2}x^3}{(2x)^3} = \frac{1}{16}.$$

习题 1-4

1. 指出下列函数在自变量如何变化时是无穷小，在自变量如何变化时是无穷大.

(1) $y = x^2$； (2) $y = \frac{1}{1-x}$； (3) $y = \frac{1}{\ln x}$； (4) $y = e^x$.

2. 指出下列函数哪些是该极限过程中的无穷小，哪些是该极限过程中的无穷大，哪些在该极限过程中既不是无穷小，也不是无穷大.

(1) $f(x) = \frac{1}{x^2-1}, x \to -1$；

(2) $f(x) = \ln(x+3), x \to -2$；

(3) $f(x) = e^{\frac{1}{x-1}}, x \to 1^+, x \to 1^-$；

(4) $f(x) = \sin x, x \to \infty$.

3. 求下列各极限：

(1) $\lim\limits_{x\to 0}\left(\frac{1}{2} - \frac{1}{x+2}\right)$；

(2) $\lim\limits_{x\to -1}\frac{x^2+3x+2}{x^2-1}$；

(3) $\lim\limits_{x\to\infty}\frac{5x^2+1}{x^2-2}$；

(4) $\lim\limits_{x\to\infty}\frac{3x^2+2}{4x^3-2x^2+1}$；

(5) $\lim\limits_{x\to\infty}\left(1 - \frac{1}{x} - \frac{1}{x^2} + \frac{2}{x^3}\right)$；

(6) $\lim\limits_{x\to\infty}\sqrt{\frac{x^3+x+1}{2x^4+x}}$；

(7) $\lim\limits_{x\to\infty}\sin\left(\frac{\pi}{2} - \frac{3}{x} - \frac{1}{x^3}\right)$；

(8) $\lim\limits_{x\to+\infty}\operatorname{arccot}\ln x$；

(9) $\lim\limits_{x\to 0+}\arctan\ln x$；

(10) $\lim\limits_{x\to 2^-}e^{\frac{1}{x-2}}$；

(11) $\lim\limits_{n\to\infty}\frac{n^3+4}{2n^4+n^2}$；

(12) $\lim\limits_{n\to\infty}\cos\frac{1}{n+1}$；

(13) $\lim\limits_{n\to\infty}\ln\left(1 + \frac{n+1}{n^2+2}\right)$；

(14) $\lim\limits_{n\to\infty}e^{-\frac{1}{n+1}}$.

4. 求下列各极限：

(1) $\lim\limits_{x\to 0}x \cdot \cos\left(\frac{1}{x}\right)$；

(2) $\lim\limits_{x\to\infty}\frac{1}{x} \cdot \arctan 2x$；

(3) $\lim\limits_{x\to 0+}e^{-\frac{1}{x}}\sin x$；

(4) $\lim\limits_{x\to -2}(x+2)\cos\frac{1}{x^2-4}$.

5. 求下列各极限：

(1) $\lim\limits_{x\to 3}(x-1)^{x+1}$；　　(2) $\lim\limits_{x\to+\infty}(\arctan x)^{\frac{2x-1}{4x+2}}$；

(3) $\lim\limits_{x\to\frac{\pi}{4}}(\tan x)^{\cos x}$；　　(4) $\lim\limits_{x\to e}(\ln x^2)^{\cos\frac{\pi x}{e}}$.

6. 当 $n\to\infty$ 时，按从高阶到低阶的顺序排列下列无穷小：$\frac{1}{n}$，$\frac{2n-3}{n^4}$，$\frac{n^2-1}{n^4}$.

7. 当 $x\to 1$ 时，按从高阶到低阶的顺序排列下列无穷小：$(x-1)(x^2-1)$，$(x-1)^3(x+2)$，x^2+x-2.

8. 当 $x\to 1^+$ 时，比较无穷小 $2\sqrt{x-1}$ 与下列无穷小的阶，并指出该无穷小与下列哪些无穷小等价.

(1) $x-1$；(2) $(x-1)\sqrt{x-1}$；(3) $\sqrt[3]{x(x-1)}$；(4) $\sqrt{x^2+2x-3}$.

9. 已知当 $x\to 0$ 时，$\sin x\sim x$，$e^x-1\sim x$，求极限 $\lim\limits_{x\to 0}\frac{\sin^2 x(e^x-1)\sqrt{3x}}{3x^{\frac{7}{2}}}$.

第五节　极限存在准则　两个重要极限

本节给出判定极限存在的两个准则，并由两个准则推得两个重要极限：$\lim\limits_{x\to 0}\frac{\sin x}{x}=1$，$\lim\limits_{x\to\infty}\left(1+\frac{1}{x}\right)=e$.

一、极限存在准则Ⅰ与重要极限 $\lim\limits_{x\to 0}\frac{\sin x}{x}=1$

准则Ⅰ(夹逼准则)　如果数列 $\{x_n\}$，$\{y_n\}$ 及 $\{u_n\}$ 满足下列条件：

(1) 从某项起，即存在 $n_0\in\mathbf{N}_+$，当 $n>n_0$ 时，有 $x_n\leqslant u_n\leqslant y_n$，

(2) $\lim\limits_{n\to\infty}x_n=a$，$\lim\limits_{n\to\infty}y_n=a$，

那么数列 $\{u_n\}$ 的极限存在，且 $\lim\limits_{n\to\infty}u_n=a$.

证　因为 $\lim\limits_{n\to\infty}x_n=a$，$\lim\limits_{n\to\infty}y_n=a$，根据数列极限的定义 1.2.2，对于 $\forall\varepsilon>0$，存在正整数 N_1，当 $n>N_1$ 时，有 $|x_n-a|<\varepsilon$，存在正整数 N_2，当 $n>N_2$ 时，有 $|y_n-a|<\varepsilon$，取 $N=\max\{N_1,N_2\}$，当 $n>N$ 时，同时有 $|x_n-a|<\varepsilon$，$|y_n-a|<\varepsilon$，于是

$$-\varepsilon+a<x_n\leqslant u_n\leqslant y_n<\varepsilon+a,$$

此即 $|u_n-a|<\varepsilon$，所以 $\lim\limits_{n\to\infty}u_n=a$.

例 1.5.1　求极限 $\lim\limits_{n\to\infty}n\left(\frac{1}{n^2+1}+\frac{1}{n^2+2}+\cdots+\frac{1}{n^2+n}\right)$.

解　因为

$$\frac{n\cdot n}{n^2+n}\leqslant n\left(\frac{1}{n^2+1}+\frac{1}{n^2+2}+\cdots+\frac{1}{n^2+n}\right)\leqslant\frac{n\cdot n}{n^2+1},$$

而

$$\lim_{n\to\infty}\frac{n\cdot n}{n^2+n}=\lim_{n\to\infty}\frac{1}{1+\frac{1}{n}}=1,\lim_{n\to\infty}\frac{n\cdot n}{n^2+1}=\lim_{n\to\infty}\frac{1}{1+\frac{1}{n^2}}=1,$$

由准则 Ⅰ,得

$$\lim_{n\to\infty}n\left(\frac{1}{n^2+1}+\frac{1}{n^2+2}+\cdots+\frac{1}{n^2+n}\right)=1.$$

数列极限的存在准则 Ⅰ 可以推广到函数极限.

准则 Ⅰ′(夹逼准则) 如果函数 $f(x)$,$g(x)$ 及 $u(x)$ 满足下列条件:

(1) $\exists X>0$,对于 $\forall x$,当 $|x|>X$ 时,$f(x)\leqslant u(x)\leqslant g(x)$,

(2) $\lim\limits_{x\to\infty}f(x)=A$,$\lim\limits_{x\to\infty}g(x)=A$,

那么函数 $u(x)$ 的极限存在,且 $\lim\limits_{x\to\infty}u(x)=A$.

准则 Ⅰ′ 与准则 Ⅰ 证明类似,在此不做证明.

将准则 Ⅰ′ 中(1) 的“$|x|>X$”改成“$x>X$”或“$x<-X$”;(2) 改成 $\lim\limits_{x\to+\infty}f(x)=A$,$\lim\limits_{x\to+\infty}g(x)=A$ 或 $\lim\limits_{x\to-\infty}f(x)=A$,$\lim\limits_{x\to-\infty}g(x)=A$,那么有类似结论 $\lim\limits_{x\to+\infty}u(x)=A$ 或 $\lim\limits_{x\to-\infty}u(x)=A$.

准则 Ⅰ″(夹逼准则) 如果函数 $f(x)$,$g(x)$ 及 $u(x)$ 满足下列条件:

(1) $\exists\delta>0$,对于 $\forall x$,当 $x\in\mathring{U}(x_0,\delta)$ 时,$f(x)\leqslant u(x)\leqslant g(x)$,

(2) $\lim\limits_{x\to x_0}f(x)=A$,$\lim\limits_{x\to x_0}g(x)=A$,

那么函数 $u(x)$ 的极限存在,且 $\lim\limits_{x\to x_0}u(x)=A$.

证 因为 $\lim\limits_{x\to x_0}f(x)$,$\lim\limits_{x\to x_0}g(x)=A$,根据函数极限的定义 1.3.3,对于 $\forall\varepsilon>0$,存在正整数 $\delta_1>0$,$\delta_2>0$,当 $|x-x_0|<\delta_1$ 时,有 $|f(x)-A|<\varepsilon$;当 $|x-x_0|<\delta_2$ 时,有 $|g(x)-A|<\varepsilon$,取 $\delta=\min\{\delta_1,\delta_2\}$,当 $|x-x_0|<\delta$ 时,同时有

$$|f(x)-A|<\varepsilon,|g(x)-A|<\varepsilon,$$

于是

$$-\varepsilon+A<f(x)\leqslant u(x)\leqslant g(x)<\varepsilon+A,$$

此即 $|u(x)-A|<\varepsilon$,所以 $\lim\limits_{x\to x_0}u(x)=A$.

将准则 Ⅰ″ 中(1) 的“$x\in\mathring{U}(x_0,\delta)$”改成“$x\in(x_0,x_0+\delta)$”或“$x\in(x_0-\delta,x_0)$”;(2) 改成 $\lim\limits_{x\to x_0^+}f(x)=A$,$\lim\limits_{x\to x_0^+}g(x)=A$ 或 $\lim\limits_{x\to x_0^-}f(x)=A$,$\lim\limits_{x\to x_0^-}g(x)=A$,那么有类似结论 $\lim\limits_{x\to x_0^+}u(x)=A$ 或 $\lim\limits_{x\to x_0^-}u(x)=A$.

例 1.5.2 根据准则 Ⅰ″ 证明重要极限:$\lim\limits_{x\to 0}\frac{\sin x}{x}=1$.

证 首先函数 $\frac{\sin x}{x}$ 对于一切 $x\neq 0$ 都有定义.如图 1.5-1,图中的圆为单位圆,设 $\angle NOM=x<\frac{\pi}{4}$,点 M 处的切线与 ON 的延长线交于 Q 点,于是 $QM\perp OM$,作 $NP\perp OM$

与 OM 交于 P，则

$$NP=\sin x,\ \overset{\frown}{MN}=x,\ QM=\tan x,$$

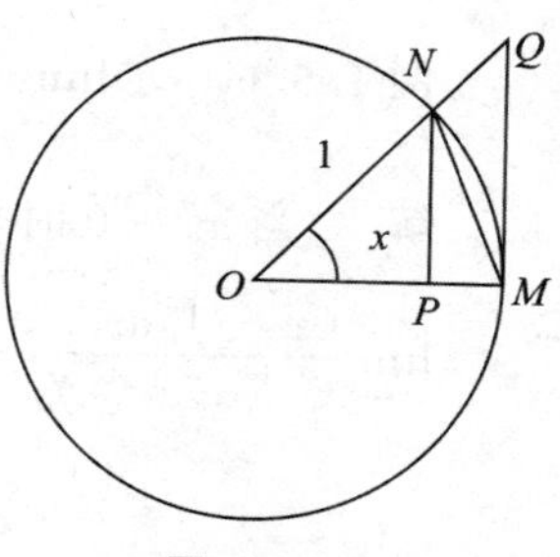

图 1.5-1

因为

$\triangle NOM$ 的面积 $<$ 扇形 NOM 的面积 $<\triangle QOM$ 的面积，

所以

$$\frac{1}{2}\sin x<\frac{1}{2}x<\frac{1}{2}\tan x,$$

于是

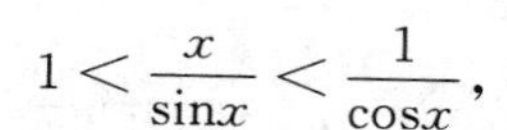

$$1<\frac{x}{\sin x}<\frac{1}{\cos x},$$

即

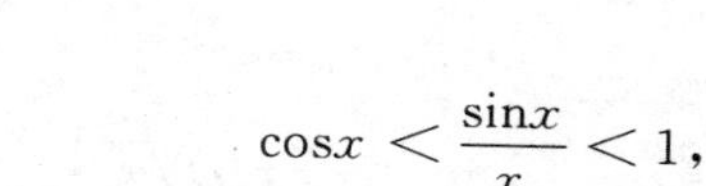

$$\cos x<\frac{\sin x}{x}<1,$$

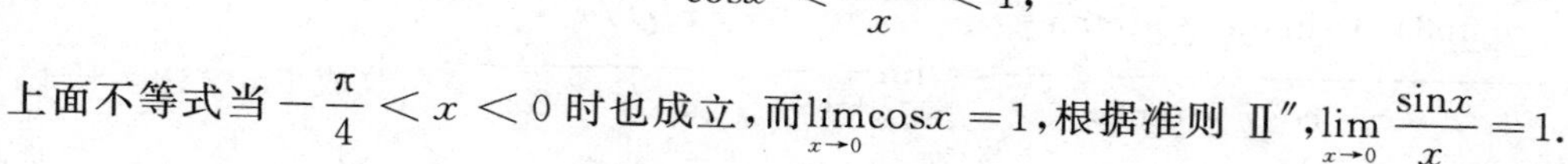

上面不等式当 $-\frac{\pi}{4}<x<0$ 时也成立，而 $\lim\limits_{x\to 0}\cos x=1$，根据准则 Ⅱ″，$\lim\limits_{x\to 0}\frac{\sin x}{x}=1$.

例 1.5.3　求 $\lim\limits_{n\to\infty}n\sin\frac{1}{n}$.

解　因为 $\frac{1}{n}\in\mathring{U}(0)$，由定理 1.4.8 知，

$$\lim_{n\to\infty}n\sin\frac{1}{n}=\lim_{n\to\infty}\frac{\sin\frac{1}{n}}{\frac{1}{n}}=\lim_{x\to 0}\frac{\sin x}{x}=1.$$

例 1.5.4　设 $\alpha(x)(\alpha(x)\neq 0)$ 是当 x 取某种变化趋势时的无穷小，证明在 x 取相同的变化趋势时，$\lim\frac{\sin\alpha(x)}{\alpha(x)}=1$.

证　利用换元法，令 $u=\alpha(x)$，因为 $\alpha(x)$ 是 x 取某种变化趋势时的无穷小，所以 $u\to 0$，于是

$\lim\frac{\sin\alpha(x)}{\alpha(x)}=\lim\limits_{u\to 0}\frac{\sin u}{u}=1$，即原等式成立.

设 $\alpha(x)(\alpha(x)\neq 0)$ 是 x 取某种变化趋势时的无穷小，由例 1.5.4 可得，当 x 取某种变化趋势时，$\sin\alpha(x)\sim\alpha(x)$.

设 α,μ 是常数，且 $\alpha\neq 0,\mu>0$，下面给出当 $x\to 0$ 时，常用的等价无穷小：

(1) $\sin\alpha x^{\mu}\sim\alpha x^{\mu}$；(2) $\tan\alpha x^{\mu}\sim\alpha x^{\mu}$；(3) $\arcsin\alpha x^{\mu}\sim\alpha x^{\mu}$；(4) $\arctan\alpha x^{\mu}\sim\alpha x^{\mu}$.

例 1.5.5　求 $\lim\limits_{x\to 0}\frac{x\tan 5x}{\sin 3x\sin\sqrt{x}}$.

解　当 $x\to 0$ 时，因为 $\sin 3x\sim 3x$，$\tan 5x\sim 5x$，$\sin\sqrt{x}\sim\sqrt{x}$，由定理 1.4.10 知，

$$\lim_{x\to 0}\frac{x\tan 5x}{\sin 3x\sin\sqrt{x}}=\lim_{x\to 0}\frac{x\cdot 5x}{3x\cdot\sqrt{x}}=\lim_{x\to 0}\frac{5\sqrt{x}}{3}=\frac{5}{3}\lim_{x\to 0}\sqrt{x}=0.$$

例 1.5.6 求$\lim\limits_{x\to 0}\dfrac{(x+1)\arcsin(3x\sqrt{x})}{x\sqrt{x}}$.

解 当$x\to 0$时,因为$\arcsin(3x\sqrt{x})\sim 3x\sqrt{x}$,由定理 1.4.10 知,

$$\lim_{x\to 0}\frac{(x+1)\arcsin(3x\sqrt{x})}{x\sqrt{x}}=\lim_{x\to 0}\frac{(x+1)(3x\sqrt{x})}{x\sqrt{x}}=3\lim_{x\to 0}(x+1)=3.$$

例 1.5.7 求$\lim\limits_{x\to 0}\dfrac{\arcsin 3x\cdot\sin\sqrt{x}\cdot\arctan\dfrac{x}{2}}{x\sqrt{x}\cdot\cos x\cdot\tan 2x}$.

解 因为当$x\to 0$时,$\arcsin 3x\sim 3x$,$\sin\sqrt{x}\sim\sqrt{x}$,$\arctan\dfrac{x}{2}\sim\dfrac{x}{2}$,$\tan 2x\sim 2x$,由定理 1.4.10 知,

$$\begin{aligned}\lim_{x\to 0}\frac{\arcsin 3x\cdot\sin\sqrt{x}\cdot\arctan\frac{x}{2}}{x\sqrt{x}\cdot\cos x\cdot\tan 2x}&=\lim_{x\to 0}\frac{1}{\cos x}\cdot\frac{3x\cdot\sqrt{x}\cdot\frac{x}{2}}{x\sqrt{x}\cdot 2x}\\&=\lim_{x\to 0}\frac{1}{\cos x}\cdot\lim_{x\to 0}\frac{3x^2}{4x^2}=1\cdot\frac{3}{4}=\frac{3}{4}.\end{aligned}$$

二、极限存在准则 Ⅱ 与重要极限$\lim\limits_{x\to\infty}\left(1+\dfrac{1}{x}\right)^x=e$

单调数列:如果数列$\{x_n\}$满足条件

$$x_1\leqslant x_2\leqslant\cdots\leqslant x_n\leqslant\cdots,$$

则称数列$\{x_n\}$是**单调增加或单调递增**;

如果数列$\{x_n\}$满足条件

$$x_1\geqslant x_2\geqslant\cdots\geqslant x_n\geqslant\cdots,$$

则称数列$\{x_n\}$是**单调减少或单调递减**. 单调增加和单调减少数列统称为**单调数列**.

下面给出判断数列极限存在的准则 Ⅱ.

准则 Ⅱ 单调有界数列必有极限.

准则 Ⅱ 不做证明,给出如下几何解释:在数轴上,以单调递增数列为例,数列中的点只可能无限向右一个方向移动,并且无限趋近于某一定点a,也就是数列$\{x_n\}$趋近于一个极限(图 1.5-2).

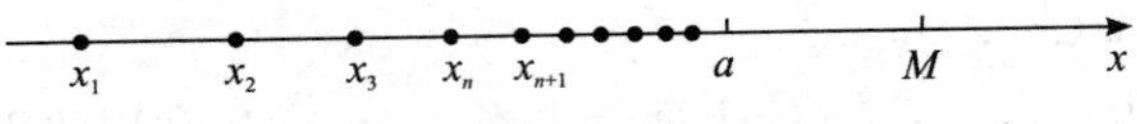

x_1 x_2 x_3 x_n x_{n+1} a M x

图 1.5-2

由定理 1.2.2 知,收敛的数列一定有界.但有界的数列不一定收敛,例如$\{x_n\}=\{\sin n\}$,$|\sin n|\leqslant 1$,即$\sin n$有界,但$\lim\limits_{n\to\infty}\sin n$不存在.准则 Ⅱ 表明,如果数列不仅有界,并且是单调的,那么该数列的极限必定存在,也就是该数列一定收敛.

例 1.5.8 根据准则Ⅱ证明重要极限$\lim\limits_{n\to\infty}\left(1+\dfrac{1}{n}\right)^n=e$ ($\lim\limits_{x\to\infty}\left(1+\dfrac{1}{x}\right)^x=e$的数列形式).

证 设 $x_n=\left(1+\frac{1}{n}\right)^n$，由二项式定理（$(a+b)^n=\sum_{i=1}^{n}C_n^i a^{n-i}b^i$）知

$$
\begin{aligned}
x_n&=\left(1+\frac{1}{n}\right)^n\\
&=\sum_{i=0}^{n}C_n^i 1^{n-i}\left(\frac{1}{n}\right)^i\\
&=1+\frac{n}{1!}\cdot\frac{1}{n}+\frac{n(n-1)}{2!}\cdot\frac{1}{n^2}+\frac{n(n-1)(n-2)}{3!}\cdot\frac{1}{n^3}+\cdots+\frac{n(n-1)\cdots(n-n+1)}{n!}\cdot\frac{1}{n^n}\\
&=1+1+\frac{1}{2!}\left(1-\frac{1}{n}\right)+\frac{1}{3!}\left(1-\frac{1}{n}\right)\left(1-\frac{2}{n}\right)+\cdots+\\
&\quad\frac{1}{n!}\left(1-\frac{1}{n}\right)\left(1-\frac{2}{n}\right)\cdots\left(1-\frac{n-1}{n}\right),
\end{aligned}
$$

类似地，

$$
\begin{aligned}
x_{n+1}&=\left(1+\frac{1}{n+1}\right)^{n+1}\\
&=1+1+\frac{1}{2!}\left(1-\frac{1}{n+1}\right)+\frac{1}{3!}\left(1-\frac{1}{n+1}\right)\left(1-\frac{2}{n+1}\right)+\cdots+\\
&\quad\frac{1}{n!}\left(1-\frac{1}{n+1}\right)\left(1-\frac{2}{n+1}\right)\cdots\left(1-\frac{n-1}{n+1}\right)+\\
&\quad\frac{1}{(n+1)!}\left(1-\frac{1}{n+1}\right)\left(1-\frac{2}{n+1}\right)\cdots\left(1-\frac{n}{n+1}\right).
\end{aligned}
$$

比较 x_n，x_{n+1} 的展开式，可以看出除前两项外，x_n 的每一项都小于 x_{n+1} 的对应项，并且 x_{n+1} 还多了最后一项，其值大于 0，因此 $x_n<x_{n+1}$，这就是说数列 $\{x_n\}$ 是单调递增的.

这个数列同时还是有界的.因为 x_n 的展开式中各项括号内的数用较大的数 1 代替，得

$$
x_n<1+1+\frac{1}{2!}+\frac{1}{3!}+\cdots+\frac{1}{n!}<1+1+\frac{1}{2}+\frac{1}{2^2}+\cdots+\frac{1}{2^{n-1}}=1+\frac{1-\frac{1}{2^n}}{1-\frac{1}{2}}=3-\frac{1}{2^{n-1}}<3.
$$

根据准则 Ⅱ，数列 $\{x_n\}$ 必有极限，当 n 取足够大时，数列 $\{x_n\}$ 逼近于数值

$$2.718281828459045\cdots,$$

这是个无理数，我们用 e 来表示，于是

$$\lim_{n\to\infty}\left(1+\frac{1}{n}\right)^n=\mathrm{e}.$$

例 1.5.9 证明数列 $\sqrt{3}$，$\sqrt{2+\sqrt{3}}$，$\sqrt{2+\sqrt{2+\sqrt{3}}}$，… 的极限存在.

证 设 $x_1=\sqrt{3}$，$x_{n+1}=\sqrt{2+x_n}$ $(n=1,2,3,\cdots)$.

先证明数列有界，利用数学归纳法.

当 $n=1$ 时，$x_1=\sqrt{3}<2$，$x_2=\sqrt{2+\sqrt{3}}<2$，假定 $n=k$ 时，$x_k<2$，则当 $n=k+1$ 时，

$x_{k+1}=\sqrt{2+x_k}<\sqrt{2+2}=2$,所以 $x_n<2(n=1,2,3,\cdots)$,即原数列有上界.

再证明数列单调递增.因为

$$x_{n+1}-x_n=\sqrt{2+x_n}-x_n=\frac{2+x_n-x_n^2}{\sqrt{2+x_n}+x_n}=\frac{-(x_n-2)(x_n+1)}{\sqrt{2+x_n}+x_n},$$

而 $x_n-2<0,x_n+1>0$,所以 $x_{n+1}-x_n>0$,即原数列单调递增,于是原数列单调递增且有上界,由准则 Ⅱ,此数列有极限.

数列极限的存在准则 Ⅱ 也可以推广到函数极限.

准则 Ⅱ′ 设函数 $f(x)$,如果 $\exists X>0$,在区间 $(X,+\infty)$ 内,$f(x)$ 单调有界,则 $\lim\limits_{x\to+\infty}f(x)$ 必存在.

准则 Ⅱ′ 不做证明.

将准则 Ⅱ′ 中的“$(X,+\infty)$”改成“$(-\infty,-X)$”;那么有类似结论“$\lim\limits_{x\to-\infty}f(x)$ 必存在”.

准则 Ⅱ″ 设函数 $f(x)$,如果在点 x_0 的某个右邻域内,$f(x)$ 单调有界,则 $\lim\limits_{x\to x_0^+}f(x)$ 必存在.

准则 Ⅱ″ 不做证明.

将准则 Ⅱ″ 中的“右邻域”改成“左邻域”,那么有类似结论“$\lim\limits_{x\to x_0^-}f(x)$ 必存在”.

例 1.5.10 证明重要极限 $\lim\limits_{x\to+\infty}\left(1+\frac{1}{x}\right)^x=\mathrm{e}$.

证 先证明 $\lim\limits_{x\to+\infty}\left(1+\frac{1}{x}\right)^x=\mathrm{e}$.

设 $n\leqslant x<n+1$,则

$$\left(1+\frac{1}{n+1}\right)^n\leqslant\left(1+\frac{1}{x}\right)^x<\left(1+\frac{1}{n}\right)^{n+1},$$

$$\lim_{n\to\infty}\left(1+\frac{1}{n+1}\right)^n=\lim_{n\to\infty}\left[\left(1+\frac{1}{n+1}\right)^{n+1}\right]^{\frac{n}{n+1}},$$

因为

$$\lim_{n\to\infty}\left(1+\frac{1}{n+1}\right)^{n+1}=\mathrm{e},\lim_{n\to\infty}\frac{n}{n+1}=1,$$

所以由推论 1.4.1 知,$\lim\limits_{n\to\infty}\left(1+\frac{1}{n+1}\right)^n=\mathrm{e}$.

$$\lim_{n\to\infty}\left(1+\frac{1}{n}\right)^{n+1}=\lim_{n\to\infty}\left(1+\frac{1}{n}\right)^n\left(1+\frac{1}{n}\right)=\mathrm{e}\cdot1=\mathrm{e},$$

又因为 $n\leqslant x<n+1$,故当 $n\to\infty$ 时,$x\to+\infty$,于是由准则 Ⅰ 知

$$\lim_{x\to+\infty}\left(1+\frac{1}{x}\right)^x=\mathrm{e}.$$

再证明 $\lim\limits_{x\to-\infty}\left(1+\frac{1}{x}\right)^x=\mathrm{e}$.

设 $x=-t$,则当 $x\to-\infty$ 时,$t\to+\infty$,于是

$$\lim_{x\to-\infty}\left(1+\frac{1}{x}\right)^{x}=\lim_{t\to+\infty}\left(1+\frac{1}{-t}\right)^{-t}=\lim_{t\to+\infty}\left(\frac{t-1}{t}\right)^{-t}=\lim_{x\to+\infty}\left(\frac{t}{t-1}\right)^{t}$$

$$=\lim_{t\to+\infty}\left(1+\frac{1}{t-1}\right)^{t}$$

$$=\lim_{t\to+\infty}\left[\left(1+\frac{1}{t-1}\right)^{t-1}\right]^{\frac{t}{t-1}},$$

因为

$$\lim_{t\to+\infty}\left(1+\frac{1}{t-1}\right)^{t-1}=\mathrm{e},\lim_{t\to+\infty}\frac{t}{t-1}=1,$$

所以由定理 1.4.7 知,

$$\lim_{x\to-\infty}\left(1+\frac{1}{x}\right)^{x}=\lim_{t\to+\infty}\left[\left(1+\frac{1}{t-1}\right)^{t-1}\right]^{\frac{t}{t-1}}=\mathrm{e},$$

综上,$\lim\limits_{x\to\infty}\left(1+\dfrac{1}{x}\right)^{x}=\mathrm{e}$.

注意:这两个极限存在准则只是极限存在的充分条件.

例 1.5.11　求$\lim\limits_{x\to0}(1+x)^{\frac{1}{x}}$.

解　因为$\lim\limits_{u\to\infty}\left(1+\dfrac{1}{u}\right)^{u}=\mathrm{e}$,令 $x=\dfrac{1}{u}$,则

$$\lim_{x\to0}(1+x)^{\frac{1}{x}}=\lim_{u\to\infty}\left(1+\frac{1}{u}\right)^{u}=\mathrm{e}.$$

极限$\lim\limits_{x\to0}(1+x)^{\frac{1}{x}}$ 是极限$\lim\limits_{x\to\infty}\left(1+\dfrac{1}{x}\right)^{x}=\mathrm{e}$ 的另一种形式.

例 1.5.12　设$\alpha(x)(\alpha(x)\neq0)$是 x 取某种变化趋势时的无穷大,a,b 是常数,且 $a\neq0$,$b\neq0$,求当 x 取相同变化趋势时,$\lim\left(1+\dfrac{a}{\alpha(x)}\right)^{b\alpha(x)}$.

解　利用换元法,令 $u=\dfrac{\alpha(x)}{a}$,因为$\alpha(x)$是 x 取某种变化趋势时的无穷大,所以 $u\to\infty$,于是

$$\lim\left(1+\frac{a}{\alpha(x)}\right)^{b\alpha(x)}=\lim_{u\to\infty}\left(1+\frac{1}{u}\right)^{bau}=\lim_{u\to\infty}\left[\left(1+\frac{1}{u}\right)^{u}\right]^{ba}=\mathrm{e}^{ba}.$$

例 1.5.13　设$\alpha(x)(\alpha(x)\neq0)$是 x 取某种变化趋势时的无穷小,a,b 是常数,且 $a\neq0$,$b\neq0$,求当 x 取相同变化趋势时,$\lim(1+a\alpha(x))^{\frac{b}{\alpha(x)}}$.

解　利用换元法,令 $u=a\alpha(x)$,因为$\alpha(x)$是 x 取某种变化趋势时的无穷小,所以 $u\to0$,于是

$$\lim(1+a\alpha(x))^{\frac{b}{\alpha(x)}}=\lim_{u\to0}(1+u)^{\frac{ab}{u}}=\lim_{u\to0}[(1+u)^{\frac{1}{u}}]^{ab}=\mathrm{e}^{ab}.$$

例 1.5.14　求$\lim\limits_{x\to0}(1-x)^{\frac{2}{x}}$.

解　令 $u=-x$,于是$(1-x)^{\frac{2}{x}}=[(1+u)^{\frac{1}{u}}]^{u\cdot\frac{2}{x}}$,又因为

$$\lim_{u\to 0}(1+u)^{\frac{1}{u}}=\mathrm{e},\lim_{x\to 0}u\cdot\frac{2}{x}=\lim_{x\to 0}\frac{-2x}{x}=-2,$$

于是由定理 1.4.7 知,原式 $=\mathrm{e}^{-2}$.

例 1.5.15 求 $\lim\limits_{x\to\infty}\left(\dfrac{3x-1}{3x+2}\right)^{2x}$.

解 令 $u=\dfrac{3x+2}{-3}$,于是

$$\left(\frac{3x-1}{3x+2}\right)^{2x}=\left(1+\frac{-3}{3x+2}\right)^{2x}=\left[\left(1+\frac{1}{u}\right)^{u}\right]^{\frac{2x}{u}},$$

因为

$$\lim_{u\to\infty}\left(1+\frac{1}{u}\right)^{u}=\mathrm{e},\lim_{x\to\infty}\frac{2x}{u}=\lim_{x\to\infty}\frac{2x}{\frac{3x+2}{-3}}=-6\lim_{x\to\infty}\frac{x}{3x+2}=-2,$$

由定理 1.4.7 知,原式 $=\mathrm{e}^{-2}$.

习题 1-5

1. 计算下列极限:

(1) $\lim\limits_{x\to 0}\dfrac{\arcsin x^2}{(\sin x)^2}$;　　(2) $\lim\limits_{x\to 0}\dfrac{x\tan x}{2\arcsin x^2}$;

(3) $\lim\limits_{x\to 0^+}\dfrac{x\cdot\arctan(\sqrt{x}+x)}{3\arcsin[x(\sqrt{x}+x)]}$;　　(4) $\lim\limits_{x\to 0^+}\dfrac{\sqrt{x}\cdot(\cos x-1)\cdot\sin\sqrt{x}}{5\tan x^2\cdot\arctan x}$;

(5) $\lim\limits_{x\to 0}\dfrac{x\arctan\ln(x+1)}{4\ln(x+1)^x}$;　　(6) $\lim\limits_{n\to\infty}n^2\cdot\sin\dfrac{x}{n}\cdot\tan\dfrac{x}{n}$.

2. 当 $x\to\dfrac{\pi^+}{2}$ 时,比较无穷小 $\cos x$,$(x-\dfrac{\pi}{2})^2$,$\sin\sqrt{x-\dfrac{\pi}{2}}$,$\arctan\left(x-\dfrac{\pi}{2}\right)^3$ 的阶,并按从高阶到低阶的顺序排列该无穷小.

3. 当 $x\to 0^+$ 时,无穷小 $\sin\alpha x$,$\alpha\neq 0$ 与下列哪些无穷小同阶?当 α 取何值时,与下列哪些无穷小等价?

(1) $\sin\beta x\ (\beta\neq 0)$;(2) $\arcsin\mu x\ (\mu\neq 0)$;(3) $\sqrt{1-\cos 2x}$;(4) $\arctan\sqrt{x}$;(5) $2x$.

4. 计算下列极限:

(1) $\lim\limits_{x\to\infty}\left(1+\dfrac{1}{x}\right)^{x-1}$;　　(2) $\lim\limits_{x\to 0}(1-3x)^{\frac{1}{x}}$;

(3) $\lim\limits_{x\to+\infty}x[\ln(x+1)-\ln x]$;　　(4) $\lim\limits_{x\to 0}(1-\sin 2x)^{\frac{1}{x}}$;

(5) $\lim\limits_{x\to 0}(1+\tan x)^{-\csc x}$;　　(6) $\lim\limits_{x\to 0}\left(\dfrac{1-2x}{1+2x}\right)^{\frac{1}{x}}$;

(7) $\lim\limits_{x\to\infty}\left(\dfrac{x-1}{x+1}\right)^{2x+3}$；　　(8) $\lim\limits_{x\to\frac{\pi}{2}}\left(\dfrac{\tan x+1}{\tan x+2}\right)^{-\tan x+2}$.

5. 求下列数列极限.

(1) $\lim\limits_{n\to\infty}\left(\dfrac{1}{\sqrt{n^2+1}}+\dfrac{1}{\sqrt{n^2+2}}+\cdots+\dfrac{1}{\sqrt{n^2+n}}\right)$；

(2) $\lim\limits_{n\to\infty}n\left(\dfrac{1}{n^2+a}+\dfrac{1}{n^2+2a}+\cdots+\dfrac{1}{n^2+na}\right)(a\geqslant 0)$.

6. 证明数列$\sqrt{2}$,$\sqrt{2+\sqrt{2}}$,$\sqrt{2+\sqrt{2+\sqrt{2}}}$,… 的极限存在.

第六节　函数的连续性与间断点

现实生活中很多变量是连续不断的.如气温随时间的变化，动、植物随时间的生长，地球的自转与公转等，都是随时间连续变化的.这种现象反映在数学上就是函数的连续性，它是微积分的又一个重要概念.

一、函数的连续性

1. 函数在一点连续

定义 1.6.1　设函数 $f(x)$ 在 x_0 的某个邻域 $U(x_0)$ 内有定义，如果

$$\lim_{x\to x_0}f(x)=f(x_0)\left(\text{或}\lim_{x\to x_0}[f(x)-f(x_0)]=0\right),$$

则称函数 $f(x)$ 在点 x_0 **连续**，x_0 称为 $f(x)$ 的**连续点**.

设函数 $y=f(x)$，自变量 x 从一个初值 x_0 变到终值 x_1，称 x_1-x_0 为**自变量 x 的增量**，记作 $\Delta x=x_1-x_0$，同时函数 $y=f(x)$ 从初值 $y_0=f(x_0)$ 变到终值 $y_1=f(x_1)$，称 $y_1-y_0=f(x_1)-f(x_0)$ 为**函数 y 的增量**，记作 $\Delta y=y_1-y_0$，函数的 y 增量也可记作 $\Delta y=f(x_0+\Delta x)-f(x_0)$.

定义 1.6.1′　设函数 $f(x)$ 在 x_0 的某个邻域 $U(x_0)$ 内有定义，如果

$$\lim_{\Delta x\to 0}\Delta y=\lim_{\Delta x\to 0}[f(x_0+\Delta x)-f(x_0)]=0,$$

则称函数 $f(x)$ 在点 x_0 **连续**，x_0 称为 $f(x)$ 的**连续点**.

定义 1.6.2　(1) 设函数 $f(x)$ 在 $[x_0,x_0+\delta)$ 内有定义，若 $\lim\limits_{x\to x_0^+}f(x)=f(x_0)$，则称函数 $f(x)$ 在点 x_0 **右连续**；

(2) 设函数 $f(x)$ 在 $(x_0-\delta,x_0]$ 内有定义，若 $\lim\limits_{x\to x_0^-}f(x)=f(x_0)$，则称函数 $f(x)$ 在点 x_0 **左连续**.

由推论 1.3.1′ 直接得到定理 1.6.1.

定理 1.6.1　设函数 $f(x)$，$\lim\limits_{x\to x_0}f(x)=f(x_0)$ 的充分必要条件是

$$\lim_{x\to x_0^-} f(x)=\lim_{x\to x_0^+} f(x)=f(x_0).$$

定理1.6.1说明函数$f(x)$在$x=x_0$连续的充分必要条件是$f(x)$在$x=x_0$既左连续，又右连续.

例 1.6.1 讨论绝对值函数$f(x)=|x|=\begin{cases}x & x\geqslant 0\\ -x & x<0\end{cases}$在点$x=0$的连续性.

解 因为

$$\lim_{x\to 0^-} f(x)=\lim_{x\to 0^-}(-x)=0,\lim_{x\to 0^+} f(x)=\lim_{x\to 0^+} x=0,f(0)=0,$$

所以函数$f(x)$在$x=0$是连续的.

2. 区间上的连续函数

定义 1.6.3 若函数$f(x)$在区间(a,b)(或$(+\infty,-\infty)$,$(-\infty,b)$,$(a,+\infty)$)内每一点都连续,则称$f(x)$是**该区间的连续函数**;如果$f(x)$在区间(a,b)(或$(a,+\infty)$)内每一点都连续,同时在$x=a$右连续,则称函数$f(x)$在**区间**$[a,b)$(或$[a,+\infty)$) **连续**;如果$f(x)$在区间(a,b)(或$(-\infty,b)$)内每一点都连续,同时在$x=b$左连续,则称函数$f(x)$在**区间**$(a,b]$(或$(-\infty,b]$) **连续**;如果$f(x)$在区间(a,b)内每一点都连续,同时在$x=a$右连续,在$x=b$左连续,则称函数$f(x)$在**区间**$[a,b]$ **连续**,记作$f(x)\in C[a,b]$.某区间I的连续函数也称**函数在区间I上连续**.

从几何直观上看,在一个区间连续函数的图形是一条不间断的曲线.

二、函数的间断点

定义 1.6.4 若函数$f(x)$在点x_0不连续,则称函数$f(x)$在点x_0间断,x_0称为**间断点**.

显然,若$f(x)$在点x_0间断,则$f(x)$必为以下四种情形之一:

(1)$f(x)$在x_0处无定义;

(2) $\lim\limits_{x\to x_0^-} f(x)$与$\lim\limits_{x\to x_0^+} f(x)$至少有一个不存在;

(3) $\lim\limits_{x\to x_0^-} f(x)$与$\lim\limits_{x\to x_0^+} f(x)$都存在但不相等;

(4) $\lim\limits_{x\to x_0} f(x)$存在但不等于$f(x_0)$.

例 1.6.2 讨论下列函数在给定点的连续性:

(1)$f(x)=\sin\dfrac{1}{x-1}$在$x=1$;

(2)$f(x)=\ln\dfrac{1}{x-2}$在$x=2$;

(3)$f(x)=\dfrac{x(x-1)}{x}$在点$x=0$.

解 (1) 因为函数$f(x)=\sin\dfrac{1}{x-1}$在$x=1$无定义,所以$x=1$是原函数的间断点.当$x\to 1$时,函数值在-1与1之间变动无数次,所以点$x=1$称为原函数的**震荡间断点**(图

1.6-1).

(2) 因为函数 $f(x)=\dfrac{1}{x-2}$ 在 $x=2$ 无定义，所以 $x=2$ 是原函数的间断点. 因为 $\lim\limits_{x\to 2}f(x)=\infty$，所以点 $x=2$ 称为原函数的无穷间断点.

一般地，如果极限 $\lim\limits_{x\to x_0^+}f(x)$ 与 $\lim\limits_{x\to x_0^-}f(x)$ 至少有一个是无穷大，则称 $x=x_0$ 是 $f(x)$ 的**无穷间断点**(图 1.6-2).

(3) 因为函数 $f(x)=\dfrac{x(x-1)}{x}$ 在 $x=0$ 无定义，所以 $x=0$ 是原函数的间断点，但

$$\lim_{x\to 0-}f(x)=\lim_{x\to 0-}(x-1)=-1, \lim_{x\to 0+}f(x)=\lim_{x\to 0+}(x-1)=-1,$$

$x=0$ 称为原函数 $f(x)$ 的可去间断点.

一般地，如果 $\lim\limits_{x\to x_0}f(x)$ 存在但不等于 $f(x_0)$，则称 $x=x_0$ 是函数 $f(x)$ 的**可去间断点**(图 1.6-3).

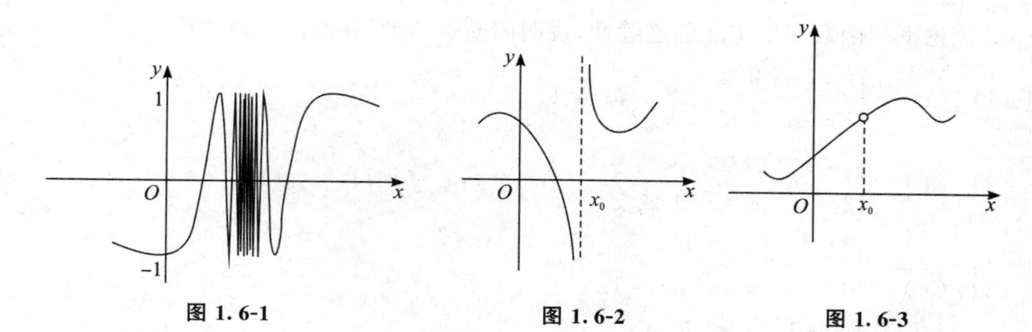

图 1.6-1　　图 1.6-2　　图 1.6-3

例 1.6.3　讨论函数 $f(x)=\begin{cases}\dfrac{1}{x-1} & x>1\\ x & x\leqslant 1\end{cases}$ 在点 $x=1$ 的连续性.

解　因为 $\lim\limits_{x\to 1^+}f(x)=\lim\limits_{x\to 1^+}\dfrac{1}{x-1}=+\infty$，即 $\lim\limits_{x\to 1^+}f(x)$ 不存在，于是函数 $f(x)$ 在点 $x=1$ 间断，$x=1$ 是 $f(x)$ 的无穷间断点.

例 1.6.4　讨论函数 $f(x)=\begin{cases}x & x\geqslant 0\\ 2 & x<0\end{cases}$ 在点 $x=0$ 的连续性(图 1.6-4).

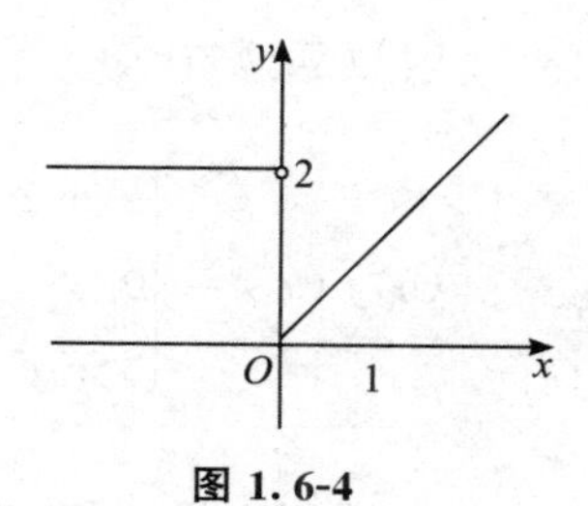

图 1.6-4

解　因为

$\lim\limits_{x\to 0^+}f(x)=\lim\limits_{x\to 0^+}x=0$，$\lim\limits_{x\to 0^-}f(x)=\lim\limits_{x\to 0^-}2=2$，可见 $\lim\limits_{x\to 0^+}f(x)\neq\lim\limits_{x\to 0^-}f(x)$，于是函数 $f(x)$ 在点 $x=0$ 间断，$x=0$ 称为 $f(x)$ 的跳跃间断点.

一般地，如果 $\lim\limits_{x\to x_0^+}f(x)$，$\lim\limits_{x\to x_0^-}f(x)$ 都存在，但不相等，则称 $x=x_0$ 是函数 $f(x)$ 的**跳跃间断点**.

例 1.6.5　讨论函数 $f(x)=\begin{cases}2x & x\neq 0\\ 1 & x=0\end{cases}$ 在点 $x=0$ 的连续性.

解　由已知$\lim\limits_{x\to 0}f(x)=\lim\limits_{x\to 0}2x=0$，$f(0)=1$，可见$\lim\limits_{x\to 0}f(x)\neq f(0)$，于是函数$f(x)$在点$x=0$间断，$x=0$是$f(x)$的可去间断点.

说明：可去间断点包含两种情况：一种是$f(x_0)$不存在，即$f(x)$在$x=x_0$无定义，如例1.6.2(3)；另一种是$f(x_0)$存在，但$f(x_0)\neq\lim\limits_{x\to x_0}f(x)$，如例1.6.5.

定义1.6.5　若函数$f(x)$在点x_0间断，但$\lim\limits_{x\to x_0^+}f(x)$，$\lim\limits_{x\to x_0^-}f(x)$都存在，则称$x_0$为函数$f(x)$的**第一类间断点**.不是第一类间断点的任何间断点都称为**第二类间断点**.

跳跃间断点与可去间断点都是第一类间断点，震荡间断点与无穷间断点是第二类间断点.

习题1-6

1. 讨论下列函数在给定点的连续性，说明间断点类型，并画出函数的图形：

(1)$f(x)=\begin{cases}x^2 & 0\leqslant x<1\\ 1-x & 1\leqslant x\leqslant 2\end{cases}$，$x=1$；

(2)$f(x)=\begin{cases}|x| & -1\leqslant x<1\\ 2 & x<-1\text{或}x\geqslant 1\end{cases}$，$x=1$，$x=-1$；

(3)$f(x)=\begin{cases}2x & x>1\\ 0 & x=1\\ x-1 & x<1\end{cases}$，$x=1$.

2. 求下列函数的间断点，并说明间断点的类型：

(1)$f(x)=\dfrac{x^2-4}{x^2+x-2}$；　　(2)$f(x)=\cos\dfrac{1}{x}$；

(3)$f(x)=e^{\frac{1}{x}}$；　　(4)$f(x)=\ln\dfrac{1}{x-1}$；

(5)$f(x)=\begin{cases}x+2 & x>0\\ 0 & x=0\\ 2-x & x<0\end{cases}$；　　(6)$f(x)=\begin{cases}\dfrac{1}{x} & x>0\\ 1 & x=0\\ 2x-1 & x<0\end{cases}$.

3. 适当选择a值，使函数$f(x)=\begin{cases}e^x+1 & x<0\\ a-2x-4 & x\geqslant 0\end{cases}$在点$x=0$连续.

4. 求下列极限：

(1)$\lim\limits_{x\to 1}\dfrac{2x}{3x^2+x-2}$；　　(2)$\lim\limits_{x\to 0}\sqrt{4+x-3x^2}$；

(3)$\lim\limits_{x\to 3}e^{x-2}\ln(x-1)$；　　(4)$\lim\limits_{x\to\frac{1}{2}}\arcsin\sqrt{1-x^2}$.

5. 设$f(x)=\lim\limits_{a\to+\infty}\dfrac{a^x-a^{-x}}{a^x+a^{-x}}$，讨论$f(x)$的连续性.

第七节　连续函数的运算与初等函数的连续性

一、连续函数的和、差、积、商的连续性

定理 1.7.1　设函数 $f(x)$ 和 $g(x)$ 在点 x_0 连续，则函数

$$f(x)\pm g(x),f(x)\cdot g(x),\frac{f(x)}{g(x)}(g(x)\neq 0,g(x_0)\neq 0),$$

在点 x_0 也连续.

证　只证明 $f(x)\pm g(x)$ 在点 x_0 连续.

因为 $f(x)$ 和 $g(x)$ 在点 x_0 连续，所以它们在点 x_0 有定义，于是 $f(x)\pm g(x)$ 在点 x_0 也有定义，再由极限运算法则与函数在点 x_0 连续的定义，有

$$\lim_{x\to x_0}[f(x)\pm g(x)]=\lim_{x\to x_0}f(x)\pm\lim_{x\to x_0}g(x)=f(x_0)\pm g(x_0).$$

于是 $f(x)\pm g(x)$ 在点 x_0 连续.

将定理 1.7.1 中的"连续"改成"左连续"或"右连续"，得到的命题也成立.

由定义 1.6.3 与定理 1.7.1 直接得到下面定理 1.7.2.

定理 1.7.2　设函数 $f(x)$ 和 $g(x)$ 在区间 I 上连续，则函数

$$f(x)\pm g(x),f(x)\cdot g(x),\frac{f(x)}{g(x)}(g(x)\neq 0)$$

在区间 I 上也连续.

二、反函数与复合函数的连续性

定理 1.7.3　设函数 $f(x),x\in I,I'$ 是其值域，与函数 $f^{-1}(x)$ 互为反函数，如果 $f(x)$ 在区间 I 上连续，那么它的反函数 $f^{-1}(x)$ 也在对应的区间 I' 上连续.

定理 1.7.3 不做证明.

定理 1.7.4　设函数 $y=f[g(x)]$ 是由函数 $y=f(u)$ 与函数 $u=g(x)$ 复合而成，$U(x_0)$ 是点 x_0 的邻域，$U(x_0)\subset D_g$，若函数 $u=g(x)$ 在点 x_0 连续，且 $u_0=g(x_0)$，而函数 $y=f(u)$ 在点 u_0 连续，则函数 $y=f[g(x)]$ 在点 x_0 也连续.

证　因为函数 $y=f(u)$ 在点 u_0 连续，所以 $y=f(u_0)$ 有定义，而 $u_0=g(x_0)$，所以 $y=f(u_0)=f[g(x_0)]$ 有定义.

因为函数 $u=g(x)$ 在点 x_0 连续，所以 $\lim\limits_{x\to x_0}g(x)=g(x_0)$，即 $\lim\limits_{x\to x_0}u=u_0$. 又因为函数 $y=f(u)$ 在点 u_0 连续，所以

$$\lim_{u\to u_0}[f(u)-f(u_0)]=\lim_{x\to x_0}[f(u)-f(u_0)]=\lim_{x\to x_0}\{f[g(x)]-f[g(x_0)]\}=0,$$

即 $\lim\limits_{x\to x_0}\{f[g(x)]-f[g(x_0)]\}=0$，所以函数 $y=f[g(x)]$ 在点 x_0 也连续.

由定理 1.7.4 可得到定理 1.7.5.

定理 1.7.5 设函数 $f[g(x)]$ 由函数 $y=f(u)$ 与函数 $u=g(x)$ 复合而成,若函数 $u=g(x)$ 与函数 $y=f(u)$ 在其各自的定义区间内连续,则函数 $y=f[g(x)]$ 在其定义域区间内也连续.

所谓的“定义区间”就是包含在定义域内的区间.

定理 1.7.5 不做证明.

三、初等函数的连续性

定理 1.7.6 基本初等函数在它们的定义域内都是连续的.

定理 1.7.6 不做证明.

由定理 1.7.2、定理 1.7.3、定理 1.7.5、定理 1.7.6 可得到定理 1.7.7.

定理 1.7.7 一切初等函数在它们的定义区间内都是连续的.

定理 1.7.7 不做证明.

定理 1.7.7 提供了求函数极限的一种方法(简称代入法):如果函数 $f(x)$ 是初等函数,且 x_0 是函数定义开区间的一个点,那么 $\lim\limits_{x\to x_0}f(x)=f(x_0)$.

例 1.7.1 讨论函数 $y=\cos\dfrac{1}{x}$ 的连续性.

解 初等函数 $y=\cos\dfrac{1}{x}$ 在 $x=0$ 无定义,所以在 $x=0$ 间断,在区间 $(-\infty,0)$ 与 $(0,+\infty)$ 都有定义,于是函数 $y=\cos\dfrac{1}{x}$ 在区间 $(-\infty,0)$ 与 $(0,+\infty)$ 上都连续.

例 1.7.2 根据所给的图(图 1.7-1)写出相应函数在区间 $[-6,3]$ 上的解析式,并讨论该函数连续性.

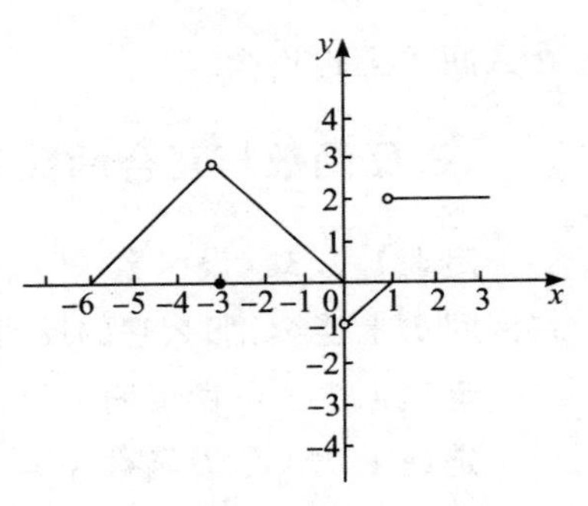

图 1.7-1

解 由图可知,函数 $f(x)=\begin{cases}2 & 1<x\leqslant 3\\ x-1 & 0<x\leqslant 1\\ -x & -3<x\leqslant 0\\ 0 & x=-3\\ x+6 & -6\leqslant x<-3\end{cases}$,

因为

$$\lim_{x\to 1^+}f(x)=\lim_{x\to 1^+}2=2,f(1)=\lim_{x\to 1^-}f(x)=\lim_{x\to 1^-}(x-1)=0,$$

所以 $f(x)$ 在 $x=1$ 间断,但左连续;

因为 $\lim\limits_{x\to 0^+}f(x)=\lim\limits_{x\to 0^+}(x-1)=-1,f(0)=\lim\limits_{x\to 0^-}f(x)=\lim\limits_{x\to 0^-}(-x)=0$,所以 $f(x)$ 在 $x=0$ 间断,但左连续;

因为 $f(-3)=0,\lim\limits_{x\to -3^+}f(x)=\lim\limits_{x\to -3^+}(-x)=3,\lim\limits_{x\to -3^-}f(x)=\lim\limits_{x\to -3^-}(x+6)=3$,所以 $f(x)$ 在 $x=-3$ 间断,且既不右连续,也不左连续;

因为 $f(-6)=\lim\limits_{x\to -6^+}f(x)=\lim\limits_{x\to -6^+}(x+6)=0,f(3)=\lim\limits_{x\to 3^-}f(x)=\lim\limits_{x\to 3^-}2=2$,所以 $f(x)$

在 $x=-6$ 右连续，在 $x=3$ 左连续.

综上，函数 $f(x)$ 在区间 $[-6,-3),(-3,0],(0,1],(1,3]$ 上连续，$x=0,x=1$ 是跳跃间断点，$x=-3$ 是可去间断点.

例 1.7.3　求 $\lim\limits_{x\to 0}\ln\cos x$.

解　因为 $\ln\cos x$ 是初等函数，且 0 是其定义区间内的一点，于是

$$\lim_{x\to 0}\ln\cos x=\ln\cos 0=\ln 1=0.$$

例 1.7.4　求 $\lim\limits_{x\to 2}e^{\sqrt{x^2+2x-4}}$.

解　因为 $e^{\sqrt{x^2+2x-4}}$ 是初等函数，且 2 是其定义区间内的一点，于是

$$\lim_{x\to 2}e^{\sqrt{x^2+2x-4}}=e^{\sqrt{2^2+2\cdot 2-4}}=e^2.$$

例 1.7.5　求 $\lim\limits_{x\to 1}\dfrac{x^2+3x-3}{2x^2-x+4}$.

解　因为 $\dfrac{x^2+3x-3}{2x^2-x+4}$ 是初等函数，且 1 是其定义区间内的一点，于是

$$\lim_{x\to 1}\frac{x^2+3x-3}{2x^2-x+4}=\frac{1^2+3\cdot 1-3}{2\cdot 1^2-1+4}=\frac{1}{5}.$$

例 1.7.6　求 $\lim\limits_{x\to 0}\dfrac{\sqrt{x^2+9}-3}{x^2}$.

解

$$\lim_{x\to 0}\frac{\sqrt{x^2+9}-3}{x^2}=\lim_{x\to 0}\frac{x^2}{x^2(\sqrt{x^2+9}+3)}=\lim_{x\to 0}\frac{1}{\sqrt{x^2+9}+3},$$

因为 $\dfrac{1}{\sqrt{x^2+9}+3}$ 是初等函数，且 0 是其定义区间内的一点，于是

$\lim\limits_{x\to 0}\dfrac{1}{\sqrt{x^2+9}+3}=\dfrac{1}{\sqrt{0^2+9}+3}=\dfrac{1}{6}$，即原式 $=\dfrac{1}{6}$.

例 1.7.7　求 $\lim\limits_{x\to\pi}\left(\sqrt{x^2\sin\dfrac{x}{2}}+e^{\cos x}+\ln x\right)$.

解　因为 $\lim\limits_{x\to\pi}\left(\sqrt{x^2\sin\dfrac{x}{2}}+e^{\cos x}+\ln x\right)$ 是初等函数，且 π 是其定义区间内的一点，于是

$$\lim_{x\to\pi}\left(\sqrt{x^2\sin\frac{x}{2}}+e^{\cos x}+\ln x\right)=\sqrt{\pi^2\sin\frac{\pi}{2}}+e^{\cos\pi}+\ln\pi=\pi+e^{-1}+\ln\pi.$$

习题 1-7

1. 讨论下列函数的连续性，并画出函数的图形.

(1)$f(x)=\begin{cases}x^2 & 0\leqslant x<1\\ 1-x & 1\leqslant x\leqslant 2\end{cases}$； (2)$f(x)=\begin{cases}x & -1\leqslant x<1\\ \dfrac{2}{x+1} & x<-1 \text{ 或 } x\geqslant 1\end{cases}$.

2. 讨论下列函数的连续性.

(1)$f(x)=\sqrt{\dfrac{x-2}{x^2-4}}$； (2)$f(x)=\ln\dfrac{1}{x^2-9}$；

(3)$f(x)=x\sin\dfrac{1}{x}$； (4)$f(x)=\dfrac{x^2-1}{x(x-1)}e^{\frac{1}{x-2}}$.

3. 根据所给的图(图 1.7-2) 写出相应函数在区间$[-4,7]$上的解析式,并讨论该函数连续性.

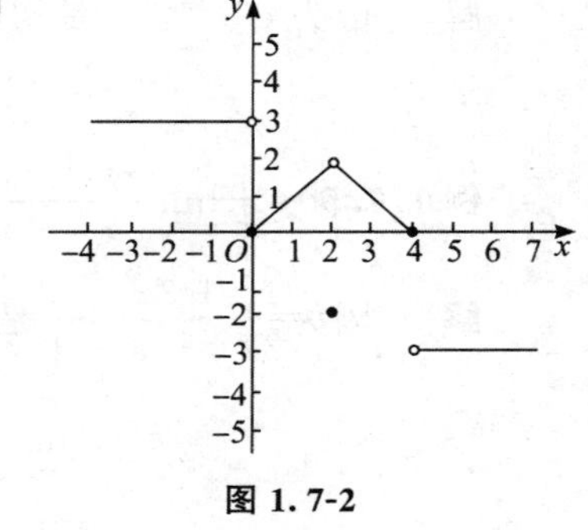

图 1.7-2

4. 求下列极限：

(1) $\lim\limits_{x\to 3}x\,e^{\sqrt{x^2+\sin(x-3)}}$；

(2) $\lim\limits_{x\to 2}\dfrac{x^2-4}{x^2-x-2}$；

(3) $\lim\limits_{x\to 0}\dfrac{\sqrt{x^2+4}-2}{x^2}$；

(4) $\lim\limits_{x\to -\frac{1}{2}}\arccos\sqrt{x^2}$；

(5) $\lim\limits_{x\to 0}\arctan e^x$； (6) $\lim\limits_{x\to e}(x+2)\ln(x+e)$；

(7) $\lim\limits_{x\to \frac{\pi}{4}}\left(\sqrt{\cos^2 x+\dfrac{1}{2}}+e^{\tan x}+\cot x\right)$； (8) $\lim\limits_{x\to e}(\sqrt{x}-1)^{\ln x^2}$.

第八节　闭区间上的连续函数

与其他类型区间上连续函数相比较,闭区间上的连续函数具有独特的性质,这些性质对于人们认识闭区间上的连续函数的性状起着重要的作用.下面以定理的形式给出闭区间上连续函数的三个基本性质.

一、最大值(最小值) 定理

定义 1.8.1　设函数$f(x)$在区间I上有定义,且$x_0\in I$,若对$\forall x\in I$,都有$f(x)\leqslant f(x_0)$($f(x)\geqslant f(x_0)$),则称$f(x_0)$是$f(x)$在区间I上的**最大值**(**最小值**),称x_0是$f(x)$在区间I上的**最大值**(**最小值**)**点**,最大值和最小值统称**最值**,x_0简称**最值点**.

定理 1.8.1　闭区间$[a,b]$上的连续函数$f(x)$必能在该区间上取到最小值与最大值.

定理 1.8.1 不做证明.

由定理 1.8.1,如果函数$f(x)$在闭区间$[a,b]$上连续,那么至少有一点$\xi_1\in[a,b]$,使

$f(\xi_1)=n$ 是 $f(x)$ 在$[a,b]$上的最小值；又至少有一点 $\xi_2\in[a,b]$，使 $f(\xi_2)=m$ 是 $f(x)$ 在$[a,b]$上的最大值，这也表明 $f(x)$ 在$[a,b]$上是有界的，即 $f(x)\in C[a,b]\Rightarrow \exists\xi_1,\xi_2\in[a,b]$ 使得 $f(\xi_1)=n$，$f(\xi_2)=m$，其中 $n=\min\limits_{x\in[a,b]}f(x)$，$m=\max\limits_{x\in[a,b]}f(x)$(图 1.8-1).

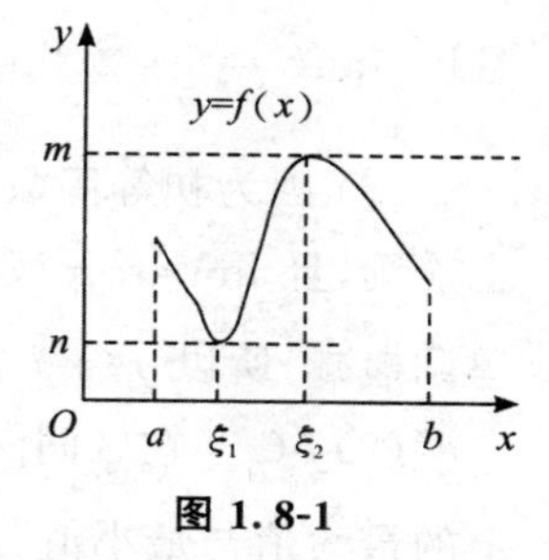

图 1.8-1

由定理 1.8.1 直接得到下面推论 1.8.1.

推论 1.8.1 设 $f(x)$ 是闭区间$[a,b]$上的连续函数，则 $f(x)$ 一定在该区间上有界.

例 1.8.1 分析下列函数在给定区间上是否连续，是否存在最值，是否有界.

(1) $f(x)=x+2,[-1,1]$；　　(2) $f(x)=2,(-\infty,+\infty)$；

(3) $f(x)=\dfrac{1}{x-1},[2,3]$；　　(4) $f(x)=\dfrac{1}{x-1},(1,3]$；

(5) $f(x)=\dfrac{1}{x-1},[0,3]$；　　(6) $f(x)=\tan x,\left(-\dfrac{\pi}{2},\dfrac{\pi}{2}\right)$；

(7) $f(x)=\operatorname{arccot}x,(-\infty,+\infty)$；(8) $f(x)=\begin{cases}x-1 & 2\leqslant x\leqslant 4\\ 2x & 0\leqslant x<2\end{cases},[0,4]$.

解 (1) 因为初等函数 $f(x)=x+2$ 在闭区间$[-1,1]$上有定义，所以在$[-1,1]$上连续，于是 $f(x)$ 在闭区间$[-1,1]$上存在最大值与最小值.又因为 $f(x)$ 在闭区间$[-1,1]$上单调递增，所以 $f(x)$ 在闭区间$[-1,1]$上的最大值是 $f(1)=3$，最小值是 $f(-1)=1$，且有界.

(2) 因为函数 $f(x)=2$ 在$(-\infty,+\infty)$上有定义，所以连续，其最大值与最小值都是 2，且有界.

(3) 因为初等函数 $f(x)=\dfrac{1}{x-1}$ 在闭区间$[2,3]$上有定义，所以在$[2,3]$上连续，于是 $f(x)$ 在闭区间$[2,3]$上存在最大值与最小值.又因为 $f(x)$ 在闭区间$[2,3]$上单调递减，所以 $f(x)$ 在闭区间$[2,3]$上的最大值是 $f(2)=1$，最小值是 $f(3)=\dfrac{1}{2}$，且有界.

(4) 因为初等函数 $f(x)=\dfrac{1}{x-1}$ 在区间$(1,3]$上有定义，所以在$(1,3]$上连续，且 $\lim\limits_{x\to1^+}f(x)=+\infty$，又因为 $f(x)$ 在闭区间$(1,3]$上单调递减，所以 $f(x)$ 在闭区间$(1,3]$上的最小值是 $f(3)=\dfrac{1}{2}$，无最大值，且有无界.

(5) 因为初等函数 $f(x)=\dfrac{1}{x-1}$ 在区间$[0,1)$与$(1,3]$上有定义，$f(1)$ 无定义，所以 $f(x)$ 在区间$[0,1)$与$(1,3]$上连续，在 $x=1$ 间断，且 $\lim\limits_{x\to1}\dfrac{1}{x-1}=\infty$，所以 $f(x)$ 在区间$[0,3]$上的无最值，且无界.

(6) 因为初等函数 $f(x)=\tan x$ 在区间$\left(-\dfrac{\pi}{2},\dfrac{\pi}{2}\right)$上有定义，所以在$\left(-\dfrac{\pi}{2},\dfrac{\pi}{2}\right)$上连续，

且$\lim\limits_{x\to\frac{\pi}{2}}\tan x=+\infty$，$\lim\limits_{x\to-\frac{\pi}{2}}\tan x=-\infty$，所以 $f(x)$ 在区间$\left(-\frac{\pi}{2},\frac{\pi}{2}\right)$上的无最值，且无界.

(7) 因为初等函数 $f(x)=\operatorname{arccot}x$ 在区间$(-\infty,+\infty)$上有定义，所以在$(-\infty,+\infty)$上连续，且 $\lim\limits_{x\to+\infty}\operatorname{arccot}x=0$，$\lim\limits_{x\to-\infty}\operatorname{arccot}x=\pi$，又因为 $f(x)=\operatorname{arccot}x$ 在区间$(-\infty,+\infty)$上单调递减，所以 $f(x)$ 在区间$(-\infty,+\infty)$上的无最值，但有界，且 $0<f(x)<\pi$.

(8) $f(x)$ 在区间$[2,4]$上连续，且 $\lim\limits_{x\to2+}f(x)=\lim\limits_{x\to2+}(x-1)=1$，于是 $f(x)$ 在区间$[2,4]$上的最大值与最小值分别是 3，1；$f(x)$ 在区间$[0,2)$上连续且单调递增，于是 $f(x)$ 在区间$[0,2)$上有最小值 0，无最大值，且 $\lim\limits_{x\to2^-}f(x)=\lim\limits_{x\to2^-}2x=4$.综上，$f(x)$ 在区间$[0,2)$与$[2,4]$上连续，$f(x)$ 在 $x=2$ 间断，有最小值 0，无最大值；在区间$[0,4]$上有界，且 $0\leqslant f(x)<4$.

说明：① 如果函数在开区间(或半开半闭区间)连续，那么函数在该区间不一定有最值、有界，如例 1.8.1(2) 有最值、有界，如例 1.8.1(4)(6) 无最值、无界，如例 1.8.1(7) 无最值、有界.

② 如果函数在闭区间内有间断点，那么函数在该区间不一定有最值、有界，如例 1.8.1(5) 在给定闭区间有间断点，此时函数无最值、无界，如例 1.8.1(8) 在给定闭区间有间断点，此时函数无最大值，有界.

③ 另外最大值与最小值也可能相等，如例 1.8.1(2).

总之，定理 1.8.1 及其推论中“闭区间$[a,b]$”这一条件是重要的，若这个条件不满足，则定理 1.8.1 与其推论 1.8.1 中的结论就不成立了.

二、零点定理与介值定理

如果存在 x_0，使得 $f(x_0)=0$，则称 x_0 是函数 $f(x)$ 的**零点**或方程 $f(x)=0$ 的**根**，故下面零点定理又称方程**根的存在定理**.

定理 1.8.2(零点定理) $f(x)$ 是闭区间$[a,b]$上的连续函数，且 $f(a)f(b)<0$，则至少存在一点 $x_0\in(a,b)$，使得 $f(x_0)=0$(图 1.8-2).

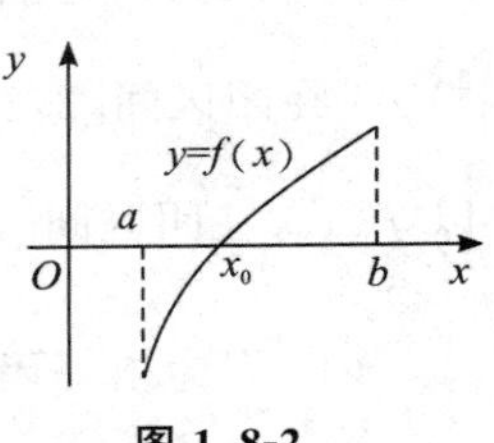

图 1.8-2

定理 1.8.2 不做证明.

例 1.8.2 证明方程 $-x^3-2x^2+2=0$ 在区间$(0,1)$内至少有一根.

证明 令 $f(x)=-x^3-2x^2+2$，因为 $f(x)$ 是初等函数，且在$[0,1]$上有定义，所以 $f(x)$ 在$[0,1]$上连续，又 $f(0)=2>0$，$f(1)=-1<0$，由零点定理，$\exists x_0\in(0,1)$，使 $f(x_0)=-x_0^3-2x_0^2+2=0$，所以方程 $-x^3-2x^2+2=0$ 在区间$(0,1)$内至少有一根 x_0.

定理 1.8.3(介值定理) 设 $f(x)$ 是闭区间$[a,b]$上的连续函数，且在这区间的端点取不同的函数值，即 $f(a)\neq f(b)$，那么对介于 $f(a)$ 与 $f(b)$ 之间的数值 C，至少存在一点 $\xi\in(a,b)$，使得 $f(\xi)=C$(图 1.8-3).

证 作辅助函数 $F(x)=f(x)-C$，因为 $f(x)$ 在$[a,b]$上连续，所以 $F(x)$ 在$[a,b]$

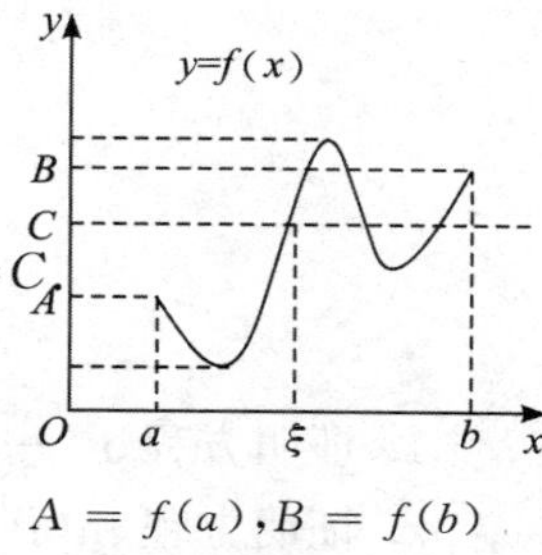

$A=f(a), B=f(b)$

图 1.8-3

上也连续，因为实数 C 介于 $f(a)$ 与 $f(b)$ 之间，所以 $F(a)$ 与 $F(b)$ 异号，即

$$F(a)\cdot F(b)=[f(a)-C]\cdot[f(b)-C]<0,$$

由零点定理知，至少存在一点 $\xi\in(a,b)$，使得 $F(\xi)=0$，即 $f(\xi)=C$.

介值定理的几何意义是：闭区间 $[a,b]$ 上的连续曲线弧 $y=f(x)$ 与介于两不同水平直线 $y=f(a)$，$y=f(b)$ 之间的水平直线 $y=C$ 至少相交于一点.

推论 1.8.2 闭区间上的连续函数必取得介于最大值与最小值之间的任何函数值(图 1.8-3).

证 设函数 $f(x)$ 在 $[a,b]$ 上连续，则 $f(x)$ 在 $[a,b]$ 上必能取到最小值与最大值，记

$$n=\min_{x\in[a,b]}f(x)=f(\xi_1), m=\max_{x\in[a,b]}f(x)=f(\xi_2),$$

且 $[\xi_1,\xi_2]\subseteq[a,b]$(或 $[\xi_2,\xi_1]\subseteq[a,b]$)，于是函数 $f(x)$ 在 $[\xi_1,\xi_2]$(或 $[\xi_2,\xi_1]$) 上连续，由定理 1.8.3 知，对于介于 n 与 m 之间的任何一个实数 C，$f(x)$ 在 (ξ_1,ξ_2)(或 (ξ_2,ξ_1)) 上必能取到一点 ξ，使得 $f(\xi)=C$，于是 $f(x)$ 在 (a,b) 上必能取到一点 ξ，使得 $f(\xi)=C$，即推论 1.8.2 成立.

例 1.8.2 设 $f(x)$ 是闭区间 $[a,b]$ 上的连续函数，且 $a<x_1<x_2<\cdots<x_n<b$，证明至少存在一点 $x_0\in(a,b)$，使得

$$f(x_0)=2\cdot\frac{1\cdot f(x_1)+2\cdot f(x_2)+\cdots+n\cdot f(x_n)}{n(n+1)}.$$

证 因为 $f(x)$ 是闭区间 $[a,b]$ 上的连续函数，所以 $f(x)$ 在 $[x_1,x_n]$ 上有最小值和最大值存在，设

$$m=\min_{x\in[x_1,x_n]}f(x), M=\max_{x\in[x_1,x_n]}f(x),$$

则

$$i\cdot m\leqslant i\cdot f(x_i)\leqslant i\cdot M, i=1,2,\cdots,n,$$

于是

$$m(1+2+\cdots+n)\leqslant 1\cdot f(x_1)+2\cdot f(x_2)+\cdots+n\cdot f(x_n)\leqslant M(1+2+\cdots+n),$$

即

$$m\cdot\frac{n(n+1)}{2}\leqslant 1\cdot f(x_1)+2\cdot f(x_2)+\cdots+n\cdot f(x_n)\leqslant M\cdot\frac{n(n+1)}{2}$$

从而

$$m\leqslant 2\cdot\frac{1\cdot f(x_1)+2\cdot f(x_2)+\cdots+n\cdot f(x_n)}{n(n+1)}\leqslant M,$$

由推论 1.8.2 与定理 1.8.1 知，至少存在一点 $x_0\in[x_1,x_n]$，使得

$$f(x_0)=2\cdot\frac{1\cdot f(x_1)+2\cdot f(x_2)+\cdots+n\cdot f(x_n)}{n(n+1)},$$

而 $[x_1,x_n]\subset(a,b)$，于是 $x_0\in(a,b)$，于是原命题成立.

习题 1-8

1. 证明方程 $x^4-x^2-2x+1=0$ 至少有一个介于 0 和 1 之间的根.

2. 证明方程 $\ln(1+e^x)-2x=0$ 至少有一个小于 1 的正根.

3. 证明方程 $x=a\cos x+b$,其中 $a>0,b>0$,至少有一个不超过 $a+b$ 的正根.

4. 设函数 $f(x)$ 在区间 $[0,2a]$ 上连续,且 $f(0)=f(2a)$,证明:在 $[0,a]$ 上至少存在一点 ξ,使 $f(\xi)=f(\xi+a)$.

5. 设 $f(x)$ 是闭区间 $[a,b]$ 上的连续函数,且 $a<x_1<x_2<\cdots<x_n<b$,证明至少存在一点 $\xi\in(a,b)$,使得

$$f(\xi)=\frac{f(x_1)+f(x_2)+\cdots+f(x_n)}{n}.$$

总习题一

1. 填空题

(1) 函数 $y=\ln(2-x)+\sqrt{4-x^2}$ 的定义域是 ________.

(2) 函数 $f(x)=\begin{cases}x-1 & x<1\\ x & x\geqslant 1\end{cases}$,$g(x)=e^x$,则 $f[g(x)]=$ ________.

(3) 设 $f(x)=\begin{cases}2x+1 & x\geqslant 0\\ x-1 & x<0\end{cases}$,$g(x)=x+1$,则 $(f+g)(x)=$ ________.

(4) $\lim\limits_{n\to\infty}\dfrac{n^2-2n+1}{3n^2+n-2}=$ ________.

(5) 当 $x\to\infty$ 时,函数 $f(x)$ 与 $\dfrac{1}{x+1}$ 是等价无穷小,则 $\lim\limits_{x\to\infty}3(x+1)f(x)=$ ______.

(6) 函数 $f(x)=\begin{cases}\dfrac{1}{x+2} & x<-1\\ \sqrt{x+1} & x\geqslant -1\end{cases}$ 的连续区间为 ________.

(7) 当 $x\to 0$ 时,比较无穷小 $1-\cos 2x$,$\arctan\sqrt{x}$,$\arcsin x$,x^3 的阶,并按从高阶到低阶的顺序排列 ________.

2.选择题

(1) 下列函数 f 与 g 相同的是(   ).

A. $f(x)=\dfrac{x^2-2x}{x-2}$,$g(x)=x$　　　　B. $f(x)=\cos 2x$,$g(x)=2\cos^2 x-1$

C. $f(x)=x, g(x)=\sqrt{x^2}$　　D. $f(x)=\ln\frac{x}{x-1}, g(x)=\ln x-\ln(x-1)$

(2) 设 $y=e^{-\frac{1}{x}}$ 是无穷小,则 x 的变化过程是(　　).

A. $x\to 0^+$　　B. $x\to 0^-$　　C. $x\to+\infty$　　D. $x\to-\infty$

(3) 下列极限存在的是(　　).

A. $\lim\limits_{x\to 1}\frac{\cos x}{\sqrt{x}-1}$　　B. $\lim\limits_{x\to\infty}\frac{x+3}{2x^{\frac{3}{2}}}$　　C. $\lim\limits_{x\to 1}\tan\frac{2}{x-1}$　　D. $\lim\limits_{x\to 0}\ln x^2$

(4) 当 $x\to 0$ 时, x^2 与 $3x\sqrt{x}$ 比较是(　　).

A.较高阶的无穷小　　B.较低阶的无穷小

C.等价无穷小　　D.同阶无穷小

(5) 设 $f(x)=\frac{3\cdot|2-x|}{2-x}$,则 $\lim\limits_{x\to 2}f(x)$ 是(　　).

A.0　　B. -3　　C.3　　D.不存在

(6) 当 $x\to 0$ 时,下列函数为无穷小的是(　　).

A. $\arctan\frac{1}{x}$　　B. $x\arctan\frac{1}{x}$

C. $\frac{1}{x}\arctan(x+1)$　　D. $\frac{1}{x}\arctan\frac{1}{x}$

(7) 函数 $y=f(x)$ 在点 x_0 有定义是函数 $y=f(x)$ 在点 x_0 连续的(　　).

A.必要条件　　B.充分条件　　C.充要条件　　D.无法确定

(8) 若 $\lim\limits_{x\to 1}\frac{x^2+x+a}{x-1}=3$,则 $a=$(　　).

A.1　　B. -1　　C.2　　D. -2

(9) 设 $f(x)=\begin{cases}e^{\frac{1}{x}} & x<0\\ 1 & x=0\\ 0 & x>0\end{cases}$,则 $f(x)$ 在点 $x=0$(　　).

A.连续　　B.间断, $x=0$ 是无穷间断点

C.间断, $x=0$ 是跳跃断点　　D.间断, $x=0$ 是可去断点

3. 计算下列极限.

(1) $\lim\limits_{x\to\frac{\pi}{2}}\frac{x\cdot\cos\left(x+\frac{\pi}{2}\right)}{\ln(e\sin x)}$;　　(2) $\lim\limits_{x\to 0}\frac{\sqrt{1+3x^2}-1}{x^2}$;

(3) $\lim\limits_{x\to 1}(x+1)^{\frac{4}{x^2}}$;　　(4) $\lim\limits_{x\to 1}\frac{(x^x+1)(x-1)}{x^2-1}$;

(5) $\lim\limits_{x\to\infty}\frac{3x^2-2\sqrt{x}+1}{2x^3+3x-1}$;　　(6) $\lim\limits_{x\to\infty}\frac{4x^3-2}{x^3+x-1}$;

(7) $\lim\limits_{x\to 0}\frac{\tan 2x\sin[3\ln(1+x)-\sqrt{x}]}{x\left[\ln(1+x)-\frac{1}{3}\sqrt{x}\right]}$;　　(8) $\lim\limits_{x\to\infty}\left(\frac{3x-2}{3x+2}\right)^{x-3}$.

4. 求下列函数的间断点,并确定其类型:

(1)$y=\dfrac{x^2-1}{x^2-3x+2}$;　　(2)$y=\dfrac{2^{\frac{1}{x}}+1}{2^{\frac{1}{x}}-1}$.

5. 已知 $f(x)=\begin{cases}2x-1 & x<0\\ 4k+1 & x=0\\ x^2+a & x>0\end{cases}$ 在 $x=0$ 连续,求 k,a 的值.

6. 若 $\lim\limits_{x\to\infty}\left(\dfrac{x^2-1}{x+1}-ax-b\right)=0$,求 a,b 的值.

7. 设 $f(x),g(x)$ 都是闭区间 $[a,b]$ 上的连续函数,且 $f(a)<g(a),f(b)>g(b)$,证明:在开区间 (a,b) 内至少存在一点 ξ,使得 $f(\xi)=g(\xi)$.

案例分析:数列极限在学习新知识中的应用

众所周知,任何一种新知识、新技能的获得和提高,都要通过一定的学习时间来完成,在学习中,常会遇到这样的现象,某些人学得快掌握得好,而另一些人学得慢掌握得差,这就牵涉到学习效率问题.人们想知道,根据不同的学习效率(下面用学习进度来描述),掌握一种新知识或新技能,需要多少时间(下面用学习次数来描述)? 现以学习某门课程为例,假设每学习该课程一次,都能掌握一定的新内容,其进度(所掌握的新内容占需要学习内容的百分比)为常数 $r(0<r<1)$,试问经过多少次学习,就能基本掌握该门课程的知识?

解　设 $a_n(n=0,1,2,\cdots)$ 表示经过学习该门课程 n 次后对该课程掌握的程度,a_0 表示刚开始学习时,对该门课程已经掌握的程度,于是

$$a_1=a_0+(1-a_0)r=1-(1-a_0)(1-r);$$

$$a_2=a_1+(1-a_1)r=r+a_1(1-r)=r+[1-(1-a_0)(1-r)](1-r)=1-(1-a_0)(1-r)^2;$$

$$a_3=a_2+(1-a_2)r=r+a_2(1-r)=r+[1-(1-a_0)(1-r)^2](1-r)=1-(1-a_0)(1-r)^3;$$

$$\vdots$$

$$a_n=1-(1-a_0)(1-r)^n.$$

因为 $0<r<1$,所以 $0<1-r<1$,于是数列 $(1-r)^n$ 单调递减,且 $\lim\limits_{n\to\infty}(1-r)^n=0$,故 $\lim\limits_{n\to\infty}a_n=\lim\limits_{n\to\infty}[1-(1-a_0)(1-r)^n]=1-(1-a_0)\lim\limits_{n\to\infty}(1-r)^n=1-(1-a_0)\times 0=1$,可见当 $n\to\infty$ 时,a_n 递增且无限接近于 1,这说明当学习次数 n 不断增多时,对该课程掌握的程度 a_n 也随之增大,并接近于 1.也就是说,即使每次学习该课程的进度 r 很小,只要有足够的学习次数,都能够基本掌握该门课程,应验了"滴水穿石"的道理.

如果假设 $a_0=0$,每次学习该课程的进度 $r=25\%$,有如表 1 所示的学习次数 n 与掌握该课程的程度 $a_n(n=1,2,\cdots)$ 的关系表:

表 1 学习次数 n 与掌握课程程度 $a_n(n=1,2,\cdots)$ 的关系

n	1	2	3	4	5	6	7	8	9	10
a_n	0.25	0.44	0.58	0.68	0.76	0.82	0.87	0.90	0.92	0.94

由表 1 知，如果每次学习该课程的进度 $r=25\%$，那么只要学习 10 次，就能掌握该门课程的 94%.

第二章　导数与微分

微积分学是一门用极限工具来研究函数分析性质的课程，上一章我们已经用极限研究了函数的第一个分析性质 —— 连续性，这一章我们要借助极限这一工具来研究函数的第二个分析性质 —— 可导性(可微性).

本章主要讲授导数和微分的基本概念、基本公式、基本法则，以及导数和微分的计算方法.

通过学习应能理解和弄清导数、微分概念的产生背景；掌握导数与微分的定义及基本公式、运算法则；会判断函数在指定点处的可导性；会求曲线在指定点处切线与法线方程；能熟练应用基本公式与法则求反函数、复合函数、隐函数及参数式函数的导数和微分，并会用所学知识来解决实际问题.

第一节　导数的概念与性质

一、导数概念的产生背景

导数概念和我们的生活起居有着密切关系，它就在我们的身边，能帮助我们解决所遇到的一些难题.比如微积分的发明人之一 —— 牛顿(Newton) 最早用导数研究的是如何确定力学中运动物体的瞬时速度问题.

1. 物理学上求直线运动的瞬时速度问题(牛顿最早提出)

我们知道定速跟变速之间有很重要的区别.常说的速度等于距离除以时间，这个说法多半是指平均速度.而我们在日常生活中常见到另一速度 —— 瞬时速度，譬如，你在开车时看到车速表的指针指向 60 英里，此时 60 英里表示的就是你开车的瞬时速度，之所以说是瞬时速度，而不是全程的平均速度，是因为如果你多踩一点油门，车速就会加快一些.

但是除非你的车子装有定速装置，否则，你的车速免不了会时快时慢，这就是变速.

如何解决变速运动物体的速度，也就是如何求瞬时速度呢？下面我们借助高等数学中常用的思想方法“用已知来探求未知，用有限来发展无限”来探求瞬时速度.

用 $S(t)$ 来表示在 t 时刻物体的位置($S(t)$ 称为位置函数)，用 $v(t)$ 来表示物体在 t 时刻的瞬时速度.

首先，我们借助已知(平均速度) 来探求未知(瞬时速度) 的思想，先求平均速度.由于在 t_0 时间，物体的位置就是 $S(t_0)$，等到经过一小段时间 Δt，即在 $t_0+\Delta t$ 时，物体的位置是

$S(t_0+\Delta t)$，于是在 Δt 这段时间内，物体的平均速度

$$\overline{v}(t)=\frac{S(t_0+\Delta t)-S(t_0)}{\Delta t}.$$

容易发现，时间间隔越小，得到的平均速度越接近瞬时速度，但只要时间间隔存在，求出的值都仅是瞬时速度的近似值.为了求出在 t_0 时刻的瞬时速度，我们借助"用有限来发展无限"的思想来处理.具体来说，让 $\Delta t\to 0$.当 $\Delta t\to 0$ 时，如果平均速度会无限向某一常数 v 靠近，则我们有理由把靠近的常数 v 就定义为物体在 t_0 时刻的瞬时速度，即瞬时速度是当 $\Delta t\to 0$ 时 $\overline{v}(t)$ 的极限值

$$v(t)=\lim_{\Delta t\to 0}\frac{\Delta S}{\Delta t}=\lim_{\Delta t\to 0}\frac{S(t_0+\Delta t)-S(t_0)}{\Delta t}.$$

2. 几何学上求切线问题(莱布尼兹最早提出)

微积分的另一发明人 —— 莱布尼兹(Leibniz) 在解决求曲线的切线问题时，引出了导数概念.

(1) 切线的定义

中学中我们给出了圆的切线定义 —— 若一条直线与圆只相交于一点，那么这条直线称为该圆的切线.这种定义方式对于一般的曲线不再适用，例如，直线 $x=0$ 与曲线 $y=x^2$ 仅有一个交点，但它显然不是曲线的切线，下面我们仍借助"用已知来探求未知，用有限来发展无限"这一思想，引入用割线来定义切线的方法.

如图 2.1-1 所示，设 $y=f(x)$ 是平面上一条光滑的连续曲线，$M(x_0,f(x_0))$ 是曲线上的一个定点，而 $M_1(x_0+\Delta x,f(x_0+\Delta x))$ 是曲线上的一个动点.显然过两点 $M(x_0,f(x_0))$，$M_1(x_0+\Delta x,f(x_0+\Delta x))$ 可以唯一确定曲线的一条过点 $M(x_0,f(x_0))$ 的割线，如果在点 $M_1(x_0+\Delta x,f(x_0+\Delta x))$ 沿着曲线无限趋近于点 $M(x_0,f(x_0))$ 时，割线存在极限位置，则处于这个极限位置的直线就称为曲线 $y=f(x)$ 在点 $M(x_0,f(x_0))$ 处的切线.

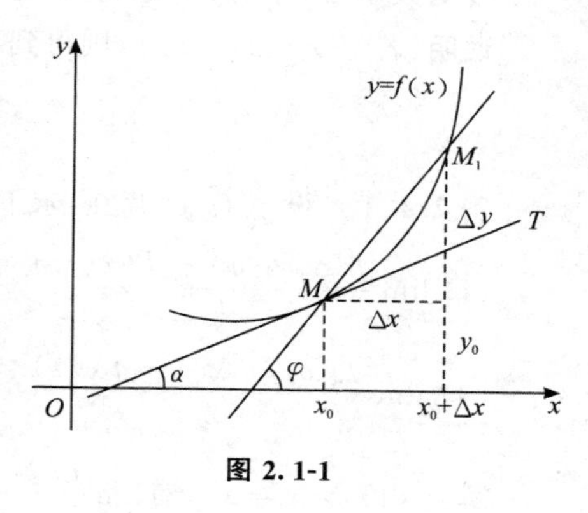

图 2.1-1

(2) 切线的斜率

根据上述给出的切线定义，我们来求切线的斜率.先求出割线的斜率

$$k_{MM_1}=\frac{f(x_0+\Delta x)-f(x_0)}{\Delta x},$$

于是曲线 $y=f(x)$ 在点 $M(x_0,f(x_0))$ 处的切线斜率为

$$k=\lim_{\Delta x\to 0}\frac{f(x_0+\Delta x)-f(x_0)}{\Delta x}.$$

二、导数概念

上述两个具体实例虽然分属不同学科，但发现所求量具有共同结构：相应于自变量增

量的函数增量与自变量增量的比,在自变量增量趋于0时的极限.类似的还可发现凡是牵涉到某个量的变化快慢的,诸如物理学中的光热磁电的各种传导率、化学中的反应速率、经济学中的资金流动速率、人口学中的人口增长速率等,所求量都可用类似的结构来表示,于是将这些问题的实际意义抛开,仅仅保留数量上的关系,就产生了数学上的导数概念.换句话说,导数实际上是因变量关于自变量的瞬时变化率.

1. 导数定义

定义 2.1.1 设函数 $y=f(x)$ 在点 x_0 的某个邻域内有定义.当自变量在 x_0 处取得增量 Δx(点 $x_0+\Delta x$ 仍在该邻域内)时,相应地函数 y 取得增量 $\Delta y=f(x_0+\Delta x)-f(x_0)$.如果极限

$$\lim_{\Delta x\to 0}\frac{\Delta y}{\Delta x}=\lim_{\Delta x\to 0}\frac{f(x_0+\Delta x)-f(x_0)}{\Delta x} \tag{1}$$

存在,则称 $f(x)$ 在点 x_0 处可导,并称这个极限值为 $f(x)$ 在点 x_0 处的**导数**,记作

$$f'(x_0)\left(\text{或 } y'(x_0), \left.\frac{\mathrm{d}f}{\mathrm{d}x}\right|_{x=x_0}, \left.\frac{\mathrm{d}y}{\mathrm{d}x}\right|_{x=x_0}\right).$$

如果(1)式极限不存在,则说函数 $f(x)$ 在点 x_0 处不可导.

为了方便起见,如果 $\lim\limits_{\Delta x\to 0}\frac{\Delta y}{\Delta x}=\infty$,往往说函数 $y=f(x)$ 在点 x_0 处的导数为无穷大.

若函数 $f(x)$ 在某一区间上的每个点都可导,则称 $f(x)$ 在该区间上可导.

说明:若记 $x=x_0+\Delta x$,则得到导数的另一等价形式

$$f'(x_0)=\lim_{\Delta x\to 0}\frac{\Delta y}{\Delta x}=\lim_{x\to x_0}\frac{f(x)-f(x_0)}{x-x_0}. \tag{2}$$

例 2.1.1 设 $f'(x_0)$ 存在,求下列各式的值:

(1) $\lim\limits_{h\to 0}\frac{f(x_0+h)-f(x_0)}{h}$; (2) $\lim\limits_{\Delta x\to 0}\frac{f(x_0+2\Delta x)-f(x_0)}{2\Delta x}$;

(3) $\lim\limits_{\Delta x\to 0}\frac{f(x_0-\Delta x)-f(x_0)}{\Delta x}$; (4) $\lim\limits_{h\to 0}\frac{f(x_0+h)-f(x_0-h)}{h}$.

解 (1) 令 $h=\Delta x$,有 $\lim\limits_{h\to 0}\frac{f(x_0+h)-f(x_0)}{h}=\lim\limits_{\Delta x\to 0}\frac{f(x_0+\Delta x)-f(x_0)}{\Delta x}=f'(x_0)$.

即无论用什么字母来表示自变量的增量,只要表示的是在某点的函数增量与自变量增量比的极限,那么所得的极限值就是函数在该点的导数.

(2) 令 $h=2\Delta x$,则 $\lim\limits_{\Delta x\to 0}\frac{f(x_0+2\Delta x)-f(x_0)}{2\Delta x}=\lim\limits_{h\to 0}\frac{f(x_0+h)-f(x_0)}{h}=f'(x_0)$.

(3) $\lim\limits_{\Delta x\to 0}\frac{f(x_0-\Delta x)-f(x_0)}{\Delta x}=\lim\limits_{\Delta x\to 0}\frac{f(x_0-\Delta x)-f(x_0)}{-\Delta x}=-f'(x_0)$.

(4) $\lim\limits_{h\to 0}\frac{f(x_0+h)-f(x_0-h)}{h}=\lim\limits_{h\to 0}\frac{f(x_0+h)-f(x_0)+f(x_0)-f(x_0-h)}{h}$

$=\lim\limits_{h\to 0}\frac{f(x_0+h)-f(x_0)}{h}-\lim\limits_{h\to 0}\frac{f(x_0-h)-f(x_0)}{h}=2f'(x_0)$.

2. 导函数概念

如果将 $f(x)$ 的所有可导点做成一个集合 I，则对于该集合中的任意一点 x 有唯一一个 $f'(x)$ 与它对应，于是在集合 I 上定义了一个新函数，我们将它称为**函数 $f(x)$ 的导函数**，记为 $f'(x)$（或 $y'(x)$，$\frac{\mathrm{d}f}{\mathrm{d}x}$，$\frac{\mathrm{d}y}{\mathrm{d}x}$），即

$$f'(x)=\lim_{\Delta x\to 0}\frac{f(x+\Delta x)-f(x)}{\Delta x}. \tag{3}$$

注意：在(3)式中，虽然 x 可以取区间 I 内的任何数值，但在求极限过程中，x 是常量，Δx 是变量.

显然，函数 $f(x)$ 在点 x_0 处的导数 $f'(x_0)$ 就是导函数 $f'(x)$ 在点 $x=x_0$ 处的函数值，即

$$f'(x_0)=f'(x)\Big|_{x=x_0}.$$

不至于混淆的情况下，也可将导函数简称为导数.

例 2.1.2　求 $f(x)=\sin x$ 的导数.

解　根据题意，知这里是求导函数.由三角函数和差化积公式，有

$$\sin(x+\Delta x)-\sin x=2\cos\left(x+\frac{\Delta x}{2}\right)\sin\frac{\Delta x}{2},$$

结合 $\cos x$ 的连续性以及 $\sin x\sim x\,(x\to 0)$，可得

$$\lim_{\Delta x\to 0}\frac{\sin(x+\Delta x)-\sin x}{\Delta x}=\lim_{\Delta x\to 0}\cos\left(x+\frac{\Delta x}{2}\right)\lim_{\Delta x\to 0}\frac{\sin\frac{\Delta x}{2}}{\Delta x/2}=\cos x,$$

于是根据定义，即得 $(\sin x)'=\cos x$.同理可得 $(\cos x)'=-\sin x$.

例 2.1.3　求 $y=\ln x$ 的导数.

解　由于

$$\ln(x+\Delta x)-\ln x=\ln\frac{x+\Delta x}{x}=\ln\left(1+\frac{\Delta x}{x}\right),$$

而 $\ln\left(1+\frac{\Delta x}{x}\right)\sim\frac{\Delta x}{x}\,(\Delta x\to 0)$，于是

$$\lim_{\Delta x\to 0}\frac{\ln(x+\Delta x)-\ln x}{\Delta x}=\frac{1}{x}\lim_{\Delta x\to 0}\frac{\ln\left(1+\frac{\Delta x}{x}\right)}{\frac{\Delta x}{x}}=\frac{1}{x},$$

根据定义，即有 $(\ln x)'=\frac{1}{x}$.

例 2.1.4　求 $y=\mathrm{e}^x$ 的导函数.

解　利用等价关系式 $\mathrm{e}^{\Delta x}-1\sim\Delta x\,(\Delta x\to 0)$，可得

$$\lim_{\Delta x\to 0}\frac{\mathrm{e}^{x+\Delta x}-\mathrm{e}^x}{\Delta x}=\mathrm{e}^x\cdot\lim_{\Delta x\to 0}\frac{\mathrm{e}^{\Delta x}-1}{\Delta x}=\mathrm{e}^x,$$

即有 $(\mathrm{e}^x)'=\mathrm{e}^x$.

进一步,利用等价关系 $a^{\Delta x}-1\sim\Delta x\cdot\ln a(a>0,a\neq1)$,可得

$$(a^x)'=(\ln a)a^x.$$

注意:$y=e^x$ 的导函数恰为它的本身,这是高等数学中讨论指数函数和对数函数时经常将底数取成 e 的缘故.以后会知道,若一个函数的导函数等于它本身,那么这个函数与 $y=e^x$ 至多相差一个常数因子,即它必为 $y=Ce^x$ 的形式.

例 2.1.5 求幂函数 $y=x^a(x>0)$ 的导函数,其中 a 为任意实数.

解 利用等价关系 $\left(1+\dfrac{\Delta x}{x}\right)^a-1\sim\dfrac{a\Delta x}{x}(\Delta x\to0)$,有

$$\lim_{\Delta x\to0}\frac{(x+\Delta x)^a-x^a}{\Delta x}=\lim_{\Delta x\to0}\frac{x^a\left[\left(1+\dfrac{\Delta x}{x}\right)^a-1\right]}{x\cdot\dfrac{\Delta x}{x}}$$

$$=x^{a-1}\lim_{\Delta x\to0}\frac{\left(1+\dfrac{\Delta x}{x}\right)^a-1}{\dfrac{\Delta x}{x}}=ax^{a-1}.$$

3. 单侧导数概念

在导数定义中如果只是取单侧极限,即若 $\lim\limits_{\Delta x\to0^+}\dfrac{\Delta y}{\Delta x}=\lim\limits_{\Delta x\to0^+}\dfrac{f(x_0+\Delta x)-f(x_0)}{\Delta x}$ 存在,则称此极限值为 $f(x)$ 在点 x_0 处的**右导数**,记为 $f'_+(x_0)$,即

$$f'_+(x_0)=\lim_{\Delta x\to0^+}\frac{\Delta y}{\Delta x}=\lim_{\Delta x\to0^+}\frac{f(x_0+\Delta x)-f(x_0)}{\Delta x},$$

若 $\lim\limits_{\Delta x\to0^-}\dfrac{\Delta y}{\Delta x}=\lim\limits_{\Delta x\to0^-}\dfrac{f(x_0+\Delta x)-f(x_0)}{\Delta x}$ 存在,则称此极限值为 $f(x)$ 在点 x_0 处的**左导数**,记为 $f'_-(x_0)$,即

$$f'_-(x_0)=\lim_{\Delta x\to0^-}\frac{\Delta y}{\Delta x}=\lim_{\Delta x\to0^-}\frac{f(x_0+\Delta x)-f(x_0)}{\Delta x}.$$

从左右极限与极限的关系容易得出如下结论.

定理 2.1.1 $f(x)$ 在点 x_0 处可导的充要条件是左右导数都存在且相等,即

$$f'(x_0)\text{ 存在}\Leftrightarrow f'_+(x_0)=f'_-(x_0).$$

由于函数的导数也可用 $f'(x_0)=\lim\limits_{x\to x_0}\dfrac{f(x)-f(x_0)}{x-x_0}$ 来定义,故我们也有

$$f'_-(x_0)=\lim_{x\to x_0^-}\frac{f(x)-f(x_0)}{x-x_0}\text{ 和 }f'_+(x_0)=\lim_{x\to x_0^+}\frac{f(x)-f(x_0)}{x-x_0}.$$

当遇到求分段函数在分段点的导数时我们要用到单侧导数来计算.

例 2.1.6 求函数 $f(x)=|x|$(见图 2.1-2)在 $x=0$ 处的导数.

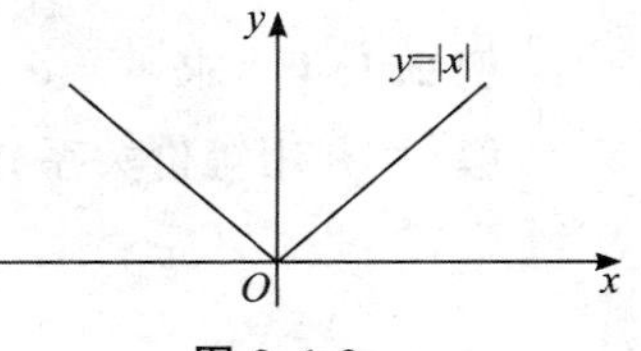

图 2.1-2

解 函数 $f(x)=|x|$ 在 $x=0$ 处的右导数

$$f'_+(0)=\lim_{\Delta x\to0^+}\frac{f(0+\Delta x)-f(0)}{\Delta x}=\lim_{\Delta x\to0^+}\frac{|\Delta x|}{\Delta x}=\lim_{\Delta x\to0^+}\frac{\Delta x}{\Delta x}=1,$$

在 $x=0$ 处的左导数

$$f'_-(0)=\lim_{\Delta x\to0^-}\frac{f(0+\Delta x)-f(0)}{\Delta x}=\lim_{\Delta x\to0^-}\frac{|\Delta x|}{\Delta x}=\lim_{\Delta x\to0^-}\frac{-\Delta x}{\Delta x}=-1.$$

由于 $f'_+(0)\neq f'_-(0)$，所以 $f(x)=|x|$ 在 $x=0$ 处不可导.

例 2.1.7　考察函数 $f(x)=\begin{cases}x\sin\dfrac{1}{x} & x>0\\ 0 & x\leqslant 0\end{cases}$ 在点 $x=0$ 处的可导情况.

解　当 $\Delta x<0$ 时，$f'_-(0)=\lim\limits_{\Delta x\to0^-}\dfrac{f(0+\Delta x)-f(0)}{\Delta x}=\lim\limits_{\Delta x\to0^-}\dfrac{0-0}{\Delta x}=0$，

当 $\Delta x>0$ 时，$f'_+(0)=\lim\limits_{\Delta x\to0^+}\dfrac{f(0+\Delta x)-f(0)}{\Delta x}=\lim\limits_{\Delta x\to0^+}\dfrac{\Delta x\sin(\Delta x)^{-1}}{\Delta x}$ 不存在，

于是函数在点 $x=0$ 处不可导.

例 2.1.8　考察函数 $f(x)=|\sin x|$ 在点 $x=0$ 处的可导情况.

解　由于

$$f'_-(0)=\lim_{\Delta x\to0^-}\frac{f(0+\Delta x)-f(0)}{\Delta x}=\lim_{\Delta x\to0^-}\frac{-\sin\Delta x-\sin 0}{\Delta x}=-1,$$

$$f'_+(0)=\lim_{\Delta x\to0^+}\frac{f(0+\Delta x)-f(0)}{\Delta x}=\lim_{\Delta x\to0^+}\frac{\sin\Delta x-\sin 0}{\Delta x}=1,$$

于是函数 $f(x)=|\sin x|$ 在点 $x=0$ 处不可导，但在点 $x=0$ 处左、右导数存在，$f'_-(0)=-1$，$f'_+(0)=1$.

4. 导数的几何意义

从几何上求切线的问题，我们得到，$f(x)$ 在点 x_0 处可导的几何意义是，曲线 $y=f(x)$ 在点 $A(x_0,f(x_0))$ 处存在切线；$f(x)$ 在点 x_0 处的导数 $f'(x_0)$ 的几何意义是，曲线 $y=f(x)$ 在点 $A(x_0,f(x_0))$ 处的切线斜率 $k=f'(x_0)$.

从而我们还可进一步得曲线 $y=f(x)$ 在点 $A(x_0,f(x_0))$ 处的**切线方程**为

$$y-f(x_0)=f'(x_0)(x-x_0).$$

过点 $A(x_0,f(x_0))$ 且与切线垂直的直线称为曲线 $y=f(x)$ 在点 $A(x_0,f(x_0))$ 处的**法线**.根据法线定义，容易得**法线方程**为：

$$y-f(x_0)=-[f'(x_0)]^{-1}(x-x_0),\ f'(x_0)\neq 0.$$

注意：当 $f(x)$ 在点 x_0 处的导数为无穷大时，曲线 $y=f(x)$ 在点 $A(x_0,f(x_0))$ 处存在垂直于 x 轴的切线 $x=x_0$.

例 2.1.9　求函数 $y=x^3+1$ 在点(1,2)处的切线方程和法线方程.

解　由于 $f'(x)=3x^2$，因此 $f'(1)=3$，于是所求的切线方程为

$$y-2=3(x-1),$$

即

$$3x-y-1=0.$$

法线方程为

$$y-2=-\frac{1}{3}(x-1),$$

即
$$x+3y-7=0.$$

5. 可导与连续的关系

定理 2.1.2 在某点可导的函数,则在该点函数一定是连续的.

证明 若 $y=f(x)$ 在点 x 可导,即 $\lim\limits_{\Delta x\to 0}\frac{\Delta y}{\Delta x}=f'(x)$ 存在,则由极限运算法则知

$$\lim_{\Delta x\to 0}\Delta y=\lim_{\Delta x\to 0}\frac{\Delta y}{\Delta x}\cdot\Delta x=\lim_{\Delta x\to 0}\frac{\Delta y}{\Delta x}\lim_{\Delta x\to 0}\Delta x=0,$$

故 $y=f(x)$ 在点 x 连续.

反之,在某点连续的函数在该点不一定可导,如函数 $f(x)=\begin{cases}x\sin\frac{1}{x} & x>0\\ 0 & x\leqslant 0\end{cases}$,由

$$\lim_{x\to 0}f(x)=\lim_{x\to 0}x\sin\frac{1}{x}=0=f(0)$$

可知,函数 $f(x)=\begin{cases}x\sin\frac{1}{x} & x>0\\ 0 & x\leqslant 0\end{cases}$ 在点 $x=0$ 处连续,但在例 2.1.7 中已证明该函数在点 $x=0$ 处不可导,所以某点连续的函数在该点不一定可导.

由以上讨论可知,函数在某点连续是函数在该点可导的必要条件,但不是充分条件.

习题 2-1

1. 在下列各题中均假定 $f'(x_0)$ 存在,按照导数的定义观察下列极限,指出 A 表示什么?

(1) $\lim\limits_{x\to x_0}\frac{f(x)-f(x_0)}{x-x_0}=A$;

(2) $\lim\limits_{h\to 0}\frac{f(x_0+h)-f(x_0-2h)}{h}=A$.

2. 设函数 $f(x)$ 在点 0 的导数 $f'(0)$ 存在,且 $f(0)=0$,计算 $\lim\limits_{h\to 0}\frac{f(h)}{h}$.

3. 求下列函数的导数:

(1) $y=x^5$; (2) $y=\sqrt[3]{x^2}$;

(3) $y=\sqrt{x\sqrt{x}}$; (4) $y=\frac{1}{x^4}$.

4.求下列曲线 $y=x^{\frac{3}{2}}$ 在 $x=1$ 处的切线方程和法线方程.

5. 讨论下列函数在 $x=0$ 处的连续性与可导性:

(1)$y=|\sin x|$；　　　　(2)$f(x)=\begin{cases}x^2\sin\dfrac{1}{x} & x\neq 0\\ 0 & x=0\end{cases}$.

6. 求下列函数在定义区间内的导数：

(1)$f(x)=\begin{cases}\sin x & x<0\\ x & x\geqslant 0\end{cases}$；　　　　(2)$y=\begin{cases}x & x\leqslant 1\\ 2-x & x>1\end{cases}$.

7.设函数 $f(x)=\begin{cases}x^2 & x\leqslant 1\\ ax+b & x>1\end{cases}$，当 a 和 b 为何值时，函数在 $x=1$ 处连续且可导？

8. 如果 $f(x)$ 为偶函数，且 $f'(0)$ 存在，证明 $f'(0)=0$.

第二节　函数的求导法则

上一节中我们利用导数的定义，求出了几个基本初等函数 $y=C$，$y=\sin x$，$y=\cos x$，$y=e^x$，$y=\ln x$，$y=x^a$ 的导数.对于其他基本初等函数，如 $y=\tan x$，$y=a^x$，$y=\log_a x$ 等，也可用导数定义求出其导数，只是计算较复杂一些.

为此我们介绍几个好用的求导工具：导数四则运算、反函数求导法则和复合函数求导法则.有了这些工具，借助已有的一些导数结果，我们能方便快捷地求出上述函数的导数，甚至于面对更复杂的初等函数，如 $f(x)=x^3+e^{\sin 2x}+\ln 2x$，我们也能快速解决.

一、导数的四则运算法则

定理 2.2.1　设 $f(x)$ 和 $g(x)$ 在某一区间上都是可导的，则对任意常数 c_1 和 c_2，它们的线性组合 $c_1f(x)+c_2g(x)$ 也在该区间上可导，且满足如下的线性运算关系

$$[c_1f(x)+c_2g(x)]'=c_1f'(x)+c_2g'(x).$$

证明　由 $f(x)$ 和 $g(x)$ 的可导性，根据导数的定义，可得

$$\begin{aligned}[c_1f(x)+c_2g(x)]'&=\lim_{\Delta x\to 0}\frac{[c_1f(x+\Delta x)+c_2g(x+\Delta x)]-[c_1f(x)+c_2g(x)]}{\Delta x}\\&=\lim_{\Delta x\to 0}\frac{[c_1f(x+\Delta x)-c_1f(x)]+[c_2g(x+\Delta x)-c_2g(x)]}{\Delta x}\\&=c_1\lim_{\Delta x\to 0}\frac{f(x+\Delta x)-f(x)}{\Delta x}+c_2\lim_{\Delta x\to 0}\frac{g(x+\Delta x)-g(x)}{\Delta x}\\&=c_1f'(x)+c_2g'(x).\end{aligned}$$

说明：这个结论可以推广到多个函数线性组合的情况：即

$$[\sum_{i=1}^{n}c_if_i(x)]'=\sum_{i=1}^{n}c_if'_i(x)\text{，其中 }c_i(i=1,2,\cdots,n)\text{ 为常数.}$$

利用定理 2.2.1 和已有的结论$(\ln x)'=\dfrac{1}{x}$，快捷得出

$$(\log_a x)' = \left(\frac{\ln x}{\ln a}\right)' = \frac{1}{\ln a}(\ln x)' = \frac{1}{x\ln a}.$$

定理 2.2.2 设 $f(x)$ 和 $g(x)$ 在某一区间上都是可导的,则它们的积函数 $f(x)g(x)$ 也在该区间上可导,且满足如下关系:

$$[f(x)g(x)]' = f'(x)g(x) + f(x)g'(x).$$

证明

$$\frac{f(x+\Delta x)g(x+\Delta x) - f(x)g(x)}{\Delta x}$$

$$= \frac{f(x+\Delta x)g(x+\Delta x) - f(x)g(x+\Delta x) + f(x)g(x+\Delta x) - f(x)g(x)}{\Delta x}$$

$$= g(x+\Delta x)\frac{f(x+\Delta x) - f(x)}{\Delta x} + f(x)\frac{g(x+\Delta x) - g(x_0)}{\Delta x}.$$

由 $f(x)$ 和 $g(x)$ 的可导性(显然此时 $g(x)$ 也具有连续性),根据导数的定义,可得

$$\begin{aligned}[f(x)g(x)]' &= \lim_{\Delta x\to 0}\frac{f(x+\Delta x)g(x+\Delta x) - f(x)g(x)}{\Delta x} \\ &= \lim_{\Delta x\to 0} g(x+\Delta x)\frac{f(x+\Delta x) - f(x)}{\Delta x} + \\ &\quad \lim_{\Delta x\to 0} f(x)\frac{g(x+\Delta x) - g(x)}{\Delta x} \\ &= \lim_{\Delta x\to 0} g(x+\Delta x)\lim_{\Delta x\to 0}\frac{f(x+\Delta x) - f(x)}{\Delta x} + \\ &\quad f(x)\lim_{\Delta x\to 0}\frac{g(x+\Delta x) - g(x)}{\Delta x} \\ &= f'(x)g(x) + f(x)g'(x).\end{aligned}$$

说明:此法则也可以推广到有限个函数的情形:

$$[\prod_{i=1}^{n} f_i(x)]' = \sum_{j=1}^{n}\{f'_j(x)\prod_{i=1,i\neq j}^{n} f_i(x)\}.$$

另外,当 $g(x) = C$(C 为常数)时,有 $[Cf(x)]' = Cf'(x)$.

定理 2.2.3 设 $f(x)$ 和 $g(x)$ 在某一区间上都是可导的,且 $g(x)\neq 0$,则它们的商函数 $\dfrac{f(x)}{g(x)}$ 也在该区间上可导,且满足如下关系:

$$\left[\frac{f(x)}{g(x)}\right]' = \frac{f'(x)g(x) - f(x)g'(x)}{[g(x)]^2}.$$

证明 令 $u(x) = \dfrac{f(x)}{g(x)}$,则

$$\begin{aligned}u'(x) &= \lim_{\Delta x\to 0}\frac{u(x+\Delta x) - u(x)}{\Delta x} = \lim_{\Delta x\to 0}\frac{\dfrac{f(x+\Delta x)}{g(x+\Delta x)} - \dfrac{f(x)}{g(x)}}{\Delta x} \\ &= \lim_{\Delta x\to 0}\frac{f(x+\Delta x)g(x) - f(x)g(x+\Delta x)}{g(x)g(x+\Delta x)\Delta x}\end{aligned}$$

$$=\lim_{\Delta x\to 0}\frac{[f(x+\Delta x)-f(x)]g(x)-f(x)[g(x+\Delta x)-g(x)]}{g(x)g(x+\Delta x)\Delta x}$$

$$=\lim_{\Delta x\to 0}\frac{\dfrac{f(x+\Delta x)-f(x)}{\Delta x}g(x)-f(x)\dfrac{g(x+\Delta x)-g(x)}{\Delta x}}{g(x)g(x+\Delta x)}.$$

由 $f(x)$ 和 $g(x)$ 的可导性，有

$$f'(x)=\lim_{\Delta x\to 0}\frac{f(x+\Delta x)-f(x)}{\Delta x},g'(x)=\lim_{\Delta x\to 0}\frac{g(x+\Delta x)-g(x)}{\Delta x},$$

且由可导与连续的关系还可得 $g(x)$ 的连续性，从而有 $\lim\limits_{\Delta x\to 0}g(x+\Delta x)=g(x)$，于是根据极限的四则运算法则可得：

$$\left[\frac{f(x)}{g(x)}\right]'=\frac{\lim\limits_{\Delta x\to 0}\dfrac{f(x+\Delta x)-f(x)}{\Delta x}g(x)-f(x)\lim\limits_{\Delta x\to 0}\dfrac{g(x+\Delta x)-g(x)}{\Delta x}}{g(x)\lim\limits_{\Delta x\to 0}g(x+\Delta x)}$$

$$=\frac{f'(x)g(x)-f(x)g'(x)}{[g(x)]^2}.$$

推论：设 $g(x)$ 在某一区间上都是可导的，且 $g(x)\neq 0$，则它的倒数也在该区间上可导，且满足如下关系：$\left[\dfrac{1}{g(x)}\right]'=\dfrac{-g'(x)}{[g(x)]^2}$.

例 2.2.1　求函数 $y=\tan x$ 的导数.

解　$y'=(\tan x)'=\left(\dfrac{\sin x}{\cos x}\right)'=\dfrac{(\sin x)'\cos x-\sin x(\cos x)'}{\cos^2 x}$

$$=\frac{\cos x\cos x-\sin x(-\sin x)}{\cos^2 x}=\frac{1}{\cos^2 x}=\sec^2 x,$$

即

$$(\tan x)'=\frac{1}{\cos^2 x}=\sec^2 x.$$

同理可得

$$(\cot x)'=-\frac{1}{\sin^2 x}=-\csc^2 x.$$

例 2.2.2　求 $y=3^x\tan x+5\log_a x+5\sqrt[3]{x^2}$ 的导数($a>0,a\neq 1$).

解　利用导数的四则运算法，由于

$$(3^x\tan x)'=(3^x)'\tan x+3^x(\tan x)'=(3^x\ln 3)\tan x+3^x\sec^2 x.$$

又　$(5\log_a x)'=5(\log_a x)'=\dfrac{5}{x\ln a},(5\sqrt[3]{x^2})'=5(x^{\frac{2}{3}})'=5\cdot\dfrac{2}{3}x^{-\frac{1}{3}}=\dfrac{10}{3\sqrt[3]{x}}$,

所以有 $y'=(3^x\tan x+5\log_a x+5\sqrt[3]{x^2})'=(3^x\ln 3)\tan x+3^x\sec^2 x+\dfrac{5}{x\ln a}+\dfrac{10}{3\sqrt[3]{x}}$.

目前为止，已经得到三角函数、对数函数、指数函数、幂函数的导数.为解决最后一类基本初等函数 —— 反三角函数的导数，还需反函数的求导法则.

二、反函数求导法则

定理 2.2.4(反函数求导定理)　若函数 $y=f(x)$ 在区间 (a,b) 上严格单调、可导且

$f'(x) \neq 0$,记 $\alpha = \min(f(a^+), f(b^-))$, $\beta = \max(f(a^+), f(b^-))$,则它的反函数 $x = f^{-1}(y)$ 在区间 (α, β) 上可导,且有

$$[f^{-1}(y)]' = \frac{1}{f'(x)} \text{ 或 } \frac{dx}{dy} = \frac{1}{\frac{dy}{dx}}.$$

证明 因为函数 $y = f(x)$ 在区间 (a, b) 上可导(从而连续)且严格单调,由反函数连续定理,它的反函数 $x = f^{-1}(y)$ 在区间 (α, β) 上存在,且连续、严格单调.由 $x = f^{-1}(y)$ 的严格单调性知,增量 $\Delta y = f(x + \Delta x) - f(x) \neq 0$ 等价于 $\Delta x = f^{-1}(y + \Delta y) - f^{-1}(y) \neq 0$,由 $x = f^{-1}(y)$ 的连续性知,当 $\Delta y \to 0$ 时有 $\Delta x \to 0$.因此

$$[f^{-1}(y)]' = \lim_{\Delta y \to 0} \frac{f^{-1}(y + \Delta y) - f^{-1}(y)}{\Delta y} = \lim_{\Delta x \to 0} \frac{\Delta x}{f(x + \Delta x) - f(x)}$$

$$= \frac{1}{\lim\limits_{\Delta x \to 0} \frac{f(x + \Delta x) - f(x)}{\Delta x}} = \frac{1}{f'(x)}.$$

上述结论可简单地说成,反函数的导数等于直接函数导数的倒数.

例 2.2.3 求 $y = \arctan x$ 和 $y = \arcsin x$ 的导函数.

解 设 $x = \tan y$, $y \in \left(-\frac{\pi}{2}, \frac{\pi}{2}\right)$ 是直接函数,则 $y = \arctan x$ 是它的反函数,而函数 $x = \tan y$ 在 $\left(-\frac{\pi}{2}, \frac{\pi}{2}\right)$ 内单调,可导,且 $(\tan y)' = \sec^2 y \neq 0$,因此由定理 2.2.4 知,在对应区间 $(-\infty, +\infty)$ 内有

$$y' = (\arctan x)' = \frac{1}{(\tan y)'} = \frac{1}{\sec^2 y} = \frac{1}{1 + \tan^2 y} = \frac{1}{1 + x^2}.$$

类似地,将 $y = \arcsin x$ 看成 $x = \sin y$ 的反函数,便可得到

$$(\arcsin x)' = \frac{1}{(\sin y)'} = \frac{1}{\cos y} = \frac{1}{\sqrt{1 - \sin^2 y}} = \frac{1}{\sqrt{1 - x^2}}.$$

同样可得到

$$(\arccos x)' = -\frac{1}{\sqrt{1 - x^2}},$$

$$(\operatorname{arccot} x)' = -\frac{1}{1 + x^2}.$$

三、复合函数求导法则

定理 2.2.5(复合函数求导定理) 如果内函数 $u = g(x)$ 在点 x 处可导,而外函数 $y = f(u)$ 在点 $u = g(x)$ 处可导,则由这两个函数复合而成的函数 $y = f[g(x)]$ 在点 x 处可导,且其导数为

$$\frac{dy}{dx} = f'(u) \cdot g'(x), \text{或} \frac{dy}{dx} = \frac{dy}{du} \cdot \frac{du}{dx}.$$

证明 给自变量 x 增量 Δx,相应地,函数 $u = g(x)$ 有增量 $\Delta u = g(x + \Delta x) - g(x)$,

函数 $y=f(u)$ 有增量 $\Delta y=f(u+\Delta u)-f(u)$.设 $\Delta u\neq 0$,此时

$$\frac{\Delta y}{\Delta x}=\frac{\Delta y}{\Delta u}\cdot\frac{\Delta u}{\Delta x}. \tag{1}$$

由 $u=g(x)$ 在点 x 处可导,得出 $u=g(x)$ 在 x 处连续,即 $\Delta x\to 0$ 时,有 $\Delta u\to 0$,于是

$$\lim_{\Delta x\to 0}\frac{\Delta y}{\Delta u}=\lim_{\Delta u\to 0}\frac{\Delta y}{\Delta u}=f'(u),$$

又 $\lim\limits_{\Delta x\to 0}\dfrac{\Delta u}{\Delta x}=g'(x)$,因此由(1) 可得

$$\left.\frac{\mathrm{d}y}{\mathrm{d}x}\right|_{x=x_0}=\lim_{\Delta x\to 0}\frac{\Delta y}{\Delta x}=\lim_{\Delta x\to 0}\left(\frac{\Delta y}{\Delta u}\cdot\frac{\Delta u}{\Delta x}\right)=\lim_{\Delta x\to 0}\frac{\Delta y}{\Delta u}\lim_{\Delta x\to 0}\frac{\Delta u}{\Delta x}=f'(u)\cdot g'(x).$$

此定理指出复合函数的导数,等于它的外函数对中间变量的导数,乘以内函数对自变量的导数.

例 2.2.4　求 $y=a^x(a>0,a\neq 1)$ 的导数.

解　由于 $y=a^x=\mathrm{e}^{x\ln a}$ 由 $y=\mathrm{e}^u$ 和 $u=x\ln a$ 复合而成,且 $\dfrac{\mathrm{d}y}{\mathrm{d}u}=\mathrm{e}^u$,$\dfrac{\mathrm{d}u}{\mathrm{d}x}=\ln a$,因此

$$\frac{\mathrm{d}y}{\mathrm{d}x}=\frac{\mathrm{d}y}{\mathrm{d}u}\cdot\frac{\mathrm{d}u}{\mathrm{d}x}=\mathrm{e}^u\ln a=\mathrm{e}^{x\ln a}\ln a=a^x\ln a.$$

例 2.2.5　设 $y=\sin(1+x^2)$,求 y'.

解　由于 $y=\sin(1+x^2)$ 由 $y=\sin u$ 和 $u=1+x^2$ 复合而成,因此

$$y'=[\sin(1+x^2)]'=(\sin u)'\cdot(1+x^2)'=\cos u\cdot 2x=2x\cos(1+x^2).$$

从以上例子看出,应用复合函数求导法则时,要分析所给的函数是由哪些函数复合而成的,或者说,所给函数能分解成哪些函数.因此复合函数的正确分解是解决复合函数导数计算的关键.

对复合函数的分解比较熟练之后,可以不必写出中间变量,采用下列例题的方式来计算.

例 2.2.6　求函数 $y=\cos\sqrt{x}$ 的导数.

解　$y'=(\cos\sqrt{x})'=\sin\sqrt{x}\cdot(\sqrt{x})'=\dfrac{1}{2\sqrt{x}}\sin\sqrt{x}$.

例 2.2.7　求函数 $y=\arcsin(\mathrm{e}^{-x^2})$ 的导数.

解　从函数的形式上看这个复合函数比较复杂,但不难看出,如果将 e^{-x^2} 看成整体 u,则函数可以看成是由 $y=\arcsin u$ 与 $u=\mathrm{e}^{-x^2}$ 这两个函数复合而成的,于是由复合函数求导法则得 $y'=[\arcsin(\mathrm{e}^{-x^2})]'=\dfrac{1}{\sqrt{1-\mathrm{e}^{-2x^2}}}\cdot(\mathrm{e}^{-x^2})'$.

注意到函数 $u=\mathrm{e}^{-x^2}$ 也是一个复合函数,再次利用复合函数求导法则,可得

$$(\mathrm{e}^{-x^2})'=(\mathrm{e}^{-x^2})\cdot(-x^2)'=-2x\mathrm{e}^{-x^2},$$

代入得,

$$y'=[\arcsin(\mathrm{e}^{-x^2})]'=\frac{-2x}{\sqrt{1-\mathrm{e}^{-2x^2}}}\cdot\mathrm{e}^{-x^2}=\frac{-2x}{\sqrt{\mathrm{e}^{2x^2}-1}}.$$

从这个例子可以看出:复合函数的求导法则可以推广到有限个函数的情形.即若 y 是 u_1 的函数,而 u_1 是 u_2 的函数,如此继续下去,一直到 u_n,且 u_n 是 x 的函数,则只要这里的每个函数是可导的,那么 y 对 x 的导数也存在,且有 y 对 x 的导数

$$\frac{dy}{dx}=\frac{dy}{du_1}\cdot\frac{du_1}{du_2}\cdot\cdots\cdot\frac{du_n}{dx}$$

由于这个导数法则像一条链子,将各个函数的导数串起来,所以复合函数的求导法则也称为**链式法则**.

例 2.2.8 求函数 $y=e^{\sin^2(1-x)}$ 的导数.

解 $y'=e^{\sin^2(1-x)}\cdot[\sin^2(1-x)]'=2\sin(1-x)\cdot e^{\sin^2(1-x)}\cdot[\sin(1-x)]'$
$=2\sin(1-x)\cdot e^{\sin^2(1-x)}\cdot\cos(1-x)\cdot(1-x)'=-\sin2(1-x)\cdot e^{\sin^2(1-x)}$.

例 2.2.9 求函数 $y=(x+\sin^2x)^3$ 的导数.

解 $y'=[(x+\sin^2x)^3]'=3(x+\sin^2x)^2(x+\sin^2x)'$
$=3(x+\sin^2x)^2[1+(\sin^2x)']=3(x+\sin^2x)^2[1+2\sin x(\sin x)']$
$=3(x+\sin^2x)^2(1+2\sin x\cos x)=3(x+\sin^2x)^2(1+\sin2x)$.

四、基本初等函数导数公式

基本初等函数的导数公式,在初等函数的求导运算中起到重要的作用,必须熟练地掌握,为了便于查阅,下面列出基本初等函数的导数公式.

基本初等函数导数公式:

(1) $(C)'=0$;
(2) $(x^\alpha)'=\alpha x^{\alpha-1}$;
(3) $(\sin x)'=\cos x$;
(4) $(\cos x)'=-\sin x$;
(5) $(\tan x)'=\sec^2x$;
(6) $(\cot x)'=-\csc^2x$;
(7) $(\sec x)'=\tan x\sec x$;
(8) $(\csc x)'=-\cot x\csc x$;
(9) $(a^x)'=a^x\ln a\ (a>0$ 且 $a\neq1)$;
(10) $(e^x)'=e^x$;
(11) $(\log_a x)'=\dfrac{1}{x\ln a}\ (a>0$ 且 $a\neq1)$;
(12) $(\ln x)'=\dfrac{1}{x}$;
(13) $(\arcsin x)'=\dfrac{1}{\sqrt{1-x^2}}$;
(14) $(\arccos x)'=-\dfrac{1}{\sqrt{1-x^2}}$;
(15) $(\arctan x)'=\dfrac{1}{1+x^2}$;
(16) $(\operatorname{arccot} x)'=-\dfrac{1}{1+x^2}$.

习题 2-2

1.求下列函数的导数:

(1) $y=x^{a+b}$;
(2) $y=3x-\dfrac{2x}{2-x}$;

(3) $y=x^n\ln x$；　(4) $y=x\sin x\ln x$；

(5) $y=\tan x+e^x$；　(6) $y=\dfrac{\sec x}{x}-3\sec x$；

(7) $y=\ln x-2\lg x+3\log_2 x$；　(8) $y=\dfrac{1}{1+x+x^2}$.

2.求下列函数在指定点的导数：

(1) 已知 $\varphi(x)=x\cos x+3x^2$，求 $\varphi'(-\pi)$、$\varphi'(\pi)$.

(2) 已知 $f(x)=\dfrac{x\sin x}{1+\cos x}$，求 $f'(x)$ 及 $f'\left(\dfrac{\pi}{3}\right)$.

3. 求下列函数的导数：

(1) $y=(\arcsin x)^2$；　(2) $y=\arctan 2^x$；

(3) $y=\ln(\sec x+\tan x)$；　(4) $y=\arccos\sqrt{x}$；

(5) $y=e^{\arctan\sqrt{x}}$；　(6) $y=\arcsin\sqrt{\dfrac{1-x}{1+x}}$.

4. 设 $f'(x)$ 存在，求下列函数的导数 $\dfrac{dy}{dx}$：

(1) $y=f(x^2)$；　(2) $y=f(\tan x)+\tan[f(x)]$；

(3) $y=\arctan[f(x)]$.

第三节　高阶导数

一、高阶导数的实际背景及定义

一个函数的导数可能仍然是一个函数，因此若有必要的话，可以对它继续进行求导，事实上，大量实际问题的研究中都会遇到这类情况.例如，平均加速度 $a(t)$ 是速度 $v(t)$ 对时间的平均变化率，那么用讨论瞬时速度的方法类似地可以讨论瞬时加速度，得到瞬时加速度 $a(t)$ 是速度函数 $v(t)$ 的导数，而速度 $v(t)$ 又是位置函数 $S(t)$ 的导数，所以加速度 $a(t)$ 是位置函数 $S(t)$ 导函数的导函数，我们把它称为是位置函数 $S(t)$ 的二阶导函数.

一般上，设 $y=f(x)$ 可导，若它的导数 $f'(x)$(或 $y'(x)$，$\dfrac{df}{dx}$，$\dfrac{dy}{dx}$) 仍是个可导函数，则 $f'(x)$ 的导数 $[f'(x)]'$(或 $[y'(x)]'$ $\dfrac{d}{dx}\left(\dfrac{df}{dx}\right)$，$\dfrac{d}{dx}\left(\dfrac{dy}{dx}\right)$) 称为 $f(x)$ 的二阶导数，记为 $f''(x)$(或 $y''(x)$，$\dfrac{d^2f}{dx^2}$，$\dfrac{d^2y}{dx^2}$).这时我们称 $f(x)$ 是二阶可导函数(简称 $f(x)$ 二阶可导)或者称 $f(x)$ 的二阶导数存在.

相似地，若 $f''(x)$ 仍是可导函数，则它的导数称为 $f(x)$ 的三阶导数，记为 $f'''(x)$(或

$y'''(x)$，$\frac{d^3f}{dx^3}$，$\frac{d^3y}{dx^3}$)，并称 $f(x)$ 是三阶可导函数(简称 $f(x)$ 三阶可导)或者称 $f(x)$ 的三阶导数存在.以此类推，可以定义一般的 n 阶导数($n \geqslant 2$ 时称为高阶导数).

定义 2.3.1 设函数 $y=f(x)$ 的 $n-1$ 阶导数 $f^{(n-1)}(x)$(或 $y^{(n-1)}(x)$，$\frac{d^{n-1}f}{dx^{n-1}}$，$\frac{d^{n-1}y}{dx^{n-1}}$)($n=2,3,\cdots$) 仍是个可导函数，则它的导数 $[f^{(n-1)}(x)]'$(或 $[y^{(n-1)}(x)]'$，$\frac{d}{dx}\left(\frac{d^{n-1}f}{dx^{n-1}}\right)$，$\frac{d}{dx}\left(\frac{d^{n-1}y}{dx^{n-1}}\right)$) 称为 $f(x)$ 的 n 阶导数，记为 $f^{(n)}(x)$(或 $y^{(n)}(x)$，$\frac{d^nf}{dx^n}$，$\frac{d^ny}{dx^n}$)，并称 $f(x)$ 是 n 阶可导函数(简称 $f(x)$ n 阶可导)或者称 $f(x)$ 的 n 阶导数存在.

由高阶导数的定义知加速度函数可以写成 $a(t)=S''(t)$.

由高阶导数的定义，只要按求导法则对 $f(x)$ 逐次求导，就能得到它的任意阶导函数.

例 2.3.1 求 $y=e^x$ 的 n 阶导数.

解 由 $(e^x)'=e^x$，显然有 $(e^x)'=(e^x)''=(e^x)'''=\cdots=(e^x)^{(n)}=e^x$.

类似地可得
$$(a^x)^{(n)}=(\ln a)^n a^x.$$

例 2.3.2 求 $y=\sin x$ 和 $y=\cos x$ 的 n 阶导数.

解 因为 $(\sin x)'=\cos x=\sin\left(x+\frac{\pi}{2}\right)$，

$$(\sin x)''=(\cos x)'=-\sin x=\sin(x+\pi),$$

$$(\sin x)'''=(-\sin x)'=-\cos x=\sin\left(x+\frac{3\pi}{2}\right),$$

$$(\sin x)^{(4)}=(-\cos x)'=\sin x=\sin(x+2\pi),$$

$$(\sin x)^{(5)}=(\sin x)'=\cos x=\sin\left(x+\frac{5\pi}{2}\right),$$

如此类推有

$$(\sin x)^{(n)}=\sin\left(x+\frac{n\pi}{2}\right).$$

类似地可求出

$$(\cos x)^{(n)}=\cos\left(x+\frac{n\pi}{2}\right).$$

例 2.3.3 求幂函数 $y=x^m$(m 是正整数)的 n 阶导函数.

解 由幂函数的导函数形式，有

$$(x^m)'=mx^{m-1},$$

$$(x^m)''=m(m-1)x^{m-2},$$

$$(x^m)'''=m(m-1)(m-2)x^{m-3},$$

$$\vdots$$

因此它的 n 阶导函数的一般形式为

$$(x^m)^{(n)}=\begin{cases} m(m-1)\cdot\cdots\cdot(m-n+1)x^{m-n} & n\leqslant m \\ 0 & n>m \end{cases}.$$

特别地

$$(x^m)^{(m)}=m!.$$

例 2.3.4　求 $y=\ln x$ 的 n 阶导函数.

解　因为

$$(\ln x)'=\frac{1}{x}=x^{-1},$$

于是

$$(\ln x)''=(x^{-1})'=-x^{-2},$$

$$(\ln x)'''=(-x^{-2})'=2x^{-3},$$

$$(\ln x)^{(4)}=(2x^{-3})'=-3\cdot 2x^{-4},$$

$$\vdots$$

以此类推,就可以导出它的一般规律

$$(\ln x)^{(n)}=(-1)^{n-1}(n-1)\cdot(n-2)\cdot\cdots\cdot 3\cdot 2x^{-n}$$

$$=(-1)^{n-1}\frac{(n-1)!}{x^n}.$$

通常规定 $0!=1$,所以这个公式当 $n=1$ 时也成立.

附带地还得到

$$\left(\frac{1}{x}\right)^{(n)}=(\ln x)^{(n+1)}=(-1)^n\frac{n!}{x^{n+1}}.$$

二、高阶导数的运算法则

1. 线性运算法则

定理 2.3.1　设 $f(x)$ 和 $g(x)$ 都是 n 阶可导的,则对任意常数 c_1 和 c_2,它们的线性组合 $c_1f(x)+c_2g(x)$ 也是 n 阶可导的,且满足如下的线性运算关系

$$[c_1f(x)+c_2g(x)]^{(n)}=c_1f^{(n)}(x)+c_2g^{(n)}(x).$$

此定理只要用数学归纳法就可得证.另,这个结论可以推广到多个函数线性组合的情况,即

$$[\sum_{i=1}^{n}c_if_i(x)]^{(n)}=\sum_{i=1}^{n}c_if_i^{(n)}(x),\text{其中 } c_i(i=1,2,\cdots,n)\text{ 为常数.}$$

用数学归纳法,还可证明两个函数相乘的高阶导数公式.

2. 莱布尼兹(Leibniz)公式

定理 2.3.2　设 $f(x)$ 和 $g(x)$ 都是 n 阶可导的,则它们的乘积也是 n 阶可导的,且

$$[f(x)\cdot g(x)]^{(n)}=\sum_{k=0}^{n}\mathrm{C}_n^kf^{(n-k)}(x)g^{(k)}(x),$$

这里 $\mathrm{C}_n^k=\dfrac{n!}{k!\,(n-k)!}$ 是组合系数.

为了便于记忆,我们将莱布尼兹公式和二项展开式

$$(a+b)^n=\sum_{k=0}^{n}C_n^k a^{n-k}b^k$$

的形式加以比较.莱布尼兹(Leibniz)公式将二项展开式中的次幂运算换成导数运算,再把左端的两数相加运算换成两函数相乘运算.

利用这一公式可以方便地求某些函数的高阶导数计算问题.

例 2.3.5 求函数 $y=(3x^2-2)\sin 2x$ 的 100 阶导数.

解 令 $f(x)=3x^2-2$,$g(x)=\sin 2x$,由幂函数 $y=x^m$ 的 n 阶导数公式有:

$$f'(x)=(3x^2-2)'=6x,f''(x)=(6x)'=6,f'''(x)=(6)'=0,$$

由 $y=\sin x$ 的 n 阶导数公式,有:$(\sin 2x)^{(n)}=2^n\sin\left(2x+\dfrac{n\pi}{2}\right)$,于是

$$\begin{aligned}y^{(100)}&=\sum_{k=0}^{100}C_{100}^k(\sin 2x)^{(n-k)}(3x^2-2)^{(k)}\\&=(\sin 2x)^{(100)}(3x^2-2)+C_{100}^1(\sin 2x)^{(99)}(3x^2-2)'+C_{100}^2(\sin 2x)^{(98)}(3x^2-2)''\\&=2^{100}(\sin 2x)(3x^2-2)-100\cdot 2^{99}\cdot(6x)\cos 2x-4950\cdot 2^{98}\cdot 6\cdot\sin 2x\\&=2^{98}[(12x^2-29708)\sin 2x-1200x\cos 2x].\end{aligned}$$

习题 2-3

1. 求下列函数的二阶导数:

(1) $y=2x^2+\ln x$; (2) $y=x^2e^{x^2}$;

(3) $y=\ln(1+x^2)$; (4) $y=e^{-t}\sin 2t$.

2. 求下列函数的 n 阶导数:

(1) $y=xe^x$; (2) $y=\ln(1+x)$.

3. 求下列函数在指定点的导数:

(1) 设 $y=2x^2+e^{-x}$,求 $y''(1)$; (2) 设 $f(x)=x^2\ln x$,求 $f'''(2)$.

(3) $f(x)=\dfrac{x}{\sqrt{1+x^2}}$,求 $f''(0)$; (4) $f(x)=e^{2x-1}$,求 $f''(0)$,$f^{(3)}(0)$.

4. 设 $f''(x)$ 存在,求下列函数的二阶导数 y''.

(1) $y=f(x^2)$; (2) $y=\sin[f(x)]$.

5. 验证函数 $y=e^x\sin x$ 满足关系式 $y''-2y'+2y=0$.

第四节 隐函数及参数式函数的导数

通过前面的学习,我们已经会用导数的运算法则和基本初等函数导数公式解决形如 y

$=f(x)$ 这种形式的初等函数的导数计算问题.在实际生活中,我们可能还会遇到其他形式函数的导数问题,例如几何学上,求曲线 $e^{x+y}-xy-e=0$ 上任一点 (x_0,y_0) 处的切线方程;或求摆线 $\begin{cases}x=a(t-\sin t)\\y=a(1-\cos t)\end{cases}$ 上任一点 (x_0,y_0) 处的切线方程.为此,本节我们将给出这两类函数的定义,以及它们的求导方法.

一、隐函数的导数

前面我们遇到的函数,例如 $y=\sin^2 x$, $y=x^3-4x^2+\ln x$ 等,函数表达式所具有的特征是:等号左端是因变量的符号,右端是含有自变量的式子,当自变量取定义域内任一值时,由这个式子能确定对应的函数值,用这种方式表达的函数叫作**显函数**.

而有些函数的表达方式却不是这样的,例如,椭圆方程 $\frac{x^2}{a^2}+\frac{y^2}{b^2}=1(y>0)$,当变量 x 在 $(-a,a)$ 内取值时,变量 y 有唯一确定的值与之对应,于是由这个方程也能确定一个函数,这类函数的变量 x 与 y 的关系隐含在方程 $F(x,y)=0$ 中,我们将它称为隐函数.

一般地,如果变量 x 与 y 满足一个方程 $F(x,y)=0$,在一定条件下,当变量 x 取某区间内的任一值时,相应地总有满足这方程的唯一的 y 值存在,那么就说方程 $F(x,y)=0$ 在该区间内确定了一个**隐函数**.把一个隐函数化成显函数,叫作**隐函数的显化**.

有些隐函数可以通过某种方法把它化成显函数 $y=y(x)$ 形式,如上述的椭圆方程 $\frac{x^2}{a^2}+\frac{y^2}{b^2}=1(y>0)$,解出 $y=\frac{b}{a}\sqrt{a^2-x^2}(-a\leqslant x\leqslant a)$,就把隐函数化成了显函数.

隐函数的显化有时是有困难的,甚至是不可能的,如上述提到的曲线 $e^{x+y}-xy-e=0$,很难把隐函数显化,而实际问题又需要求出导数.因此我们希望寻找到一种隐函数的求导方法,不管能否显化,都能避开显化过程,直接从方程入手,求出它所确定的隐函数的导数,下面我们通过具体例子来说明这种方法.

例 2.4.1　求由方程 $e^{x+y}-xy-e=0$ 所确定的隐函数 $y=y(x)$ 的导数 y'.

解　方程两边关于 x 求导,注意到 y 是 x 的函数,由复合函数的求导法,可得

$$e^{x+y}(1+y')-y-xy'=0,$$

解出

$$y'=\frac{y-e^{x+y}}{e^{x+y}-x}.$$

例 2.4.2　求方程 $xy-e^x+e^y=0$ 所确定的隐函数 y 的导数 $\frac{dy}{dx}$, $\left.\frac{dy}{dx}\right|_{x=0}$, $\left.\frac{d^2y}{dx^2}\right|_{x=0}$.

解　方程两边对 x 求导,注意到 y 是 x 的函数,由复合函数的求导法,可得

$$y+x\frac{dy}{dx}-e^x+e^y\frac{dy}{dx}=0, \tag{1}$$

解得 $\frac{dy}{dx}=\frac{e^x-y}{x+e^y}$.

又由原方程知,当 $x=0$ 时,$y=0$,所以

$$\left.\frac{\mathrm{d}y}{\mathrm{d}x}\right|_{x=0}=\left.\frac{\mathrm{e}^{x}-y}{x+\mathrm{e}^{y}}\right|_{\substack{x=0\\y=0}}=1.$$

下面分两种方法求 y 的二阶导数$\left.\frac{\mathrm{d}^2y}{\mathrm{d}x^2}\right|_{x=0}$.

法一　将求得的一阶导数$\frac{\mathrm{d}y}{\mathrm{d}x}=\frac{\mathrm{e}^{x}-y}{x+\mathrm{e}^{y}}$再求一次导,得到

$$\frac{\mathrm{d}^2y}{\mathrm{d}x^2}=\frac{(\mathrm{e}^{x}-y)'(x+\mathrm{e}^{y})-(\mathrm{e}^{x}-y)(x+\mathrm{e}^{y})'}{(x+\mathrm{e}^{y})^2}$$
$$=\frac{(\mathrm{e}^{x}-y')(x+\mathrm{e}^{y})-(\mathrm{e}^{x}-y)(1+\mathrm{e}^{y}y')}{(x+\mathrm{e}^{y})^2},$$

将 $x=0,y=0,y'=1$ 代入,得$\left.\frac{\mathrm{d}^2y}{\mathrm{d}x^2}\right|_{x=0}=-2$.

法二　将得到的(1)式两边对 x 再次求导,得

$$\frac{\mathrm{d}y}{\mathrm{d}x}+\frac{\mathrm{d}y}{\mathrm{d}x}+x\frac{\mathrm{d}^2y}{\mathrm{d}x^2}-\mathrm{e}^{x}+\mathrm{e}^{y}\left(\frac{\mathrm{d}y}{\mathrm{d}x}\right)^2+\mathrm{e}^{y}\frac{\mathrm{d}^2y}{\mathrm{d}x^2}=0,$$

将 $x=0,y=0,y'=1$ 代入上式得

$$\left.\frac{\mathrm{d}^2y}{\mathrm{d}x^2}\right|_{x=0}=\frac{1-1\cdot 1^2-2\cdot 1}{1+0}=-2.$$

类似地,还可以继续求它的三阶导数、四阶导数等.

说明:隐函数求导法是一个重要的求导方法,它可以直接对方程进行求导,而跳过将隐函数显化的过程.当然用这样的方法求出的导函数中可能大多仍然含有隐函数 y,但就具体使用而言,一般来说这种表示方法无妨于事,相反有时使用,更为方便.例如

例 2.4.3　求由方程 $\mathrm{e}^{x+y}-xy-\mathrm{e}=0$ 所确定的隐函数曲线在点(0,1)处的切线方程.

解　在例 2.4.1 中我们已求出此方程所确定的隐函数的导数,即

$$y'=\frac{y-\mathrm{e}^{x+y}}{\mathrm{e}^{x+y}-x}.$$

由点(0,1)位于隐函数曲线上,将 $x=0$ 和 $y=1$ 代入,得到 $y'(0)=\frac{1-\mathrm{e}}{\mathrm{e}}$,于是曲线在 $x=0$ 处的切线方程为

$$y=\left(\frac{1-\mathrm{e}}{\mathrm{e}}\right)x+1.$$

二、对数求导法

对于某些函数,利用普通方法求导比较复杂,甚至难以进行,例如许多因子相乘或相除的函数及幂指函数,这时可以采用先将函数等式两边取对数,再用复合函数求导方法计算导数.

例 2.4.4　设 $y=\frac{(x-1)\sqrt[3]{x+1}}{(x+4)^2\mathrm{e}^{2x}}$,求$\frac{\mathrm{d}y}{\mathrm{d}x}$.

解　两端同时取对数,得

$$\ln y=\ln(x-1)+\frac{1}{3}\ln(x+1)-2\ln(x+4)-2x,$$

两端同时对 x 求导，得

$$\frac{y'}{y}=\frac{1}{x-1}+\frac{1}{3(x+1)}-\frac{2}{x+4}-2,$$

因此

$$y'=\frac{(x-1)\sqrt[3]{x+1}}{(x+4)^2\mathrm{e}^{2x}}\left[\frac{1}{x-1}+\frac{1}{3(x+1)}-\frac{2}{x+4}-2\right].$$

遇到含有多个因式的乘、除、乘方、开方运算的函数导数计算问题时，可以利用这种先取对数，再求导数的过程来简化计算过程.一般地，将这种先取对数，后求导的求导方法，称为**对数求导法**.

对数求导法，除了可以比较方便地求出这类由多个因式进行乘、除、乘方、开方运算后所构成的函数的导数，还可方便地求出幂指函数的导数.

例 2.4.5　设 $y=x^{\sin x}\ (x>0)$，求$\dfrac{\mathrm{d}y}{\mathrm{d}x}$.

解　在方程两边取对数，得

$$\ln y=\sin x\cdot\ln x,$$

上式两端对 x 求导，得

$$\frac{1}{y}\frac{\mathrm{d}y}{\mathrm{d}x}=\cos x\cdot\ln x+\frac{\sin x}{x},$$

于是

$$\frac{\mathrm{d}y}{\mathrm{d}x}=y\left(\cos x\cdot\ln x+\frac{\sin x}{x}\right)=x^{\sin x}\left(\cos x\cdot\ln x+\frac{\sin x}{x}\right).$$

三、参数式函数的导数

若参数方程

$$\begin{cases}x=\varphi(t)\\ y=\psi(t)\end{cases},a\leqslant t\leqslant b \tag{2}$$

能确定 y 与 x 之间的函数关系，则称此函数为由参数方程所确定的函数，简称为**参数式函数**.

如果参数方程中的函数 $x=\varphi(t)$ 在某个定义区间上具有单调、连续的反函数 $t=\varphi^{-1}(x)$，且此反函数能与函数 $y=\psi(t)$ 构成复合函数，那么由(2)所确定的函数就可看作是由 $y=\psi(t)$ 和 $t=\varphi^{-1}(x)$ 复合而成的函数 $y=\psi[\varphi^{-1}(x)]$.再假定函数 $x=\varphi(t)$，$y=\psi(t)$ 都可导，且 $\varphi'(t)\neq 0$，则由复合函数的求导法则与反函数的导数公式，就有

$$\frac{\mathrm{d}y}{\mathrm{d}x}=\frac{\mathrm{d}y}{\mathrm{d}t}\cdot\frac{\mathrm{d}t}{\mathrm{d}x}=\frac{\frac{\mathrm{d}y}{\mathrm{d}t}}{\frac{\mathrm{d}x}{\mathrm{d}t}}=\frac{\psi'(t)}{\varphi'(t)}.$$

而因为 $y'(x)$ 仍是关于 t 的函数,它与 $x=\varphi(t)$ 联立,可得新的参数方程

$$\begin{cases} x=\varphi(t) \\ y'(x)=\dfrac{\psi'(t)}{\varphi'(t)}, \end{cases}$$

再由求一阶导数的方法求出二阶导数的公式:

$$\frac{\mathrm{d}^2 y}{\mathrm{d}x^2}=\frac{\mathrm{d}}{\mathrm{d}x}\left(\frac{\mathrm{d}y}{\mathrm{d}x}\right)=\frac{\mathrm{d}}{\mathrm{d}t}\left(\frac{\psi'(t)}{\varphi'(t)}\right)\cdot\frac{\mathrm{d}t}{\mathrm{d}x}=\frac{\dfrac{\mathrm{d}}{\mathrm{d}t}\left(\dfrac{\psi'(t)}{\varphi'(t)}\right)}{\dfrac{\mathrm{d}x}{\mathrm{d}t}}$$

$$=\frac{\dfrac{\psi''(t)\varphi'(t)-\psi'(t)\varphi''(t)}{[\varphi'(t)]^2}}{\varphi'(t)}=\frac{\psi''(t)\varphi'(t)-\psi'(t)\varphi''(t)}{[\varphi'(t)]^3}.$$

例 2.4.6 已知摆线的参数方程为$\begin{cases} x=a(t-\sin t) \\ y=a(1-\cos t) \end{cases}$,求摆线在 $t=\dfrac{\pi}{2}$ 相应点处的切线方程.

解 当 $t=\dfrac{\pi}{2}$ 时,摆线上相应的点 M_0 的坐标是 $x_0=a\left(\dfrac{\pi}{2}-1\right)$,$y_0=a$.曲线在点 M_0 处的切线斜率为

$$\left.\frac{\mathrm{d}y}{\mathrm{d}x}\right|_{t=\frac{\pi}{2}}=\left.\frac{\dfrac{\mathrm{d}y}{\mathrm{d}t}}{\dfrac{\mathrm{d}x}{\mathrm{d}t}}\right|_{t=\frac{\pi}{2}}=\left.\frac{a\sin t}{a(1-\cos t)}\right|_{t=\frac{\pi}{2}}=1,$$

于是摆线在点 M_0 处的切线方程是

$$y-a=x-\frac{\pi a}{2}+a.$$

即

$$y=x-\frac{\pi a}{2}+2a.$$

例 2.4.7 设 $y=y(x)$ 由参数方程$\begin{cases} x=\ln(1+t^2) \\ y=t-\arctan t \end{cases}$确定,求$\dfrac{\mathrm{d}y}{\mathrm{d}x}$及$\dfrac{\mathrm{d}^2 y}{\mathrm{d}x^2}$.

解

$$\frac{\mathrm{d}y}{\mathrm{d}x}=\frac{\dfrac{\mathrm{d}y}{\mathrm{d}t}}{\dfrac{\mathrm{d}x}{\mathrm{d}t}}=\frac{(t-\arctan t)'}{[\ln(1+t^2)]'}=\frac{1-\dfrac{1}{1+t^2}}{\dfrac{2t}{1+t^2}}=\frac{t^2}{2t}=\frac{t}{2}.$$

$$\frac{\mathrm{d}^2 y}{\mathrm{d}x^2}=\frac{\left(\dfrac{t}{2}\right)'}{[\ln(1+t^2)]'}=\frac{\dfrac{1}{2}}{\dfrac{2t}{1+t^2}}=\frac{1+t^2}{4t}.$$

习题 2-4

1. 求下列隐函数的一阶及二阶导数：

(1)$y=1+xe^{y}$；　(2)$y=\tan(x+y)$；　(3)$y=x^{\frac{1}{y}}$.

2. 设 $x^4-xy+y^4=1$，求 y'，y'' 在点 $(0,1)$ 处的值.

3. 用对数求导法求下列函数的一阶导数：

(1)$y=(x^2-x)\dfrac{\sqrt{1-x^2}}{\sqrt[3]{1+x^2}}$；　(2)$y=(1+x^2)^{\tan x}$.

4. 求下列参数方程所确定的函数的导数 $\dfrac{\mathrm{d}y}{\mathrm{d}x}$ 及 $\dfrac{\mathrm{d}^2y}{\mathrm{d}x^2}$：

(1)$\begin{cases}x=t-\ln(1+t)\\y=t^3+t^2\end{cases}$；　(2)$\begin{cases}x=f'(t)\\y=tf'(t)-f(t)\end{cases}$，设 $f''(t)$ 存在且不为零；

(3)$\begin{cases}x=a\cos^3 t\\y=a\sin^3 t\end{cases}$，$a>0$；　(4)$\begin{cases}x=a(t-\sin t)\\y=a(1-\cos t)\end{cases}$，$a\neq 0$.

5. 求曲线 $xy^2+\ln y=2$ 在点 $M(2,1)$ 处的切线方程.

6. 落在平静水面的石头，产生同心波纹.若最外一圈波的半径增大率总是 6 m/s，问在 2 s 末扰动水面面积增大的速率为多少？

第五节　函数的微分

一、微分概念的导出背景

我们知道，当一个函数的自变量有一个改变量 Δx 时，它的因变量一般也会有一个相应的改变量 Δy.

例如，对于函数 $f(x)=\sqrt[5]{x}$，若取 $x_0=32$ 时，容易计算出 $f(x_0)=2$.现给自变量一个较小的改变量 $\Delta x=0.1$，相应地有因变量改变量 Δy，且

$$\Delta y=f(x_0+\Delta x)-f(x_0)=\sqrt[5]{32.1}-\sqrt[5]{32}=\sqrt[5]{32.1}-2.$$

微分的原始思想就在于去寻找一种方法，能比较快捷，又比较精确地估计出 Δy 的值.

二、微分的定义

定义 2.5.1　设函数 $y=f(x)$ 在某区间内有定义，x_0 与 $x_0+\Delta x$ 在这区间内，如果存

在一个只与 x_0 有关,而与 Δx 无关的数 A,使得当 $\Delta x \to 0$ 时恒成立关系式

$$\Delta y = A\Delta x + o(\Delta x),$$

则称函数 $y=f(x)$ 在点 x_0 处**可微**,并把上式中的线性主要部分 $A\Delta x$ 称为函数 $y=f(x)$ 在点 x_0 处相应于自变量增量 Δx 的微分,记作 $\mathrm{d}y$ 或 $\mathrm{d}f(x)$,即

$$\mathrm{d}y = A\Delta x.$$

若函数 $f(x)$ 在某一区间上的每一点都可微,则称 $f(x)$ 在该区间上可微.

例 2.5.1 讨论函数 $f(x)=\sqrt[3]{x^2}$ 在点 0 的可微性.

解 由于

$$\Delta y = f(x+\Delta x) - f(x) = \sqrt[3]{(\Delta x)^2} = 0 \cdot \Delta x + \sqrt[3]{(\Delta x)^2},$$

而 $\lim\limits_{\Delta x \to 0} \dfrac{\sqrt[3]{(\Delta x)^2}}{\Delta x} = \infty$,因此由可微定义知,函数 $f(x)=\sqrt[3]{x^2}$ 在点 0 处不可微.

例 2.5.2 证明函数 $f(x)=x^2$ 在$(-\infty,+\infty)$上处处可微.

证明 $\forall x \in (-\infty,+\infty)$,要证 $f(x)=x^2$ 在点 x 可微.由

$$\Delta y = f(x+\Delta x) - f(x) = (x+\Delta x)^2 - x^2 = 2x\Delta x + (\Delta x)^2,$$

结合可微定义知,$f(x)=x^2$ 在点 x 可微,又由 x 的任意性得函数 $f(x)=x^2$ 在$(-\infty,+\infty)$上处处可微.

三、微分与导数的关系

定理 2.5.1 函数 $y=f(x)$ 在点 x_0 处可微的充分必要条件是 $f(x)$ 在点 x_0 处可导,且有 $\mathrm{d}y = f'(x_0)\Delta x$.

证明 必要性:因为 $f(x)$ 在点 x_0 处可微,即 $\Delta y = A\Delta x + o(\Delta x)$,两边同时除以 Δx,有

$$\frac{\Delta y}{\Delta x} = A + \frac{o(\Delta x)}{\Delta x},$$

求极限,得

$$\lim_{\Delta x \to 0} \frac{\Delta y}{\Delta x} = \lim_{\Delta x \to 0}\left(A + \frac{o(\Delta x)}{\Delta x}\right) = A,$$

即 $f'(x_0)=A$,因此 $f(x)$ 在点 x_0 处可导.

充分性:因为 $f(x)$ 在点 x_0 处可导,即 $\lim\limits_{\Delta x \to 0} \dfrac{\Delta y}{\Delta x} = f'(x_0)$,则有

$$\frac{\Delta y}{\Delta x} = f'(x_0) + \alpha, \alpha \to 0 (\Delta x \to 0)$$

从而有

$$\Delta y = f'(x_0)\Delta x + \alpha\Delta x = f'(x_0)\Delta x + o(\Delta x),$$

因为 $f'(x_0)$ 不依赖于 Δx,所以 $f(x)$ 在点 x_0 处可微,且 $\mathrm{d}y = f'(x)\Delta x$.

该定理说明了函数在点 x 可微与可导是等价的,且有关系式 $\mathrm{d}y = f'(x)\Delta x$.通常把增量 Δx 称为**自变量的微分**,记作 $\mathrm{d}x$,即 $\Delta x = \mathrm{d}x$,于是得到

$$dy = f'(x)dx.$$

该式也可写成$\frac{dy}{dx}=f'(x)$.此时函数$y=f(x)$的导数也可以看成是函数在可微的情况下，函数的微分dy与自变量的微分dx之商，因此，导数也叫**微商**.

例 2.5.3　求函数$y=x^3$当$x=2,\Delta x=0.02$时的微分.

解　因为$dy=(x^3)'\Delta x=3x^2\Delta x$，所以

$$dy\Big|_{\substack{x=2\\ \Delta x=0.02}}=3x^2\Delta x\Big|_{\substack{x=2\\ \Delta x=0.02}}=0.24.$$

四、微分公式与运算法则

从函数微分的表达式可以看出，要计算函数的微分，只需计算该函数的导数.因此，对应于每一个导数公式与求导法则，有相应的微分公式与微分运算法则.为了便于查阅，我们列表如下：

1. 基本公式

(1)$d(C)=0$(C为实常数)；

(2)$d(x^{\mu})=\mu x^{\mu-1}dx$；

(3)$d(\ln|x|)=\frac{1}{x}dx$；

(4)$d(\log_a|x|)=\frac{1}{x\ln a}dx\ (a>0,a\neq 1)$；

(5)$d(a^x)=a^x\ln a\,dx\ (a>0,a\neq 1)$；

(6)$d(e^x)=e^x dx$；

(7)$d(\sin x)=\cos x\,dx$；

(8)$d(\cos x)=-\sin x\,dx$；

(9)$d(\tan x)=\sec^2 x\,dx$；

(10)$d(\cot)x=-\csc^2 x\,dx$；

(11)$d(\sec x)=\sec x\tan x\,dx$；

(12)$d(\csc x)=-\csc x\cot x\,dx$；

(13)$d(\arcsin x)=\frac{1}{\sqrt{1-x^2}}dx\ (|x|<1)$；

(14)$d(\arccos x)=-\frac{1}{\sqrt{1-x^2}}dx\ (|x|<1)$；

(15)$d(\arctan x)=\frac{1}{1+x^2}dx$；

(16)$d(\text{arccot}\,x)=-\frac{1}{1+x^2}dx$.

2. 运算法则

(1)$d[\alpha u(x)+\beta v(x)]=\alpha du(x)+\beta dv(x)$；

(2)$d[u(x)\cdot v(x)]=v(x)du(x)+u(x)dv(x)$；

(3)$d\left[\frac{u(x)}{v(x)}\right]=\frac{v(x)du(x)-u(x)dv(x)}{v^2(x)}\ (v(x)\neq 0)$.

3. 复合函数的微分法则

设函数$y=f(u)$，$u=\varphi(x)$都可微，则复合函数$y=f[\varphi(x)]$的微分为

$$dy=f'[\varphi(x)]\cdot\varphi'(x)dx,$$

由于$\varphi'(x)dx=du$，所以，复合函数$y=f[\varphi(x)]$的微分公式也可以写成

$$dy=f'(u)du.$$

由此可见，无论u是自变量还是中间变量，微分形式$dy=f'(u)du$保持不变，这一性质也称为微分形式不变性.这性质表示，当变换自变量时，微分形式$dy=f'(u)du$并不改变.

例 2.5.4 求 $y=\sin(2x+1)$ 的微分.

解 $dy=d[\sin(2x+1)]=\cos(2x+1)d(2x+1)=2\cos(2x+1)dx$.

例 2.5.5 求 $y=e^{1-3x}\cos x$ 的微分.

解 $dy=d(e^{1-3x}\cos x)=\cos x d(e^{1-3x})+e^{1-3x}d(\cos x)=-e^{1-3x}(3\cos x+\sin x)dx$.

五、微分的意义与应用

1. 几何意义

对于可微函数,当 Δy 是曲线 $y=f(x)$ 上的点的纵坐标增量时,dy 就是曲线切线上的点的纵坐标的相应增量,即函数 $y=f(x)$ 在点 x_0 的微分 dy 就是曲线 $y=f(x)$ 在点 $(x_0,f(x_0))$ 处切线的纵坐标增量(见图 2.5-1).

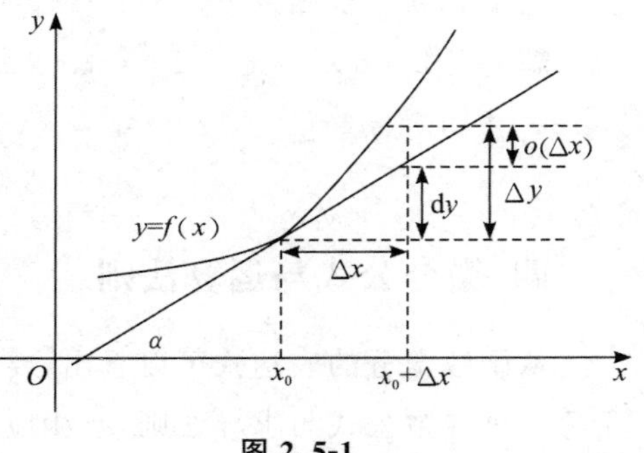

图 2.5-1

2. 线性逼近

由函数可微的定义有,

$$\Delta y=f(x_0+\Delta x)-f(x_0)\approx f'(x_0)\Delta x.$$

取 $x=x_0+\Delta x$,则上式即为

$$f(x)\approx f(x_0)+f'(x_0)(x-x_0).$$

上式表明,如果 $f(x_0)$,$f'(x_0)$ 都容易求出,那么可利用上式近似计算 $f(x)$,这种近似计算的实质就是用右端 x 的线性函数 $f(x_0)+f'(x_0)(x-x_0)$ 来近似表达函数 $f(x)$,是 $f(x)$ 在 x_0 处的线性逼近或一次近似,这是近似计算 $f(x)$ 的常用公式.

例 2.5.6 计算 $\cos 60°30'$ 的近似值.

解 设 $f(x)=\cos x$,则 $f'(x)=-\sin x$(x 为弧度),取 $x_0=\frac{\pi}{3}$,$\Delta x=\frac{\pi}{360}$,有

$$f(x_0)=f\left(\frac{\pi}{3}\right)=\frac{1}{2},f'(x_0)=f'\left(\frac{\pi}{3}\right)=-\frac{\sqrt{3}}{2},$$

从而

$$\cos 60°30'=\cos\left(\frac{\pi}{3}+\frac{\pi}{360}\right)\approx\cos\frac{\pi}{3}-\sin\frac{\pi}{3}\cdot\frac{\pi}{360}=\frac{1}{2}-\frac{\sqrt{3}}{2}\cdot\frac{\pi}{360}\approx 0.4924.$$

例 2.5.7 在半径为 1 cm 的金属球表面上镀一层厚度为 0.01 cm 的铜,估计要用多少克的铜(密度为 8.9 g/cm^3)?

解 镀层的体积等于两个同心球体的体积之差,因此也就是球体体积 $V=\frac{4}{3}\pi R^3$ 在 $R_0=1$ 处当 R 取得增量 $\Delta R=0.01$ 时的增量 ΔV,

$$\Delta V\approx dV=V'(R_0)\Delta R=4\pi R_0^2\Delta R\approx 0.13(\text{cm}^3),$$

故要用的铜约为 $0.13\times 8.9=1.16$(g).

习题 2-5

1. 已知 $y=x^3-x$，计算在 $x=2$ 处当 Δx 分别等于 1，0.1，0.01 时的 Δy 及 $\mathrm{d}y$.

2. 求下列函数的微分：

(1) $y=x^2+\sqrt{x}+1$；　　(2) $y=\dfrac{x}{\sqrt{x^2+1}}$；

(3) $y=\sin x-x\cos x$；　　(4) $y=\ln^2(1-x)$.

3. 求由下列方程确定的隐函数 $y=y(x)$ 的微分 $\mathrm{d}y$：

(1) $y=1+xe^y$；　　(2) $\dfrac{x^2}{a^2}+\dfrac{y^2}{b^2}=1$；

(3) $y=x+\dfrac{1}{2}\sin y$；　　(4) $y^2-x=\arccos y$.

4. 在括号内填入适当的函数，使等式成立：

(1) $\mathrm{d}(\quad)=2\mathrm{d}x$；　　(2) $\mathrm{d}(\quad)=\sin\omega x\,\mathrm{d}x$；

(3) $\mathrm{d}(\quad)=\dfrac{1}{1+x}\mathrm{d}x$；　　(4) $\mathrm{d}(\quad)=e^{-2x}\mathrm{d}x$.

5. 已知单摆的振动周期 $T=2\pi\sqrt{\dfrac{l}{g}}$，其中 $g=980$ 厘米 / 秒^2，l 为摆长(单位为厘米)，设原摆长为 20 厘米，为使周期 T 增大 0.05 秒，摆长约需加长多少？

总习题二

1. 选择题

(1) 设函数 $f(x)$ 在 $x=0$ 处连续，下列命题错误的是(　　).

A. 若 $\lim\limits_{x\to 0}\dfrac{f(x)}{x}$ 存在，则 $f(0)=0$　　B. 若 $\lim\limits_{x\to 0}\dfrac{f(x)+f(-x)}{x}$ 存在，则 $f(0)=0$

C. 若 $\lim\limits_{x\to 0}\dfrac{f(x)}{x}$ 存在，则 $f'(0)$ 存在　　D. 若 $\lim\limits_{x\to 0}\dfrac{f(x)-f(-x)}{x}$ 存在，则 $f'(0)$ 存在

(2) 下列命题正确的是(　　).

A. 函数 $f(x)$ 在点 x_0 连续是 $f(x)$ 在点 x_0 可导的必要条件

B. 函数 $f(x)$ 在点 x_0 连续是 $f(x)$ 在点 x_0 可导的充分条件

C. 函数 $f(x)$ 在点 x_0 连续是 $f(x)$ 在点 x_0 可导的充分且必要条件

D. 函数 $f(x)$ 在点 x_0 连续既不是 $f(x)$ 在点 x_0 可导的充分条件也不是必要条件

(3) 设函数 $f(x)=|x-a|$ 在 $x=a$ 处(　　).

A.不连续也不可导　　　　B.连续且可导

C.连续但不可导　　　　D.不连续但可导

(4) 设函数 $f(x)$ 在 $x=a$ 处可导,则 $\lim\limits_{x\to 0}\dfrac{f(a+x)-f(a-x)}{x}=$(　　).

A.$\dfrac{1}{2}f'(a)$　　B.$f'(a)$　　C.$2f'(a)$　　D.$-f'(a)$

2. 在"充分"、"必要"和"充分必要"三者中选择一个正确的填入下列空格内:

(1) $f(x)$ 在点 x_0 的左导数 $f'_-(x_0)$ 及右导数 $f'_+(x_0)$ 都存在且相等是 $f(x)$ 在点 x_0 可导的 ________ 条件;

(2) $f(x)$ 在点 x_0 可导是 $f(x)$ 在点 x_0 可微的 ________ 条件.

3. 设函数 $y=f(x)$ 在 $x=0$ 处连续,且 $f(0)=0$,若已知 $\lim\limits_{x\to 0}\dfrac{f(x)}{x}=1$,求 $f'(0)$.

4. 求下列函数的导数:

(1) $y=\arctan\dfrac{1+x}{1-x}$;　　(2) $y=\ln\tan\dfrac{x}{2}-\cos x\cdot\ln\tan x$;

(3) $y=\arcsin(1-2x)$;　　(4) $y=\ln(x+\sqrt{1+x^2})$.

5. 设 $y=\arctan e^x-\ln\sqrt{\dfrac{e^{2x}}{e^{2x}+1}}$,求 $\left.\dfrac{dy}{dx}\right|_{x=1}$.

6. 设 $f(x)=\begin{cases}x^2\sin\dfrac{1}{x} & x<0\\ x & x\geqslant 0\end{cases}$,求 $f'(x)$.

7. $x^y-y^x=0$,其中 y 是 x 的函数,求 y'.

8. 求下列曲线在指定点的切线与法线方程:

(1) 曲线 $y=\ln x$ 上与直线 $x+y=1$ 垂直的切线方程.

(2) 曲线 $\begin{cases}x=\cos t+\cos^2 t\\ y=1+\sin t\end{cases}$ 上对应于 $t=\dfrac{\pi}{4}$ 的点处的切线方程与法线方程.

9. 设函数 $y=y(x)$ 由方程 $e^y+xy=e$ 所确定,求 $y''(0)$.

10. 设 $\begin{cases}x=\ln\sqrt{1+t^2}\\ y=\arctan t\end{cases}$,求 $\dfrac{d^2y}{dx^2}$.

11. 设 $f(x)=\begin{cases}x\arctan\dfrac{1}{x^2} & x\neq 0\\ 0 & x=0\end{cases}$,试讨论 $f'(x)$ 在 $x=0$ 处的连续性.

12. 设 $f(x)$ 在 $(-l,l)$ 内可导,证明:如果 $f(x)$ 是偶函数,那么 $f'(x)$ 是奇函数;如果 $f(x)$ 是奇函数,那么 $f'(x)$ 是偶函数.

13. 设 $f(x)=\begin{cases}\dfrac{x}{1+e^{\frac{1}{x}}} & x\neq 0\\ 0 & x=0\end{cases}$,求 $f'_-(0)$,$f'_+(0)$,并判断 $f'(0)$ 是否存在.

14. 已知$f(x)$三次可微，且$f(0)=0, f'(0)=1, f''(0)=0, f'''(0)=6$，求$\lim\limits_{x\to 0}\dfrac{f(x)-x}{x^3}$.

15. 甲船以 6 km/h 的速率向东行驶，乙船以 8 km/h 的速率向南行驶，在中午十二点整，乙船位于甲船之北 16 km/h 处，问下午一点整两船相离的速率为多少？

第三章　微分中值定理与导数的应用

在前面一章，我们引入了导数和微分的概念，并讨论了它们的计算方法.在本章，我们将介绍如何利用导数来研究函数以及曲线的某些性态，并利用这些知识解决一些实际问题.为此，先介绍微分学的几个中值定理.这些定理对微积分的发展有着重要意义，是导数应用的理论基础.

第一节　微分中值定理

我们先介绍罗尔(Rolle)定理，接着由它推出拉格朗日(Lagrange)中值定理和柯西(Cauchy)中值定理.

一、罗尔定理

定理 3.1.1(罗尔定理)　如果函数 $f(x)$ 在闭区间 $[a,b]$ 上连续，在开区间 (a,b) 内可导，且 $f(a)=f(b)$，那么在 (a,b) 内至少存在一点 $\xi \in (a,b)$，使得 $f'(\xi)=0$.

证　由于 $f(x)$ 在闭区间 $[a,b]$ 上连续，根据闭区间上连续函数最大值最小值定理，所以 $f(x)$ 必在 $[a,b]$ 上取到最大值 M 与最小值 m，显然只有 $M=m$ 与 $M>m$ 两种情形.

情形 i　若 $M=m$，则 $f(x)\equiv M, x\in[a,b]$.因此对 $\forall \xi \in (a,b)$，都有 $f'(\xi)=0$.

情形 ii　若 $M>m$，那么 M 与 m 中至少有一个不等于 $f(a)$.不妨设 $M\neq f(a)$，又 $f(a)=f(b)$，所以 $M\neq f(b)$，于是必 $\exists \xi \in (a,b)$，使 $f(\xi)=M$.下面证明 $f'(\xi)=0$. 由于在点 ξ 处 $f(x)$ 取得最大值，且 $f(x)$ 在点 ξ 可导以及极限的保号性，有

$$f'(\xi)=f'_-(\xi)=\lim_{x\to\xi^-}\frac{f(x)-f(\xi)}{x-\xi}\geqslant 0,$$

$$f'(\xi)=f'_+(\xi)=\lim_{x\to\xi^+}\frac{f(x)-f(\xi)}{x-\xi}\leqslant 0,$$

所以 $f'(\xi)=0$.

罗尔定理的几何解释：

若连续曲线 $y=f(x)$ 的弧上处处具有不平行于 y 轴的切线，且两端点的纵坐标相等，则在这弧上至少存在一点如 $C(\xi_1,f(\xi_1))$，使曲线在该点的切线平行于 x 轴(见图 3.1-1).

例 3.1.1　证明方程 $x^5-5x+1=0$ 有且仅有一个小于 1 的正实根.

证　设 $f(x)=x^5-5x+1$，则 $f(x)$ 在 $[0,1]$ 连续，且 $f(0)=1, f(1)=-3$，由介值定理，$\exists x_0 \in (0,1)$，使 $f(x_0)=0$，即为方程的小于 1 的正实根.

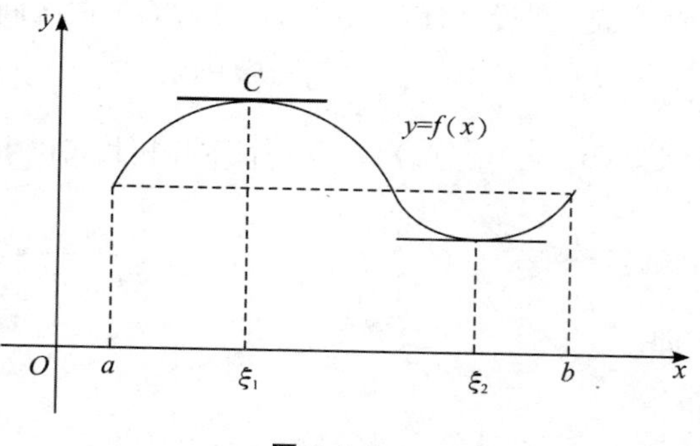

图 3.1-1

设另有 $x_1 \in (0,1), x_1 \neq x_0$，使 $f(x_1)=0$，则 $f(x)$ 在 x_0, x_1 之间满足罗尔定理的条件，所以至少存在一点 ξ（在 x_0, x_1 之间），使得 $f'(\xi)=0$.

但是因为 $f'(x)=5(x^4-1)<0(x \in (0,1))$，所以产生矛盾.故方程 $x^5-5x+1=0$ 有且仅有一个小于 1 的正实根.

二、拉格朗日中值定理

定理 3.1.2(拉格朗日中值定理)　如果函数 $f(x)$ 在闭区间 $[a,b]$ 上连续，在开区间 (a,b) 内可导，那么至少存在一点 $\xi \in (a,b)$，使得 $f(b)-f(a)=f'(\xi)(b-a)$.

证　作辅助函数 $\varphi(x)=f(x)-\dfrac{f(b)-f(a)}{b-a}(x-a)$，$\varphi \in C[a,b]$，且 $\varphi(a)=\varphi(b)=f(a)$，由罗尔定理，至少存在一点 $\xi \in (a,b)$，使得 $\varphi'(\xi)=0$，即

$$\varphi'(\xi)=f'(\xi)-\frac{f(b)-f(a)}{b-a}=0,$$

从而得到

$$f'(\xi)=\frac{f(b)-f(a)}{b-a},$$

或写成 $f(b)-f(a)=f'(\xi)(b-a)$.

几何解释：如果连续曲线 $y=f(x)$ 的弧 AB 除端点外处处具有不垂直于 x 轴的切线，则曲线上至少有一点处的切线平行于弦 AB（见图 3.1-2）.

设函数 $f(x)$ 在闭区间 $[a,b]$ 上连续，在开区间 (a,b) 内可导，$x_0, x_0+\Delta x \in (a,b)$，则有

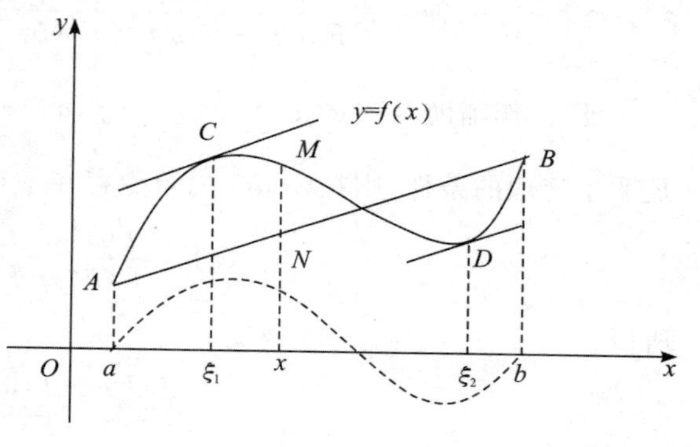

图 3.1-2

$$f(x_0+\Delta x)-f(x_0)$$
$$=f'(x_0+\theta\Delta x)\cdot\Delta x(0<\theta<1),$$

或　$$\Delta y=f'(x_0+\theta\Delta x)\cdot\Delta x(0<\theta<1).$$

拉格朗日中值公式又称**有限增量公式**.拉格朗日中值定理又称**有限增量定理**.

例 3.1.2　证明当 $x>0$ 时，$\dfrac{x}{1+x}<\ln(1+x)<x$.

证　设 $f(t)=\ln(1+t)$，$f(t)$ 在区间 $[0,x]$ 上满足拉格朗日中值定理的条件，所以，

$$f(x)-f(0)=f'(\xi)(x-0)(0<\xi<x).$$

又 $f(0)=0$，$f'(t)=\dfrac{1}{1+t}$，因此由上式得 $\ln(1+x)=\dfrac{x}{1+\xi}$.又因为 $0<\xi<x$，所以

$$\frac{x}{1+x}<\frac{x}{1+\xi}<x,$$

即

$$\frac{x}{1+x}<\ln(1+x)<x.$$

推论 3.1.1　如果函数 $f(x)$ 在区间 I 内的导数恒为零，那么 $f(x)$ 在 I 内是一个常数.

例 3.1.3　证明 $\arcsin x+\arccos x=\dfrac{\pi}{2}(-1\leqslant x\leqslant 1)$.

证　设 $f(x)=\arcsin x+\arccos x$，$x\in[-1,1]$，因为在开区间 $(-1,1)$ 上

$$f'(x)=\frac{1}{\sqrt{1-x^2}}+\left(-\frac{1}{\sqrt{1-x^2}}\right)=0,$$

所以 $f(x)\equiv C$，$x\in[-1,1]$.又因为 $f(0)=\arcsin 0+\arccos 0=0+\dfrac{\pi}{2}=\dfrac{\pi}{2}$，即 $C=\dfrac{\pi}{2}$，故 $\arcsin x+\arccos x=\dfrac{\pi}{2}$.

三、柯西中值定理

拉格朗日中值定理还可以进一步推广.

定理 3.1.3(柯西中值定理)　如果函数 $f(x)$ 及 $F(x)$ 在闭区间 $[a,b]$ 上连续，在开区间 (a,b) 内可导，且 $F'(x)$ 在 (a,b) 内每一点处均不为零，那么在 (a,b) 内至少有一点 $\xi(a<\xi<b)$，使等式 $\dfrac{f(b)-f(a)}{F(b)-F(a)}=\dfrac{f'(\xi)}{F'(\xi)}$ 成立.

证　作辅助函数 $\varphi(x)=f(x)-f(a)-\dfrac{f(b)-f(a)}{F(b)-F(a)}[F(x)-F(a)]$.因为 $\varphi(x)$ 满足罗尔定理的条件，则在 (a,b) 内至少存在一点 ξ，使得 $\varphi'(\xi)=0$，即

$$f'(\xi)-\frac{f(b)-f(a)}{F(b)-F(a)}\cdot F'(\xi)=0,$$

所以

$$\frac{f(b)-f(a)}{F(b)-F(a)}=\frac{f'(\xi)}{F'(\xi)}.$$

当 $F(x)=x$ 时，$F(b)-F(a)=b-a$，$F'(x)=1$，$\dfrac{f(b)-f(a)}{F(b)-F(a)}=\dfrac{f'(\xi)}{F'(\xi)}$，即 $\dfrac{f(b)-f(a)}{b-a}=f'(\xi)$ 成立，变成了拉格朗日中值定理.

由三个定理可以看出，罗尔定理是拉格朗日中值定理当 $f(a)=f(b)$ 时的特殊情形；拉格朗日中值定理是柯西中值定理当 $F(x)=x$ 的特殊情形.

例 3.1.4　设 $0 < a < b$，试证：至少存在一点 $\xi \in (a,b)$，使得 $\ln\xi - 1 = \dfrac{b\ln a - a\ln b}{b-a}$.

证　将所证等式右端改写为

$$\frac{b\ln a - a\ln b}{b-a} = \frac{\dfrac{\ln b}{b} - \dfrac{\ln a}{a}}{\dfrac{1}{b} - \dfrac{1}{a}}.$$

由此可见，若令 $F(x) = \dfrac{\ln x}{x}$，$G(x) = \dfrac{1}{x}$，则 $F(x)$，$G(x)$ 在 $[a,b]$ 上满足柯西中值定理的条件，因此，至少存在一点 $\xi \in (a,b)$ 使得

$$\frac{F'(\xi)}{G'(\xi)} = \frac{F(b)-F(a)}{G(b)-G(a)} = \frac{b\ln a - a\ln b}{b-a},$$

将

$$F'(\xi) = \left.\frac{\dfrac{1}{x}\cdot x - \ln x}{x^2}\right|_{x=\xi} = \frac{1-\ln\xi}{\xi^2}, G'(\xi) = -\left.\frac{1}{x^2}\right|_{x=\xi} = -\frac{1}{\xi^2}$$

代入上式，得 $\ln\xi - 1 = \dfrac{b\ln a - a\ln b}{b-a}$.

习题 3-1

1. 验证函数 $f(x) = \ln\sin x$ 在 $\left[\dfrac{\pi}{6}, \dfrac{5\pi}{6}\right]$ 上满足罗尔定理的条件，并求出相应的 ξ，使 $f'(\xi) = 0$.

2. 利用罗尔定理，不求出函数 $f(x) = (x-1)(x-2)(x-3)(x-4)$ 的导数，说明方程 $f'(x) = 0$ 有几个实根，并指出它们所在的区间.

3. 若函数 $f(x)$ 在 (a,b) 内具有二阶导数，且 $f(x_1) = f(x_2) = f(x_3)$，其中 $a < x_1 < x_2 < x_3 < b$，证明：在 (a,b) 内至少存在一点 ξ，使得 $f''(\xi) = 0$.

4. 证明：方程 $x^5 + x - 1 = 0$ 只有一个正根.

5. 证明下列恒等式：

(1) $\arctan x + \arctan\dfrac{1}{x} = \dfrac{\pi}{2}$；　　(2) $\arctan x - \dfrac{1}{2}\arccos\dfrac{2x}{1+x^2} = \dfrac{\pi}{4}$.

6. 证明下列不等式：

(1) $e^x > ex \ (1 < x)$；　　(2) $\dfrac{a-b}{a} < \ln\dfrac{a}{b} < \dfrac{a-b}{b} \ (a > b > 0)$.

7. 若方程 $a_0x^n + a_1x^{n-1} + \cdots + a_{n-1}x = 0$ 有一个正根 x_0，证明方程 $a_0nx^{n-1} + a_1(n-1)x^{n-1} + \cdots + a_{n-1} = 0$ 必有一个小于 x_0 的正根.

8. 设 $f(x)$ 在 $[a,b]$ 上连续,在 (a,b) 内可导 $(0<a<b)$,证明:在 (a,b) 内至少存在一点 ξ,使得 $2\xi[f(b)-f(a)]=f'(\xi)(b^2-a^2)$.

第二节　洛必达法则

如果当 $x\to x_0$(或 $x\to\infty$)时,两个函数 $f(x)$,$g(x)$ 都趋于零或都趋于无穷大,那么极限 $\lim\limits_{x\to x_0}\dfrac{f(x)}{g(x)}$ 可能存在,也可能不存在.通常把这种极限叫作**未定式**,并分别记为 $\dfrac{0}{0}$ 或 $\dfrac{\infty}{\infty}$.例如,$\lim\limits_{x\to 0}\dfrac{\tan x}{x}\left(\dfrac{0}{0}\right)$,$\lim\limits_{x\to 0}\dfrac{\ln\sin ax}{\ln\sin bx}\left(\dfrac{\infty}{\infty}\right)$.即使极限存在也不能用"极限的商等于商的极限"这一法则.下面我们将根据柯西中值定理来推出求这类极限的一种简便且重要的方法.

我们着重讨论 $x\to x_0$ 时的未定式 $\dfrac{0}{0}$ 型的情形,其余情形类似.

一、$\dfrac{0}{0}$ 型未定式

定理 3.2.1　设 $f(x)$,$g(x)$ 在点 x_0 的某去心邻域内可导,并且 $g'(x)\neq 0$,又满足条件:

(1) $\lim\limits_{x\to x_0}f(x)=\lim\limits_{x\to x_0}g(x)=0$;

(2) $\lim\limits_{x\to x_0}\dfrac{f'(x)}{g'(x)}$ 存在或为 ∞,

那么 $\lim\limits_{x\to x_0}\dfrac{f(x)}{g(x)}=\lim\limits_{x\to x_0}\dfrac{f'(x)}{g'(x)}$.

这种在一定条件下通过分子分母分别求导再求极限来确定未定式值的方法称为**洛必达(L'Hospital)法则**.

证　由于 $\lim\limits_{x\to x_0}f(x)=\lim\limits_{x\to x_0}g(x)=0$,我们假定 $f(x_0)=g(x_0)=0$,这样 $f(x)$,$g(x)$ 在点 x_0 的某邻域内连续.设 $x(x\neq x_0)$ 是该邻域内一点,则在以 x_0 及 x 为端点的区间上,$f(x)$,$g(x)$ 满足柯西中值定理的条件,故有

$$\frac{f(x)}{g(x)}=\frac{f(x)-f(x_0)}{g(x)-g(x_0)}=\frac{f'(\xi)}{g'(\xi)}(\xi\text{ 介于 }x_0\text{ 与 }x\text{ 之间}),$$

令 $x\to x_0$,并对上式两端求极限得,

$$\lim_{x\to x_0}\frac{f(x)}{g(x)}=\lim_{\xi\to x_0}\frac{f'(\xi)}{g'(\xi)}=\lim_{x\to x_0}\frac{f'(x)}{g'(x)},$$

即得结论.

如果 $\lim\limits_{x\to x_0}\dfrac{f'(x)}{g'(x)}$ 仍属 $\dfrac{0}{0}$ 型,且 $f'(x)$,$g'(x)$ 仍满足定理的条件,则其仍可以继续使用洛

必达法则,即$\lim\limits_{x\to x_0}\dfrac{f(x)}{g(x)}=\lim\limits_{x\to x_0}\dfrac{f'(x)}{g'(x)}=\lim\limits_{x\to x_0}\dfrac{f''(x)}{g''(x)}$.

该定理若把 $x\to x_0$ 换成 $x\to x_0^+$,或 $x\to x_0^-$,或 $x\to\infty$,或 $x\to+\infty$,或 $x\to-\infty$,只要把定理条件相应改动,结论仍成立.

例 3.2.1　求$\lim\limits_{x\to 0}\dfrac{\ln(1+x)}{x}$.

解　原式$=\lim\limits_{x\to 0}\dfrac{(\ln(1+x))'}{(x)'}=\lim\limits_{x\to 0}\dfrac{\frac{1}{1+x}}{1}=1$.

例 3.2.2　求$\lim\limits_{x\to 0}\dfrac{x-\sin x}{x^3}$.

解　原式$=\lim\limits_{x\to 0}\dfrac{(x-\sin x)'}{(x^3)'}=\lim\limits_{x\to 0}\dfrac{1-\cos x}{3x^2}=\lim\limits_{x\to 0}\dfrac{\sin x}{6x}=\dfrac{1}{6}$.

例 3.2.3　求$\lim\limits_{x\to 1}\dfrac{x^3-3x+2}{x^3-x^2-x+1}$.

解　原式$=\lim\limits_{x\to 1}\dfrac{3x^2-3}{3x^2-2x-1}=\lim\limits_{x\to 1}\dfrac{6x}{6x-2}=\dfrac{3}{2}$.

注意:上式中$\lim\limits_{x\to 1}\dfrac{6x}{6x-2}$已不是未定式,不能对它用洛必达法则,否则会导致错误的结果.

二、$\dfrac{\infty}{\infty}$未定式

定理 3.2.2　设 $f(x)$,$g(x)$ 在点 x_0 的某去心邻域内可导,并且 $g'(x)\neq 0$,又满足条件:

(1) $\lim\limits_{x\to x_0}f(x)=\infty$,$\lim\limits_{x\to x_0}g(x)=\infty$;

(2) $\lim\limits_{x\to x_0}\dfrac{f'(x)}{g'(x)}$ 存在或为 ∞,

那么$\lim\limits_{x\to x_0}\dfrac{f(x)}{g(x)}=\lim\limits_{x\to x_0}\dfrac{f'(x)}{g'(x)}$.

例 3.2.4　求下列极限:(1) $\lim\limits_{x\to+\infty}\dfrac{\ln x}{x^n}(n>0)$;(2) $\lim\limits_{x\to+\infty}\dfrac{x^n}{e^{\lambda x}}$($n$ 为正整数,$\lambda>0$).

解　(1) $\lim\limits_{x\to+\infty}\dfrac{\ln x}{x^n}=\lim\limits_{x\to+\infty}\dfrac{\frac{1}{x}}{nx^{n-1}}=\lim\limits_{x\to+\infty}\dfrac{1}{nx^n}=0$.

(2) $\lim\limits_{x\to+\infty}\dfrac{x^n}{e^{\lambda x}}=\lim\limits_{x\to+\infty}\dfrac{nx^{n-1}}{\lambda e^{\lambda x}}=\lim\limits_{x\to+\infty}\dfrac{n(n-1)x^{n-2}}{\lambda^2 e^{\lambda x}}=\cdots=\lim\limits_{x\to+\infty}\dfrac{n!}{\lambda^n e^{\lambda x}}=0$.

例 3.2.5　求$\lim\limits_{x\to\infty}\dfrac{x+\cos x}{x}$.

解　原式$=\lim\limits_{x\to\infty}\dfrac{1-\sin x}{1}=\lim\limits_{x\to\infty}(1-\sin x)$.洛必达法则失效.而实际上,原式$=\lim\limits_{x\to\infty}\left(1+\dfrac{1}{x}\cos x\right)=1$.

例 3.2.6 求$\lim\limits_{x\to 0}\dfrac{\tan x-x}{x^2\tan x}$.

解 原式$=\lim\limits_{x\to 0}\dfrac{\tan x-x}{x^3}=\lim\limits_{x\to 0}\dfrac{\sec^2 x-1}{3x^2}=\lim\limits_{x\to 0}\dfrac{2\sec^2 x\tan x}{6x}=\dfrac{1}{3}\lim\limits_{x\to 0}\dfrac{\tan x}{x}=\dfrac{1}{3}$.

洛必达法则是求未定式的一种比较有效的方法,但应与其他求极限方法结合使用.例如能化简时尽量先化简,能用等价无穷小代替或重要极限公式时,应尽可能应用,使运算简捷.

三、其他类型的未定式

将其他类型未定式化为洛必达法则可解决的类型$\dfrac{0}{0}$或$\dfrac{\infty}{\infty}$.下面举例说明:

1. 乘积形式 $0\cdot\infty$

例 3.2.7 求$\lim\limits_{x\to+\infty}x^{-2}e^x$.

解 原式$=\lim\limits_{x\to+\infty}\dfrac{e^x}{2x}=\lim\limits_{x\to+\infty}\dfrac{e^x}{2}=+\infty$.

2. 和差形式 $\infty\pm\infty$

例 3.2.8 求$\lim\limits_{x\to\frac{\pi}{2}}(\sec x-\tan x)$.

解 原式$=\lim\limits_{x\to\frac{\pi}{2}}\left(\dfrac{1}{\cos x}-\dfrac{\sin x}{\cos x}\right)=\lim\limits_{x\to\frac{\pi}{2}}\dfrac{1-\sin x}{\cos x}=\lim\limits_{x\to\frac{\pi}{2}}\dfrac{-\cos x}{-\sin x}=0$.

3. 幂指形式 $0^0,1^\infty,\infty^0$

例 3.2.9 求$\lim\limits_{x\to 0^+}x^x$.

解 原式$=\lim\limits_{x\to 0^+}e^{x\ln x}=e^{\lim\limits_{x\to 0^+}x\ln x}=e^{\lim\limits_{x\to 0^+}\frac{\ln x}{\frac{1}{x}}}=e^{\lim\limits_{x\to 0^+}\frac{\frac{1}{x}}{-\frac{1}{x^2}}}=e^0=1$.

例 3.2.10 求$\lim\limits_{x\to 1}x^{\frac{1}{1-x}}$.

解 原式$=\lim\limits_{x\to 1}e^{\frac{1}{1-x}\ln x}=e^{\lim\limits_{x\to 1}\frac{\ln x}{1-x}}=e^{\lim\limits_{x\to 1}\frac{\frac{1}{x}}{-1}}=e^{-1}$.

习题 3-2

1. 利用洛必达法则求下列极限:

(1) $\lim\limits_{x\to 0}\dfrac{\tan x-x}{x-\sin x}$;　(2) $\lim\limits_{x\to+\infty}\dfrac{\ln\left(1+\frac{1}{x}\right)}{\arctan x}$;　(3) $\lim\limits_{x\to\pi}\dfrac{\sin 3x}{\tan 5x}$;

(4) $\lim\limits_{x\to 0}\dfrac{e^x-x-1}{x(e^x-1)}$;　(5) $\lim\limits_{x\to 0^+}\dfrac{\ln x}{\cot x}$;　(6) $\lim\limits_{x\to 0^+}\sin x\ln x$;

(7) $\lim\limits_{x\to+\infty}\dfrac{\ln\left(1+\dfrac{1}{x}\right)}{\operatorname{arccot}x}$；　(8) $\lim\limits_{x\to0}\left(\dfrac{e^x}{x}-\dfrac{1}{e^x-1}\right)$；　(9) $\lim\limits_{x\to0}x\cot2x$；

(10) $\lim\limits_{x\to1}\left(\dfrac{2}{x^2-1}-\dfrac{1}{x-1}\right)$；　(11) $\lim\limits_{x\to0^+}x^{\sin x}$；　(12) $\lim\limits_{x\to0^+}\left(\dfrac{1}{x}\right)^{\tan x}$；

(13) $\lim\limits_{x\to+\infty}\left(\dfrac{2}{\pi}\arctan x\right)^x$；　(14) $\lim\limits_{x\to0}\left(\dfrac{1}{\sin x}-\dfrac{1}{x}\right)$.

2. 验证极限$\lim\limits_{x\to\infty}\dfrac{x+\sin x}{x}$存在，但不能由洛必达法则得出.

3. 设 $f(x)$ 二阶可导，求$\lim\limits_{h\to0}\dfrac{f(x+h)-2f(x)+f(x-h)}{h^2}$.

4. 讨论函数 $f(x)=\begin{cases}\left[\dfrac{(1+x)^{\frac{1}{x}}}{e}\right]^{\frac{1}{x}} & x>0\\ e^{-\frac{1}{2}} & x\leqslant0\end{cases}$ 在点 $x=0$ 处的连续性.

5. 试确定常数 a,b，使得$\lim\limits_{x\to0}\dfrac{\ln(1+x)-ax-bx^2}{x^2}=1$.

第三节　泰勒公式

本节研究如何用简单函数近似地代替复杂函数的公式.设 $f(x)$ 是一个在点 x_0 有 $n+1$ 阶导数的函数，我们希望用一个与 $f(x)$ 有较多共同点的 n 次多项式 $P_n(x)$ 来近似它，并估计出近似的误差.如果能够找到这样的多项式 $P_n(x)$，所得到的结果对于理论研究与近似计算都十分有用.

例如，利用微分的几何意义可以利用一次多项式 $f(x)\approx f(x_0)+f'(x_0)(x-x_0)$ 近似表示函数 $f(x)$，但这种近似公式有两点不足：(1) 精确度不高；(2) 误差不能估计.因此我们要寻找具有更高精确度的近似，由此引出泰勒(Taylor) 公式.

设函数 $f(x)$ 在含有 x_0 的开区间内具有直到$(n+1)$ 阶导数，试找出一个$(x-x_0)$的 n 次多项式 $P_n(x)=a_0+a_1(x-x_0)+a_2(x-x_0)^2+\cdots+a_n(x-x_0)^n$，用它来近似表达 $f(x)$，要求 $R_n(x)=f(x)-P_n(x)$ 是比 $(x-x_0)^n$ 高阶的无穷小，并且给出误差 $|f(x)-P_n(x)|$ 的具体表达式.

假设 $P_n^{(k)}(x_0)=f^{(k)}(x_0)(k=0,1,2,\cdots,n)$，按此要求，则有

$$a_0=f(x_0),a_1=f'(x_0),a_2=\frac{f''(x_0)}{2!},\cdots,a_n=\frac{f^{(n)}(x_0)}{n!}.$$

于是

$$P_n(x)=f(x_0)+f'(x_0)(x-x_0)+\frac{f''(x_0)}{2!}(x-x_0)^2+\cdots+\frac{f^{(n)}(x_0)}{n!}(x-x_0)^n. \quad ①$$

定理 3.3.1(泰勒中值定理) 如果函数 $f(x)$ 在含有 x_0 的某个开区间 (a,b) 内具有直到 $(n+1)$ 阶的导数，那么对于 $x\in(a,b)$，有

$$f(x)=f(x_0)+f'(x_0)(x-x_0)+\frac{f''(x_0)}{2!}(x-x_0)^2+\cdots+\frac{f^{(n)}(x_0)}{n!}(x-x_0)^n+R_n(x),\qquad ②$$

其中

$$R_n(x)=\frac{f^{(n+1)}(\xi)}{(n+1)!}(x-x_0)^{n+1}(\xi\text{ 在 }x_0\text{ 与 }x\text{ 之间}).\qquad ③$$

我们把 ② 式称为 $f(x)$ 在 x_0 处关于 $(x-x_0)$ 的 n 阶**泰勒公式**；形如 ③ 的余项 $R_n(x)$ 称为**拉格朗日型余项**.

证 由假设，$R_n(x)$ 在 (a,b) 内具有直到 $(n+1)$ 阶导数，且

$$R_n(x_0)=R'_n(x_0)=R''_n(x_0)=\cdots=R_n^{(n)}(x_0)=0,$$

两函数 $R_n(x)$ 及 $(x-x_0)^{n+1}$ 在以 x_0 及 x 为端点的区间上满足柯西中值定理的条件，所以得

$$\frac{R_n(x)}{(x-x_0)^{n+1}}=\frac{R_n(x)-R_n(x_0)}{(x-x_0)^{n+1}-0}$$

$$=\frac{R'_n(\xi_1)}{(n+1)(\xi_1-x_0)^n}(\xi_1\text{ 在 }x_0\text{ 与 }x\text{ 之间}),$$

两函数 $R'_n(x)$ 及 $(n+1)(x-x_0)^n$ 在以 x_0 及 ξ_1 为端点的区间上又满足柯西中值定理的条件，所以得

$$\frac{R'_n(\xi_1)}{(n+1)(\xi_1-x_0)^n}=\frac{R'_n(\xi_1)-R'_n(x_0)}{(n+1)(\xi_1-x_0)^n-0}$$

$$=\frac{R''_n(\xi_2)}{n(n+1)(\xi_2-x_0)^{n-1}}(\xi_2\text{ 在 }x_0\text{ 与 }\xi_1\text{ 之间}),$$

如此下去，经过 $(n+1)$ 次后，得

$$\frac{R_n(x)}{(x-x_0)^{n+1}}=\frac{R_n^{(n+1)}(\xi)}{(n+1)!}(\xi\text{ 在 }x_0\text{ 与 }\xi_n\text{ 之间，也在 }x_0\text{ 与 }x\text{ 之间}),$$

因为 $P_n^{(n+1)}(x)=0$，所以 $R_n^{(n+1)}(x)=f^{(n+1)}(x)$，则由上式得

$$R_n(x)=\frac{f^{(n+1)}(\xi)}{(n+1)!}(x-x_0)^{n+1}(\xi\text{ 在 }x_0\text{ 与 }x\text{ 之间}),$$

则

$$P_n(x)=\sum_{k=0}^{n}\frac{f^{(k)}(x_0)}{k!}(x-x_0)^k$$

称为 $f(x)$ **按 $(x-x_0)$ 的幂展开的 n 次近似多项式**.

$$f(x)=\sum_{k=0}^{n}\frac{f^{(k)}(x_0)}{k!}(x-x_0)^k+R_n(x)$$

称为 $f(x)$ **按 $(x-x_0)$ 的幂展开的 n 阶泰勒公式**.

若 $\exists M>0$，当 $x\in(a,b)$ 时，$|f^{(n+1)}(x)|\leqslant M$，则有估计式

$$|R_n(x)|=\left|\frac{f^{(n+1)}(\xi)}{(n+1)!}(x-x_0)^{n+1}\right|\leqslant\frac{M}{(n+1)!}(x-x_0)^{n+1},$$

此时称其为**拉格朗日型余项**；并且 $\lim\limits_{x\to x_0}\dfrac{R_n(x)}{(x-x_0)^n}=0$，即 $R_n(x)=o[(x-x_0)^n]$，此时称其为**皮亚诺型余项**，则此时函数 $f(x)$ 可表示为

$$f(x)=\sum_{k=0}^{n}\frac{f^{(k)}(x_0)}{k!}(x-x_0)^k+o[(x-x_0)^n].$$

而当 $n=0$ 时，泰勒公式变成拉格朗日中值公式

$$f(x)=f(x_0)+f'(\xi)(x-x_0)(\xi \text{ 在 } x_0 \text{ 与 } x \text{ 之间}).$$

取 $x_0=0$，ξ 在 0 与 x 之间，则可记 $\xi=\theta x(0<\theta<1)$，从而泰勒公式变成：

$$f(x)=f(0)+f'(0)x+\frac{f''(0)}{2!}x^2+\cdots+\frac{f^{(n)}(0)}{n!}x^n+\frac{f^{(n+1)}(\theta x)}{(n+1)!}x^{n+1}(0<\theta<1),$$

其中右端多项式称为 $f(x)$ 的 n 阶**麦克劳林多项式**，余项 $R_n(x)=\dfrac{f^{(n+1)}(\theta x)}{(n+1)!}x^{n+1}$；也可表示成带有皮亚诺余项

$$f(x)=f(0)+f'(0)x+\frac{f''(0)}{2!}x^2+\cdots+\frac{f^{(n)}(0)}{n!}x^n+o(x^n).$$

例 3.3.1　求 $f(x)=\mathrm{e}^x$ 的 n 阶麦克劳林公式.

解　因为 $f'(x)=f''(x)=\cdots=f^{(n)}(x)=\mathrm{e}^x$，所以 $f(0)=f'(0)=f''(0)=\cdots=f^{(n)}(0)=1$，注意到 $f^{(n+1)}(\theta x)=\mathrm{e}^{\theta x}(0<\theta<1)$，代入公式，得

$$\mathrm{e}^x=1+x+\frac{x^2}{2!}+\cdots+\frac{x^n}{n!}+\frac{\mathrm{e}^{\theta x}}{(n+1)!}x^{n+1}(0<\theta<1).$$

由公式可知 $\mathrm{e}^x\approx 1+x+\dfrac{x^2}{2!}+\cdots+\dfrac{x^n}{n!}$，估计误差(设 $x>0$)，

$$|R_n(x)|=\left|\frac{\mathrm{e}^{\theta x}}{(n+1)!}x^{n+1}\right|<\frac{\mathrm{e}^x}{(n+1)!}x^{n+1}(0<\theta<1).$$

取 $x=1$，$\mathrm{e}\approx 1+1+\dfrac{1}{2!}+\cdots+\dfrac{1}{n!}$，其误差 $|R_n|<\dfrac{\mathrm{e}}{(n+1)!}<\dfrac{3}{(n+1)!}$.

也可表示成带有皮亚诺余项形式为：$\mathrm{e}^x=1+x+\dfrac{x^2}{2!}+\cdots+\dfrac{x^n}{n!}+o(x^n)$.

常用函数的麦克劳林公式：(带有皮亚诺余项)

$$\sin x=x-\frac{x^3}{3!}+\frac{x^5}{5!}-\cdots+(-1)^n\frac{x^{2n+1}}{(2n+1)!}+o(x^{2n+2});$$

$$\cos x=1-\frac{x^2}{2!}+\frac{x^4}{4!}-\frac{x^6}{6!}+\cdots+(-1)^n\frac{x^{2n}}{(2n)!}+o(x^{2n});$$

$$\ln(1+x)=x-\frac{x^2}{2}+\frac{x^3}{3}-\cdots+(-1)^n\frac{x^{n+1}}{n+1}+o(x^{n+1});$$

$$\frac{1}{1-x}=1+x+x^2+\cdots+x^n+o(x^n);$$

$$(1+x)^m=1+mx+\frac{m(m-1)}{2!}x^2+\cdots+\frac{m(m-1)\cdot\cdots\cdot(m-n+1)}{n!}x^n+o(x^n).$$

例 3.3.2 试说明在求极限$\lim\limits_{x\to 0}\dfrac{\tan x-\sin x}{x^3}$时,为什么不能用$\tan x$与$\sin x$的等价无穷小$x$分别替换它们?

解 $\tan x=x+\dfrac{x^3}{3}+o(x^3)$,$\sin x=x-\dfrac{x^3}{3!}+o(x^3)$,于是$\tan x-\sin x=\dfrac{x^3}{2}+o(x^3)$,这说明函数$\tan x-\sin x$与$\dfrac{x^3}{2}$是等价的无穷小,因此只能用$\dfrac{x^3}{2}$来替代$\tan x-\sin x$,而不能用$(x-x)$来替代它.

例 3.3.3 利用带有皮亚诺余项的麦克劳林公式,求极限

$$\lim_{x\to 0}\frac{e^x-1-x-\dfrac{x}{2}\ln(1+x)}{x^3}.$$

解 $e^x=1+x+\dfrac{1}{2!}x^2+\dfrac{1}{3!}x^3+o(x^3)$,$\ln(1+x)=x-\dfrac{x^2}{2}+o(x^2)$,于是

$$e^x-1-x-\frac{x}{2}\ln(1+x)=\left[\frac{1}{2!}x^2+\frac{1}{3!}x^3+o(x^3)\right]-\left[\frac{x^2}{2}-\frac{x^3}{4}+o(x^3)\right],$$

对上式做运算时把所有比x^3高阶的无穷小的代数和仍记为$o(x^3)$,就得

$$e^x-1-x-\frac{x}{2}\ln(1+x)=\frac{5}{12}x^3+o(x^3),$$

故

$$\lim_{x\to 0}\frac{e^x-1-x-\dfrac{x}{2}\ln(1+x)}{x^3}=\lim_{x\to 0}\frac{\dfrac{5}{12}x^3+o(x^3)}{x^3}=\frac{5}{12}.$$

习题 3-3

1. 写出下列函数的带拉格朗日型余项的n阶麦克劳林公式:

(1)$f(x)=\dfrac{1}{x-1}$; (2)$f(x)=xe^x$.

2. 当$x_0=-1$时,求函数$f(x)=\dfrac{1}{x}$的n阶泰勒公式.

3. 写出下列函数在指定点x_0处的带皮亚诺型余项的三阶泰勒公式:

(1)$f(x)=\sqrt{x}$,$x_0=4$; (2)$f(x)=\tan x$,$x_0=0$.

4. 利用泰勒公式求极限:

(1) $\lim\limits_{x\to 0}\dfrac{\sin x-x\cos x}{\sin^3 x}$; (2) $\lim\limits_{x\to\infty}\left[x-x^2\ln\left(1+\dfrac{1}{x}\right)\right]$.

第四节　函数的单调性与曲线的凹凸性

一个函数在某个区间内的单调性和曲线凹凸性的变化规律，是我们研究函数图形时首先要考虑的问题.我们已经学习了函数在某个区间内单调增减性的定义，现在介绍利用函数的导数判定函数单调性的方法，同时也介绍利用函数二阶导数来判定函数曲线的凹凸性.

一、函数单调性的判别法

先从几何直观分析一下.如果在区间(a,b)内，曲线上每一点的切线斜率都为正值，即$f'(x)>0$，则曲线是上升的，即函数$f(x)$是单调增加的，如图3.4-1(a).如果切线斜率都为负值，即$f'(x)<0$，则曲线是下降的，即函数$f(x)$是单调减少的，如图3.4-1(b).

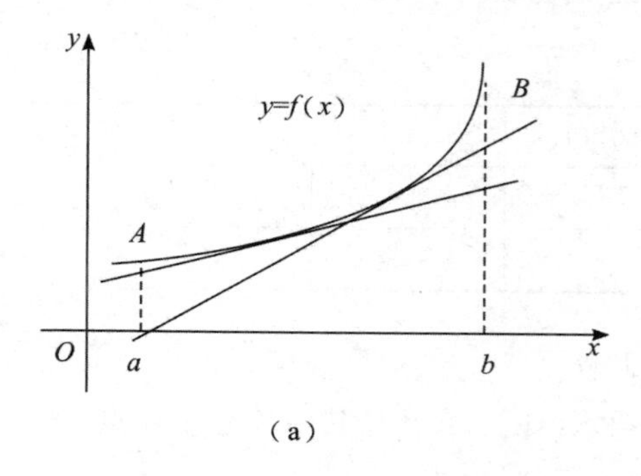

(a)

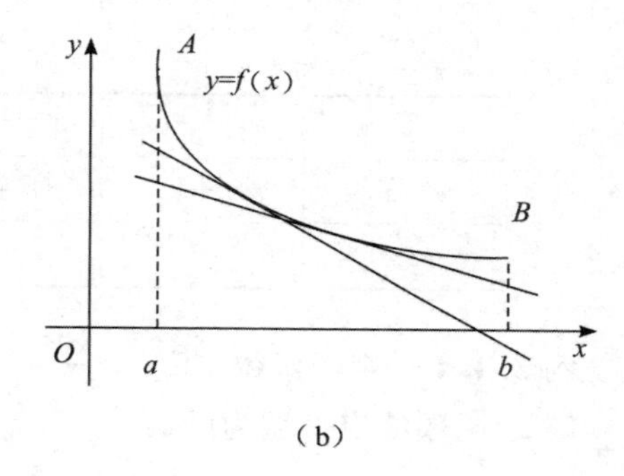

(b)

图 3.4-1

定理 3.4.1　设$f(x)\in C[a,b]$，且在(a,b)内可导，则

(1) 如果$\forall x\in(a,b)$，有$f'(x)>0$，那么$f(x)$在$[a,b]$上严格单调增加；

(2) 如果$\forall x\in(a,b)$，有$f'(x)<0$，那么$f(x)$在$[a,b]$上严格单调减少.

证　对$\forall x_1,x_2\in(a,b)$，不妨设$x_1<x_2$，应用拉格朗日中值定理，得

$$f(x_2)-f(x_1)=f'(\xi)(x_2-x_1)(x_1<\xi<x_2).$$

因为$x_2-x_1>0$，所以，若在(a,b)内，$f'(x)>0$，则$f'(\xi)>0$，所以$f(x_2)>f(x_1)$，即$y=f(x)$在$[a,b]$上单调增加.

而若在(a,b)内，$f'(x)<0$，则$f'(\xi)<0$，所以$f(x_2)<f(x_1)$，即$y=f(x)$在$[a,b]$上单调减少.

例 3.4.1　判定$y=x-\sin x$在$[0,2\pi]$上的单调性.

解　在$(0,2\pi)$内$y'=1-\cos x>0$，故$y=x-\sin x$在$[0,2\pi]$上单调增加.

例 3.4.2　讨论$y=e^x-x-2$的单调性.

解　因为函数的定义域为$(-\infty,+\infty)$，且$y'=e^x-1$. 所以在$(-\infty,0)$内，$y'<0$，故$y=e^x-x-2$在$(-\infty,0]$单调减少；而在$(0,+\infty)$内，$y'>0$，故$y=e^x-x-2$在$[0,+\infty)$

单调增加.

注意:如果在区间(a,b)内,$f'(x)\geqslant 0$(或$f'(x)\leqslant 0$),但等号只在个别点处成立,则函数$f(x)$在(a,b)内仍是单调增加(或单调减少)的,即区间内个别点导数为零,不影响区间的单调性.函数的单调性是一个区间上的性质,要用导数在这一区间上的符号来判定,而不能用一点处的导数符号来判别一个区间上的单调性.函数在定义区间上不是单调的,但在各个部分区间上单调,导数等于零的点和不可导点可能是单调区间的分界点.

例 3.4.3 确定函数$f(x)=(2x-5)\sqrt[3]{x^2}$的单调区间.

解 函数的定义域是$(-\infty,+\infty)$,且

$$f'(x)=\frac{10}{3}x^{\frac{2}{3}}-\frac{10}{3}x^{-\frac{1}{3}}=\frac{10}{3}\cdot\frac{x-1}{\sqrt[3]{x}}(x\neq 0),$$

则当$x=0$时,导数不存在;当$x=1$时,$f'(x)=0$,那么用$x=0$及$x=1$将$(-\infty,+\infty)$划分为三部分区间:$(-\infty,0]$,$[0,1]$,$[1,+\infty)$.

现将每个部分区间上导数的符号与函数单调性如表 3.4-1:

表 3.4-1

x	$(-\infty,0)$	0	$(0,1)$	1	$(1,+\infty)$
$f'(x)$	+	不存在	−	0	+
$f(x)$	↗	0	↘	−3	↗

例 3.4.4 判断函数$f(x)=x+\cos x$的单调性.

解 函数的定义域为$(-\infty,+\infty)$,且$f'(x)=1-\sin x\geqslant 0$,且其中等号仅在点$x=2k\pi+\frac{\pi}{2}(k\in\mathbf{Z})$处成立,故$f(x)$在每个区间$[2k\pi+\frac{\pi}{2},2(k+1)\pi+\frac{\pi}{2}]$上增加,从而在$(-\infty,+\infty)$内增加.

例 3.4.5 当$0<x<\frac{\pi}{2}$时,试证$x<\tan x$成立.

证 设$f(x)=x-\tan x$,则$f'(x)=1-\sec^2 x=-\tan^2 x$.

因为在$\left(0,\frac{\pi}{2}\right)$内$f'(x)<0$,所以$f(x)$在$\left(0,\frac{\pi}{2}\right)$内单调递减,又因为$f(0)=0$,所以$f(x)<f(0)=0$,即当$0<x<\frac{\pi}{2}$时,$x-\tan x<0$,故$x<\tan x$.

二、曲线的凹凸性及其判别法

若知道函数的单调区间,则可以粗略地画出函数的图形.但有些图形特征还是不能反映出来,如图 3.4-2 中弧AB与弧BC有差异,但无法从单调性上加以区分,因为它们都是单调增加的.很明显的

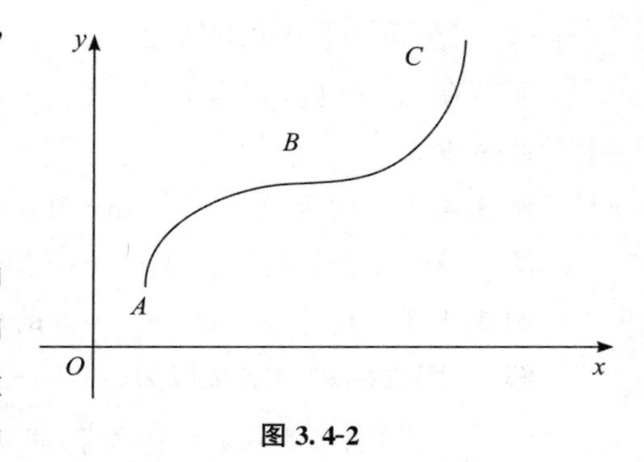

图 3.4-2

差别是:一个向上凸,另一个向上凹,即两者的凹凸性不同.那么,如何描述并刻画这种性质呢?为此我们先介绍曲线的凹凸性,然后给出一个用二阶导数判别的方法.

定义 3.4.1　设 $f(x)$ 在区间 I 上连续,若对 $\forall x_1,x_2\in I(x_1\neq x_2)$,总有

$$f\left(\frac{x_1+x_2}{2}\right)<\frac{f(x_1)+f(x_2)}{2},$$

则称 $f(x)$ 在 I 上的图形是(向上)**凹**的(见图 3.4-3(a));若对 $\forall x_1,x_2\in I(x_1\neq x_2)$,总有

$$f\left(\frac{x_1+x_2}{2}\right)>\frac{f(x_1)+f(x_2)}{2},$$

则称 $f(x)$ 在 I 上的图形是(向上)**凸**的(见图 3.4-3(b)).

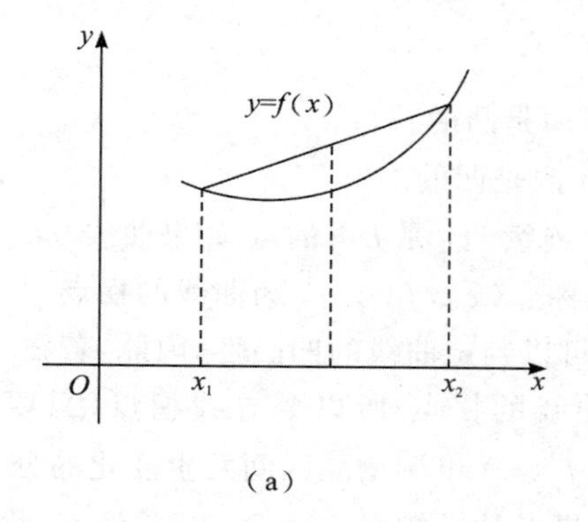

(a)

(b)

图 3.4-3

若函数 $f(x)$ 在区间 I 内具有二阶导数,则可利用二阶导数的符号来判定曲线的凹凸性.

定理 3.4.2　若 $\forall x\in I,f''(x)>0$,则 $f(x)$ 在区间 I 内的图形是凹的(见图 3.4-4(a));若 $\forall x\in I,f''(x)<0$,则 $f(x)$ 在区间 I 内的图形是凸的(见图 3.4-4(b)).

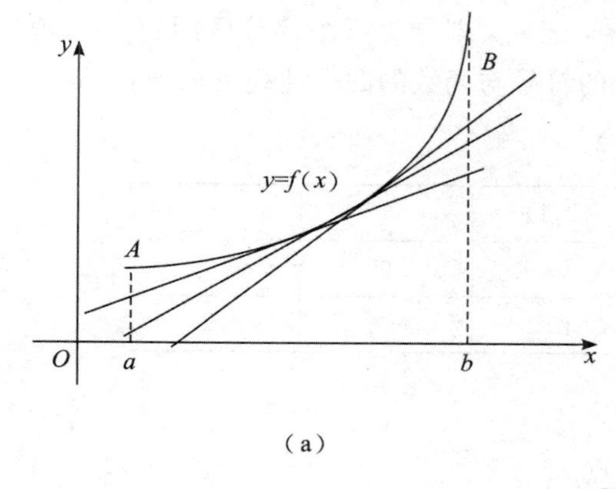

(a)

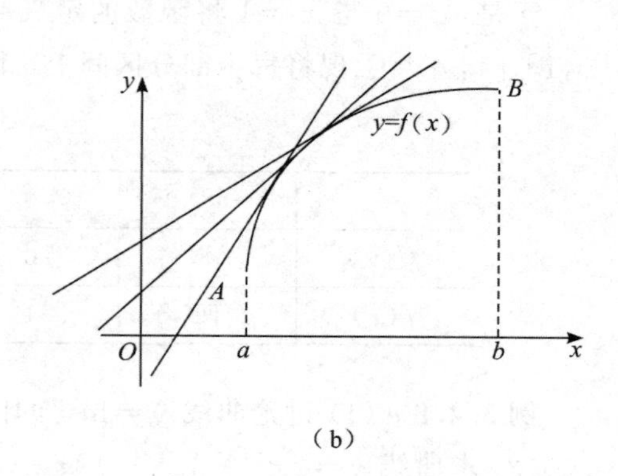

(b)

图 3.4-4

证　$\forall x_1,x_2\in I$,记 $\xi=\dfrac{x_1+x_2}{2}$,利用一阶泰勒公式得

$$f(x_1)=f(\xi)+f'(\xi)(x_1-\xi)+\frac{f''(\xi_1)}{2!}(x_1-\xi)^2,$$

$$f(x_2)=f(\xi)+f'(\xi)(x_2-\xi)+\frac{f''(\xi_2)}{2!}(x_2-\xi)^2,$$

两式相加得

$$f(x_1)+f(x_2)=2f(\xi)+\frac{1}{2!}\left(\frac{x_2-x_1}{2}\right)^2[f''(\xi_1)+f''(\xi_2)].$$

当 $f''(x)>0$ 时,那么 $\frac{f(x_1)+f(x_2)}{2}>f(\xi)$,即 $\frac{f(x_1)+f(x_2)}{2}>f\left(\frac{x_1+x_2}{2}\right)$,说明 $f(x)$ 在 I 内的图形是凹的.当 $f''(x)<0$ 时,类似可得 $f(x)$ 在 I 内的图形是凸的.

例 3.4.6 讨论曲线 $y=x^3$ 的凹凸性.

解 因为 $y'=3x^2,y''=6x$,

当 $x<0$ 时,$y''<0$,所以 $y=x^3$ 在 $(-\infty,0)$ 内是凸的;

当 $x>0$ 时,$y''>0$,所以 $y=x^3$ 在 $(0,+\infty)$ 内是凹的.

定义 3.4.2 设连续曲线 $y=f(x)$ 在区间 I 上连续,x_0 是 I 内的点.如果曲线 $y=f(x)$ 在经过 $(x_0,f(x_0))$ 时,曲线的凹凸性改变了,那么称点 $(x_0,f(x_0))$ 为曲线的**拐点**.

从定理 3.4.2 知道,由区间 I 上 $f''(x)$ 的符号可以判定曲线的凹凸性,因此,若在 x_0 的左右两侧邻近 $f''(x)$ 异号,则点 $(x_0,f(x_0))$ 是曲线的拐点.所以要寻找拐点,只要找出 $f''(x)$ 的符号发生变化的分界点即可,也就是找出 $f'(x)$ 单调增减区间发生变化的分界点.因此,如果 $f(x)$ 在区间 I 上具有二阶导数,那么分界点处必然有 $f''(x)=0$;此外,二阶导数不存在的点也有可能是 $f''(x)$ 符号发生变化的分界点.综上分析,拐点可能是 $f''(x)$ 不存在的点或 $f''(x)=0$ 的点.

例 3.4.7 讨论函数 $f(x)=3x^4-6x^3+1$ 的凹凸性.

解 因为 $f'(x)=12x^3-18x^2,f''(x)=36x^2-36x=36x(x-1)$,解方程 $f''(x)=0$,得 $x_1=0,x_2=1$.

于是,$x=0$ 与 $x=1$ 将函数的定义域 $(-\infty,+\infty)$ 划分为三个部分区间:$(-\infty,0]$,$[0,1]$,$[1,+\infty)$.现将每个部分区间上二阶导数的符号与函数的凹凸性列表如下:

表 3.4-2

x	$(-\infty,0)$	0	$(0,1)$	1	$(1,+\infty)$
$f''(x)$	+	0	−	0	+
$f(x)$	凹	1	凸	−2	凹

例 3.4.8 (1) 讨论曲线 $y=\ln x$ 的凹凸性;

(2) 求曲线 $y=2x^3+3x^2-12x+5$ 的拐点.

解 (1) $y'=\frac{1}{x},y''=-\frac{1}{x^2}<0$,故曲线 $y=\ln x$ 在 $(0,+\infty)$ 是凸的.

(2) $y'=6x^2+6x-12,y''=12x+6=6(2x+1)$.解方程 $y''=0$,得 $x=-\frac{1}{2}$.当 $x<$

$-\frac{1}{2}$ 时，$y''<0$；当 $x>-\frac{1}{2}$ 时，$y''>0$. 故点 $\left(-\frac{1}{2}, 11\frac{1}{2}\right)$ 是该曲线的拐点.

习题 3-4

1. 求下列函数的单调区间.

(1) $f(x)=2x^3-6x^2-18x-7$；

(2) $f(x)=x-\ln x$；

(3) $f(x)=\frac{x^2-2x+2}{x-1}$；

(4) $f(x)=1-(x-2)^{\frac{2}{3}}$.

2. 证明不等式：

(1) $1+\frac{1}{2}x>\sqrt{1+x}, x>0$；

(2) $x-\frac{x^2}{2}<\ln(1+x)<x, x>0$.

3. 讨论下列函数的凸性，并求曲线的拐点：

(1) $y=x^2-x^3$；

(2) $y=\ln(1+x^2)$；

(3) $y=x\mathrm{e}^x$；

(4) $y=(x+1)^4+\mathrm{e}^x$.

4. 当 a, b 为何值时，点 $(1,3)$ 为曲线 $y=ax^3+bx^2$ 的拐点.

5. 试决定 $y=k(x^2-3)^2$ 中 k 的值，使曲线的拐点处的法线通过原点.

6. 讨论下列函数零点的个数：

(1) $f(x)=\sin x-x$；

(2) $f(x)=\ln x-ax\ (a>0)$.

第五节　函数的极值与最值

在自然科学、工程技术及社会生活中，存在着大量的诸如费用最省、效果最好等优化问题.这些问题有小有大，涉及的方法有简有繁，但其基本思想源于微积分极值理论.极值反映了函数的一种局部性态，而最大值与最小值反映了函数的整体性态.本节将介绍极值与最大值、最小值的判定和求法.

一、函数的极值及其求法

定义 3.5.1　设 $f(x)$ 的定义域为 D，若存在 x_0 的某个邻域 $U(x_0)\subset D$，使得对 $\forall x\in \mathring{U}(x_0)$，都有

$$f(x)<f(x_0) \text{ 或 } f(x)>f(x_0),$$

则称 $f(x_0)$ 是 $f(x)$ 的一个**极大值**（或**极小值**），点 x_0 是 $f(x)$ 的一个**极大值点**（或**极小值点**）.极大值、极小值统称为**极值**，极大值点、极小值点统称为**极值点**.

由定义 3.5.1 可知,极值是在一点的邻域内比较函数值的大小而产生的,因此对于一个定义在(a,b)内的函数,极值往往可能有很多个,且某一点取得的极大值可能会比另一点取得的极小值还要小(见图 3.5-1).

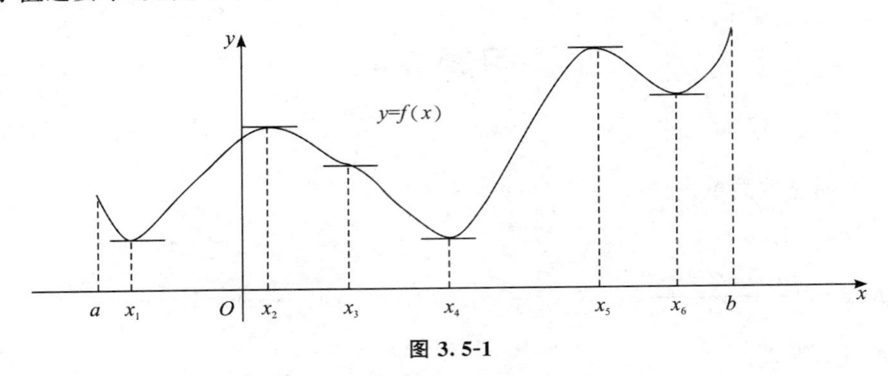

图 3.5-1

从直观上看,图中曲线所对应的函数在取得极值的地方,其切线(如果存在)都是水平的,亦即该点处的导数为零,事实上,我们有下列定理.

定理 3.5.1(必要条件) 设函数 $f(x)$ 在某区间 I 内有定义,若 $f(x)$ 可导,且 x_0 是它的极值点,则必有 $f'(x_0)=0$.

证 不妨设 x_0 是 $f(x)$ 的极小值点,则在 x_0 的某去心邻域内 $f(x_0)<f(x)$.由于 $f'(x_0)$ 存在,则 $f'(x_0)=f'_-(x_0)=f'_+(x_0)$.由左、右导数的定义以及极限的保号性,有

$$f'(x_0)=f'_-(x_0)=\lim_{x\to x_0^-}\frac{f(x)-f(x_0)}{x-x_0}\leqslant 0,$$

$$f'(x_0)=f'_+(x_0)=\lim_{x\to x_0^+}\frac{f(x)-f(x_0)}{x-x_0}\geqslant 0,$$

所以 $f'(x_0)=0$.

通常称 $f'(x)=0$ 的点为函数 $f(x)$ 的**驻点**.

由定理 3.5.1 知,可导函数的极值点一定是驻点.但其逆命题不成立.例如,$x=0$ 是 $f(x)=x^3$ 的驻点但不是 $f(x)$ 的极值点.另外,连续函数在导数不存在的点处也可能取得极值,例如 $y=|x|$ 在 $x=0$ 处取得极小值,而函数在 $x=0$ 处不可导.因此,对于连续函数来说,驻点和导数不存在的点均有可能成为极值点.那么,如何判别它们是否确为极值点呢?我们有以下判定极值的充分条件.

定理 3.5.2(第一充分条件) 设 $f(x)$ 在点 x_0 处连续,且在 $\mathring{U}(x_0,\delta)$ 内可导,则

① 如果 $x\in(x_0-\delta,x_0)$,有 $f'(x)>0$;而 $x\in(x_0,x_0+\delta)$,有 $f'(x)<0$,则 $f(x)$ 在 x_0 处取得极大值;

② 如果 $x\in(x_0-\delta,x_0)$,有 $f'(x)<0$;而 $x\in(x_0,x_0+\delta)$,有 $f'(x)>0$,则 $f(x)$ 在 x_0 处取得极小值;

③ 如果当 $x\in(x_0-\delta,x_0)$ 及 $x\in(x_0,x_0+\delta)$ 时,$f'(x)$ 符号相同,则 $f(x)$ 在 x_0 处无极值.

证 只证①.当 $x\in(x_0-\delta,x_0)$ 时,因为 $f'(x)>0$,所以 $f(x)$ 严格单调增加,因而

$f(x)<f(x_0), x\in(x_0-\delta, x_0)$.

当 $x\in(x_0, x_0+\delta)$ 时,因为 $f'(x)<0$,所以 $f(x)$ 严格单调减少,因而同样有 $f(x)<f(x_0), x\in(x_0, x_0+\delta)$.故 $f(x)$ 在 x_0 取得极大值.

其余情形类似.

例 3.5.1　求出函数 $f(x)=x^3-3x^2-9x+5$ 的极值.

解　$f'(x)=3x^2-6x-9=3(x+1)(x-3)$,令 $f'(x)=0$,得驻点 $x_1=-1, x_2=3$. 列表讨论如下:

表 3.5-1

x	$(-\infty,-1)$	-1	$(-1,3)$	3	$(3,+\infty)$
$f'(x)$	$+$	0	$-$	0	$+$
$f(x)$	↗	10	↘	-22	↗

所以,极大值 $f(-1)=10$,极小值 $f(3)=-22$.

有时候,对于驻点是否为极值点的判别,利用下面定理更简便.

定理 3.5.3(第二充分条件)　设 $f(x)$ 在点 x_0 处具有二阶导数,且 $f'(x_0)=0, f''(x_0)\neq 0$,则(1) 当 $f''(x_0)<0$ 时,$f(x)$ 在点 x_0 处取得极大值;(2) 当 $f''(x_0)>0$ 时,$f(x)$ 在点 x_0 处取得极小值.

证　因为 $f''(x_0)=\lim\limits_{\Delta x\to 0}\dfrac{f'(x_0+\Delta x)-f'(x_0)}{\Delta x}<0$,故 $f'(x_0+\Delta x)-f'(x_0)$ 与 Δx 异号.

当 $\Delta x<0$ 时,有 $f'(x_0+\Delta x)>f'(x_0)=0$;当 $\Delta x>0$ 时,有 $f'(x_0+\Delta x)<f'(x_0)=0$,所以,函数 $f(x)$ 在 x_0 处取得极大值.

同理可证(2).

例 3.5.2　求 $f(x)=x^2(x^4-3x^2+3)$ 的极值.

解　因为

$$f'(x)=2x(x^4-3x^2+3)+x^2(4x^3-6x)=6x(x^2-1)^2,$$
$$f''(x)=6(x^2-1)^2+6x\cdot 2(x^2-1)\cdot 2x=6(x^2-1)(5x^2-1),$$

令 $f'(x)=0$,求得驻点 $x_1=-1, x_2=0, x_3=1$. 因为 $f''(x_2)=6>0$,所以 $f(x)$ 在 $x_2=0$ 处取得极小值 $f(0)=0$.

由于 $f''(x_1)=f''(x_3)=0$,故不能应用定理 3.5.3. 但是,当 x 取在 x_1 左、右两侧附近的值时 $f'(x)<0$;当 x 取在 x_3 左、右两侧附近的值时,$f'(x)>0$,所以根据定理 3.5.2 的(3) 可知,$f(x)$ 在 $x_1=-1$ 与 $x_3=1$ 处都没有极值.

如果在驻点 x_0 处 $f''(x_0)=0$,那么利用第二判别方法不能判别 $f(x)$ 在 x_0 处是否取得极值.例如例 3.5.2 中,$f''(x_1)=f''(x_3)=0$,那么此时可运用第一判别方法来判别.

二、最大值与最小值问题

最大值和最小值的应用很广泛.人们做任何事情,小至日常用具的制作,大至生产科研和各类经营活动，都要讲究效率，考虑怎样以最小的投入得到最大的产出.这类问题在数学上往往可以归结为求某一函数在某个集合内的最大值或最小值的问题.这个函数称为**目标函数**，函数取值的集合称为**约束集**或**可行域**.这类问题统称为**优化问题**.

解决优化问题要根据不同问题的具体情况采用不同的数学方法.如果问题所涉及的目标函数具有连续性和可导性，其可行域又是一个区间，那么往往可以采用微分学的方法来解决.

假定函数 $f(x)\in C[a,b]$，且在 (a,b) 内只有有限个驻点或不可导点，设其为 $x_1,x_2,\cdots,x_n$，由闭区间上连续函数的最值定理知 $f(x)$ 在 $[a,b]$ 上必取得最大值和最小值.若最值在区间内部取得，则最值一定也是极值.最值也可能在区间端点 $x=a$ 或 $x=b$ 处取得，而极值点只能是驻点或不可导点，所以在 $[a,b]$ 上的最大值为

$$\max_{x\in[a,b]} f(x)=\max\{f(a),f(x_1),\cdots,f(x_n),f(b)\};$$

最小值为

$$\min_{x\in[a,b]} f(x)=\min\{f(a),f(x_1),\cdots,f(x_n),f(b)\}.$$

例 3.5.3 求函数 $f(x)=2x^3+3x^2-12x+14$ 在 $[-3,4]$ 上的最大值与最小值.

解 令 $f'(x)=6(x+2)(x-1)=0$，得驻点 $x_1=-2,x_2=1$. 又

$$f(-3)=23,f(-2)=34,f(1)=7,f(4)=142,$$

比较得最大值 $f(4)=142$，最小值 $f(1)=7$.

例 3.5.4 要造一圆柱形油罐，体积为 V，问底半径 r 和高 h 等于多少时，才能使表面积最小？这时底面直径与高的比是多少？

解 依题意有 $V=\pi r^2h$，其中 V 为常量，则 $h=\dfrac{V}{\pi r^2}$.表面积 $S=2\pi r^2+2\pi r\cdot h=2\pi r^2+\dfrac{2V}{r}$，这里 S 是因变量，r 是自变量，S 是 r 的函数.

$$S'=4\pi r-\frac{2V}{r^2}=\frac{2(2\pi r^3-V)}{r^2}=0,$$

得唯一驻点 $r=\sqrt[3]{\dfrac{V}{2\pi}}$，此时

$$h=\frac{V}{\pi}\sqrt[3]{\left(\frac{2\pi}{V}\right)^2}=2\sqrt[3]{\frac{V}{2\pi}}=2r.$$

由问题的实际意义和驻点的唯一性知，当 $r=\sqrt[3]{\dfrac{V}{2\pi}}$ 和 $h=2r=2\sqrt[3]{\dfrac{V}{2\pi}}$ 时，表面积最小.这时底面直径与高的比为 1∶1.

习题 3-5

1. 求下列函数的极值：

(1) $y=2x^3-6x^2-18x+7$；　　(2) $y=x-\ln(1+x)$；

(3) $y=\sqrt{x}\ln x$；　　(4) $y=x+\dfrac{1}{x}$；

(5) $y=x+\sqrt{1-x}$；　　(6) $y=\dfrac{3x^2+4x+4}{x^2+x+1}$.

2. 试问：a 为何值时，函数 $f(x)=a\sin x+\dfrac{1}{3}\sin 3x$ 在 $x=\dfrac{\pi}{3}$ 处取得极值？它是极小值还是极大值？并求此极值.

3. 求下列函数在指定区间上的最大值、最小值：

(1) $y=x^4-8x^2+2, x\in[-1,3]$；　　(2) $y=x+\sqrt{1-x}, x\in[-5,1]$.

4. 某房地产公司有 50 套公寓要出租，当租金定为每月 180 元时，公寓会全部租出去.当租金每月增加 10 元时，就有一套公寓租不出去，而租出去的房子每月需花费 20 元的整修维护费.试问房租定为多少可获得最大收入？

5. 烟囱向其周围地区散落烟尘而污染环境.已知落在地面某处的烟尘浓度与该处至烟囱距离的平方成反比，而与该烟囱喷出的烟尘量成正比.现有两座烟囱相距 20 km，其中一座烟囱喷出的烟尘量是另一座的 8 倍，试求出两座烟囱连线上的一点，使该点的烟尘浓度最小.

6. 货车以每小时 x km 的常速行驶 130 km，按交通法规限制 $50\leqslant x\leqslant 100$. 假设汽油的价格是 2 元/L，而汽车耗油的速率是 $2+\dfrac{x^2}{360}$ L/h，司机的工资是 14 元/h，试问最经济的车速是多少？这次行车的总费用是多少？

第六节　曲线的渐近线与曲率

一、曲线的渐近线

在中学，我们已学习过双曲线和渐近线的概念，下面我们对曲线的渐近线做进一步的讨论.当 $x\to x_0$ 或 $x\to\infty$ 时，有些函数的图形会与某条直线无限接近.例如，函数 $y=\dfrac{1}{x}$，当 $x\to\infty$ 时，曲线上的点无限接近于直线 $y=0$；当 $x\to 0$ 时，曲线上的点无限接近于直线 $x=0$，数学上把直线 $y=0$ 和 $x=0$ 分别称为曲线 $y=\dfrac{1}{x}$ 的水平渐近线和垂直渐近线.下面给出一般定义.

1. 水平渐近线

定义 3.6.1　设函数 $y=f(x)$ 的定义域为无限区间，如果 $\lim\limits_{x\to+\infty}f(x)=A$ 或 $\lim\limits_{x\to-\infty}f(x)=A$（$A$ 为常数），则称直线 $y=A$ 为曲线 $y=f(x)$ 的**水平渐近线**.

例 3.6.1 求曲线 $y=\arctan x$ 的水平渐近线.

解 因为 $\lim\limits_{x\to+\infty}\arctan x=\frac{\pi}{2}$，$\lim\limits_{x\to-\infty}\arctan x=-\frac{\pi}{2}$，所以曲线 $y=\arctan x$ 有水平渐近线 $y=\frac{\pi}{2}$ 和 $y=-\frac{\pi}{2}$.

2. 垂直渐近线

定义 3.6.2 设函数 $y=f(x)$ 在点 x_0 处间断，如果 $\lim\limits_{x\to x_0^-}f(x)=\infty$ 或 $\lim\limits_{x\to x_0^+}f(x)=\infty$，则称直线 $x=x_0$ 为曲线 $y=f(x)$ 的**垂直渐近线**.

例 3.6.2 求曲线 $y=\frac{2}{x^2-2x-3}$ 的垂直渐近线.

解 因为 $y=\frac{2}{x^2-2x-3}=\frac{2}{(x-3)(x+1)}$ 有两个间断点 $x=3$，$x=-1$，而

$$\lim_{x\to3}y=\lim_{x\to3}\frac{2}{(x-3)(x+1)}=\infty,\lim_{x\to-1}y=\lim_{x\to-1}\frac{2}{(x-3)(x+1)}=\infty,$$

所以曲线有垂直渐近线 $x=3$ 和 $x=-1$.

3. 斜渐近线

定义 3.6.3 设函数 $y=f(x)$ 的定义域为无限区间，且它与直线 $y=ax+b$ 有如下关系：$\lim\limits_{x\to+\infty}[f(x)-(ax+b)]=0$ 或 $\lim\limits_{x\to-\infty}[f(x)-(ax+b)]=0$，则称直线 $y=ax+b$ 为曲线 $y=f(x)$ 的**斜渐近线**.

要求斜渐近线 $y=ax+b$，关键在于确定常数 a 和 b，下面介绍求 a,b 的方法.

由 $\lim\limits_{x\to+\infty}[f(x)-(ax+b)]=0$ 得 $\lim\limits_{x\to+\infty}\left[\frac{f(x)}{x}-a-\frac{b}{x}\right]x=0$，由于左边两式之积的极限存在，且当 $x\to+\infty$ 时，因子 x 是无穷大量，从而因子 $\frac{f(x)}{x}-a-\frac{b}{x}$ 必是无穷小量，所以

$$a=\lim_{x\to+\infty}\frac{f(x)}{x},$$

将求出的 a 代入 $\lim\limits_{x\to+\infty}[f(x)-(ax+b)]=0$ 得，$\lim\limits_{x\to+\infty}[(f(x)-ax)-b]=0$，所以

$$b=\lim_{x\to+\infty}[f(x)-ax].$$

对 $x\to-\infty$，可作类似的讨论.

例 3.6.3 求曲线 $y=\frac{x^2}{1+x}$ 的渐近线.

解 显见 $x=-1$ 为垂直渐近线，无水平渐近线.因为 $\lim\limits_{x\to\infty}\frac{f(x)}{x}=\lim\limits_{x\to\infty}\frac{x}{1+x}=1$，所以 $a=1$，又因为

$$\lim_{x\to\infty}[f(x)-ax]=\lim_{x\to\infty}\left(\frac{x^2}{1+x}-x\right)=-1,$$

所以 $b=-1$，故曲线有斜渐近线 $y=x-1$.

二、弧微分

作为曲率的预备知识，我们先介绍弧微分的概念.

设函数 $f(x)$ 在区间 (a,b) 内具有连续导数.在曲线 $y=f(x)$ 上取固定点 $M_0(x_0,y_0)$ 作为度量弧长的基点(图 3.6-1)，并规定依 x 增大的方向作为曲线的正向.对曲线上任一点 $M(x,y)$，规定有向弧段 $\overset{\frown}{M_0M}$ 的值 s(简称为弧 s)① 如下：s 的绝对值等于这弧段的长度，当有向弧段 $\overset{\frown}{M_0M}$ 的方向与曲线的正向一致时 $s>0$，相反时 $s<0$. 显然，弧 s 与 x 存在函数关系：$s=s(x)$，而且 $s(x)$ 是 x 的单调增加函数.下面来求 $s(x)$ 的导数及微分.

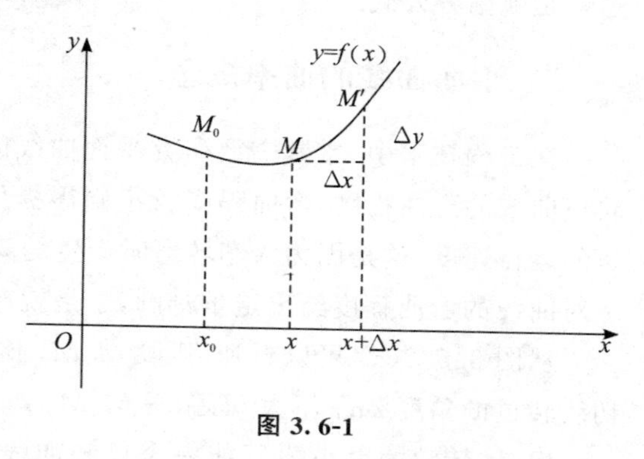

图 3.6-1

设 $x, x+\Delta x$ 为 (a,b) 内两个邻近的点，它们在曲线 $y=f(x)$ 上的对应点为 M, M'(图 3.6-1)，并设 $y=f(x)$ 对应于 x 的增量为 Δx，弧 s 的增量为 Δs，那么

$$\Delta s=\overset{\frown}{M_0M'}-\overset{\frown}{M_0M}=\overset{\frown}{MM'}.$$

于是

$$\left(\frac{\Delta s}{\Delta x}\right)^2=\left(\frac{\overset{\frown}{MM'}}{\Delta x}\right)^2=\left(\frac{\overset{\frown}{MM'}}{|MM'|}\right)^2\cdot\frac{|MM'|^2}{(\Delta x)^2}$$

$$=\left(\frac{\overset{\frown}{MM'}}{|MM'|}\right)^2\cdot\frac{(\Delta x)^2+(\Delta y)^2}{(\Delta x)^2}$$

$$=\left(\frac{\overset{\frown}{MM'}}{|MM'|}\right)^2\cdot\left[1+\left(\frac{\Delta y}{\Delta x}\right)^2\right],$$

$$\frac{\Delta s}{\Delta x}=\pm\sqrt{\left(\frac{\overset{\frown}{MM'}}{|MM'|}\right)^2\cdot\left[1+\left(\frac{\Delta y}{\Delta x}\right)^2\right]}.$$

令 $\Delta x\to 0$ 取极限，由于 $\Delta x\to 0$ 时，$M'\to M$，这时弧的长度与弦的长度之比的极限等于 1，即

$$\lim_{M'\to M}\frac{\overset{\frown}{MM'}}{|MM'|}=1.$$

又因为

$$\lim_{\Delta x\to 0}\frac{\Delta y}{\Delta x}=y',$$

所以

$$\frac{\mathrm{d}s}{\mathrm{d}x}=\pm\sqrt{1+(y')^2}.$$

---

① 有向弧段 $\overset{\frown}{M_0M}$ 的值也常记作 $\overset{\frown}{M_0M}$，即记号 $\overset{\frown}{M_0M}$ 既表示有向弧段，又表示有向弧段的值.

因为 $s=s(x)$ 是单调递增函数,所以根号前取正号,于是有

$$\mathrm{d}s=\sqrt{1+(y')^2}\,\mathrm{d}x. \tag{3.6-1}$$

这就是**弧微分公式**.

三、平面曲线的曲率概念

在工程技术中,常常需要研究平面曲线的弯曲程度.例如,在设计铁路弯道时需要考虑轨道曲线的弯曲程度,弯曲程度较小则需提供较大的铺设空间,弯曲程度较大则需限制火车的运行速度,这是因为火车转弯时产生的离心力与弯曲程度有关.这些都要求我们从数学上对曲线的弯曲程度给出定量刻画,于是就产生了曲线的曲率概念.

从图 3.6-2(a) 可以看到,弧段 M_1M_2 比较平直,当动点沿这段弧从 M_1 移动到 M_2 时,切线转过的角度 $\Delta\alpha_1$ 不大,而弧段 M_2M_3 弯曲得比较厉害,切线转过的角度 $\Delta\alpha_2$ 就比较大.

但是,转角的大小还不能完全反映曲线的弯曲程度.例如,在图 3.6-2(b) 中,两段弧 MM' 与 NN' 尽管它们的切线转角 $\Delta\alpha$ 相同,但是弯曲程度并不相同,短弧段比长弧段弯曲得厉害些.可见,曲线弧的弯曲程度还与弧段的长度有关,因此就用单位弧长上切线转角的大小来反映曲线的弯曲程度.

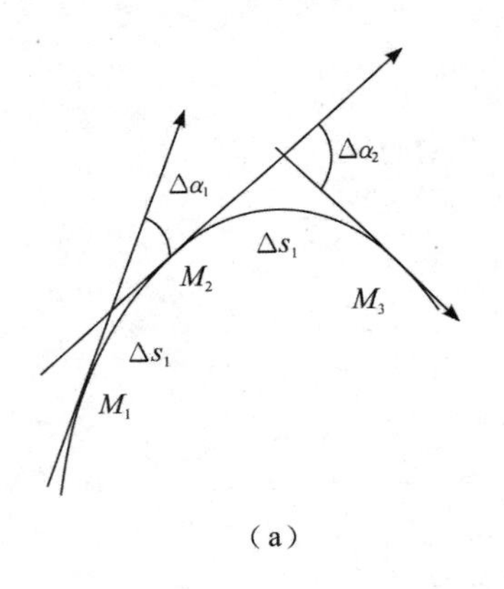

(a)

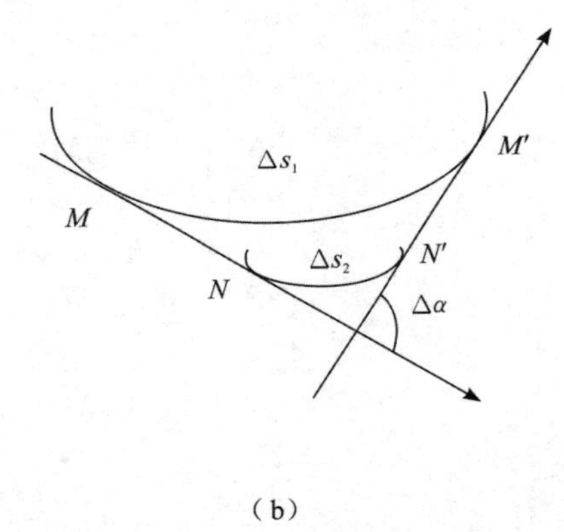

(b)

图 3.6-2

设平面曲线 C 是光滑的,曲线上弧段 MM' 的长为 $|\Delta s|$,如图 3.6-3. 从点 M 到点 M',曲线切线的转角为 $\Delta\alpha$,把单位弧长上切线的转角的大小 $\dfrac{|\Delta\alpha|}{|\Delta s|}$ 称为弧 MM' 的**平均曲率**,记为 $\overline{K}$,即

$$\overline{K}=\frac{|\Delta\alpha|}{|\Delta s|}.$$

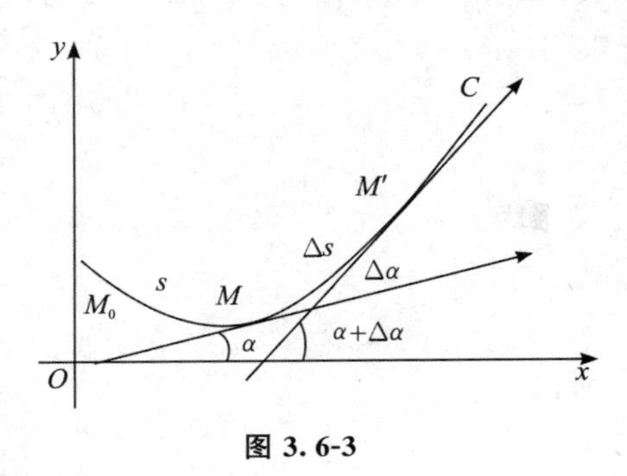

图 3.6-3

如果当点 M' 沿曲线趋于点 M 时,平均曲率 $\overline{K}$ 的极限存在,那么称这个极限为曲线 C 在点 M 处的**曲率**,并记为 K,即

$$K=\lim_{\Delta s\to 0}\frac{|\Delta\alpha|}{|\Delta s|}.$$

对于直线来说，任一点处的切线都与直线本身重合，所以对于直线上任一点 M，当动点从点 M 移动到另外一点 M' 时，$\Delta\alpha=0$，从而$\frac{|\Delta\alpha|}{|\Delta s|}=0$，因此 $K=0$. 这就是说，直线上任何一点 M 处的曲率都等于零，即所谓的"直线不弯曲".利用曲率的定义可知，对于半径为 r 的圆来说，$K=\frac{1}{r}$，即圆的弯曲程度处处相同；且半径越小，弯曲得越厉害.

现从曲率的定义式导出计算曲率的公式.

设曲线 C 的直角坐标方程是 $y=y(x)$，并且 $y(x)$ 具有二阶导数(这时 $y'(x)$ 连续，从而曲线是光滑的).在曲线 C 上取定一点 $M_0(x_0,y_0)$ 作为度量弧长的基点，并且设曲线在区间$[x_0,x]$ 上对应的一段弧长为 $s(x)$，那么曲线上的点 $M(x,y)$ 与 $M'(x+\Delta x,y+\Delta y)$，$(x>x_0,x+\Delta x>x_0)$ 之间的一段弧 MM' 的长为

$$|\Delta s|=|s(x+\Delta x)-s(x)|,$$

而线段 MM' 的长度(弦长)是

$$|MM'|=\sqrt{(\Delta x)^2+(\Delta y)^2}.$$

对于光滑曲线，可以证明，弧 MM' 的长度 $|\Delta s|$ 与其对应的弦长 $|MM'|$ 是 $M'\to M$ 时的等价无穷小，即 $\lim\limits_{\Delta x\to 0}\frac{|\Delta s|}{|MM'|}=1$，故有

$$\begin{aligned}\lim_{\Delta x\to 0}\left|\frac{\Delta s}{\Delta x}\right|&=\lim_{\Delta x\to 0}\frac{|\Delta s|}{|MM'|}\cdot\frac{|MM'|}{|\Delta x|}\\&=\lim_{\Delta x\to 0}\frac{\sqrt{(\Delta x)^2+(\Delta y)^2}}{|\Delta x|}\\&=\lim_{\Delta x\to 0}\sqrt{1+\left(\frac{\Delta y}{\Delta x}\right)^2}\\&=\sqrt{1+y'^2(x)};\end{aligned}$$

另一方面，设 α 表示曲线的切线对于 x 轴正向的转角$\left(-\frac{\pi}{2}<\alpha<\frac{\pi}{2}\right)$，则有

$$\alpha=\arctan y',$$

$$\lim_{M'\to M}\left|\frac{\Delta\alpha}{\Delta s}\right|=\lim_{\Delta x\to 0}\left|\frac{\Delta\alpha}{\Delta s}\right|=\lim_{\Delta x\to 0}\frac{\left|\frac{\Delta\alpha}{\Delta x}\right|}{\left|\frac{\Delta s}{\Delta x}\right|}=\frac{|y''|}{(1+y'^2)^{3/2}},$$

则曲线在点 $M(x,y)$ 处的曲率公式为：

$$K=\frac{|y''|}{(1+y'^2)^{\frac{3}{2}}}.$$

当曲线 C 由参数方程

$$\begin{cases}x=\varphi(t)\\y=\psi(t)\end{cases}$$

给出时，可以利用由参数方程确定的函数的求导法，求出 y'，y''，代入上式便得到

$$K=\frac{|\varphi'(t)\psi''(t)-\varphi''(t)\psi'(t)|}{[\varphi'^2(t)+\psi'^2(t)]^{\frac{3}{2}}}.$$

例 3.6.4 计算抛物线 $y=ax^2+bx+c$ 上任意一点处的曲率，并且求出曲率最大处的位置.

解 由 $y=ax^2+bx+c$ 得到

$$y'=2ax+b,y''=2a,$$

代入公式中得到

$$K=\frac{|2a|}{[1+(2ax+b)^2]^{\frac{3}{2}}}.$$

当 $2ax+b=0$，即 $x=-\frac{b}{2a}$ 时，K 的分母最小，因而 K 有最大值 $|2a|$.$x=-\frac{b}{2a}$ 对应的是抛物线的顶点.因此，抛物线在顶点处的曲率最大.

设曲线 C 在点 $M(x,y)$ 处的曲率为 $K(K\neq 0)$.作出点 M 处曲线 C 的法线，并且在曲线凹向一侧的法线上取点 D，使 $|MD|=\frac{1}{K}=\rho$.以点 D 为圆心，ρ 为半径作圆，我们称这个圆为曲线 C 在点 M 处的**曲率圆**.圆心 D 称为曲线 C 在点 M 处的**曲率中心**，半径 $\rho=\frac{1}{K}$ 称为曲线 C 在点 M 处的**曲率半径**.

由以上规定，曲线 C 在点 M 处与其曲率圆有相同的切线与曲率，并且在点 M 邻近处有相同的凸向.因此在实际问题中，常用曲率圆在点 M 邻近的一段圆弧来近似代替该点邻近的曲线弧，以使问题简化.

习题 3-6

1. 求下列曲线的渐近线：

(1) $y=\ln x$； (2) $y=\frac{1}{\sqrt{2\pi}}e^{-\frac{x^2}{2}}$；

(3) $y=\frac{x}{3-x^2}$； (4) $y=\frac{x^2}{2x-1}$.

2. 求下列曲线在指定点处的曲率及曲率半径：

(1) 椭圆 $x^2+4y^2=1$，$(1,0)$；

(2) 抛物线 $y=x^2-4x+3$ 在顶点处；

(3) 摆线 $\begin{cases}x=t-\sin t\\ y=1-\cos t\end{cases}$，$t=\frac{\pi}{2}$；

(4) 阿基米德螺线 $\rho=a\theta(a>0)$，$\theta=\pi$.

3. 对数曲线 $y=\ln x$ 上哪一点处的曲率半径最小？求出该点处的曲率半径.

总习题三

1. 填空题

(1) $\lim\limits_{x\to 0}\dfrac{\arctan x-\sin x}{x^3}=$ ______.

(2) 曲线 $\begin{cases}x=\cos t+\cos^2 t\\ y=1+\sin t\end{cases}$ 上对应于 $t=\dfrac{\pi}{4}$ 的点处的法线斜率为 ______.

(3) 设函数 $y=\dfrac{1}{2x+3}$,则 $y^{(n)}(0)=$ ______.

(4) 曲线 $y=\ln x$ 上与直线 $x+y=1$ 垂直的切线方程为 ______.

(5) 设函数 $y(x)$ 由参数方程 $\begin{cases}x=t^3+3t+1\\ y=t^3-3t+1\end{cases}$ 确定,则曲线 $y=y(x)$ 是凸的 x 取值范围为 ______.

(6) $\lim\limits_{x\to 0}(\cos x)^{\frac{1}{\ln(1+x2)}}=$ ______.

(7) $y=2^x$ 的麦克劳林公式中 x^n 项的系数是 ______.

(8) 设 $f(x)=\begin{cases}x^{\lambda}\cos\dfrac{1}{x} & x\neq 0\\ 0 & x=0\end{cases}$,其导函数在 $x=0$ 处连续,则 λ 的取值范围是 ______.

2. 选择题

(1) 设函数 $f(x)$ 在 $x=0$ 处连续,下列命题错误的是(　　).

A.若 $\lim\limits_{x\to 0}\dfrac{f(x)}{x}$ 存在,则 $f(0)=0$　　B.若 $\lim\limits_{x\to 0}\dfrac{f(x)+f(-x)}{x}$ 存在,则 $f(0)=0$

C.若 $\lim\limits_{x\to 0}\dfrac{f(x)}{x}$ 存在,则 $f'(0)$ 存在　　D.若 $\lim\limits_{x\to 0}\dfrac{f(x)-f(-x)}{x}$ 存在,则 $f'(0)$ 存在

(2) 曲线 $y=\dfrac{1}{x}+\ln(1+e^x)$ 渐近线的条数为(　　).

A.0　　B.1　　C.2　　D.3

(3) 设函数 $f(x)$ 在 $(0,+\infty)$ 上具有二阶导数,且 $f''(x)>0$. 令 $u_n=f(n)(n=1,2,\cdots)$,则下列结论正确的是(　　).

A.若 $u_1>u_2$,则 $\{u_n\}$ 必收敛　　B.若 $u_1>u_2$,则 $\{u_n\}$ 必发散

C.若 $u_1<u_2$,则 $\{u_n\}$ 必收敛　　D.若 $u_1<u_2$,则 $\{u_n\}$ 必发散

(4) 设函数 $f(x)$ 连续,且 $f'(0)>0$,则存在 $\delta>0$,使得(　　).

A.$f(x)$ 在 $(0,\delta)$ 内单调增加　　B.$f(x)$ 在 $(-\delta,0)$ 内单调减少

C.对任意的 $x \in (0,\delta)$ 有 $f(x) > f(0)$　D.对任意的 $x \in (-\delta,0)$ 有 $f(x) > f(0)$

(5) 设 $f(x) = |x(1-x)|$,则(　　).

A.$x=0$ 是 $f(x)$ 的极值点,但 $(0,0)$ 不是曲线 $y=f(x)$ 的拐点

B.$x=0$ 不是 $f(x)$ 的极值点,但 $(0,0)$ 是曲线 $y=f(x)$ 的拐点

C.$x=0$ 是 $f(x)$ 的极值点,且 $(0,0)$ 是曲线 $y=f(x)$ 的拐点

D.$x=0$ 不是 $f(x)$ 的极值点,$(0,0)$ 也不是曲线 $y=f(x)$ 的拐点

(6) 设 $f'(x)$ 在 $[a,b]$ 上连续,且 $f'(a) > 0, f'(b) < 0$,则下列结论中错误的是(　　).

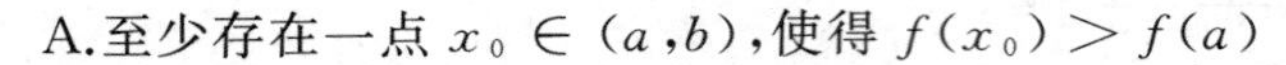

A.至少存在一点 $x_0 \in (a,b)$,使得 $f(x_0) > f(a)$

B.至少存在一点 $x_0 \in (a,b)$,使得 $f(x_0) > f(b)$

C.至少存在一点 $x_0 \in (a,b)$,使得 $f'(x_0) = 0$

D.至少存在一点 $x_0 \in (a,b)$,使得 $f(x_0) = 0$

(7) 设函数 $f(x)$ 在 $(-\infty,+\infty)$ 内连续,其导函数的图形如图所示,则 $f(x)$ 有(　　).

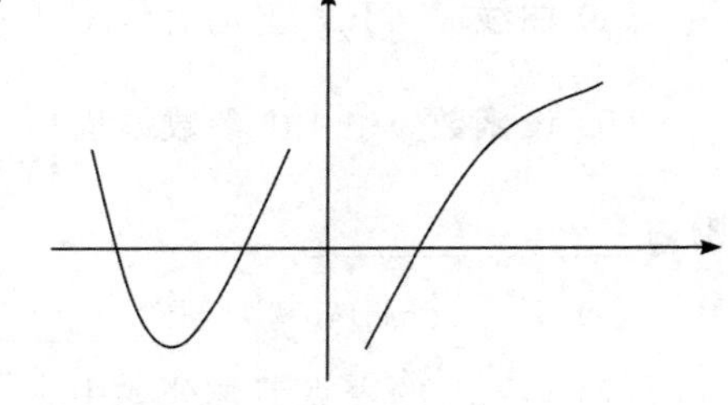

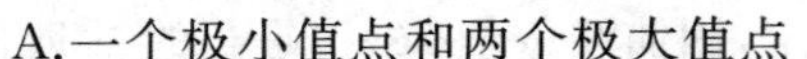

A.一个极小值点和两个极大值点

B.两个极小值点和一个极大值点

C.两个极小值点和两个极大值点

D.三个极小值点和一个极大值点

(8) 设 $f(x)$ 有二阶连续导数,且 $f'(0)=0$,$\lim\limits_{x\to 0}\dfrac{f''(x)}{|x|} = 1$,则(　　).

A.$f(0)$ 是 $f(x)$ 的极大值

B.$f(0)$ 是 $f(x)$ 的极小值

C.$(0, f(0))$ 是曲线 $y=f(x)$ 的拐点

D.$f(0)$ 不是 $f(x)$ 的极值,$(0,f(0))$ 也不是曲线 $y=f(x)$ 的拐点

3. 设函数 $f(x), g(x)$ 在 $[a,b]$ 上连续,在 (a,b) 内具有二阶导数且存在相等的最大值,$f(a)=g(a)$,$f(b)=g(b)$,证明:存在 $\xi \in (a,b)$,使得 $f''(\xi) = g''(\xi)$.

4. 设函数 $y=y(x)$ 由方程 $y\ln y - x + y = 0$ 确定,试判断曲线 $y=y(x)$ 在点 $(1,1)$ 附近的凹凸性.

5. 设 $\mathrm{e} < a < b < \mathrm{e}^2$,证明 $\ln^2 b - \ln^2 a > \dfrac{4}{\mathrm{e}^2}(b-a)$.

6. 求极限:(1) $\lim\limits_{x\to 0}\dfrac{1}{x^3}\left[\left(\dfrac{2+\cos x}{3}\right)^x - 1\right]$;(2) $\lim\limits_{x\to 0}\left(\dfrac{1}{\sin^2 x} - \dfrac{\cos^2 x}{x^2}\right)$.

7. 设函数 $f(x)$ 在 $(-\infty,+\infty)$ 上有定义,在区间 $[0,2]$ 上,$f(x) = x(x^2-4)$,若对任意的 x 都满足 $f(x) = kf(x+2)$,其中 k 为常数.

(1) 写出 $f(x)$ 在 $[-2,0]$ 上的表达式;

(2) 问 k 为何值时,$f(x)$ 在 $x=0$ 处可导.

8. 讨论曲线 $y=4\ln x+k$ 与 $y=4x+\ln^4 x$ 的交点个数.

9. 设 $f(x)=\begin{cases}\dfrac{x}{1+e^{\frac{1}{x}}} & x\neq 0\\ 0 & x=0\end{cases}$，求 $f'_-(0)$，$f'_+(0)$，又问 $f'(0)$ 是否存在？

10. 设 $f(x)$ 在$[a,b]$上连续，在(a,b)可导，且 $f(x)\neq 0, x\in(a,b)$，若 $f(a)=f(b)=0$，证明：对任意实数 K 存在点 $\xi\in(a,b)$，使$\dfrac{f'(\xi)}{f(\xi)}=K$.

11. 设 $f(x)=nx(1-x)^n$（n 为自然数），试求：

(1) $f(x)$ 在$[0,1]$区间上的最大值 $M(n)$；

(2) 求$\lim\limits_{n\to\infty}M(n)$.

12. 设函数 $f(x)$ 在闭区间$[-1,1]$上具有三阶连续导数，且 $f(-1)=0, f(1)=1, f'(0)=0$，证明：在开区间$(-1,1)$内至少存在一点 ξ，使 $f'''(\xi)=3$.

13. 设函数 $y=y(x)$ 由方程 $2y^3-2y^2+2xy-x^2=1$ 所确定，试求 $y=y(x)$ 的驻点，并判别它是否为极值点.

14. 设函数 $f(x)$ 在闭区间$[0,1]$上可微，对于$[0,1]$上的每一个 x，函数 $f(x)$ 的值都在开区间$(0,1)$内，且 $f'(x)\neq 1$，证明：在$(0,1)$内有且仅有一个 x，使 $f(x)=x$.

案例分析：人在睡眠时气管中气流何时流速最大

通过人在睡眠时气管中气流流速何时最大问题的判断，可以测试出人体的平衡状态及隐含病因，这对于医生判断病情以及决策是非常重要的.

一、数学问题提出

设 P_0 表示气管的“休息半径”，即一个人在休息（不是睡着）时的气管半径，用厘米来计量它，P 表示睡眠时气管半径（$P<P_0$）；V 表示从 P_0 收缩到 P 时气管中空气的平均流速.在对靠近管壁的气流（假设它很慢）以及管壁的弹性（假设是“完全”的）做一些合理假设后，我们可以用方程

$$V=c(P_0-P)P^2 \tag{1}$$

来模拟睡眠中气流速度，其中 c 是一个常数，它依赖于气管壁的长度.

现在假设一个人开始熟睡，则可以期望他的气管以使得呼出的气流的速度为最大的方式收缩.求证：当气管半径收缩$\dfrac{1}{3}$（即 $P=\dfrac{2}{3}P_0$）时 V 达到最大.这个事实基本上被睡眠时用 X 光拍摄的照片所证实.

二、问题解决

这是个极值问题，求 V 的极值点.对方程(1)两边对 P 求导得

$$\frac{\mathrm{d}V}{\mathrm{d}P}=2cP_0P-3cP^2.$$

令$\frac{\mathrm{d}V}{\mathrm{d}P}=0$,即 $2cP_0P-3cP^2=0$,解得 $P=\frac{2}{3}P_0$.

如果 $P>\frac{2}{3}P_0$ 时,那么$\frac{\mathrm{d}V}{\mathrm{d}P}<0$,$V$ 递减;如果 $P<\frac{2}{3}P_0$ 时,那么$\frac{\mathrm{d}V}{\mathrm{d}P}>0$,$V$ 递增.故在 $P=\frac{2}{3}P_0$ 时,$\frac{2}{3}P_0$ 是 V 的最大值点,即当气管半径收缩$\frac{1}{3}$ 时 V 达到最大.

三、案例知识

(1) 函数的单调性.

(2) 函数的极值.

(3) 解题原理是根据案例所取得的函数关系式,再依据函数的单调性判定定理、极值存在定理得到函数的极值,求出人在睡眠时气管中气流何时流速最大.

第四章　不定积分

在前面的章节中，我们研究了求已知函数导数（或微分）的问题.但是在许多实际问题中，还会遇到已知某函数的导数（或微分），求这个函数本身的问题，这是积分学要解决的问题之一.

第一节　不定积分的概念和性质

一、原函数与不定积分的概念

定义 4.1.1　如果在区间 I 上，可导函数 $F(x)$ 的导数等于 $f(x)$，即对任意的 $x \in I$，都有

$$F'(x)=f(x) \text{ 或 } \mathrm{d}F(x)=f(x)\mathrm{d}x,$$

那么，函数 $F(x)$ 称为函数 $f(x)$（或 $f(x)\mathrm{d}x$）在区间 I 上的一个**原函数**.

例如，$(\sin x)'=\cos x$，所以 $\sin x$ 是 $\cos x$ 的一个原函数；$(x^2+C)'=2x$，所以 x^2+C 是 $2x$ 的原函数.

关于原函数，存在以下两个问题：

第一，在什么条件下，一个函数的原函数存在？

第二，如果一个函数的原函数存在，那么它该如何表示？

定理 4.1.1（原函数存在性定理）　如果函数 $f(x)$ 在区间 I 内连续，那么在区间 I 内存在可导函数 $F(x)$，使对任意 $x \in I$，都有

$$F'(x)=f(x).$$

简言之，连续函数一定有原函数.

若 $F(x)$ 是 $f(x)$ 的一个原函数，则

$$F'(x)=f(x).$$

于是

$$[F(x)+C]'=F'(x)=f(x),$$

所以 $F(x)+C$ 是 $f(x)$ 的一个原函数.这说明一个函数如果存在原函数，那么原函数不止一个.

设 $G(x)$ 是 $f(x)$ 的任一原函数，即 $G'(x)=f(x)$，则有

$$[G(x)-F(x)]'=G'(x)-F'(x)=f(x)-f(x)=0,$$

由于导数恒为零的函数必为常数,故

$$G(x)-F(x)=C,$$

即

$$G(x)=F(x)+C.$$

于是有如下定理:

定理 4.1.2 如果 $F(x)$ 是 $f(x)$ 在区间 I 上的一个原函数,则在区间 I 上 $f(x)$ 的所有原函数都可以表示成形如 $F(x)+C$(C 为任意常数)的形式.

2. 不定积分的概念

定义 4.1.2 设 $F(x)$ 是 $f(x)$ 的一个原函数,则 $f(x)$ 的全体原函数 $F(x)+C$(C 为任意常数)组成的集合(或原函数的全体)称为 $f(x)$ 的不定积分,记作

$$\int f(x)\mathrm{d}x,$$

即

$$\int f(x)\mathrm{d}x=F(x)+C,$$

其中,$\int$ 称为积分号,$f(x)$ 称为被积函数,x 称为积分变量,$f(x)\mathrm{d}x$ 称为被积表达式,C 称为积分常数.

通常把 $f(x)$ 的一个原函数 $F(x)$ 的图像称为**一条积分曲线**,方程为 $y=F(x)$,因此 $\int f(x)\mathrm{d}x$ 的几何意义是全体积分曲线组成的曲线簇,方程为 $y=F(x)+C$.

例 4.1.1 求 $\int x\,\mathrm{d}x$.

解 因为 $\left(\frac{1}{2}x^2\right)'=x$,所以 $\int x\,\mathrm{d}x=\frac{1}{2}x^2+C$.

例 4.1.2 求 $\int\frac{1}{x}\mathrm{d}x$.

解 因为当 $x>0$ 时,$(\ln x)'=\frac{1}{x}$;当 $x<0$ 时,$[\ln(-x)]'=\frac{1}{-x}(-1)=\frac{1}{x}$,所以

$$\int\frac{1}{x}\mathrm{d}x=\ln|x|+C.$$

例 4.1.3 已知动点在时刻 t 的速度 $v=2t$,且 $t=0$ 时位移 $s=5$,求此动点的运动方程.

解 由题意得 $s'(t)=v=2t$,即 $s(t)=\int 2t\,\mathrm{d}t=t^2+C$,把 $s(0)=5$ 代入得 $C=5$,所以此动点的运动方程为 $s(t)=t^2+5$.

二、不定积分的性质

由不定积分的定义可以看出,积分运算和微分运算互为逆运算,并且有如下性质:

(1) $[\int f(x)\mathrm{d}x]'=f(x)$ 或 $\mathrm{d}[\int f(x)\mathrm{d}x]=f(x)\mathrm{d}x$；

(2) $\int F'(x)\mathrm{d}x=F(x)+C$ 或 $\int \mathrm{d}F(x)=F(x)+C$.

(3) $\int[\alpha f(x)+\beta g(x)]\mathrm{d}x=\alpha\int f(x)\mathrm{d}x+\beta\int g(x)\mathrm{d}x$，其中 α,β 为任意常数.

性质(3)可以推广到任意有限个函数的情形.

三、基本积分表

由于积分运算和微分运算互为逆运算，所以由导数公式得到积分公式如下：

1. $\int k\mathrm{d}x=kx+C$，(k 是常数)；

2. $\int x^{\alpha}\mathrm{d}x=\dfrac{x^{\alpha+1}}{\alpha+1}+C(\alpha\neq-1)$；

3. $\int\dfrac{1}{x}\mathrm{d}x=\ln|x|+C$；

4. $\int a^{x}\mathrm{d}x=\dfrac{a^{x}}{\ln a}+C(a>0,a\neq1)$；

5. $\int \mathrm{e}^{x}\mathrm{d}x=\mathrm{e}^{x}+C$；

6. $\int\cos x\mathrm{d}x=\sin x+C$；

7. $\int\sin x\mathrm{d}x=-\cos x+C$；

8. $\int\dfrac{1}{\cos^{2}x}\mathrm{d}x=\int\sec^{2}x\mathrm{d}x=\tan x+C$；

9. $\int\dfrac{1}{\sin^{2}x}\mathrm{d}x=\int\csc^{2}x\mathrm{d}x=-\cot x+C$；

10. $\int\sec x\tan x\mathrm{d}x=\sec x+C$；

11. $\int\csc x\cot x\mathrm{d}x=-\csc x+C$；

12. $\int\dfrac{\mathrm{d}x}{\sqrt{1-x^{2}}}=\arcsin x+C$；

13. $\int\dfrac{\mathrm{d}x}{1+x^{2}}=\arctan x+C$.

应用基本积分公式及性质，可以求出一些简单函数的不定积分.

例 4.1.4　求 $\int\dfrac{\mathrm{d}x}{x\sqrt[3]{x}}$.

解　$\int\dfrac{\mathrm{d}x}{x\sqrt[3]{x}}=\int x^{-\frac{4}{3}}\mathrm{d}x=\dfrac{x^{-\frac{4}{3}+1}}{-\frac{4}{3}+1}+C=-3x^{-\frac{1}{3}}+C=-\dfrac{3}{\sqrt[3]{x}}+C$.

例 4.1.5 求$\int \cos^2 \frac{x}{2} dx$.

解 $\int \cos^2 \frac{x}{2} dx = \int \frac{1+\cos x}{2} dx = \frac{1}{2}x + \frac{1}{2}\sin x + C.$

例 4.1.6 求$\int \frac{x^4}{1+x^2} dx$.

解
$$\int \frac{x^4}{1+x^2} dx = \int \frac{x^4-1+1}{1+x^2} dx = \int \left(x^2 - 1 + \frac{1}{1+x^2}\right) dx$$
$$= \frac{1}{3}x^3 - x + \arctan x + C.$$

例 4.1.7 求$\int \frac{1}{x^2(1+x^2)} dx$.

解 $\int \frac{1}{x^2(1+x^2)} dx = \int \left(\frac{1}{x^2} - \frac{1}{1+x^2}\right) dx = -\frac{1}{x} - \arctan x + C.$

习题 4-1

1. 利用求导运算验证下列等式：

(1)$\int \frac{1}{x^2\sqrt{x^2-1}} dx = \frac{\sqrt{x^2-1}}{x} + C$；

(2)$\int \sin^2 \frac{x}{2} dx = \int \frac{1-\cos x}{2} dx = \frac{1}{2}\int (1-\cos x) dx$；

(3)$\int \frac{1}{\sin^2 \frac{x}{2} \cos^2 \frac{x}{2}} dx = 4\int \frac{1}{\sin^2 x} dx = -4\cot x + C.$

2. 计算下列不定积分：

(1)$\int x\sqrt{x} dx$；

(2)$\int \frac{1}{x^2\sqrt{x}} dx$；

(3)$\int \sqrt{x\sqrt{x\sqrt{x}}} dx$；

(4)$\int \frac{(x-2)^3}{x^2} dx$；

(5)$\int a^x dx$（$a>0$ 且 $a\neq 1$）；

(6)$\int 2^x e^x dx$；

(7)$\int \frac{2\cdot 4^x - 2^x}{4^x} dx$；

(8)$\int \frac{1+x+x^2}{x(1+x^2)} dx$；

(9)$\int \frac{x^4}{x^2-1} dx$；

(10)$\int \sin^2 x dx$；

(11)$\int \tan^2 x dx$；

(12)$\int \sec x(\sec x - \tan x) dx$；

(13) $\int \frac{1}{1+\cos 2x}dx$；　　(14) $\int \frac{1+\cos^2 x}{1+\cos 2x}dx$.

3. 已知曲线 $y=f(x)$ 过(0,1)点，且在任意点处的切线斜率等于该点横坐标，求该曲线方程.

4. 一质点做直线运动，已知其加速度 $a=6t-3\sin t$，且当 $t=0$ 时，速度为 $v(0)=5$，位移 $s(0)=1$.求：(1) 速度 v 和时间 t 的关系；(2) 位移 s 与时间 t 的关系.

第二节　不定积分的换元积分法

在计算函数的导数时，复合函数求导法则是最常用的法则，把它反过来用于求不定积分，通过引进中间变量作代换，把一个被积表达式变成另一个被积表达式，从而把原先的不定积分转化为较易计算的不定积分，这就是换元积分法.换元积分法有两类：第一换元积分法和第二换元积分法.下面先讲第一换元法.

一、第一换元法(凑微分法)

例 4.2.1　求不定积分 $\int \cos 2x\,dx$.

解　如果凑上一个常数因子 2，使之成为

$$\int \cos 2x\,dx=\frac{1}{2}\int \cos 2x\cdot 2dx=\frac{1}{2}\int \cos 2x\,d(2x),$$

令 $2x=u$，则

$$\frac{1}{2}\int \cos 2x\,d(2x)=\frac{1}{2}\int \cos u\,du=\frac{1}{2}\sin u+C,$$

回代，求得原不定积分

$$\int \cos 2x\,dx=\frac{1}{2}\sin 2x+C.$$

更一般地，若函数 $F(x)$ 是函数 $f(x)$ 的一个原函数，$u=\varphi(x)$ 是可微函数，且复合函数 $F[\varphi(x)]$ 有意义，根据复合函数求导法则

$$\{F[\varphi(x)]\}'=F'[\varphi(x)]\varphi'(x)=f[\varphi(x)]\varphi'(x),$$

及不定积分的定义，有

$$\int f[\varphi(x)]\varphi'(x)dx=F[\varphi(x)]+C,$$

由于

$$\int f(u)du=F(u)+C,$$

从而

$$\int f[\varphi(x)]\varphi'(x)\mathrm{d}x=\left(\int f(u)\mathrm{d}u\right)\bigg|_{u=\varphi(x)}.$$

综上所述,可得如下结论:

定理 4.2.1 设 $f(u)$ 具有原函数,$F(u)$ 是 $f(u)$ 的一个原函数.如果 $u=\varphi(x)$ 连续可微,且复合函数 $F[\varphi(x)]$ 有意义,那么

$$\int f[\varphi(x)]\varphi'(x)\mathrm{d}x=\left(\int f(u)\mathrm{d}u\right)\bigg|_{u=\varphi(x)}=F[\varphi(x)]+C.$$

这种求不定积分的方法称为**第一换元法**.

由于第一换元法的基本思想就是将被积表达式变为

$$f[\varphi(x)]\varphi'(x)\mathrm{d}x=f[\varphi(x)]\mathrm{d}\varphi(x)$$

的形式.也就是把被积函数分解成两个因子的乘积,其中一个因子是 $\varphi(x)$ 的函数 $f[\varphi(x)]$,而另一因子是 $\varphi(x)$ 的微分,所以第一换元法也称为**凑微分法**.

例 4.2.2 求 $\int\frac{1}{1+2x}\mathrm{d}x$.

解 $\frac{1}{1+2x}=\frac{1}{2}\cdot\frac{1}{1+2x}\cdot(1+2x)'$,从而令 $u=1+2x$,有

$$\int\frac{1}{1+2x}\mathrm{d}x=\frac{1}{2}\int\frac{1}{1+2x}\cdot(1+2x)'\mathrm{d}x=\frac{1}{2}\int\frac{1}{u}\mathrm{d}u$$

$$=\frac{1}{2}\ln|u|+C=\frac{1}{2}\ln|1+2x|+C.$$

推广得 $\int f(ax+b)\mathrm{d}x=\frac{1}{a}\left[\int f(u)\mathrm{d}u\right]\bigg|_{u=ax+b}$.

例 4.2.3 求 $\int x\mathrm{e}^{x^2}\mathrm{d}x$.

解 由于 $\mathrm{d}x^2=2x\mathrm{d}x$,从而令 $u=x^2$,有

$$\int x\mathrm{e}^{x^2}\mathrm{d}x=\frac{1}{2}\int\mathrm{e}^{x^2}(x^2)'\mathrm{d}x=\frac{1}{2}\int\mathrm{e}^{x^2}\mathrm{d}(x^2)$$

$$=\frac{1}{2}\int\mathrm{e}^u\mathrm{d}u=\frac{1}{2}\mathrm{e}^u+\frac{1}{2}C_0=\frac{1}{2}\mathrm{e}^{x^2}+C.$$

在对变量代换及其微分比较熟练以后,就不一定写出中间变量 u,而采用以下表达方式:

例 4.2.4 求 $\int\frac{1}{\sqrt{4-x^2}}\mathrm{d}x$.

解 $\int\frac{1}{\sqrt{4-x^2}}\mathrm{d}x=\frac{1}{2}\int\frac{1}{\sqrt{1-\frac{x^2}{4}}}\mathrm{d}x=\int\frac{1}{\sqrt{1-\left(\frac{x}{2}\right)^2}}\mathrm{d}\left(\frac{x}{2}\right)=\arcsin\frac{x}{2}+C.$

推广得

$$\int\frac{\mathrm{d}x}{\sqrt{a^2-x^2}}=\arcsin\frac{x}{a}+C.$$

例 4.2.5　求$\int \frac{1}{9+x^2}\mathrm{d}x$.

解　$$\int \frac{1}{9+x^2}\mathrm{d}x=\int \frac{\frac{1}{9}}{1+\frac{x^2}{9}}\mathrm{d}x=\frac{1}{3}\int \frac{1}{1+\left(\frac{x}{3}\right)^2}\mathrm{d}\left(\frac{x}{3}\right)=\frac{1}{3}\arctan\frac{x}{3}+C.$$

推广得
$$\int \frac{1}{a^2+x^2}\mathrm{d}x=\frac{1}{a}\arctan\frac{x}{a}+C.$$

例 4.2.6　求$\int \frac{\mathrm{d}x}{x(1+2\ln x)}$.

解　$$\int \frac{\mathrm{d}x}{x(1+2\ln x)}=\int \frac{\mathrm{d}(\ln x)}{1+2\ln x}=\frac{1}{2}\int \frac{\mathrm{d}(1+2\ln x)}{1+2\ln x}=\frac{1}{2}\ln|1+2\ln x|+C.$$

例 4.2.7　求$\int \frac{\mathrm{e}^{\sqrt{x}}}{\sqrt{x}}\mathrm{d}x$.

解　$$\int \frac{\mathrm{e}^{\sqrt{x}}}{\sqrt{x}}\mathrm{d}x=2\int \mathrm{e}^{\sqrt{x}}\mathrm{d}\sqrt{x}=2\mathrm{e}^{\sqrt{x}}+C.$$

例 4.2.8　求$\int \tan x\,\mathrm{d}x$;

解　$$\int \tan x\,\mathrm{d}x=\int \frac{\sin x}{\cos x}\mathrm{d}x=-\int \frac{1}{\cos x}\mathrm{d}(\cos x)=-\ln|\cos x|+C.$$

例 4.2.9　求$\int \sec x\,\mathrm{d}x$.

解　方法一　$$\int \sec x\,\mathrm{d}x=\int \frac{\cos x}{\cos^2 x}\mathrm{d}x=\int \frac{\mathrm{d}\sin x}{1-\sin^2 x}$$
$$=\frac{1}{2}\int \frac{\mathrm{d}\sin x}{1+\sin x}+\frac{1}{2}\int \frac{\mathrm{d}\sin x}{1-\sin x}=\frac{1}{2}\ln\left|\frac{1+\sin x}{1-\sin x}\right|+C.$$

方法二　$$\int \sec x\,\mathrm{d}x=\int \frac{\sec x(\sec x+\tan x)}{\sec x+\tan x}\mathrm{d}x=\int \frac{\mathrm{d}(\sec x+\tan x)}{\sec x+\tan x}$$
$$=\ln|\sec x+\tan x|+C.$$

例 4.2.10　求$\int \cos^2 x\,\mathrm{d}x$.

解　$$\int \cos^2 x\,\mathrm{d}x=\int \frac{1+\cos 2x}{2}\mathrm{d}x=\frac{1}{2}\left(\int \mathrm{d}x+\int \cos 2x\,\mathrm{d}x\right)$$
$$=\frac{1}{2}\int \mathrm{d}x+\frac{1}{4}\int \cos 2x\,\mathrm{d}(2x)=\frac{x}{2}+\frac{\sin 2x}{4}+C.$$

例 4.2.11　求$\int \sin^3 x\,\mathrm{d}x$.

解　$$\int \sin^3 x\,\mathrm{d}x=\int \sin^2 x\sin x\,\mathrm{d}x=-\int (1-\cos^2 x)\mathrm{d}(\cos x)$$
$$=-\int \mathrm{d}(\cos x)+\int \cos^2 x\,\mathrm{d}(\cos x)=-\cos x+\frac{1}{3}\cos^3 x+C.$$

对于$\int \sin^k x\,dx$和$\int \cos^k x\,dx$形式的不定积分求法如下：

(1) 当$k=2n$时$\int \sin^{2n}x\,dx=\int (\sin^2 x)^n dx=\int\left(\frac{1-\cos 2x}{2}\right)^n dx$(降幂直至一次幂)；

(2) 当$k=2n+1$时$\int \sin^{2n+1}x\,dx=-\int (\sin^2 x)^n d\cos x=-\int(1-\cos^2 x)^n d\cos x$(变成关于$\cos x$的幂的形式,再积分).

例 4.2.12 求$\int\cos 3x\cos 2x\,dx$.

解 $\int\cos 3x\cdot\cos 2x\,dx=\frac{1}{2}\int(\cos 5x+\cos x)dx=\frac{1}{2}(\frac{1}{5}\sin 5x+\sin x)+C$

$$=\frac{1}{10}\sin 5x+\frac{1}{2}\sin x+C.$$

在运用第一换元法求不定积分时,除要用到常用的凑微分公式外,还要用到如"添一项减一项"、"运用三角函数的恒等变形公式"等技巧,所以要多做练习,灵活掌握.

二、第二换元法

第一换元法使用的范围相当广泛,然而对于某些函数的积分,不适宜用第一换元法.但可以用下面的方法解决,即**第二换元法**.

定理 4.2.2 设$x=\varphi(t)$是单调、可导函数,且$\varphi'(t)\neq 0$,又设$f[\varphi(t)]\varphi'(t)$具有原函数,则有换元公式

$$\int f(x)dx=\left[\int f[\varphi(t)]\varphi'(t)dt\right]_{t=\varphi^{-1}(x)}.$$

证 设$\Phi(t)$为$f[\varphi(t)]\varphi'(t)$的原函数,令$F(x)=\Phi[\varphi^{-1}(x)]$,则

$$F'(x)=\frac{d\Phi}{dt}\cdot\frac{dt}{dx}=f[\varphi(t)]\varphi'(t)\frac{1}{\varphi'(t)}=f[\varphi(t)]=f(x),$$

说明$F(x)$为$f(x)$的原函数,所以有

$$\int f(x)dx=F(x)+C=\Phi[\varphi^{-1}(x)]+C,$$

$$\int f(x)dx=\left[\int f[\varphi(t)]\varphi'(t)dt\right]_{t=\varphi^{-1}(x)}.$$

上述方法表明:对不定积分$\int f(x)dx$可以通过变量代换$x=\varphi(t)$达到求解的目的.关键在于:变量代换$x=\varphi(t)$的选择要得当,使得以t为新积分变量的不定积分易求.最后还需将原函数中的变量t用$t=\varphi^{-1}(x)$回代,得到变量x的函数,所以在换元时要注意函数$x=\varphi(t)$的单调性和可导性.

例 4.2.13 求$\int\sqrt{a^2-x^2}\,dx\,(a>0)$.

解 求这个积分的困难在于有根式$\sqrt{a^2-x^2}$,但我们可以利用三角公式

$$\sin^2 t+\cos^2 t=1$$

来化去根式.

设 $x=a\sin t,-\frac{\pi}{2}<t<\frac{\pi}{2}$,那么

$$\sqrt{a^2-x^2}=\sqrt{a^2-a^2\sin^2 t}=a\cos t,\mathrm{d}x=a\cos t\,\mathrm{d}t,$$

于是根式化为了三角式,所求积分化为

$$\int\sqrt{a^2-x^2}\,\mathrm{d}x=a^2\int\cos^2 t\,\mathrm{d}t.$$

利用例 4.2.10 的结果得

$$\int\sqrt{a^2-x^2}\,\mathrm{d}x=a^2\left(\frac{t}{2}+\frac{\sin 2t}{4}\right)+C=\frac{a^2}{2}t+\frac{a^2}{2}\sin t\cos t+C.$$

由于 $x=a\sin t,-\frac{\pi}{2}<t<\frac{\pi}{2}$,所以

$$t=\arcsin\frac{x}{a},\cos t=\sqrt{1-\sin^2 t}=\sqrt{1-\left(\frac{x}{a}\right)^2}=\frac{\sqrt{a^2-x^2}}{a},$$

于是所求积分为

$$\int\sqrt{a^2-x^2}\,\mathrm{d}x=\frac{a^2}{2}\arcsin\frac{x}{a}+\frac{1}{2}x\sqrt{a^2-x^2}+C.$$

例 4.2.14　求 $\int\frac{1}{\sqrt{x^2+a^2}}\mathrm{d}x\ (a>0)$.

解　和上式类似,可以利用三角公式

$$1+\tan^2 t=\sec^2 t.$$

令 $x=a\tan t,t\in\left(-\frac{\pi}{2},\frac{\pi}{2}\right)$,则

$$\sqrt{a^2+x^2}=\sqrt{a^2+a^2\tan^2 t}=a\sec t,\mathrm{d}x=a\sec^2 t\,\mathrm{d}t$$

于是

$$\int\frac{1}{\sqrt{x^2+a^2}}\mathrm{d}x=\int\frac{1}{a\sec t}\cdot a\sec^2 t\,\mathrm{d}t=\int\sec t\,\mathrm{d}t,$$

利用例 4.2.9 的结果得

$$\int\frac{1}{\sqrt{x^2+a^2}}\mathrm{d}x=\ln|\sec t+\tan t|+C.$$

为了把 $\sec t$ 和 $\tan t$ 换成 x 的函数,可以根据 $\tan t=\frac{x}{a}$ 作辅助三角形(图 4.2-1),便有

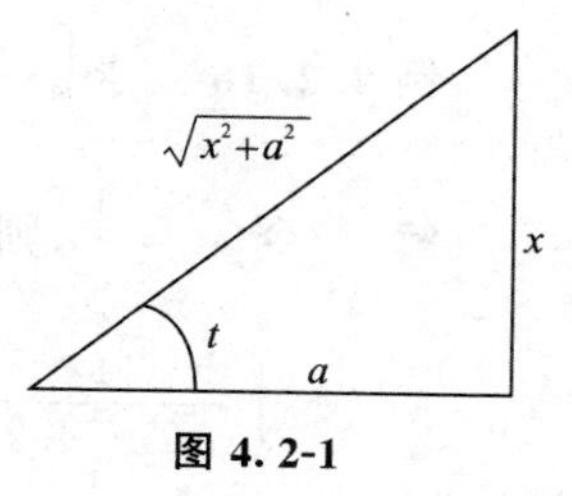

图 4.2-1

$$\sec t=\frac{\sqrt{x^2+a^2}}{a},$$

因此

$$\int\frac{1}{\sqrt{x^2+a^2}}\mathrm{d}x=\ln(\sec t+\tan t)+C=\ln\left(\frac{x}{a}+\frac{\sqrt{x^2+a^2}}{a}\right)+C$$

$$=\ln(x+\sqrt{x^2+a^2})+C_1,$$

其中 $C_1=C-\ln a$，仍是任意常数.

例 4.2.15 求$\int\frac{1}{\sqrt{x^2-a^2}}\mathrm{d}x\ (a>0)$.

解 和上例类似，令 $x=a\sec t, t\in\left(0,\frac{\pi}{2}\right)$，可求得被积函数在$(a,+\infty)$上的不定积分，这时

$$\mathrm{d}x=a\sec t\tan t\,\mathrm{d}t,$$

$$\int\frac{1}{\sqrt{x^2-a^2}}\mathrm{d}x=\int\frac{a\sec t\cdot\tan t}{a\tan t}\mathrm{d}t=\int\sec t\,\mathrm{d}t$$

$$=\ln(\sec t+\tan t)+C=\ln\left(\frac{x}{a}+\frac{\sqrt{x^2-a^2}}{a}\right)+C=\ln(x+\sqrt{x^2-a^2})+C_1,$$

其中 $C_1=C-\ln a$，仍是任意常数.

类似可求得被积函数在$(-\infty,-a)$内的不定积分：

$$\int\frac{1}{\sqrt{x^2-a^2}}\mathrm{d}x=\ln(-x-\sqrt{x^2-a^2})+C.$$

两个区间内的不定积分可写成统一的表达式：

$$\int\frac{1}{\sqrt{x^2-a^2}}\mathrm{d}x=\ln\left|x+\sqrt{x^2-a^2}\right|+C.$$

以上几例所使用的均为三角代换.三角代换的目的是化掉根式.一般规律如下：

(1) 若被积函数含有$\sqrt{a^2-x^2}$，一般令 $x=a\sin t$ 或 $x=a\cos t$；

(2) 若被积函数含有$\sqrt{x^2-a^2}$，一般令 $x=a\sec t$ 或 $x=a\csc t$；

(3) 若被积函数含有$\sqrt{a^2+x^2}$，一般令 $x=a\tan t$ 或 $x=a\cot t$.

另外，当被积函数分母中变量的阶数较高时，可以考虑用一种比较有用的代换 —— 倒代换来解题，如下例：

例 4.2.16 求$\int\frac{1}{x(x^7+2)}\mathrm{d}x$.

解 令 $x=\frac{1}{t}$，则 $\mathrm{d}x=-\frac{1}{t^2}\mathrm{d}t$，于是

$$\int\frac{1}{x(x^7+2)}\mathrm{d}x=\int\frac{t}{\left(\frac{1}{t}\right)^7+2}\cdot\left(-\frac{1}{t^2}\right)\mathrm{d}t=-\int\frac{t^6}{1+2t^7}\mathrm{d}t$$

$$=-\frac{1}{14}\ln|1+2t^7|+C=-\frac{1}{14}\ln|2+x^7|+\frac{1}{2}\ln|x|+C.$$

在本节的例题中，有几个积分是以后经常遇到的，所以它们通常被当作公式使用.故将常用的积分公式再添加下面几个(其中常数 $a>0$)：

14. $\int\tan x\,\mathrm{d}x=-\ln|\cos x|+C$；

15. $\int \cot x\,dx = \ln|\sin x| + C$；

16. $\int \sec x\,dx = \ln|\sec x + \tan x| + C$；

17. $\int \csc x\,dx = \ln|\csc x - \cot x| + C$；

18. $\int \frac{1}{a^2 + x^2}dx = \frac{1}{a}\arctan\frac{x}{a} + C$；

19. $\int \frac{1}{x^2 - a^2}dx = \frac{1}{2a}\ln\left|\frac{x-a}{x+a}\right| + C$；

20. $\int \frac{1}{\sqrt{a^2 - x^2}}dx = \arcsin\frac{x}{a} + C$；

21. $\int \frac{1}{\sqrt{x^2 \pm a^2}}dx = \ln|x + \sqrt{x^2 \pm a^2}| + C$.

例 4.2.17　求$\int \frac{dx}{x^2 + 2x + 3}$.

解　$\int \frac{dx}{x^2 + 2x + 3} = \int \frac{d(x+1)}{(x+1)^2 + (\sqrt{2})^2}$，

利用公式 18 得到

$$\int \frac{dx}{x^2 + 2x + 3} = \frac{\sqrt{2}}{2}\arctan\frac{x+1}{\sqrt{2}} + C.$$

例 4.2.18　求$\int \frac{dx}{\sqrt{2 + x - x^2}}$.

解　$\int \frac{dx}{\sqrt{2 + x - x^2}} = \int \frac{d\left(x - \frac{1}{2}\right)}{\sqrt{\left(\frac{3}{2}\right)^2 - \left(x - \frac{1}{2}\right)^2}}$，

利用公式 20 得到

$$\int \frac{dx}{\sqrt{2 + x - x^2}} = \arcsin\frac{2x - 1}{3} + C.$$

习题 4-2

1. 在下列各式等号右端的横线处填入适当的系数，使等式成立：

(1) $dx = \underline{\quad\quad} d(ax + b)$；　　(2) $x\,dx = \underline{\quad\quad} d(x^2)$；

(3) $\frac{dx}{\sqrt{x}} = \underline{\quad\quad} d(\sqrt{x})$；　　(4) $e^{3x}dx = \underline{\quad\quad} d(e^{3x})$；

(5) $\frac{1}{x}dx=$____$d(2+5\ln|x|)$；

(6) $\sec^2 x\,dx=$____$d(2\tan x)$；

(7) $\frac{dx}{\sqrt{1-x^2}}=$____$d(2-\arcsin x)$；

(8) $\frac{dx}{1+4x^2}=$____$d(\arctan 2x)$.

2. 求下列不定积分：

(1) $\int(3+2x)^3dx$；

(2) $\int e^{-3x}dx$；

(3) $\int\frac{dx}{x\ln x}$；

(4) $\int\frac{x}{1+x^2}dx$；

(5) $\int\frac{e^x}{e^x+1}dx$；

(6) $\int\frac{1}{1+9x^2}dx$；

(7) $\int\frac{1}{4-9x^2}dx$；

(8) $\int\frac{1}{\sqrt{1-9x^2}}dx$；

(9) $\int x\sqrt{x^2-4}\,dx$；

(10) $\int\sin^2 2x\,dx$；

(11) $\int\frac{\sin x}{\cos^4 x}dx$；

(12) $\int\frac{1}{\sin x\cos x}dx$；

(13) $\int x\sin x^2dx$；

(14) $\int\frac{\sqrt{1+\ln x}}{x}dx$；

(15) $\int\sin 2x\cos 3x\,dx$；

(16) $\int\frac{1}{x(4+x^6)}dx$；

(17) $\int\frac{x}{4+x^4}dx$；

(18) $\int\frac{e^{\frac{1}{x}}}{x^2}dx$；

(19) $\int\frac{\sin x\cos x}{1+\sin^4 x}dx$；

(20) $\int\frac{\arctan\sqrt{x}}{\sqrt{x}(1+x)}dx$.

3. 求下列不定积分：

(1) $\int\frac{1}{\sqrt{x^2+9}}dx$；

(2) $\int\frac{dx}{1+\sqrt{1-x^2}}$；

(3) $\int\frac{x^2}{\sqrt{4-x^2}}dx$；

(4) $\int x\sqrt{1-x^2}\,dx$.

第三节　分部积分法

前面我们在复合函数求导法则的基础上，得到了换元积分法.现在利用两个函数乘积的求导法则，来推得另一个求不定积分的基本方法 —— 分部积分法.

如果 $u(x)$ 与 $v(x)$ 可导，且不定积分 $\int u'(x)v(x)dx$ 存在，那么不定积分

$\int u(x)v'(x)\mathrm{d}x$ 也存在,且

$$\int u(x)v'(x)\mathrm{d}x=u(x)v(x)-\int u'(x)v(x)\mathrm{d}x.$$

即

$$\int u(x)\mathrm{d}v(x)=u(x)v(x)-\int v(x)\mathrm{d}u(x).$$

证明　由微分法则,有

$$\mathrm{d}(uv)=u\mathrm{d}v+v\mathrm{d}u,$$

移项后,得

$$u\mathrm{d}v=\mathrm{d}(uv)-v\mathrm{d}u,$$

对上式两端求不定积分,得

$$\int u\mathrm{d}v=uv-\int v\mathrm{d}u.$$

上式叫**分部积分公式**,利用分部积分公式计算不定积分的方法叫作**分部积分法**.

例 4.3.1　求不定积分 $\int x\cos x\,\mathrm{d}x$.

解　令 $u=x$, $\mathrm{d}v=\cos x\,\mathrm{d}x=\mathrm{d}\sin x$,则

$$\int x\cos x\,\mathrm{d}x=\int x\,\mathrm{d}(\sin x)=x\sin x-\int\sin x\,\mathrm{d}x=x\sin x+\cos x+C.$$

当运算熟练后,u、v' 不需写出.

一般来讲,分部积分公式主要适用于求两个函数乘积的不定积分或对一个较复杂的函数求不定积分,应用分部积分法的关键在于:合理选取 u、v',使 $\int v\mathrm{d}u$ 易求.根据此原则,假如被积函数是两类基本初等函数的乘积,那么一般可按照反三角函数、对数函数、幂函数、指数函数、三角函数的顺序,简称“反对幂指三”,把排在前面的那类函数选作 u,而排在后面的那类函数选作 v'.

例 4.3.2　求 $\int x\ln x\,\mathrm{d}x$.

解　$\int x\ln x\,\mathrm{d}x=\int\ln x\,\mathrm{d}(\frac{x^2}{2})=\frac{1}{2}(x^2\ln x-\int x\,\mathrm{d}x)=\frac{1}{2}x^2\ln x-\frac{1}{4}x^2+C.$

例 4.3.3　求 $\int x^2\sin x\,\mathrm{d}x$.

解

$$\begin{aligned}\int x^2\sin x\,\mathrm{d}x&=-\int x^2\mathrm{d}\cos x=-x^2\cos x+\int\cos x\,\mathrm{d}x^2\\&=-x^2\cos x+2\int x\cos x\,\mathrm{d}x=-x^2\cos x+2\int x\,\mathrm{d}(\sin x)\\&=-x^2\cos x+2(x\sin x-\int\sin x\,\mathrm{d}x)=-x^2\cos x+2(x\sin x+\cos x)+C\\&=-x^2\cos x+2x\sin x+2\cos x+C.\end{aligned}$$

例 4.3.4　求 $\int\arctan x\,\mathrm{d}x$.

解 $\int \arctan x\,dx = x\arctan x - \int x\,d\arctan x$

$$= x\arctan x - \int \frac{x}{1+x^2}dx = x\arctan x - \frac{1}{2}\ln(1+x^2) + C.$$

总结上面的例题可以知道，如果被积函数是两个简单初等函数的乘积，就可以考虑用分部积分，按照**“反对幂指三”**的口诀轻松求解.这只是求解不定积分的一种方法，除了按照口诀可以解题，下面这两个例子的解法也比较特殊.

例 4.3.5 求$\int e^x \sin x\,dx$.

解 $\int e^x \sin x\,dx = \int \sin x\,de^x = e^x\sin x - \int e^x\,d(\sin x) = e^x\sin x - \int e^x\cos x\,dx$

$$= e^x\sin x - \int \cos x\,de^x = e^x\sin x - (e^x\cos x - \int e^x\,d\cos x)$$

$$= e^x(\sin x - \cos x) - \int e^x\sin x\,dx$$

由上述等式可解得$\int e^x\sin x\,dx = \frac{e^x}{2}(\sin x - \cos x) + C$.

注意 因为上式右端已不含积分项，所以必须加上任意常数 C.

例 4.3.6 求$\int e^x(\frac{1}{x} + \ln x)dx$.

解 $\int e^x(\frac{1}{x}+\ln x)dx = \int e^x\,\frac{1}{x}dx + \int \ln x\,de^x = \int \frac{1}{x}e^x\,dx + e^x\ln x - \int e^x\,\frac{1}{x}dx$

$$= e^x\ln x + C.$$

在积分的过程中，除了用分部积分法，有时也会出现多个方法兼用的情况，如下例：

例 4.3.7 求$\int \cos\sqrt{x}\,dx$.

解 令 $t=\sqrt{x}$，即 $x=t^2$，从而 $dx = 2t\,dt$，

$\int \cos\sqrt{x}\,dx = \int \cos t\,2t\,dt = 2\int t\,d(\sin t) = 2(t\sin t - \int \sin t\,dt) = 2(t\sin t + \cos t) + C.$

回代 $t=\sqrt{x}$，得

$$\int \cos\sqrt{x}\,dx = 2(\sqrt{x}\sin\sqrt{x} + \cos\sqrt{x}) + C.$$

从上面的例题可以看出，不定积分的计算是具有较强技巧性的.对求不定积分的几种方法我们要认真理解，并能灵活地应用.

习题 4-3

1. 求下列不定积分：

(1)$\int \ln x\,dx$；　　　　(2)$\int x\,e^{-2x}\,dx$；

(3) $\int \arcsin x \mathrm{d}x$；　　(4) $\int \mathrm{e}^x \cos x \mathrm{d}x$；

(5) $\int \ln(x^2+1)\mathrm{d}x$；　　(6) $\int x \tan^2 x \mathrm{d}x$；

(7) $\int x \arctan 2x \mathrm{d}x$；　　(8) $\int \frac{\ln x}{\sqrt{x}}\mathrm{d}x$；

(9) $\int \cos(\ln x)\mathrm{d}x$；　　(10) $\int \arctan\sqrt{x}\mathrm{d}x$；

(11) $\int \mathrm{e}^{\sqrt{x}}\mathrm{d}x$；　　(12) $\int x^2 \cos x \mathrm{d}x$；

(13) $\int \sec^3 x \mathrm{d}x$；　　(14) $\int \frac{x\mathrm{e}^x}{\sqrt{\mathrm{e}^x-3}}\mathrm{d}x$.

2. 已知 $f(x)$ 的一个原函数是 e^{-x^2}，求 $\int x f'(x)\mathrm{d}x$.

第四节　有理函数的不定积分

一、有理函数的不定积分

设 $P_m(x)$ 和 $Q_n(x)$ 分别是 m 次和 n 次实系数多项式，则形如 $\frac{P_m(x)}{Q_n(x)}$ 的函数称为**有理函数**.当 $m<n$ 时，称 $\frac{P_m(x)}{Q_n(x)}$ 为**真分式**，否则称为**假分式**.

由代数学的有关理论知道，任何一个假分式都可以分解成一个整式(即多项式)与一个真分式之和.多项式的积分容易求得，所以为了求有理函数的不定积分，只需研究真分式的积分即可.

以下四个真分式称为**最简单真分式**(其中 A，B 为常数)：

(1) $\frac{A}{x-a}$(a 为常数)；

(2) $\frac{A}{(x-a)^k}$($k>1$ 为整数，a 为常数)；

(3) $\frac{Ax+B}{x^2+px+q}$(p，q 为常数，且 $p^2-4q<0$)；

(4) $\frac{Ax+B}{(x^2+px+q)^k}$($p$，$q$ 为常数，且 $p^2-4q<0$，$k>1$ 为整数).

显然(1)式与(2)式的积分很容易求出；(3)式与(4)式形式的不定积分分别以例 4.4.1、例 4.4.2 为例来说明.

例 4.4.1 求$\int \frac{x-2}{x^2+2x+3}dx$.

解 由于x^2+2x+3为二次质因式,所以被积函数为最简真分式,于是

$$\begin{aligned}\int \frac{x-2}{x^2+2x+3}dx &= \int \frac{\frac{1}{2}(x^2+2x+3)'-3}{x^2+2x+3}dx \\ &= \frac{1}{2}\int \frac{1}{x^2+2x+3}d(x^2+2x+3) - 3\int \frac{dx}{(x+1)^2+2} \\ &= \frac{1}{2}\ln(x^2+2x+3) - \frac{3}{2}\int \frac{dx}{1+\left(\frac{x+1}{\sqrt{2}}\right)^2} \\ &= \frac{1}{2}\ln(x^2+2x+3) - \frac{3}{\sqrt{2}}\int \frac{d\left(\frac{x+1}{\sqrt{2}}\right)}{1+\left(\frac{x+1}{\sqrt{2}}\right)^2} \\ &= \frac{1}{2}\ln(x^2+2x+3) - \frac{3}{\sqrt{2}}\arctan\frac{x+1}{\sqrt{2}} + C.\end{aligned}$$

例 4.4.2 求$\int \frac{x+2}{(x^2+1)^2}dx$.

解 $$\begin{aligned}\int \frac{x+2}{(x^2+1)^2}dx &= \frac{1}{2}\int \frac{d(x^2+1)}{(x^2+1)^2} + \int \frac{2dx}{(x^2+1)^2} \\ &= -\frac{1}{2(x^2+1)} + \frac{x}{(x^2+1)} + \arctan x + C,\end{aligned}$$

其中$\int \frac{dx}{(x^2+1)^2}$可由三角代换$x=\tan t$或分部积分求得.

一般地,对任何一个有理函数$\frac{P_m(x)}{Q_n(x)}$都可以通过以下程序求出它的原函数:

(1) 如果$\frac{P_m(x)}{Q_n(x)}$是假分式,则将其表示成一个整式与一个真分式之和,然后分别求其原函数.

(2) 如果$\frac{P_m(x)}{Q_n(x)}$已经是一个真分式,则可以将其分解成若干个最简分式之和,分别求原函数.

(3) 将上述过程中分别求出的原函数相加,就得到有理函数$\frac{P_m(x)}{Q_n(x)}$的原函数.

关于将一个真分式分解成若干最简分式之和,我们有如下规律:

(1) 分母中若有因式$(x-a)^k$,则分解式中含有$\frac{A_1}{(x-a)^k}+\frac{A_2}{(x-a)^{k-1}}+\cdots+\frac{A_k}{x-a}$,其中$A_1,A_2,\cdots,A_k$都是常数.特殊地:$k=1$,分解后为$\frac{A}{x-a}$;

(2) 分母中若有因式$(x^2+px+q)^k$,其中$p^2-4q<0$,则分解式中含有

$$\frac{M_1x+N_1}{(x^2+px+q)^k}+\frac{M_2x+N_2}{(x^2+px+q)^{k-1}}+\cdots+\frac{M_kx+N_k}{x^2+px+q},$$

其中M_i,N_i都是常数$(i=1,2,\cdots,k)$.特殊地:$k=1$,分解后为$\frac{Mx+N}{x^2+px+q}$.

例 4.4.3　将$\frac{x+3}{x^2-5x+6}$化为最简分式之和.

解　设$\frac{x+3}{x^2-5x+6}=\frac{x+3}{(x-2)(x-3)}=\frac{A}{x-2}+\frac{B}{x-3}$,

因为$x+3=A(x-3)+B(x-2)$,所以$x+3=(A+B)x-(3A+2B)$.

比较x同次幂的系数,得方程组$\begin{cases}A+B=1\\-(3A+2B)=3\end{cases}$,

解之得

$$\begin{cases}A=-5\\B=6\end{cases},$$

故

$$\frac{x+3}{x^2-5x+6}=\frac{-5}{x-2}+\frac{6}{x-3}.$$

例 4.4.4　将$\frac{x+2}{(2x+1)(x^2+x+1)}$化为最简分式之和.

解　设$\frac{x+2}{(2x+1)(x^2+x+1)}=\frac{A}{2x+1}+\frac{Bx+D}{x^2+x+1}$,则

$$x+2=A(x^2+x+1)+(Bx+D)(2x+1),$$

同例 4.4.3 整理比较同次幂的系数,得到$A=2,B=-1,D=0$. 于是

$$\frac{x+2}{(2x+1)(x^2+x+1)}=\frac{2}{2x+1}-\frac{x}{x^2+x+1}.$$

例 4.4.5　求$\int\frac{1}{x(x-1)^2}dx$.

解　设$\frac{1}{x(x-1)^2}=\frac{A}{x}+\frac{B}{(x-1)^2}+\frac{C}{x-1}$,整理得$1=A(x-1)^2+Bx+Cx(x-1)$.

代入特殊值来确定系数A,B,C.取$x=0$,得$A=1$;取$x=1$,得$B=1$;取$x=2$,并将$A=1,B=1$代入上式,得$C=-1$.

故

$$\frac{1}{x(x-1)^2}=\frac{1}{x}+\frac{1}{(x-1)^2}-\frac{1}{x-1}.$$

所以

$$\int\frac{1}{x(x-1)^2}dx=\int\left[\frac{1}{x}+\frac{1}{(x-1)^2}-\frac{1}{x-1}\right]dx=\int\frac{1}{x}dx+\int\frac{1}{(x-1)^2}dx-\int\frac{1}{x-1}dx$$

$$=\ln|x|-\frac{1}{x-1}-\ln|x-1|+C.$$

最后指出,虽然上面介绍的求有理函数积分的步骤是普遍适用的,但在具体实施时,要

根据被积函数的特点，灵活地处理.

二、三角函数有理式的积分

三角函数有理式是指三角函数和常数经过有限次四则运算构成的函数.由于各种三角函数都可以用 $\sin x$ 及 $\cos x$ 的有理式表示，故三角函数有理式也就是 $\sin x$，$\cos x$ 的有理式，记作 $R(\sin x,\cos x)$.

对于三角函数有理式的积分 $\int R(\sin x,\cos x)\mathrm{d}x$，可通过万能代换化为有理函数的积分.具体方法为：取 $u=\tan\frac{x}{2}$，则 $x=2\arctan u$，$\mathrm{d}x=\frac{2}{1+u^2}\mathrm{d}u$，由三角函数中的万能公式，有 $\sin x=\frac{2u}{1+u^2}$，$\cos x=\frac{1-u^2}{1+u^2}$.

因此有 $\int R(\sin x,\cos x)\mathrm{d}x=\int R\left(\frac{2u}{1+u^2},\frac{1-u^2}{1+u^2}\right)\frac{2}{1+u^2}\mathrm{d}u$.

根据 $R(\sin x,\cos x)$ 的定义知 $R\left(\frac{2u}{1+u^2},\frac{1-u^2}{1+u^2}\right)\frac{2}{1+u^2}$ 是一个有理函数，而有理函数的积分问题我们已得到解决.因此，通过变化 $u=\tan\frac{x}{2}$，能将 $\int R(\sin x,\cos x)\mathrm{d}x$ 求出.

例 4.4.6 求 $\int\frac{\mathrm{d}x}{2+\cos x}$.

解 作变换 $t=\tan\frac{x}{2}$，则有 $\mathrm{d}x=\frac{2}{1+t^2}\mathrm{d}t$，$\cos x=\frac{1-t^2}{1+t^2}$，

$$\int\frac{\mathrm{d}x}{2+\cos x}=\int\frac{\frac{2\mathrm{d}t}{1+t^2}}{2+\frac{1-t^2}{1+t^2}}=2\int\frac{1}{3+t^2}\mathrm{d}t=\frac{2}{\sqrt{3}}\int\frac{1}{1+\left(\frac{t}{\sqrt{3}}\right)^2}\mathrm{d}\frac{t}{\sqrt{3}}$$

$$=\frac{2}{\sqrt{3}}\arctan\frac{t}{\sqrt{3}}+C=\frac{2}{\sqrt{3}}\arctan\left(\frac{1}{\sqrt{3}}\tan\frac{x}{2}\right)+C.$$

说明：并非所有的三角函数有理式的积分都要通过变换化为有理函数的积分，例如，

$$\int\frac{\cos x}{1+\sin x}\mathrm{d}x=\int\frac{1}{1+\sin x}\mathrm{d}(1+\sin x)=\ln(1+\sin x)+C.$$

三、简单无理函数的积分

某些不定积分本身不属于有理函数的不定积分，但经某些代换后，可以化为有理函数的不定积分.比如，对于形如 $\int R(x,\sqrt[n]{ax+b})\mathrm{d}x\ (a\neq 0)$ 的积分，一般若令 $t=\sqrt[n]{ax+b}$，则可化为有理函数的不定积分.对于形如 $\int R\left(x,\sqrt[n]{\frac{ax+b}{cx+e}}\right)\mathrm{d}x$ 的积分，若令 $t=\sqrt[n]{\frac{ax+b}{cx+e}}$，则可将其化为有理函数的不定积分.

例 4.4.7　求$\int \frac{1}{1+\sqrt{x}}dx$.

解　为了去掉根号,可以设$\sqrt{x}=t$,于是$x=t^2$,$dx=2t\,dt$,则

$$\int \frac{1}{1+\sqrt{x}}dx=2\int \frac{t\,dt}{1+t}=2\int \frac{1+t-1}{1+t}dt=2\int\left(1-\frac{1}{1+t}\right)dt$$

$$=2t-2\int \frac{d(1+t)}{1+t}=2t-2\ln|1+t|+C$$

$$=2\sqrt{x}-2\ln|1+\sqrt{x}|+C.$$

例 4.4.8　求$\int \frac{1}{x}\sqrt{\frac{1+x}{x}}dx$.

解　设$\sqrt{\frac{1+x}{x}}=t \Rightarrow \frac{1+x}{x}=t^2$,$x=\frac{1}{t^2-1}$,$dx=-\frac{2t\,dt}{(t^2-1)^2}$,则

$$\int \frac{1}{x}\sqrt{\frac{1+x}{x}}dx=-\int (t^2-1)t\frac{2t}{(t^2-1)^2}dt=-2\int \frac{t^2dt}{t^2-1}$$

$$=-2\int\left(1+\frac{1}{t^2-1}\right)dt=-2t-\ln\left|\frac{t-1}{t+1}\right|+C$$

$$=-2\sqrt{\frac{1+x}{x}}-\ln\left|x\left(\sqrt{\frac{1+x}{x}}-1\right)^2\right|+C.$$

若题目中含有$\sqrt[m]{x}$,$\sqrt[n]{x}$,则可以设$\sqrt[l]{x}=t$,l是m,n的最小公倍数,如下例.

例 4.4.9　求$\int \frac{dx}{\sqrt[4]{x}+\sqrt{x}}$.

解　为了去掉根号,可以设$\sqrt[4]{x}=t$,于是$x=t^4$,$\sqrt{x}=t^2$,$dx=4t^3dt$,则

$$\int \frac{dx}{\sqrt[4]{x}+\sqrt{x}}=\int \frac{4t^2}{t+1}dt=4\int\left[(t-1)+\frac{1}{t+1}\right]dt$$

$$=2t^2-4t+4\ln|t+1|+C$$

$$=2\sqrt{x}-4\sqrt[4]{x}+4\ln|\sqrt[4]{x}+1|+C.$$

本章以上几节讨论了求不定积分的几种基本方法.求不定积分通常是指用初等函数表示该不定积分.根据连续函数的原函数存在定理,初等函数在其定义域内的任一区间一定有原函数.但是,很多函数的原函数不一定是初等函数,人们习惯上把这种情况称为不定积分"积不出".如$\int e^{-x^2}dx$,$\int \frac{\sin x}{x}dx$,$\int \frac{dx}{\ln x}$,$\int \sin x^2dx$,$\int \sqrt{1+x^3}dx$,$\int \frac{dx}{\sqrt{1+x^4}}$等都属于"积不出"的范围.

习题 4-4

求下列不定积分:

1. $\int \frac{x+3}{x^2-5x+6}dx$.

2. $\int \frac{dx}{x(x^2+1)}$.

3. $\int \frac{x+1}{x^2-2x+5}dx$.

4. $\int \frac{\sqrt{x-1}}{x}dx$.

5. $\int \sqrt{\frac{2+x}{x-2}} \cdot \frac{dx}{x}$.

6. $\int \frac{dx}{1+\sqrt[3]{x+2}}$.

7. $\int \frac{dx}{(1+\sqrt[3]{x})\sqrt{x}}$.

8. $\int \frac{dx}{2+\sin x}$.

9. $\int \frac{1+\sin x}{1-\cos x}dx$.

10. $\int \frac{1+\sin x}{\sin x(1+\cos x)}dx$.

总习题四

1. 选择题

(1) 若 $F(x)$ 和 $G(x)$ 都是 $f(x)$ 的原函数,则(　　).

A. $F(x)-G(x)=0$

B. $F(x)+G(x)=0$

C. $F(x)-G(x)=C$(常数)

D. $F(x)+G(x)=C$(常数)

(2) 若 $F(x)$ 是 $f(x)$ 的一个原函数,那么(　　).

A. $F(x)$ 是偶函数 $\Leftrightarrow f(x)$ 是奇函数

B. $F(x)$ 是奇函数 $\Leftrightarrow f(x)$ 是偶函数

C. $F(x)$ 是周期函数 $\Leftrightarrow f(x)$ 是周期函数

D. $F(x)$ 是单调函数 $\Leftrightarrow f(x)$ 是单调函数

2. 已知 $f(x)$ 的一个原函数为 $x\sin x$,求 $\int x f'(x)dx$.

3. 求下列不定积分:

(1) $\int (2x+3)^2 dx$;

(2) $\int \frac{1}{e^x+e^{-x}}dx$;

(3) $\int x e^{-x^2} dx$;

(4) $\int \frac{x\,dx}{\sqrt{1-x^2}}$;

(5) $\int \frac{x\,dx}{\sqrt{1-x^4}}$;

(6) $\int \frac{1}{\sin^2 x+2\cos^2 x}dx$;

(7) $\int \sin^2 x \cos^5 x\,dx$;

(8) $\int \sin^2 x \cos^2 x\,dx$;

(9) $\int \frac{4\arctan x-x}{1+x^2}dx$;

(10) $\int \frac{\ln\tan x}{\sin x\cos x}dx$;

(11) $\int \frac{e^{\sin\frac{1}{x}}\cos\frac{1}{x}}{x^2}dx$;

(12) $\int \frac{\sqrt{x+1}-1}{\sqrt{x+1}+1}dx$;

(13) $\int \frac{1-x}{\sqrt{4-x^2}} dx$；

(14) $\int \frac{1}{\sqrt{2x-3}+1} dx$；

(15) $\int (1-x^2)^{-\frac{3}{2}} dx$；

(16) $\int \frac{1}{x^4 \sqrt{1+x^2}} dx$；

(17) $\int \frac{e^x \sqrt{e^x-1}}{e^x+2} dx$；

(18) $\int \ln(x^2+1) dx$；

(19) $\int \frac{x e^x}{(e^x+1)^2} dx$；

(20) $\int e^{-2x} \sin \frac{x}{2} dx$；

(21) $\int (\arcsin x)^2 dx$；

(22) $\int \frac{x e^x}{(1+x)^2} dx$；

(23) $\int \frac{x^2+1}{(x-1)(x+1)^2} dx$；

(24) $\int \frac{\tan x+1}{\sin 2x} dx$；

(25) $\int \frac{x^4+1}{(x-1)(x^2+1)} dx$；

(26) $\int \frac{1}{\sin x+\tan x} dx$；

(27) $\int \sqrt{\frac{1+x}{1-x}} dx$；

(28) $\int \frac{dx}{\sqrt{1+e^x}}$；

(29) $\int \frac{1}{(4+x^2)^{\frac{3}{2}}} dx$；

(30) $\int \frac{\sin x}{1+\sin x} dx$.

第五章　定积分

本章讨论积分学的另一个基本问题 —— 定积分问题,定积分的产生源于两类科学问题:一是计算平面上封闭曲线围成区域的面积;二是已知变速直线运动物体的速度,求其路程.因此,本章先从几何和物理学问题出发,引入定积分的定义,然后讨论它的性质与计算方法.

第一节　定积分的概念与性质

一、定积分概念的产生背景

1. 曲边梯形的面积

设函数 $f(x)$ 在区间$[a,b]$上连续,且 $f(x)\geqslant 0$. 由曲线 $y=f(x)$,直线 $x=a$,$x=b$ 以及 x 轴所围成的平面图形称为曲边梯形(如图 5.1-1 所示),下面讨论如何求该曲边梯形的面积.

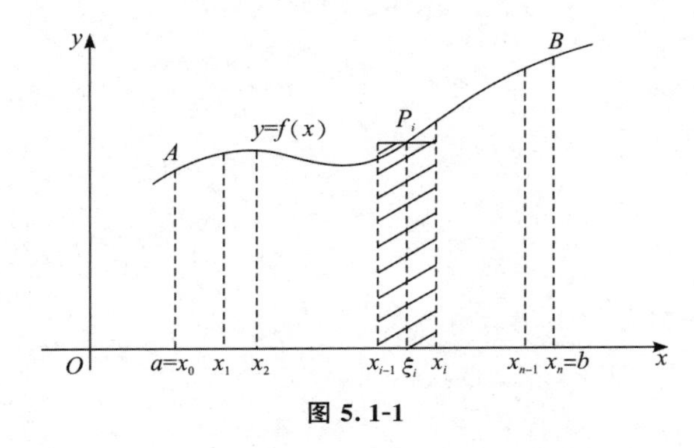

图 5.1-1

不难看出,该曲边梯形的面积取决于区间$[a,b]$及曲边 $y=f(x)$.如果 $y=f(x)$ 在$[a,b]$上为常数 h,此时曲边梯形为矩形,则其面积等于 $h(b-a)$.现在的问题是 $f(x)$ 在$[a,b]$上不是常数函数,因此它的面积就不能简单地用矩形面积公式计算.但是,由于 $f(x)$ 在$[a,b]$上连续,当 x 变化不大时,$f(x)$ 变化也不大,如果将区间分割成许多小区间,相应地将曲边梯形分割成许多小曲边梯形,每个小区间上对应的小曲边梯形可以近似地看成小矩形.所有的小矩形面积的和,就是整个曲边梯形面积的近似值.显然,分割得越细,近似的程度越好.当分割无限细密时,小矩形面积之和的极限就是所要求曲边梯形的面积.

根据上面的分析,曲边梯形的面积可按下述步骤来计算:

(1) **分割**　在区间$[a,b]$内任取$n-1$个分点,依次为

$$a=x_0<x_1<x_2<\cdots<x_{n-1}<x_n=b,$$

它们将区间$[a,b]$分割成n个小区间

$$[x_{i-1},x_i](i=1,2,\cdots,n),$$

并用Δx_i表示每个小区间$[x_{i-1},x_i]$的长度,即

$$\Delta x_i=x_i-x_{i-1}(i=1,2,\cdots,n),$$

用直线

$$x=x_i(i=1,2,\cdots,n-1),$$

把曲边梯形分割成n个小曲边梯形(如图5.1-1所示).

(2) **近似代替**　在每个小区间$[x_{i-1},x_i](i=1,2,\cdots,n)$上任取一点$\xi_i$,作以$f(\xi_i)$为高、$\Delta x_i$为底的小矩形,其面积为$f(\xi_i)\Delta x_i$;当分点不断增多,又分割得较细密时,由于$f(x)$连续,它在每个小区间$[x_{i-1},x_i]$上的变化不大,从而可用这些小矩形的面积近似代替相应的小曲边梯形的面积.

(3) **求和**　n个小矩形面积之和就是该曲边梯形面积的近似值,即

$$A\approx\sum_{i=1}^{n}f(\xi_i)\Delta x_i.$$

(4) **取极限**　记所有小区间长度的最大值为λ,

$$\lambda=\max\{\Delta x_1,\Delta x_2,\cdots,\Delta x_n\},$$

当$\lambda\to 0$时,和式$\sum\limits_{i=1}^{n}f(\xi_i)\Delta x_i$的极限值就是曲边梯形的面积,即

$$A=\lim_{\lambda\to 0}\sum_{i=1}^{n}f(\xi_i)\Delta x_i.$$

2. 变速直线运动的位移

某物体做变速直线运动,已知速度$v=v(t)$是时间区间$[T_1,T_2]$上t的连续函数,且$v(t)\geqslant 0$,求该物体在由T_1到T_2这段时间内所经过的位移s.

由于速度v是时间t的函数,所以求位移s不能直接按匀速直线运动物体的位移公式来计算.但是,由于速度函数$v=v(t)$是区间$[T_1,T_2]$上的连续函数,在很短的一段时间内,速度的变化很小,近似于匀速.因此,如果把时间间隔分得很小,那么在一小段时间内,就可以用匀速直线运动代替变速直线运动,求其位移的近似值.具体计算如下:

(1) **分割**　在区间$[T_1,T_2]$内任取$n-1$个分点,依次为

$$T_1=t_0<t_1<t_2<\cdots<t_{n-1}<t_n=T_2,$$

它们将区间$[T_1,T_2]$分割成n个小区间

$$[t_{i-1},t_i](i=1,2,\cdots,n),$$

并用Δt_i表示区间$[t_{i-1},t_i]$的长度,即

$$\Delta t_i=t_i-t_{i-1}(i=1,2,\cdots,n),$$

(2) **近似代替**　在每个小区间$[t_{i-1},t_i]$$(i=1,2,\cdots,n)$上任取一个时刻$\xi_i$，用$\xi_i$时刻的瞬时速度$v(\xi_i)$来近似代替小区间$[t_{i-1},t_i]$上的平均速度，从而得到每个小区间上所经过位移的近似值，即$v(\xi_i)\Delta t_i$.

(3) **求和**　n段时间上的位移之和就是所求变速直线运动物体位移的近似值，即

$$s \approx \sum_{i=1}^{n} v(\xi_i)\Delta t_i.$$

(4) **取极限**　记所有小区间长度的最大值为λ，即

$$\lambda = \max\{\Delta t_1, \Delta t_2, \cdots, \Delta t_n\},$$

当$\lambda \to 0$时，和式$\sum\limits_{i=1}^{n} v(\xi_i)\Delta t_i$的极限值就是所求变速直线运动的位移$s$，即

$$s = \lim_{\lambda \to 0}\sum_{i=1}^{n} v(\xi_i)\Delta t_i.$$

二、定积分的定义

定义 5.1.1　设函数$f(x)$在$[a,b]$上有界，用分点

$$a = x_0 < x_1 < x_2 < \cdots < x_{n-1} < x_n = b,$$

将区间$[a,b]$分成n个小区间$[x_{i-1},x_i]$$(i=1,2,\cdots,n)$，各个小区间的长度依次为$\Delta x_i = x_i - x_{i-1}$$(i=1,2,\cdots,n)$. 在每个小区间$[x_{i-1},x_i]$上任取一点$\xi_i$$(i=1,2,\cdots,n)$，作乘积$f(\xi_i)\Delta x_i$，并求出和式$S=\sum\limits_{i=1}^{n} f(\xi_i)\Delta x_i$. 记$\lambda = \max\{\Delta x_1, \Delta x_2, \cdots, \Delta x_n\}$，如果不论对$[a,b]$怎样分法，也不论在小区间$[x_{i-1},x_i]$上点$\xi_i$怎样取法，只要当$\lambda \to 0$时，和$S$总趋于确定的极限$A$，这时我们称极限$A$为函数$f(x)$在区间$[a,b]$上的定积分，记作

$$\int_a^b f(x)\mathrm{d}x = \lim_{\lambda \to 0}\sum_{i=1}^{n} f(\xi_i)\Delta x_i.$$

其中，$f(x)$称为被积函数，x称为积分变量，$[a,b]$称为积分区间，$f(x)\mathrm{d}x$称为被积表达式，a,b分别称为积分下限和上限.

根据定积分的定义，前面两个引例都可以用定积分概念来描述：

曲边梯形的面积等于$y=f(x)$在其底边所在的区间$[a,b]$上的定积分，即

$$A = \int_a^b f(x)\mathrm{d}x;$$

变速直线运动的物体从时刻T_1到T_2内所经过的位移s等于其速度函数$v=v(t)$在时间区间$[T_1,T_2]$上的定积分，即

$$s = \int_{T_1}^{T_2} v(t)\mathrm{d}t.$$

三、定积分的几何意义

(1) 当$y=f(x)\geqslant 0$，定积分$\int_a^b f(x)\mathrm{d}x$的几何意义为：由连续曲线$y=f(x)$及直线$x=a$，$x=b$，$y=0$所围成的曲边梯形的面积(如图 5.1-2(a) 所示).

(2) 当 $y=f(x)\leqslant 0$ 时,定积分$\int_a^b f(x)\mathrm{d}x$ 的几何意义为:由连续曲线 $y=f(x)$ 及直线 $x=a,x=b,y=0$ 所围成的曲边梯形面积的负值(如图 5.1-2(b) 所示).

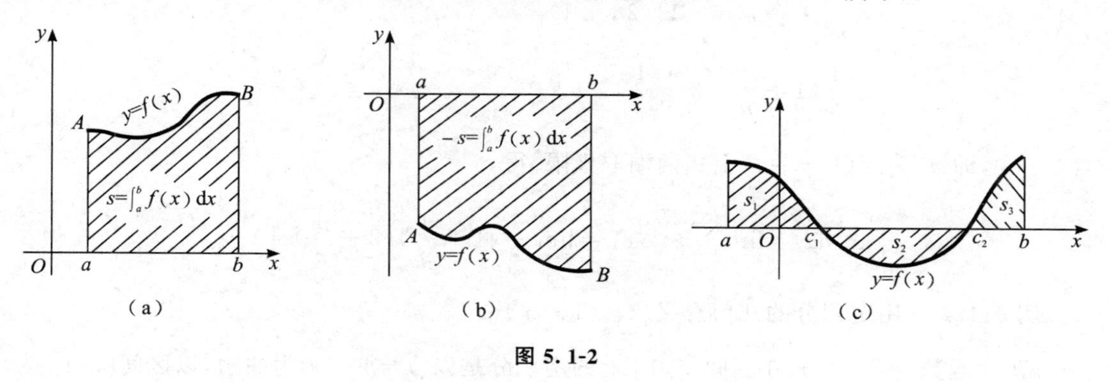

图 5.1-2

(3) 当 $f(x)$ 取值有正有负时,定积分$\int_a^b f(x)\mathrm{d}x$ 的几何意义为:介于 x 轴、函数 $f(x)$ 的图形及直线 $x=a,x=b$ 之间的各部分面积的代数和(如图 5.1-2(c) 所示).

由定积分的定义可以看出,定积分$\int_a^b f(x)\mathrm{d}x$ 的值只与被积函数 $f(x)$ 及积分区间 $[a,b]$ 有关,而与积分变量的记号无关,即

$$\int_a^b f(x)\mathrm{d}x=\int_a^b f(t)\mathrm{d}t.$$

如果函数 $f(x)$ 在$[a,b]$上的定积分存在,我们就说 $f(x)$ 在区间$[a,b]$上可积;否则就说不可积.

什么样的函数才可积呢?这个问题我们不做深入讨论,而只给出以下两个充分条件.

定理 5.1.1　如果函数 $f(x)$ 在闭区间$[a,b]$上连续,则 $f(x)$ 在$[a,b]$上可积.

由于初等函数在其定义区间上连续,所以初等函数在其定义区间包含的任何闭区间上可积.

定理 5.1.2　如果函数 $f(x)$ 在闭区间$[a,b]$上有界,且只有有限个间断点,则 $f(x)$ 在$[a,b]$上可积.

显然,无界函数是不可积的.

下面举两个分别按定义和几何意义计算定积分的例子.

例 5.1.1　利用定义计算定积分$\int_0^1 x^2\mathrm{d}x$.

解　因为被积函数 $f(x)=x^2$ 在区间$[0,1]$上连续,故 $f(x)=x^2$ 在区间$[0,1]$上可积,所以积分与区间$[0,1]$的分法及点 ξ_i 的取法无关.于是,为了便于计算,把区间$[0,1]$分成 n 等份,分点为 $x_i=\dfrac{i}{n}(i=1,2,\cdots,n-1)$,这样每个小区间$[x_{i-1},x_i]$的长度 $\Delta x_i=\dfrac{1}{n}$,$(i=1,2,\cdots,n)$,取 $\xi_i=x_i(i=1,2,\cdots,n)$.

由此得到积分和式

$$\sum_{i=1}^{n} f(\xi_i)\Delta x_i = \sum_{i=1}^{n} \xi_i^2 \Delta x_i = \sum_{i=1}^{n} x_i^2 \Delta x_i = \sum_{i=1}^{n} \left(\frac{i}{n}\right)^2 \cdot \frac{1}{n} = \frac{1}{n^3}\sum_{i=1}^{n} i^2$$
$$= \frac{1}{n^3} \cdot \frac{1}{6} n(n+1)(2n+1)$$
$$= \frac{1}{6}(1+\frac{1}{n})(2+\frac{1}{n}),$$

当 $\lambda \to 0$,即 $n \to \infty (\lambda = \frac{1}{n})$,上式两端取极限,得

$$\int_0^1 x^2 \mathrm{d}x = \lim_{\lambda \to 0} \sum_{i=1}^{n} \xi_i^2 \Delta x_i = \lim_{n \to \infty} \frac{1}{6}(1+\frac{1}{n})(2+\frac{1}{n}) = \frac{1}{3}.$$

例 5.1.2 用定积分的几何意义求 $\int_0^1 (1-x)\mathrm{d}x$.

解 函数 $y=1-x$ 在区间 $[0,1]$ 上的定积分是以 $y=1-x$ 为曲边,以区间 $[0,1]$ 为底的曲边梯形的面积. 因为以 $y=1-x$ 为曲边,以区间 $[0,1]$ 为底的曲边梯形是一直角三角形,其底边长及高均为1,所以

$$\int_0^1 (1-x)\mathrm{d}x = \frac{1}{2} \times 1 \times 1 = \frac{1}{2}.$$

四、定积分的性质

为了以后计算及应用方便,我们先对定积分做以下两点补充规定:

(1) 当 $a=b$ 时,$\int_a^a f(x)\mathrm{d}x = 0$;

(2) $\int_a^b f(x)\mathrm{d}x = -\int_b^a f(x)\mathrm{d}x$.

性质 5.1.1 若函数 $f(x)$ 在 $[a,b]$ 上可积,k 为常数,则 $kf(x)$ 在 $[a,b]$ 上也可积,且

$$\int_a^b kf(x)\mathrm{d}x = k\int_a^b f(x)\mathrm{d}x.$$

证
$$\int_a^b kf(x)\mathrm{d}x = \lim_{\lambda \to 0} \sum_{i=1}^{n} kf(\xi_i)\Delta x_i = \lim_{\lambda \to 0} k \sum_{i=1}^{n} f(\xi_i)\Delta x_i$$
$$= k \lim_{\lambda \to 0} \sum_{i=1}^{n} f(\xi_i)\Delta x_i = k\int_a^b f(x)\mathrm{d}x,$$

即常数因子可提到积分号前.

性质 5.1.2 若函数 $f(x)$、$g(x)$ 在 $[a,b]$ 上可积,则 $f(x) \pm g(x)$ 在 $[a,b]$ 上也可积,且有

$$\int_a^b [f(x) \pm g(x)]\mathrm{d}x = \int_a^b f(x)\mathrm{d}x \pm \int_a^b g(x)\mathrm{d}x.$$

证
$$\int_a^b [f(x) \pm g(x)]\mathrm{d}x = \lim_{\lambda \to 0} \sum_{i=1}^{n} [f(\xi_i) \pm g(\xi_i)]\Delta x_i$$
$$= \lim_{\lambda \to 0} \sum_{i=1}^{n} f(\xi_i)\Delta x_i \pm \lim_{\lambda \to 0} \sum_{i=1}^{n} g(\xi_i)\Delta x_i$$
$$= \int_a^b f(x)\mathrm{d}x \pm \int_a^b g(x)\mathrm{d}x.$$

性质 5.1.3(可加性)　函数 $f(x)$ 在$[a,b]$上可积，对任意的 $c\in(a,b)$，则有

$$\int_a^b f(x)\mathrm{d}x=\int_a^c f(x)\mathrm{d}x+\int_c^b f(x)\mathrm{d}x.$$

证　因为函数 $f(x)$ 在$[a,b]$上可积，所以不论把$[a,b]$怎样分，积分和的极限总是不变的.因此，我们在分区间时，可以使 c 永远是个分点，那么$[a,b]$上的积分和等于$[a,c]$上的积分和加$[c,b]$上的积分和，记为

$$\sum_{[a,b]}f(\xi_i)\Delta x_i=\sum_{[a,c]}f(\xi_i)\Delta x_i+\sum_{[c,b]}f(\xi_i)\Delta x_i.$$

令 $\lambda\to 0$，上式两端同时取极限，即得

$$\int_a^b f(x)\mathrm{d}x=\int_a^c f(x)\mathrm{d}x+\int_c^b f(x)\mathrm{d}x.$$

这个性质表明定积分对于区间具有可加性.按定积分的补充规定，无论 c 内分还是外分区间$[a,b]$，等式$\int_a^b f(x)\mathrm{d}x=\int_a^c f(x)\mathrm{d}x+\int_c^b f(x)\mathrm{d}x$ 都成立.

例如 $a<b<c$，$\int_a^c f(x)\mathrm{d}x=\int_a^b f(x)\mathrm{d}x+\int_b^c f(x)\mathrm{d}x$，于是

$$\int_a^b f(x)\mathrm{d}x=\int_a^c f(x)\mathrm{d}x-\int_b^c f(x)\mathrm{d}x=\int_a^c f(x)\mathrm{d}x+\int_c^b f(x)\mathrm{d}x.$$

性质 5.1.4　如果在区间$[a,b]$上 $f(x)\equiv 1$，则$\int_a^b 1\cdot\mathrm{d}x=\int_a^b\mathrm{d}x=b-a$.

性质 5.1.5　设函数 $f(x)$ 在$[a,b]$上可积，且 $f(x)\geqslant 0,x\in[a,b]$，则$\int_a^b f(x)\mathrm{d}x\geqslant 0$.

证　因为 $f(x)\geqslant 0$，所以 $f(\xi_i)\geqslant 0(i=1,2,\cdots,n)$，又由于 $\Delta x_i\geqslant 0$，因此

$$\sum_{i=1}^n f(\xi_i)\Delta x_i\geqslant 0,$$

令 $\lambda=\max\{\Delta x_1,\Delta x_2,\cdots,\Delta x_n\}$，则$\lim\limits_{\lambda\to 0}\sum\limits_{i=1}^n f(\xi_i)\Delta x_i=\int_a^b f(x)\mathrm{d}x\geqslant 0$.

推论 5.1.1(保序性)　若 $x\in[a,b]$，函数 $f(x)$、$g(x)$ 在$[a,b]$上可积，且 $f(x)\leqslant g(x)$，则

$$\int_a^b f(x)\mathrm{d}x\leqslant\int_a^b g(x)\mathrm{d}x.$$

证　因为 $f(x)\leqslant g(x)$，所以 $g(x)-f(x)\geqslant 0$. 由性质 5.1.5 得，

$$\int_a^b[g(x)-f(x)]\mathrm{d}x\geqslant 0,$$

即

$$\int_a^b g(x)\mathrm{d}x-\int_a^b f(x)\mathrm{d}x\geqslant 0,$$

于是

$$\int_a^b f(x)\mathrm{d}x\leqslant\int_a^b g(x)\mathrm{d}x.$$

再利用推论 5.1.1 及性质 5.1.2 可得下面推论：

推论 5.1.2 若函数 $f(x)$ 在$[a,b]$上可积，则$|f(x)|$也在$[a,b]$上可积，且

$$\left|\int_a^b f(x)\mathrm{d}x\right| \leqslant \int_a^b |f(x)|\mathrm{d}x.$$

性质 5.1.6(估值不等式) 设 M 及 m 分别是连续函数 $f(x)$ 在$[a,b]$上的最大值及最小值，则

$$m(b-a) \leqslant \int_a^b f(x)\mathrm{d}x \leqslant M(b-a).$$

证 因为 $m \leqslant f(x) \leqslant M$，所以由推论 5.1.1 得

$$\int_a^b m\mathrm{d}x \leqslant \int_a^b f(x)\mathrm{d}x \leqslant \int_a^b M\mathrm{d}x,$$

再由性质 5.1.1 及性质 5.1.4，即得 $m(b-a) \leqslant \int_a^b f(x)\mathrm{d}x \leqslant M(b-a)$.

性质 5.1.7(积分中值定理) 若 $f(x)$ 在$[a,b]$上连续，则至少存在一点 $\xi \in [a,b]$，使得

$$\int_a^b f(x)\mathrm{d}x = f(\xi)(b-a).$$

证 把性质 5.1.6 中的不等式各除以 $b-a$，得

$$m \leqslant \frac{1}{b-a}\int_a^b f(x)\mathrm{d}x \leqslant M,$$

由闭区间上连续函数的介值定理知，在区间$[a,b]$上至少存在一个点 ξ，使

$$f(\xi) = \frac{1}{b-a}\int_a^b f(x)\mathrm{d}x,$$

即

$$\int_a^b f(x)\mathrm{d}x = f(\xi)(b-a)\ (a \leqslant \xi \leqslant b).$$

积分中值定理的几何意义：若 $f(x)$ 在$[a,b]$上非负连续，则 $y=f(x)$ 在$[a,b]$上的曲边梯形的面积等于以 $f(\xi) = \frac{1}{b-a}\int_a^b f(x)\mathrm{d}x$ 为高，$[a,b]$ 为底的矩形的面积(如图 5.1-3 所示).

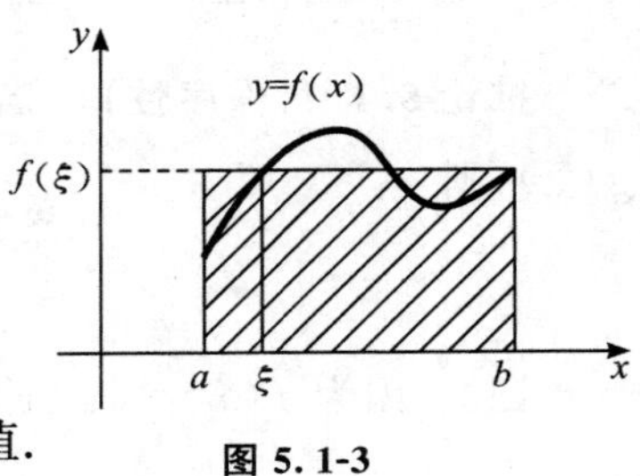

图 5.1-3

一般地，称$\frac{1}{b-a}\int_a^b f(x)\mathrm{d}x$ 为 $f(x)$ 在$[a,b]$上的平均值.

习题 5-1

1. 利用定积分的定义计算由直线 $y=x$，$x=1$，$x=2$ 及横轴所围成的图形的面积.

2. 用定积分的几何意义计算：

(1) $\int_1^2 2x\,\mathrm{d}x$；　　(2) $\int_{-1}^1 |x|\,\mathrm{d}x$；

(3) $\int_0^a \sqrt{a^2-x^2}\,\mathrm{d}x$；　　(4) $\int_0^{2\pi} \sin x\,\mathrm{d}x$.

3. 比较下列各组定积分值的大小：

(1) $\int_0^1 x\,\mathrm{d}x$，$\int_0^1 x^2\,\mathrm{d}x$；　　(2) $\int_3^4 \ln x\,\mathrm{d}x$，$\int_3^4 (\ln x)^2\,\mathrm{d}x$.

4. 估计定积分的值：

(1) $\int_0^9 \mathrm{e}^{\sqrt{x}}\,\mathrm{d}x$；　　(2) $\int_{-1}^1 (4x^4-2x^3+5)\,\mathrm{d}x$；

(3) $\int_1^2 \frac{x}{x^2+1}\,\mathrm{d}x$.

5. 设 $f(x)$ 在区间$[a,b]$上连续，且 $f(x)\geqslant 0$ 但 $f(x)\not\equiv 0$，证明$\int_a^b f(x)\,\mathrm{d}x>0$.

第二节　微积分的基本公式

在上一节中，我们举了应用定积分的定义计算积分的例子，从中可以看到直接用定义计算定积分的值，尽管被积函数很简单，也是一件十分困难的事.所以，需要寻找简便而有效的计算方法.

我们先从实际问题中寻找解决问题的线索.为此，需要进一步研究变速直线运动中位置函数 $s(t)$ 与速度函数 $v(t)$ 的联系.设某物体做直线运动，已知速度 $v=v(t)$ 是时间间隔$[T_1,T_2]$上 t 的一个连续函数，且 $v(t)\geqslant 0$，则由上一节可知，物体在这段时间内所经过的路程为$\int_{T_1}^{T_2} v(t)\,\mathrm{d}t$；但是，这段路程又可表示为位移函数 $s(t)$ 在区间$[T_1,T_2]$上的增量 $s(T_2)-s(T_1)$，所以位移函数与速度函数之间的关系为

$$\int_{T_1}^{T_2} v(t)\,\mathrm{d}t=s(T_2)-s(T_1).$$

另一方面，我们知道 $s'(t)=v(t)$，即位移函数 $s(t)$ 是速度函数 $v(t)$ 的原函数.所以上述关系式表示速度函数 $v(t)$ 在区间$[T_1,T_2]$上的定积分等于 $v(t)$ 的原函数 $s(t)$ 在区间

$[T_1, T_2]$ 上的增量.

上述从变速直线运动的路程这个特殊问题中得出来的关系在一定条件下具有普遍性,这就是牛顿-莱布尼兹公式或微积分基本公式.

一、积分上限函数及其导数

我们知道,若 $f(x)$ 在区间$[a,b]$上连续,则定积分$\int_a^b f(x)\mathrm{d}x$ 在几何上表示连续曲线 $y=f(x)$ 在区间$[a,b]$上曲边梯形的面积(不妨设 $f(x)\geqslant 0$).如果 x 是区间$[a,b]$上任一点,则定积分$\int_a^x f(t)\mathrm{d}t$ 在几何上表示曲线 $y=f(x)$ 在部分区间$[a,x]$上曲边梯形 $AaxC$ 的面积,如图 5.2-1 阴影部分所示(这里把 $f(x)$ 换写成 $f(t)$,是为了避免 $f(x)$ 的自变量 x 与$[a,x]$的端点发生混淆).当 x 在区间$[a,b]$上发生变化时,阴影部分的曲边梯形的面积也随之变化,由此我们得到积分上限函数的定义.

定义 5.2.1 设函数 $f(t)$ 在区间$[a,b]$上连续,且 x 为$[a,b]$上的任一点,则函数 $f(t)$ 在$[a,x]$上可积.定积分$\int_a^x f(t)\mathrm{d}t$ 对每一个取定的 x 值都有一个对应值,记为

$$\Phi(x)=\int_a^x f(t)\mathrm{d}t, a\leqslant x\leqslant b,$$

$\Phi(x)$ 是积分上限 x 的函数,称为积分上限函数,或变上限函数或变上限积分.

定理 5.2.1 如果函数 $f(x)$ 在区间$[a,b]$上连续,那么积分上限函数 $\Phi(x)=\int_a^x f(t)\mathrm{d}t$ 在$[a,b]$上具有导数,并且它的导数为

$$\Phi'(x)=\frac{\mathrm{d}}{\mathrm{d}x}\int_a^x f(t)\mathrm{d}t=f(x)(a\leqslant x\leqslant b).$$

证 若 $x\in(a,b)$,当上限 x 获得增量 Δx $(x+\Delta x\in[a,b])$ 时(如图 5.2-1 所示),则 $\Phi(x)$ 在 $x+\Delta x$ 处的函数值为 $\Phi(x+\Delta x)=\int_a^{x+\Delta x} f(t)\mathrm{d}t$,由此得到函数的增量

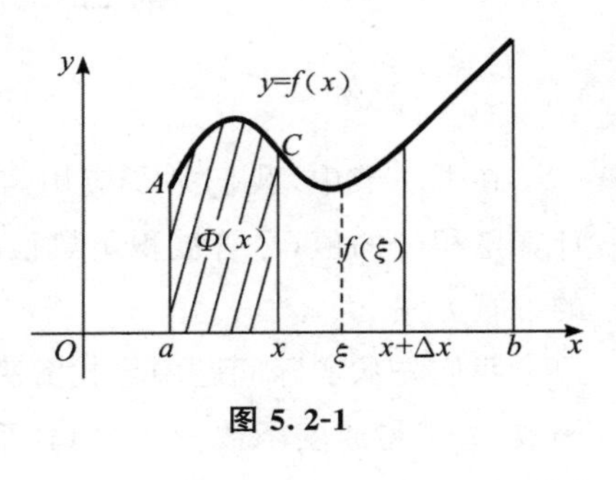

图 5.2-1

$$\begin{aligned}\Delta\Phi=\Phi(x+\Delta x)-\Phi(x)&=\int_a^{x+\Delta x} f(t)\mathrm{d}t-\int_a^x f(t)\mathrm{d}t\\&=\int_a^x f(t)\mathrm{d}t+\int_x^{x+\Delta x} f(t)\mathrm{d}t-\int_a^x f(t)\mathrm{d}t\\&=\int_x^{x+\Delta x} f(t)\mathrm{d}t,\end{aligned}$$

由积分中值定理,得

$$\Delta\Phi=f(\xi)\Delta x, \xi\in[x,x+\Delta x], \text{即} \frac{\Delta\Phi}{\Delta x}=f(\xi).$$

因为 $f(x)$ 在$[a,b]$上连续,而 $\Delta x\to 0$ 时,必有 $\xi\to x$,所以$\lim\limits_{\Delta x\to 0} f(\xi)=f(x)$.从而,有

$$\lim_{\Delta x\to 0}\frac{\Delta\Phi}{\Delta x}=\lim_{\Delta x\to 0} f(\xi)=f(x).$$

这就说明，$\Phi(x)$ 在点 x 处可导，且 $\Phi'(x)=f(x)$.

若 x 取 a 或 b，则以上 $\Delta x \to 0$ 分别改为 $\Delta x \to 0^+$ 与 $\Delta x \to 0^-$，就得

$$\Phi'_+(a)=f(a) \text{ 与 } \Phi'_-(b)=f(b).$$

这个定理的重要意义是：一方面证明了连续函数的原函数是存在的；另一方面初步揭示了积分学中的定积分与原函数的联系.

定理 5.2.2　如果函数 $f(x)$ 在区间 $[a,b]$ 上连续，那么函数 $\Phi(x)=\int_a^x f(t)\mathrm{d}t$ 是 $f(x)$ 在 $[a,b]$ 上的一个原函数.

例 5.2.1　设 $f(x)$ 在 $[0,+\infty)$ 内连续且 $f(x)>0$，证明函数 $F(x)=\dfrac{\int_0^x tf(t)\mathrm{d}t}{\int_0^x f(t)\mathrm{d}t}$ 在 $(0,+\infty)$ 内为单调增加函数.

证　由积分上限函数的导数公式，得

$$\frac{\mathrm{d}}{\mathrm{d}x}\int_0^x tf(t)\mathrm{d}t=xf(x),\frac{\mathrm{d}}{\mathrm{d}x}\int_0^x f(t)\mathrm{d}t=f(x).$$

所以

$$F'(x)=\frac{xf(x)\int_0^x f(t)\mathrm{d}t-f(x)\int_0^x tf(t)\mathrm{d}t}{\left(\int_0^x f(t)\mathrm{d}t\right)^2}=\frac{f(x)\int_0^x (x-t)f(t)\mathrm{d}t}{\left(\int_0^x f(t)\mathrm{d}t\right)^2}.$$

由题设知，$0<t<x, f(t)>0, (x-t)f(t)>0$，所以

$$\int_0^x (x-t)f(t)\mathrm{d}t>0 \text{ 且} \int_0^x f(t)\mathrm{d}x>0,$$

从而 $F'(x)>0(x>0)$，这就证明了 $F(x)$ 在 $[0,+\infty)$ 内为单调增加函数.

三、牛顿-莱布尼兹公式

下面将要介绍一个重要定理 —— 微积分基本定理，它不仅为定积分的计算提供了一个有效的方法，而且在理论上把定积分与不定积分紧密地联系起来.

定理 5.2.3　若函数 $f(x)$ 在 $[a,b]$ 上连续，且存在原函数 $F(x)$，则 $f(x)$ 在 $[a,b]$ 上可积，且

$$\int_a^b f(x)\mathrm{d}x=F(b)-F(a).$$

此公式叫作牛顿-莱布尼茨公式，也叫作微积分基本公式，记作

$$\int_a^b f(x)\mathrm{d}x=F(x)\Big|_a^b=F(b)-F(a).$$

证　由定理 5.2.2 知，$\Phi(x)=\int_a^x f(t)\mathrm{d}t$ 是函数 $f(x)$ 的一个原函数，所以

$$F(x)-\Phi(x)=C(C \text{ 为常数}),$$

即

$$F(x)-\int_a^x f(t)\mathrm{d}t=C,$$

令 $x=a$,代入上式,得 $F(a)=C$,于是

$$\int_a^x f(t)\mathrm{d}t=F(x)-F(a),$$

再令 $x=b$,代入上式,得

$$\int_a^b f(t)\mathrm{d}t=F(b)-F(a).$$

微积分基本公式表明,一个连续函数在区间$[a,b]$上的定积分等于它的任意一个原函数在区间$[a,b]$上的增量.将求定积分问题转化为求原函数的问题.

注意当 $a>b$ 时,$\int_a^b f(x)\mathrm{d}x=F(b)-F(a)$ 仍成立.

例 5.2.2 计算定积分$\int_0^1 x^2\mathrm{d}x$.

解 由于$\frac{x^3}{3}$是 x^2 的一个原函数,所以按牛顿-莱布尼兹公式,有

$$\int_0^1 x^2\mathrm{d}x=\frac{x^3}{3}\bigg|_0^1=\frac{1}{3}.$$

例 5.2.3 计算$\int_1^{\sqrt{3}}\frac{1}{1+x^2}\mathrm{d}x$.

解 $\int_1^{\sqrt{3}}\frac{1}{1+x^2}\mathrm{d}x=\arctan x\ \Big|_1^{\sqrt{3}}=\arctan\sqrt{3}-\arctan 1=\frac{\pi}{3}-\frac{\pi}{4}=\frac{\pi}{12}$.

例 5.2.4 计算$\int_0^3|x-1|\mathrm{d}x$.

解 $\int_0^3|x-1|\mathrm{d}x=\int_0^1(1-x)\mathrm{d}x+\int_1^3(x-1)\mathrm{d}x=\left(x-\frac{1}{2}x^2\right)\Big|_0^1+\left(\frac{1}{2}x^2-x\right)\Big|_1^3$

$=\frac{5}{2}$.

绝对值函数求定积分时,应先去绝对值号,插入改变符号的分点.

例 5.2.5 计算正弦曲线 $y=\sin x$ 在$[0,\pi]$上与 x 轴所围成的平面图形的面积.

解 这图形是曲边梯形的一个特例.它的面积

$$A=\int_0^\pi \sin x\,\mathrm{d}x=[-\cos x]_0^\pi=1-(-1)=2.$$

例 5.2.6 汽车以每小时 36 km 速度行驶,到某处需要减速停车.设汽车以等加速度 $a=-5\ \mathrm{m/s^2}$ 刹车,问从开始刹车到停车,汽车走了多少距离?

解 从开始刹车到停车所需的时间:当 $t=0$ 时,汽车速度

$$v_0=36\ \mathrm{km/h}=\frac{36\times 1000}{3600}\mathrm{m/s}=10\ \mathrm{m/s}.$$

刹车后 t 时刻汽车的速度为

$$v(t)=v_0+at=10-5t.$$

当汽车停止时,速度 $v(t)=0$,从

$$v(t)=10-5t=0$$

得,

$$t=2(\mathrm{s}).$$

于是从开始刹车到停车汽车所走过的距离为

$$s=\int_0^2 v(t)\mathrm{d}t=\int_0^2(10-5t)\mathrm{d}t=\left[10t-5\cdot\frac{1}{2}t^2\right]_0^2=10(\mathrm{m}),$$

即在刹车后,汽车需走过 10 m 才能停住.

根据定理 5.2.3 还可以推得如下结论:

推论 5.2.1　如果 $f(t)$ 连续,$a(x)$、$b(x)$ 可导,则

$$\left(\int_{a(x)}^{b(x)}f(t)\mathrm{d}t\right)'=f[b(x)]b'(x)-f[a(x)]a'(x).$$

证　设 $F(t)$ 是 $f(t)$ 的一个原函数,由定理 5.2.3,得

$$\int_{a(x)}^{b(x)}f(t)\mathrm{d}t=F[b(x)]-F[a(x)].$$

于是

$$\begin{aligned}\left(\int_{a(x)}^{b(x)}f(t)\mathrm{d}t\right)'&=F'[b(x)]b'(x)-F'[a(x)]a'(x)\\&=f[b(x)]b'(x)-f[a(x)]a'(x).\end{aligned}$$

例 5.2.7　求 $\lim\limits_{x\to0}\dfrac{\int_{\cos x}^{1}\mathrm{e}^{-t^2}\mathrm{d}t}{x^2}$.

解　这是一个 $\dfrac{0}{0}$ 型未定式,由洛必达法则,得

$$\lim_{x\to0}\frac{\int_{\cos x}^{1}\mathrm{e}^{-t^2}\mathrm{d}t}{x^2}=\lim_{x\to0}\frac{\sin x\,\mathrm{e}^{-\cos^2x}}{2x}=\frac{1}{2\mathrm{e}}.$$

习题 5-2

1. 计算下列各式的导数:

(1) $y=\int_0^{x^2}\sqrt{1+t}\,\mathrm{d}t$;　(2) $y=\int_x^0\cos t^3\,\mathrm{d}t$;　(3) $y=\int_{\sin x}^{\cos x}\mathrm{e}^{t^2}\mathrm{d}t$.

2. 求下列各极限:

(1) $\lim\limits_{x\to0}\dfrac{\int_0^{x^2}\sin t^2\,\mathrm{d}t}{x^6}$;　(2) $\lim\limits_{x\to0}\dfrac{\left(\int_0^x\mathrm{e}^{t^2}\mathrm{d}t\right)^2}{\int_0^x t\,\mathrm{e}^{2t^2}\mathrm{d}t}$;

(3) $\lim\limits_{x\to1}\dfrac{\int_1^x\sin\pi t\,\mathrm{d}t}{1+\cos\pi x}$;　(4) $\lim\limits_{x\to0}\dfrac{\int_0^x t^2\,\mathrm{d}t}{\sqrt{1+x^3}-1}$.

3. 求函数 $F(x)=\int_0^x te^{-t^2}\,dt$ 的极值.

4. 求由方程 $\int_0^y e^{-t}\,dt+\int_0^x \sin t\,dt=0$ 所确定的隐函数 $y=y(x)$ 的导数.

5. 求下列定积分:

(1) $\int_0^2 |1-x|\,dx$; (2) $\int_{-2}^1 x^2|x|\,dx$.

6. 设 $f(x)=\begin{cases} x^2 & 0\leqslant x\leqslant 1 \\ x & -1\leqslant x<0 \end{cases}$,求 $\int_{-1}^1 f(x)\,dx$.

7. 求下列定积分:

(1) $\int_0^2 x^2\,dx$; (2) $\int_0^1 \sqrt{x}\,dx$;

(3) $\int_1^4 \frac{1}{\sqrt{x}}\,dx$; (4) $\int_{-2}^2 \max\{1,x^2\}\,dx$;

(5) $\int_0^{\sqrt{3}} \frac{1}{1+x^2}\,dx$; (6) $\int_0^1 \frac{1}{100+x^2}\,dx$;

(7) $\int_0^{\pi} \sin^2\frac{x}{2}\,dx$; (8) $\int_0^{\frac{\pi}{4}} \tan^2 x\,dx$.

8. 设 $f(x)$ 在 $[a,b]$ 上连续,且 $f(x)>0$,又 $F(x)=\int_a^x f(t)\,dt+\int_b^x \frac{1}{f(t)}\,dt$,试证:

(1) $F'(x)\geqslant 2$;

(2) 方程 $F(x)=0$ 在 (a,b) 内有一个且仅有一个实根.

第三节 定积分的换元法和分部积分法

一、定积分的换元法

由牛顿-莱布尼茨公式知道,计算定积分 $\int_a^b f(x)\,dx$ 的简便方法是把它转化为求 $f(x)$ 的原函数的增量.在第四章中,我们已经知道用换元法可求出一些函数的原函数.因此,在一定条件下,可以用换元法来计算定积分.

定理 5.3.1 设函数 $f(x)$ 在 $[a,b]$ 上连续,函数 $x=\varphi(t)$ 满足条件:

(1) $\varphi(\alpha)=a,\varphi(\beta)=b$;

(2) $\varphi(t)$ 在 $[\alpha,\beta]$(或 $[\beta,\alpha]$)上具有连续导数,且其值域不越出 $[a,b]$,

则有

$$\int_a^b f(x)\,dx=\int_\alpha^\beta f[\varphi(t)]\varphi'(t)\,dt.$$

这个公式称为定积分的换元公式.

证　设 $F(x)$ 是 $f(x)$ 的一个原函数，则

$$\int_a^b f(x)\mathrm{d}x = F(b) - F(a),$$

再令 $\Phi(t) = F[\varphi(t)]$ 则

$$\Phi'(t) = \frac{\mathrm{d}F}{\mathrm{d}x} \cdot \frac{\mathrm{d}x}{\mathrm{d}t} = f(x)\varphi'(t) = f[\varphi(t)]\varphi'(t),$$

所以 $\Phi(t)$ 是 $f[\varphi(t)]\varphi'(t)$ 的一个原函数.于是

$$\int_\alpha^\beta f[\varphi(t)]\varphi'(t)\mathrm{d}t = \Phi(\beta) - \Phi(\alpha).$$

又因为 $\varphi(\alpha) = a$，$\varphi(\beta) = b$，所以

$$\Phi(\beta) - \Phi(\alpha) = F[\varphi(\beta)] - F[\varphi(\alpha)] = F(b) - F(a),$$

$$\int_a^b f(x)\mathrm{d}x = F(b) - F(a) = \Phi(\beta) - \Phi(\alpha) = \int_\alpha^\beta f[\varphi(t)]\varphi'(t)\mathrm{d}t.$$

当 $\alpha > \beta$ 时，换元公式仍成立.

应用换元公式时应注意：用 $x = \varphi(t)$ 把变量 x 换成新变量 t 时，积分限也相应地改变.

例 5.3.1　计算 $\int_0^a \sqrt{a^2 - x^2}\,\mathrm{d}x\ (a > 0)$.

解　令 $x = a\sin t\left(-\frac{\pi}{2} \leqslant t \leqslant \frac{\pi}{2}\right)$，则 $\mathrm{d}x = a\cos t\,\mathrm{d}t$.

$$\sqrt{a^2 - x^2} = \sqrt{a^2 - a^2\sin^2 t} = a\cos t,$$

又当 $x = 0$ 时，$t = 0$；当 $x = a$ 时，$t = \frac{\pi}{2}$.于是

$$\int_0^a \sqrt{a^2 - x^2}\,\mathrm{d}x = \int_0^{\frac{\pi}{2}} a\cos t \cdot a\cos t\,\mathrm{d}t = a^2\int_0^{\frac{\pi}{2}} \cos^2 t\,\mathrm{d}t = \frac{a^2}{2}\int_0^{\frac{\pi}{2}} (1 + \cos 2t)\mathrm{d}t$$

$$= \frac{a^2}{2}\left(t + \frac{1}{2}\sin 2t\right)\Bigg|_0^{\frac{\pi}{2}} = \frac{1}{4}\pi a^2.$$

换元公式也可以反过来使用.把换元公式中左、右两端对调位置，同时把 t 改记为 x，而把 x 改记为 t，得到

$$\int_a^b f[\varphi(x)]\varphi'(x)\mathrm{d}x = \int_\alpha^\beta f(t)\mathrm{d}t.$$

这样，可以用 $t = \varphi(x)$ 来引入新变量 t，而 $\alpha = \varphi(a)$，$\beta = \varphi(b)$.

例 5.3.2　计算 $\int_0^{\frac{\pi}{2}} \cos^5 x\sin x\,\mathrm{d}x$.

解　设 $t = \cos x$，则 $\mathrm{d}t = -\sin x\,\mathrm{d}x$，并且当 $x = 0$ 时，$t = 1$；当 $x = \frac{\pi}{2}$ 时，$t = 0$. 于是

$$\int_0^{\frac{\pi}{2}} \cos^5 x\sin x\,\mathrm{d}x = -\int_1^0 t^5\,\mathrm{d}t = \int_0^1 t^5\,\mathrm{d}t = \frac{t^6}{6}\Bigg|_0^1 = \frac{1}{6}.$$

在例 5.3.2 中，可类似于不定积分的第一换元法（凑微分法）直接求得被积函数的原函数，而不必明显地写出新变量 t，这样定积分的上、下限就不用变更.现在用这种记法计算如下：

$$\int_0^{\frac{\pi}{2}} \cos^5 x \sin x \, dx = -\int_0^{\frac{\pi}{2}} \cos^5 x \, d(\cos x) = -\frac{\cos^6 x}{6}\Big|_0^{\frac{\pi}{2}} = \frac{1}{6}.$$

例 5.3.3 计算$\int_0^4 \frac{1}{1+\sqrt{x}} dx$.

解 令$\sqrt{x}=t$,则 $x=t^2$,$dx=2t\,dt$,且当 $x=0$ 时,$t=0$;$x=4$ 时 $t=2$. 于是

$$\int_0^4 \frac{1}{1+\sqrt{x}} dx = \int_0^2 \frac{2t}{1+t} dt = 2\int_0^2 \left(1-\frac{1}{1+t}\right) dt$$

$$= 2[t - \ln|1+t|]\big|_0^2 = 4 - 2\ln 3.$$

例 5.3.4 设函数 $f(x)$ 在$[-a,a]$上连续,求证:

(1) 当 $f(x)$ 为偶函数时,$\int_{-a}^a f(x)dx = 2\int_0^a f(x)dx$;

(2) 当 $f(x)$ 为奇函数时,$\int_{-a}^a f(x)dx = 0$.

证 因为

$$\int_{-a}^a f(x)dx = \int_{-a}^0 f(x)dx + \int_0^a f(x)dx,$$

令$\int_{-a}^0 f(x)dx$ 中的 $x=-t$,则 $dx=-dt$,$x=-a$,$t=a$;$x=0$,$t=0$,则

$$\int_{-a}^0 f(x)dx = \int_a^0 f(-t)(-dt) = \int_0^a f(-t)dt = \int_0^a f(-x)dx.$$

于是

$$\int_{-a}^a f(x)dx = \int_{-a}^0 f(x)dx + \int_0^a f(x)dx = \int_0^a [f(-x)+f(x)]dx$$

(1) 由于 $f(x)$ 是偶函数,则 $f(-x)=f(x)$,

$$\int_{-a}^a f(x)dx = \int_0^a [f(-x)+f(x)]dx = 2\int_0^a f(x)dx.$$

(2) 由于 $f(x)$ 是奇函数,则 $f(-x)=-f(x)$,

$$\int_{-a}^a f(x)dx = \int_0^a [f(-x)+f(x)]dx = 0.$$

例 5.3.4 给出了奇(偶)函数在对称区间上积分的重要结论.遇到这类积分,使用这一结论可以简化计算.例如:

$$\int_{-1}^1 \frac{x\,dx}{\sqrt{4-x^2}} = 0.$$

例 5.3.5 若 $f(x)$ 在$[0,1]$上连续,证明:

(1) $\int_0^{\frac{\pi}{2}} f(\sin x)dx = \int_0^{\frac{\pi}{2}} f(\cos x)dx$;

(2) $\int_0^{\pi} x f(\sin x)dx = \frac{\pi}{2}\int_0^{\pi} f(\sin x)dx$.

由此计算$\int_0^{\pi} \frac{x\sin x}{1+\cos^2 x} dx$.

证 (1) 设 $x=\frac{\pi}{2}-t$，则 $dx=-dt$；当 $x=0$ 时，$t=\frac{\pi}{2}$；当 $x=\frac{\pi}{2}$ 时，$t=0$. 于是

$$\int_0^{\frac{\pi}{2}} f(\sin x)dx=-\int_{\frac{\pi}{2}}^0 f\left[\sin\left(\frac{\pi}{2}-t\right)\right]dt=\int_0^{\frac{\pi}{2}} f(\cos t)dt=\int_0^{\frac{\pi}{2}} f(\cos x)dx;$$

(2) 设 $x=\pi-t$，则 $dx=-dt$；当 $x=0$ 时，$t=\pi$；当 $x=\pi$ 时，$t=0$. 于是

$$\int_0^{\pi} xf(\sin x)dx=-\int_{\pi}^0(\pi-t)f[\sin(\pi-t)]dt=\int_0^{\pi}(\pi-t)f(\sin t)dt,$$

$$\begin{aligned}\int_0^{\pi} xf(\sin x)dx&=\pi\int_0^{\pi} f(\sin t)dt-\int_0^{\pi} tf(\sin t)dt\\&=\pi\int_0^{\pi} f(\sin x)dx-\int_0^{\pi} xf(\sin x)dx,\end{aligned}$$

所以

$$\int_0^{\pi} xf(\sin x)dx=\frac{\pi}{2}\int_0^{\pi} f(\sin x)dx.$$

$$\begin{aligned}\int_0^{\pi}\frac{x\sin x}{1+\cos^2 x}dx&=\frac{\pi}{2}\int_0^{\pi}\frac{\sin x}{1+\cos^2 x}dx=-\frac{\pi}{2}\int_0^{\pi}\frac{1}{1+\cos^2 x}d(\cos x)\\&=-\frac{\pi}{2}[\arctan(\cos x)]_0^{\pi}=-\frac{\pi}{2}\left(-\frac{\pi}{4}-\frac{\pi}{4}\right)=\frac{\pi^2}{4}.\end{aligned}$$

例 5.3.6 设函数 $f(x)=\begin{cases}xe^{-x^2} & x\geqslant 0\\ \frac{1}{1+\cos x} & -1<x<0\end{cases}$，计算 $\int_1^4 f(x-2)dx$.

解 设 $x-2=t$，则 $dx=dt$，且当 $x=1$ 时，$t=-1$；当 $x=4$ 时，$t=2$. 于是

$$\begin{aligned}\int_1^4 f(x-2)dx&=\int_{-1}^2 f(t)dt=\int_{-1}^0\frac{1}{1+\cos t}dt+\int_0^2 te^{-t^2}dt\\&=[\tan\frac{t}{2}]_{-1}^0-[\frac{1}{2}e^{-t^2}]_0^2=\tan\frac{1}{2}-\frac{1}{2}e^{-4}+\frac{1}{2}.\end{aligned}$$

四、定积分的分部积分法

定积分分部积分法：设函数 $u(x)$、$v(x)$ 在区间 $[a,b]$ 上具有连续导数 $u'(x)$、$v'(x)$，则

$$\int_a^b uv'dx=uv\mid_a^b-\int_a^b u'vdx \text{ 或 } \int_a^b udv=uv\mid_a^b-\int_a^b vdu.$$

例 5.3.7 计算 $\int_0^{\sqrt{3}}\arctan x\,dx$.

解
$$\begin{aligned}\int_0^{\sqrt{3}}\arctan x\,dx&=x\arctan x\mid_0^{\sqrt{3}}-\int_0^{\sqrt{3}}\frac{x}{1+x^2}dx\\&=\frac{\sqrt{3}}{3}\pi-\frac{1}{2}\ln(1+x^2)\mid_0^{\sqrt{3}}\\&=\frac{\sqrt{3}}{3}\pi-\ln 2.\end{aligned}$$

例 5.3.8 计算$\int_0^{\frac{\pi}{2}} x\cos x\,\mathrm{d}x$.

解 $\int_0^{\frac{\pi}{2}} x\cos \mathrm{d}x = \int_0^{\frac{\pi}{2}} x\,\mathrm{d}(\sin x) = x\sin x\,\Big|_0^{\frac{\pi}{2}} - \int_0^{\frac{\pi}{2}} \sin x\,\mathrm{d}x = (\frac{\pi}{2} - 0) + \cos x\,\Big|_0^{\frac{\pi}{2}} = \frac{\pi}{2} - 1.$

例 5.3.9 计算$\int_0^1 \mathrm{e}^{\sqrt{x}}\,\mathrm{d}x$.

解 令$\sqrt{x} = t$,则 $x = t^2$,从而 $\mathrm{d}x = 2t\,\mathrm{d}t$.当 $x = 0$ 时,$t = 0$;当 $x = 1$ 时,$t = 1$. 于是

$$\int_0^1 \mathrm{e}^{\sqrt{x}}\,\mathrm{d}x = 2\int_0^1 \mathrm{e}^t t\,\mathrm{d}t = 2\int_0^1 t\,\mathrm{d}\mathrm{e}^t = 2t\,\mathrm{e}^t\,\Big|_0^1 - 2\int_0^1 \mathrm{e}^t\,\mathrm{d}t = 2\mathrm{e} - 2\mathrm{e}^t\,\Big|_0^1 = 2.$$

例 5.3.10 证明:定积分公式

$$I_n = \int_0^{\frac{\pi}{2}} \sin^n x\,\mathrm{d}x = \int_0^{\frac{\pi}{2}} \cos^n x\,\mathrm{d}x$$

$$= \begin{cases} \frac{n-1}{n}\cdot\frac{n-3}{n-2}\cdot\cdots\cdot\frac{3}{4}\cdot\frac{1}{2}\cdot\frac{\pi}{2} & n \text{ 为正偶数} \\ \frac{n-1}{n}\cdot\frac{n-3}{n-2}\cdot\cdots\cdot\frac{4}{5}\cdot\frac{2}{3} & n \text{ 为大于 1 的正奇数} \end{cases}.$$

证 设 $u = \sin^{n-1} x$,$\mathrm{d}v = \sin x\,\mathrm{d}x$,则 $\mathrm{d}u = (n-1)\sin^{n-2} x\cos x\,\mathrm{d}x$,$v = -\cos x$,于是有

$$I_n = -\sin^{n-1} x\cos x\,\Big|_0^{\frac{\pi}{2}} + (n-1)\int_0^{\frac{\pi}{2}} \sin^{n-2} x\,\cos^2 x\,\mathrm{d}x,$$

$$I_n = (n-1)\int_0^{\frac{\pi}{2}} \sin^{n-2} x\,\mathrm{d}x - (n-1)\int_0^{\frac{\pi}{2}} \sin^n x\,\mathrm{d}x = (n-1)I_{n-2} - (n-1)I_n,$$

$$I_n = \frac{n-1}{n}I_{n-2}.$$

积分 I_n 关于下标的递推公式 $I_{n-2} = \frac{n-3}{n-2}I_{n-4}$,…,直到下标减到 0 或 1 止,于是

$$I_{2m} = \frac{2m-1}{2m}\cdot\frac{2m-3}{2m-2}\cdot\cdots\cdot\frac{5}{6}\cdot\frac{3}{4}\cdot\frac{1}{2}I_0,$$

$$I_{2m+1} = \frac{2m}{2m+1}\cdot\frac{2m-2}{2m-1}\cdot\cdots\cdot\frac{6}{7}\cdot\frac{4}{5}\cdot\frac{2}{3}I_1\ (m = 1,2,\cdots),$$

$$I_0 = \int_0^{\frac{\pi}{2}} \mathrm{d}x = \frac{\pi}{2},\ I_1 = \int_0^{\frac{\pi}{2}} \sin x\,\mathrm{d}x = 1,$$

从而

$$I_{2m} = \frac{2m-1}{2m}\cdot\frac{2m-3}{2m-2}\cdot\cdots\cdot\frac{5}{6}\cdot\frac{3}{4}\cdot\frac{1}{2}\cdot\frac{\pi}{2},$$

$$I_{2m+1} = \frac{2m}{2m+1}\cdot\frac{2m-2}{2m-1}\cdot\cdots\cdot\frac{6}{7}\cdot\frac{4}{5}\cdot\frac{2}{3}.$$

习题 5-3

1. 计算下列定积分:

(1) $\int_0^4 \frac{x+2}{\sqrt{2x+1}}\mathrm{d}x$; (2) $\int_{\ln 3}^{\ln 8} \sqrt{1+\mathrm{e}^x}\,\mathrm{d}x$;

(3) $\int_0^{\frac{\pi^2}{4}} \cos\sqrt{x}\,\mathrm{d}x$；　　(4) $\int_0^1 x\mathrm{e}^{-x}\,\mathrm{d}x$；

(5) $\int_0^{\frac{\sqrt{3}}{2}} \arccos x\,\mathrm{d}x$；　　(6) $\int_0^{\pi} x\cos 2x\,\mathrm{d}x$；

(7) $\int_{-\frac{1}{2}}^{\frac{1}{2}} \frac{(\arcsin x)^2}{\sqrt{1-x^2}}\mathrm{d}x$；　　(8) $\int_{-5}^{5} \frac{x^3\sin^2 x}{x^4-2x^2+1}\mathrm{d}x$；

(9) $\int_0^{\sqrt{2}} \sqrt{2-x^2}\,\mathrm{d}x$；　　(10) $\int_1^{\sqrt{3}} \frac{1}{x^2\sqrt{1+x^2}}\mathrm{d}x$；

(11) $\int_0^{\frac{\pi}{4}} \frac{\tan x}{\cos^2 x}\mathrm{d}x$；　　(12) $\int_0^{\frac{\pi}{4}} \tan^3 x\,\mathrm{d}x$；

(13) $\int_{-1}^{1} \frac{\mathrm{e}^x}{1+\mathrm{e}^x}\mathrm{d}x$；　　(14) $\int_1^{\mathrm{e}} \frac{\sin(\ln x)}{x}\mathrm{d}x$；

(15) $\int_1^{\mathrm{e}} \frac{2+\ln x}{x}\mathrm{d}x$；　　(16) $\int_1^{\mathrm{e}^2} \frac{1}{x\sqrt{1+\ln x}}\mathrm{d}x$；

(17) $\int_{-\frac{\pi}{2}}^{\frac{\pi}{2}} \cos x\cos 2x\,\mathrm{d}x$；　　(18) $\int_0^{\pi} \sqrt{1+\cos 2x}\,\mathrm{d}x$.

2. 已知 e^x 为 $f(x)$ 的一个原函数，求 $\int_0^1 xf'(x)\mathrm{d}x$.

3. 设 $f(x)=\begin{cases}\frac{1}{1+x} & x\geqslant 0\\ \mathrm{e}^{x-1} & x<0\end{cases}$，求 $\int_0^2 f(x-1)\mathrm{d}x$.

4. 设 $f(x)$ 在 $[a,b]$ 上连续，证明 $\int_a^b f(x)\mathrm{d}x=\int_a^b f(a+b-x)\mathrm{d}x$.

5.设 $f(x)$ 在 $(-\infty,+\infty)$ 内连续，且 $F(x)=\int_0^x (x-2t)f(t)\mathrm{d}t$，证明：若 $f(x)$ 在 $(-\infty,+\infty)$ 内为增函数，则 $F(x)$ 在 $(-\infty,+\infty)$ 内为增函数.

6. 若 $f''(x)$ 在 $[0,\pi]$ 连续，$f(0)=2$，$f(\pi)=1$，证明：$\int_0^{\pi}[f(x)+f''(x)]\sin x\,\mathrm{d}x=3$.

第四节　反常积分

前面所讨论的定积分是以有限积分区间与有界被积函数为前提的，但是在实际问题中，有时还需要研究无穷区间上的定积分或无界被积函数的定积分，这两类被推广了的定积分统称为**反常积分**.

一、无穷限的反常积分

定义 5.4.1　设函数 $f(x)$ 在区间 $[a,+\infty)$ 连续，取 $b>a$，记

$$\int_a^{+\infty} f(x)\mathrm{d}x = \lim_{b\to+\infty}\int_a^b f(x)\mathrm{d}x,$$

上式称为函数 $f(x)$ 在区间 $[a,+\infty)$ 上的反常积分.

如果极限 $\lim\limits_{b\to+\infty}\int_a^b f(x)\mathrm{d}x$ 存在,那么称反常积分 $\int_a^{+\infty} f(x)\mathrm{d}x$ 收敛,如果上述极限不存在,则称反常积分 $\int_a^{+\infty} f(x)\mathrm{d}x$ 发散.即

$$\int_a^{+\infty} f(x)\mathrm{d}x = \lim_{b\to+\infty}\int_a^b f(x)\mathrm{d}x = \lim_{b\to+\infty} F(x)\Big|_a^b = \lim_{b\to+\infty} F(b) - F(a) = \lim_{x\to+\infty} F(x) - F(a),$$

可简记为:

$$\int_a^{+\infty} f(x)\mathrm{d}x = F(x)\Big|_a^{+\infty} = \lim_{x\to+\infty} F(x) - F(a).$$

类似地,设函数 $f(x)$ 在区间 $(-\infty,b]$ 上连续,如果极限 $\lim\limits_{a\to-\infty}\int_a^b f(x)\mathrm{d}x\,(a<b)$ 存在,那么称此极限为函数 $f(x)$ 在区间 $(-\infty,b]$ 上的**反常积分**,记作 $\int_{-\infty}^b f(x)\mathrm{d}x$,即

$$\int_{-\infty}^b f(x)\mathrm{d}x = \lim_{a\to-\infty}\int_a^b f(x)\mathrm{d}x = F(x)\Big|_{-\infty}^b = F(b) - \lim_{x\to-\infty} F(x).$$

设函数 $f(x)$ 在区间 $(-\infty,+\infty)$ 上连续,如果反常积分 $\int_{-\infty}^0 f(x)\mathrm{d}x$ 和 $\int_0^{+\infty} f(x)\mathrm{d}x$ 都收敛,那么称反常积分 $\int_{-\infty}^{+\infty} f(x)\mathrm{d}x$ 收敛,即

$$\begin{aligned}\int_{-\infty}^{+\infty} f(x)\mathrm{d}x &= \int_{-\infty}^0 f(x)\mathrm{d}x + \int_0^{+\infty} f(x)\mathrm{d}x = \lim_{a\to-\infty}\int_a^0 f(x)\mathrm{d}x + \lim_{b\to+\infty}\int_0^b f(x)\mathrm{d}x \\ &= F(x)\Big|_{-\infty}^{+\infty} = \lim_{x\to+\infty} F(x) - \lim_{x\to-\infty} F(x).\end{aligned}$$

如果上式右端有一个反常积分发散,那么反常积分 $\int_{-\infty}^{+\infty} f(x)\mathrm{d}x$ 发散.

例 5.4.1 计算反常积分 $\int_0^{+\infty} \mathrm{e}^{-x}\mathrm{d}x$.

解 $\int_0^{+\infty} \mathrm{e}^{-x}\mathrm{d}x = -\int_0^{+\infty} \mathrm{e}^{-x}\mathrm{d}(-x) = -\mathrm{e}^{-x}\Big|_0^{+\infty} = \lim\limits_{x\to+\infty}(-\mathrm{e}^{-x}) + 1 = 1.$

例 5.4.2 计算反常积分 $\int_{-\infty}^{+\infty} \frac{1}{1+x^2}\mathrm{d}x$.

解

$$\begin{aligned}\int_{-\infty}^{+\infty} \frac{1}{1+x^2}\mathrm{d}x &= \arctan x\Big|_{-\infty}^{+\infty} = \lim_{x\to+\infty}\arctan x - \lim_{x\to-\infty}\arctan x \\ &= \frac{\pi}{2} - \left(-\frac{\pi}{2}\right) = \pi.\end{aligned}$$

例 5.4.3 证明反常积分 $\int_a^{+\infty} \frac{\mathrm{d}x}{x^p}\,(a>0)$,当 $p>1$ 时收敛,当 $p\leqslant 1$ 时发散.

证 当 $p=1$ 时,$\int_a^{+\infty} \frac{\mathrm{d}x}{x^p} = \int_a^{+\infty} \frac{\mathrm{d}x}{x} = [\ln x]_0^{+\infty} = +\infty$,

当 $p\neq 1$ 时,$\int_a^{+\infty} \frac{\mathrm{d}x}{x^p} = \left[\frac{x^{1-p}}{1-p}\right]_a^{+\infty} = \begin{cases} +\infty & p<1 \\ \frac{a^{1-p}}{p-1} & p>1 \end{cases}.$

因此，当 $p>1$ 时，反常积分收敛，其值为 $\dfrac{a^{1-p}}{p-1}$；当 $p\leqslant 1$ 时，反常积分发散.

二、无界函数的反常积分

如果函数 $f(x)$ 在点 a 的任一邻域内都无界，那么点 a 称为函数 $f(x)$ 的**瑕点**，也称为**无界间断点**.无界函数的反常积分又称为**瑕积分**.

定义 5.4.2　设函数 $f(x)$ 在 $(a,b]$ 上连续，点 a 为 $f(x)$ 的瑕点，取 $t>a$，如果极限

$$\lim_{t\to a^+}\int_t^b f(x)\mathrm{d}x$$

存在，则称此极限为函数 $f(x)$ 在 $(a,b]$ 上的反常积分，仍然记作 $\int_a^b f(x)\mathrm{d}x$，即

$$\int_a^b f(x)\mathrm{d}x=\lim_{t\to a^+}\int_t^b f(x)\mathrm{d}x.$$

这时也称反常积分 $\int_a^b f(x)\mathrm{d}x$ 收敛.如果上述极限不存在，就称反常积分 $\int_a^b f(x)\mathrm{d}x$ 发散.

类似地，设函数 $f(x)$ 在 $[a,b)$ 上连续，点 b 为 $f(x)$ 的瑕点.取 $t<b$，如果极限

$$\lim_{t\to b^-}\int_a^t f(x)\mathrm{d}x$$

存在，则称此极限为函数 $f(x)$ 在 $[a,b)$ 上的反常积分，记作 $\int_a^b f(x)\mathrm{d}x$，即

$$\int_a^b f(x)\mathrm{d}x=\lim_{t\to b^-}\int_a^t f(x)\mathrm{d}x,$$

这时也称反常积分 $\int_a^b f(x)\mathrm{d}x$ 收敛.如果上述极限不存在，就称反常积分 $\int_a^b f(x)\mathrm{d}x$ 发散.

设函数 $f(x)$ 在 $[a,b]$ 上除点 $c(a<c<b)$ 外连续，点 c 为 $f(x)$ 的瑕点.如果两个反常积分 $\int_a^c f(x)\mathrm{d}x$ 与 $\int_c^b f(x)\mathrm{d}x$ 都收敛，则称反常积分 $\int_a^b f(x)\mathrm{d}x$ 收敛，并定义

$$\begin{aligned}\int_a^b f(x)\mathrm{d}x&=\int_a^c f(x)\mathrm{d}x+\int_c^b f(x)\mathrm{d}x\\&=\lim_{t\to c^-}\int_a^t f(x)\mathrm{d}x+\lim_{t\to c^+}\int_t^b f(x)\mathrm{d}x.\end{aligned}$$

否则，就称反常积分 $\int_a^b f(x)\mathrm{d}x$ 发散.

例 5.4.4　计算反常积分 $\int_0^a \dfrac{1}{\sqrt{a^2-x^2}}\mathrm{d}x\,(a>0)$.

解　因为 $\lim\limits_{x\to a^-}\dfrac{1}{\sqrt{a^2-x^2}}=+\infty$，所以点 a 为被积函数的瑕点.

$$\int_0^a \frac{1}{\sqrt{a^2-x^2}}\mathrm{d}x=\arcsin\frac{x}{a}\Big|_0^a=\lim_{x\to a^-}\arcsin\frac{x}{a}-0=\frac{\pi}{2}.$$

例 5.4.5　讨论反常积分 $\int_{-1}^1 \dfrac{1}{x}\mathrm{d}x$ 的敛散性.

解 函数$\frac{1}{x}$在区间$[-1,1]$除$x=0$外连续,且$\lim\limits_{x\to 0}\frac{1}{x}=\infty$.

$$\int_{-1}^{1}\frac{1}{x}dx=\int_{-1}^{0}\frac{1}{x}dx+\int_{0}^{1}\frac{1}{x}dx,$$

因为$\int_{0}^{1}\frac{1}{x}dx=\ln x\,|_{0}^{1}=+\infty$,所以$\int_{0}^{1}\frac{1}{x}dx$发散,那么$\int_{-1}^{1}\frac{1}{x}dx$也发散.

例 5.4.6 讨论反常积分$\int_{a}^{b}\frac{dx}{(x-a)^{q}}(q>0)$的敛散性.

解 $x=a$是函数的瑕点,

(1) 当$q=1$时,$\int_{a}^{b}\frac{dx}{(x-a)^{q}}=\int_{a}^{b}\frac{dx}{x-a}=\lim\limits_{x\to a^{+}}\ln(x-a)\,|_{a}^{b}=+\infty$;

(2) 当$q>1$时,$\int_{a}^{b}\frac{dx}{(x-a)^{q}}=\lim\limits_{x\to a^{+}}\frac{1}{1-q}(x-a)^{1-q}\,|_{a}^{b}=+\infty$;

(3) 当$0<q<1$时,$\int_{a}^{b}\frac{dx}{(x-a)^{q}}=\lim\limits_{x\to a^{+}}\frac{1}{1-q}(x-a)^{1-q}\,|_{a}^{b}=\frac{1}{1-q}(b-a)^{1-q}$.

因此,当$0<q<1$时,此反常积分收敛,其值为$\frac{1}{1-q}(b-a)^{1-q}$;当$q\geqslant 1$时,此反常积分发散.

习题 5-4

1. 判断下列反常积分的敛散性,若收敛,计算其值.

(1) $\int_{1}^{+\infty}\frac{1}{x^{2}}dx$; (2) $\int_{0}^{+\infty}\frac{dx}{100+x^{2}}$;

(3) $\int_{0}^{+\infty}\frac{dx}{x^{2}+4x+8}$; (4) $\int_{0}^{+\infty}te^{-pt}dt\,(p>0)$;

(5) $\int_{1}^{+\infty}\frac{dx}{x(x+1)}$; (6) $\int_{e}^{+\infty}\frac{dx}{x(\ln x)^{2}}$;

(7) $\int_{-\frac{\pi}{2}}^{\frac{\pi}{2}}\frac{1}{1-\cos x}dx$; (8) $\int_{1}^{+\infty}\frac{1}{x\sqrt{x-1}}dx$;

(9) $\int_{0}^{+\infty}xe^{-x^{2}}dx$; (10) $\int_{1}^{+\infty}\frac{\arctan x}{1+x^{2}}dx$;

(11) $\int_{0}^{1}\frac{1}{\sqrt{1-x}}dx$; (12) $\int_{0}^{1}\ln x\,dx$.

2. 讨论反常积分$\int_{3}^{+\infty}\frac{dx}{x(\ln x)^{k}}$的敛散性.

总习题五

1. 填空题

(1) 由定积分的几何意义计算下列积分值：$\int_0^3 \sqrt{9-x^2}\,dx=$________.

(2) 设 $\lim\limits_{x\to\infty}\left(\dfrac{1+x}{x}\right)^{ax+1}=\int_{-\infty}^0 te^t\,dt$，则 $a=$________.

(3) 设 $f(x)$ 是连续函数，且 $\int_0^{\frac{1}{1+x^2}} f(t)\,dt=x+\dfrac{1}{4}x^2$，则 $f\left(\dfrac{1}{2}\right)=$________.

(4) 函数 $F(x)=\int_1^x\left(1-\dfrac{1}{\sqrt{t}}\right)dt\,(x>0)$ 的单调减少区间为________.

(5) 已知 $F(x)$ 是 $f(x)$ 的原函数，则 $\int_a^x f(t+a)\,dt=$________.

(6) $\int_{-1}^1 \dfrac{1+\sin x}{1+x^2}\,dx=$________.

(7) 设 $\lim\limits_{x\to+\infty} f(x)=1$，$a$ 为常数，则 $\lim\limits_{x\to+\infty}\int_x^{x+a} f(x)\,dx=$________.

2. 选择题

(1) 设 $F(x)=\dfrac{x^2}{x-a}\int_a^x f(t)\,dt$，其中 $f(x)$ 为连续函数，则 $\lim\limits_{x\to a}F(x)=$(　　).

A. a^2　　B. $a^2 f(a)$　　C. 0　　D. 不存在

(2) 函数 $y=\int_0^x (t+1)e^t\,dt$ 有(　　).

A. 极小值点 $x=-1$　　B. 极大值点 $x=-1$

C. 极小值点 $x=0$　　D. 极大值点 $x=0$

(3) 在下列反常积分中，收敛的是(　　).

A. $\int_1^{\infty}\dfrac{dx}{\sqrt{x}}$　　B. $\int_1^{\infty}\dfrac{dx}{x^2}$　　C. $\int_1^{\infty}\sqrt{x}\,dx$　　D. $\int_1^{\infty}\dfrac{dx}{x}$

(4) 设 $I_1=\int_0^{\frac{\pi}{4}} x\,dx$，$I_2=\int_0^{\frac{\pi}{4}}\sqrt{x}\,dx$，$I_3=\int_0^{\frac{\pi}{4}}\sin x\,dx$，则 I_1、I_2 与 I_3 之间的关系为(　　).

A. $I_1>I_2>I_3$　　B. $I_2>I_1>I_3$

C. $I_3>I_1>I_2$　　D. $I_1>I_3>I_2$

3. 求下列极限：

(1) $\lim\limits_{x\to 0}\dfrac{\int_0^{\sin^2 x}\dfrac{\ln(1+t)}{t}dt}{1-\cos x}$；　　(2) $\lim\limits_{x\to+\infty}\dfrac{\int_0^x(\arctan t)^2\,dt}{\sqrt{x^2+1}}$.

4. 计算下列积分：

(1) $\int_{1}^{\sqrt{3}} \frac{1}{x^2\sqrt{1+x^2}}dx$；　　(2) $\int_{0}^{\ln 2} \sqrt{e^x-1}\,dx$；

(3) $\int_{0}^{\frac{\pi}{4}} \frac{x}{1+\cos 2x}dx$；　　(4) $\int_{\frac{1}{e}}^{e} |\ln x|\,dx$；

(5) $\int_{-\frac{\pi}{2}}^{\frac{\pi}{2}} \left(\frac{\sin x}{1+x^2}+\cos^2 x\right)dx$；　　(6) $\int_{-\frac{\pi}{2}}^{\frac{\pi}{2}} (|x|+\sin x)^2\,dx$；

(7) $\int_{0}^{\frac{\pi}{2}} \frac{\sin x+x}{1+\cos x}dx$；　　(8) $\int_{0}^{+\infty} \frac{1}{e^{x+1}+e^{3-x}}dx$.

5. 设 $f(x)=\begin{cases} x e^{x^2} & \frac{-1}{2}\leqslant x<\frac{1}{2} \\ -1 & x\geqslant \frac{1}{2} \end{cases}$，求 $\int_{\frac{1}{2}}^{2} f(x-1)dx$.

6. 设 $f(x)$ 在 $[0,1]$ 上连续，$(0,1)$ 内可导，且 $3\int_{\frac{2}{3}}^{1} f(x)dx=f(0)$，试证在 $(0,1)$ 内存在一点 ξ 使 $f'(\xi)=0$ 成立.

7. 设 $F(x)=x\int_{0}^{x} f(t)dt-\int_{0}^{x} tf(t)dt$，求 $F'(x)$.

8. 设函数 $f(x)$ 在 $[a,b]$ 上连续，且单调增加，求证：$F(x)=\frac{1}{x-a}\int_{a}^{x} f(t)dt$ 在 (a,b) 上单调增加.

9. 若 $f(x)=\frac{1}{1+x^2}+\sqrt{1-x^2}\int_{0}^{1} f(x)dx$，求 $\int_{0}^{1} f(x)dx$.

10. 设 $f(x)$、$g(x)$ 在 $[a,b]$ 上均连续，证明：

(1) $\left(\int_{a}^{b} f(x)g(x)dx\right)^2\leqslant \int_{a}^{b} f^2(x)dx\cdot\int_{a}^{b} g^2(x)dx$（柯西-施瓦茨不等式）；

(2) $\left(\int_{a}^{b} [f(x)+g(x)]^2 dx\right)^{\frac{1}{2}}\leqslant \left(\int_{a}^{b} f^2(x)dx\right)^{\frac{1}{2}}+\left(\int_{a}^{b} g^2(x)dx\right)^{\frac{1}{2}}$（闵可夫斯基不等式）.

第六章　定积分的应用

前面我们讨论了定积分的概念及计算方法，现在我们在此基础上进一步来研究它的应用.定积分在实际生活中有着广泛的应用，我们想了解的许多东西都可以用积分来计算.本章中我们将应用前面学过的定积分理论来分析和解决一些几何中的问题，其目的不仅在于建立计算这些几何量的公式，更重要的还在于介绍运用元素法将一个量表达成为定积分的分析方法.

第一节　定积分的元素法

从第五章我们知道，定积分所要解决的问题是积分学的第二个基本问题 —— 求某个不均匀分布的整体量 A.这个量可能是一个几何量(例如曲边梯形的面积)，也可能是一个物理量(例如变速直线运动的路程).由于这些量是不规则或不均匀分布的，因而不可能一步到位把它们算出来，而必须先把整体问题转化为局部问题，在局部范围内，"以直代曲"或"以不变代变"，近似地求得整体量在局部范围内的各部分，然后加起来，再取极限，从而求得整体量.这就是用定积分来解决实际问题的基本思想："分割—近似代替—求和—取极限".

在此，我们先回顾一下第五章讨论过的曲边梯形的面积问题.其面积求法如下：

(1) 分割

在区间$[a,b]$内插入任意 $n-1$ 个分点 $x_1, x_2, \cdots, x_{n-1}$，即：

$$a=x_1<x_2<\cdots<x_{n-1}<x_n=b,$$

用 $n-1$ 个分点将区间$[a,b]$划分为 n 个小区间$[x_{i-1},x_i]$$(i=1,2,\cdots,n)$(一般可以等分)，作垂线将曲边梯形分成 n 个很窄小曲边梯形，它们的长度分别为

$$\Delta x_i=x_i-x_{i-1}(i=1,2,\cdots,n).$$

(2) 近似代替

经过每一个分点 $x_i(i=1,2,\cdots,n)$ 作平行于 y 轴的直线段，把曲边梯形分成 n 个窄曲边梯形，它们的面积分别为 $\Delta A_i(i=1,2,\cdots,n)$.

在每个小区间$[x_{i-1},x_i]$$(i=1,2,\cdots,n)$上任取一点$\xi_i$，即$\xi_i\in[x_{i-1},x_i]$$(i=1,2,\cdots,n)$，以$[x_{i-1},x_i]$为底，宽为 Δx_i，$f(\xi_i)$ 为高的小矩形，并以此小矩形面积(ΔA_i)近似替代相应第 i 个小曲边梯形$(i=1,2,\cdots,n)$，则第 i 个小曲边梯形面积为(如图 6.1-1 所示)

$$\Delta A_i\approx f(\xi_i)\Delta x_i(i=1,2,\cdots,n).$$

(3) 求和

将这 n 个小矩形面积相加，得到一个和式 $\sum_{i=1}^{n} f(\xi_i)\Delta x_i$，它是曲边梯形面积 A 的近似值，即

$$A=\sum_{i=1}^{n}\Delta A_i \approx \sum_{i=1}^{n} f(\xi_i)\cdot\Delta x_i.$$

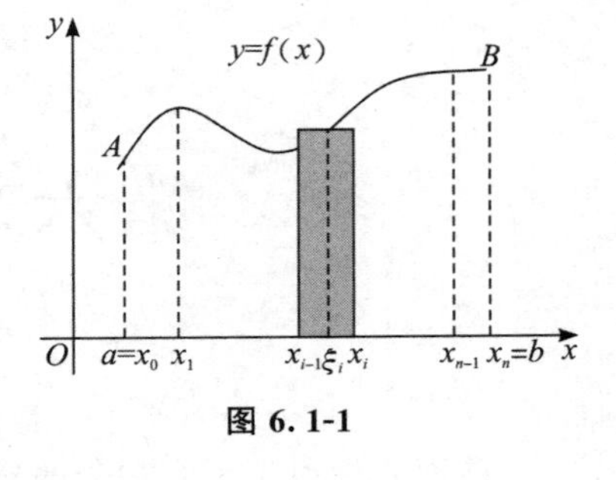

图 6.1-1

(4) 取极限

只要分割充分细，上面和式就可以无限接近曲边梯形的面积 A，记 $\lambda=\max\limits_{1\leqslant i\leqslant n}\{\Delta x_i\}$，为保证所有小区间的长度趋于零，我们要求所有小区间长度的最大值趋于零，即当 $\lambda\to 0$ 时，则有

$$A=\lim_{\lambda\to 0}\sum_{i=1}^{n} f(\xi_i)\Delta x_i.$$

回顾以上的四步骤，这里的整体量 A 对于 $[a,b]$ 具有可加性，即若把 $[a,b]$ 分成若干个小区间 $[x_{i-1},x_i]$ $(i=1,2,\cdots,n)$，就有 $A=\sum\limits_{i=1}^{n}\Delta A_i$，其中 ΔA_i 是对应于小区间 $[x_{i-1},x_i]$ 的局部量；可以近似地求出 ΔA_i，即 $\Delta A_i\approx f(\xi_i)\Delta x_i$ $(i=1,2,\cdots,n)$，这里 $f(x)$ 是已知函数，$\xi_i\in[x_{i-1},x_i]$ $(i=1,2,\cdots,n)$，并且满足：$\Delta A_i-f(\xi_i)\Delta x_i$ 是比 Δx_i 更高阶的无穷小量（当 $\Delta x_i\to 0$ 时），整体量 A 可以表示为定积分 $A=\int_a^b f(x)\mathrm{d}x$.

用定积分来解决的实际问题中的所求量 A 应符合下列条件：

第一，整体量 A 是与一个变量的变化区间 $[a,b]$ 有关的量.

它们都分布在某一个区间上，或者说，这些量都与自变量 x 的某个区间 $[a,b]$ 有关，因而它不是一个局部的量，而是涉及整个区间的量（故称为整体量）.

第二，整体量 A 对于区间 $[a,b]$ 具有可加性.

这类整体量 A 对于区间 $[a,b]$ 具有可加性，即如果把区间 $[a,b]$ 分为若干个部分区间 $[x_{i-1},x_i]$ $(i=1,2,\cdots,n)$，那么，量 A 等于那些对应于各个部分区间局部量 ΔA_i 的总和，亦即

$$A=\sum_{i=1}^{n}\Delta A_i.$$

第三，局部量 ΔA_i 的近似值可表示为 $f(\xi_i)\Delta x_i$，这里 $f(x)$ 是实际问题选择的函数.

由于量 A 在区间 $[a,b]$ 上的分布是不均匀的，因而每个局部量 ΔA_i 在部分区间 $[x_{i-1},x_i]$ 上的分布一般也是不均匀的，无法用初等数学的方法一步到位把它的精确值求出来.我们设法"以直代曲"或"以不变代变"求得它的近似值：

$$\Delta A_i\approx f(\xi_i)\Delta x_i\ (i=1,2,\cdots,n). \tag{6.1-1}$$

但是，在实际做法上，由于整体量 A 是待求的，从而每个局部量 ΔA_i 是未知的，因此很难断定用来作为近似值的 $f(\xi_i)\Delta x_i$ 是不是 ΔA_i 的主要部分.一般说来，我们只能通过多次实践，凭经验来做肯定或否定的回答.

上面所说用定积分来解决实际问题的四步骤，在实际应用时显得比较烦琐.为简便起

见，我们介绍在许多应用学科中经常采用的方法 —— 微元分析法.这个方法的根据是上述的四步(和微积分基本定理)，但是突出了“细分”与“求和”，变成了下面的两步骤：

第一步：分割区间$[a,b]$，考虑任意一个具有代表性的小区间$[x,x+\Delta x]$，选择函数$f(x)$，“以不变代变”，求得整体量相应于区间$[x,x+\Delta x]$局部量的近似值$f(x)\Delta x$，即

$$\Delta A \approx f(x)\Delta x = f(x)\mathrm{d}x,$$

$f(x)\Delta x$ 或 $f(x)\mathrm{d}x$ 称为整体量 A 的微元.

第二步：当 $\Delta x_i \to 0$ 时，把这些微元无限相加，得到的定积分就是所求的整体量

$$A = \int_a^b f(x)\mathrm{d}x.$$

用以上两步来解决实际问题的方法称为微元法.

我们再简单重复一下微元法的步骤：

(1) 分割区间，写出微元.

分割区间$[a,b]$，取具有代表性的任意一个小区间(不必写出下标号)，记作$[x,x+\mathrm{d}x]$，设相应的局部量为 ΔA，分析局部量 ΔA，选择函数 $f(x)$，写出近似等式：

$$\Delta A \approx \mathrm{d}A = f(x)\mathrm{d}x.$$

(2) 求定积分得整体量.

令 $\Delta x \to 0$，对这些微元求和、取极限，得到的定积分就是所要求的整体量：

$$A = \int_a^b \mathrm{d}A = \int_a^b f(x)\mathrm{d}x.$$

此方法称为定积分的微元法.

习题 6-1

1.利用定积分元素法，求$x^2+y^2 \leqslant R^2$ 的面积.

2.利用定积分元素法，求半径为 R 的球的体积.

3.根据定积分的几何意义，用元素法说明下列各积分式的正确性：

(1) $\int_0^\pi \cos x\,\mathrm{d}x = 0$；　　(2) $\int_0^2 x\,\mathrm{d}x = 2$；

(3) $\int_0^1 \sqrt{1-x^2}\,\mathrm{d}x = \frac{\pi}{4}$；　　(4) $\int_{-1}^1 (x^2+1)\mathrm{d}x = 2\int_0^1 (x^2+1)\mathrm{d}x$.

第二节　定积分在几何学上的应用

一、平面图形的面积

1. 直角坐标情形

我们由定积分的定义已经知道，由曲线 $y=f(x)(f(x)\geqslant 0)$ 及直线 $x=a, x=b(a<b)$ 与 x 轴所围成的曲边梯形的面积 A(图 6.2-1) 为

$$A=\int_a^b f(x)\mathrm{d}x. \tag{6.2-1}$$

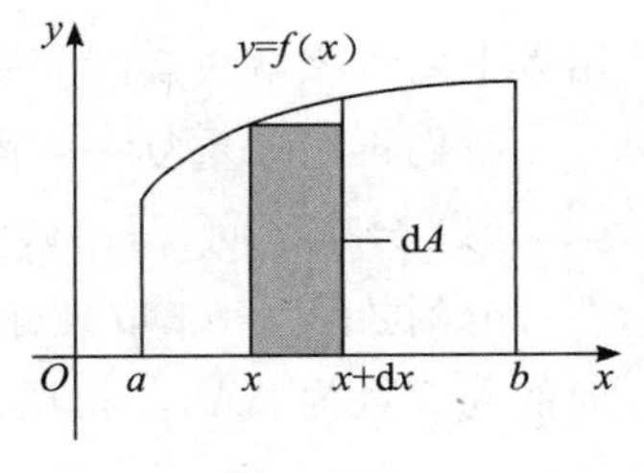

图 6.2-1

我们再用微元法，推导公式(6.2-1).

(1) 分割区间$[a,b]$，考虑典型小区间$[x,x+\mathrm{d}x]$.

相应于这个小区间的面积 ΔA 可以用面积微元 $\mathrm{d}A$ 来近似代替，$\mathrm{d}A$ 是图 6.2-1 中阴影的小矩形面积，因而

$$\mathrm{d}A=\text{高}\times\text{底}=f(x)\mathrm{d}x.$$

(2) 当 $\Delta x\to 0$ 时，将 $\mathrm{d}A$ 无限相加，即将 $\mathrm{d}A$ 从 a 到 b 求定积分，就得到所求面积

$$A=\int_a^b \mathrm{d}A=\int_a^b f(x)\mathrm{d}x.$$

这就是公式(6.2-1).

接着我们来讨论如何用定积分求平面图形的面积，我们分以下几种情形来讨论.

情形 1：由直线 $x=a, x=b, x$ 轴及连续曲线 $y=f(x)$ 所围平面图形的面积.考虑到 $f(x)$ 在区间$[a,b]$上可能有正有负，而面积总是非负的，这时$\int_a^b f(x)\mathrm{d}x$就未必是所求的面积，但是由 $x=a, x=b, x$ 轴及 $y=|f(x)|$，所围成的平面图形面积与所求的面积是相等的(因为绝对值可以使位于 x 轴下方的部分对于 x 轴对称地变到x 轴上方且保持x 轴上方的部分不变，如图 6.2-2)，因此所求的面积为

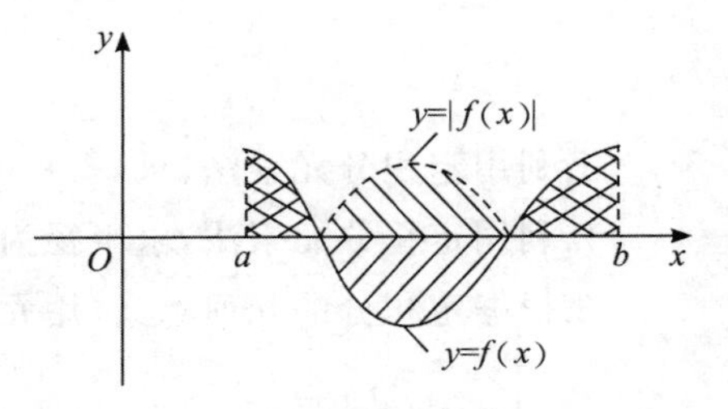

图 6.2-2

$$A=\int_a^b |f(x)|\mathrm{d}x.$$

情形 2：由直线 $x=a, x=b$ 及上边界连续曲线 $y=f_2(x)$，下边界连续曲线 $y=f_1(x)$ 所围平面图形的面积，如图 6.2-3 所示.所求的而积为

$$A=\int_a^b [f_2(x)-f_1(x)]\mathrm{d}x.$$

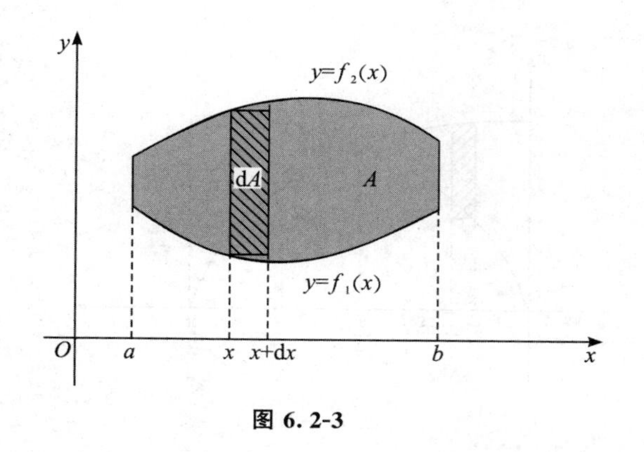

图 6.2-3

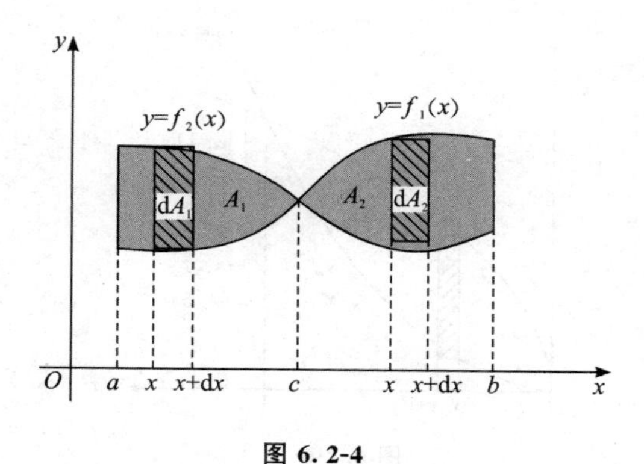

图 6.2-4

情形 3：由直线 $x=a$，$x=b$ 及连续曲线 $y=f_1(x)$，连续曲线 $y=f_2(x)$ 所围平面图形的面积，如图 6.2-4 所示.所求的面积为

$$A=\int_a^c\left[f_2(x)-f_1(x)\right]\mathrm{d}x+\int_c^b\left[f_1(x)-f_2(x)\right]\mathrm{d}x,$$

一般应为

$$A=\int_a^b|f_1(x)-f_2(x)|\,\mathrm{d}x.$$

情形 4：由直线 $y=c$，$y=d$ 及连续曲线 $x=\varphi_1(y)$，连续曲线 $x=\varphi_2(y)$ 所围平面图形（其中 $\varphi_1(y)$，$\varphi_2(y)$ 是区间$[c,d]$上的连续函数），如图 6.2-5 所示.所求的面积为

$$A=\int_c^d|\varphi_2(y)-\varphi_1(y)|\,\mathrm{d}y.$$

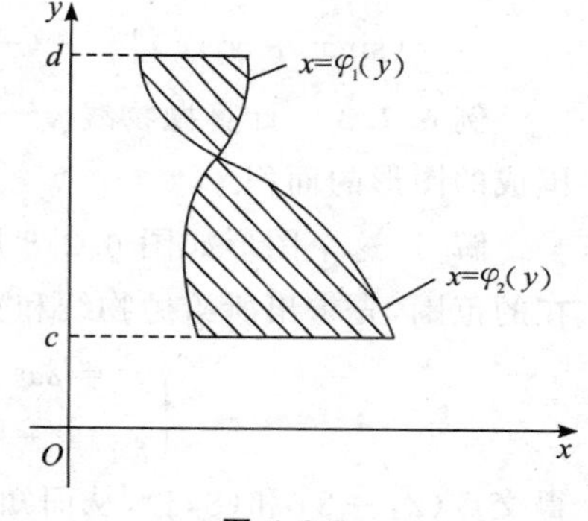

图 6.2-5

应用定积分，不但可以计算曲边梯形面积，还可以计算一些比较复杂的平面图形的面积.

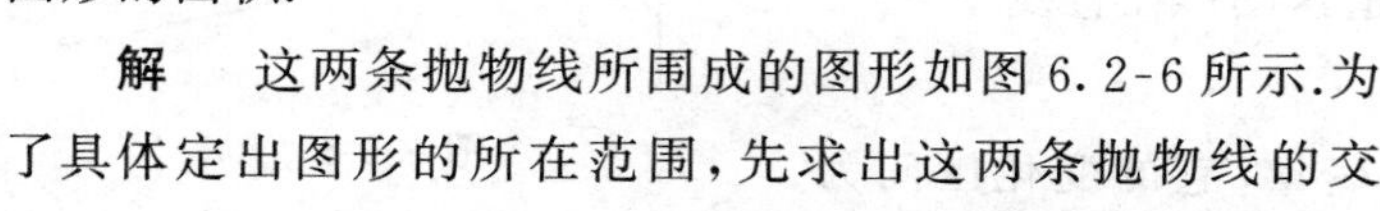

例 6.2.1　求由曲线 $y=x^2$ 及直线 $y^2=x$ 所围平面图形的面积.

解　这两条抛物线所围成的图形如图 6.2-6 所示.为了具体定出图形的所在范围，先求出这两条抛物线的交点.为此，解方程组 $y=x^2$ 和 $y^2=x$ 得两曲线的交点为(0,0)，(1,1)，从而知道这图形在直线 $x=0$ 与 $x=1$ 之间.

取横坐标 x 为积分变量，它的变化区间为[0,1].相应于[0,1]上的任一小区间$[x,x+\mathrm{d}x]$窄条的面积近似于高为 $\sqrt{x}-x^2$、底为 $\mathrm{d}x$ 的窄矩形的面积，从而得到面积元素

$$\mathrm{d}A=\text{高}\times\text{底}=(\sqrt{x}-x^2)\,\mathrm{d}x.$$

以 $(\sqrt{x}-x^2)\mathrm{d}x$ 为被积表达式，在闭区间[0,1]上做定积分，便得所求面积为

$$A=\int_0^1(\sqrt{x}-x^2)\,\mathrm{d}x=\left[\frac{2}{3}x^{\frac{3}{2}}-\frac{1}{3}x^3\right]\Big|_0^1=\frac{1}{3}.$$

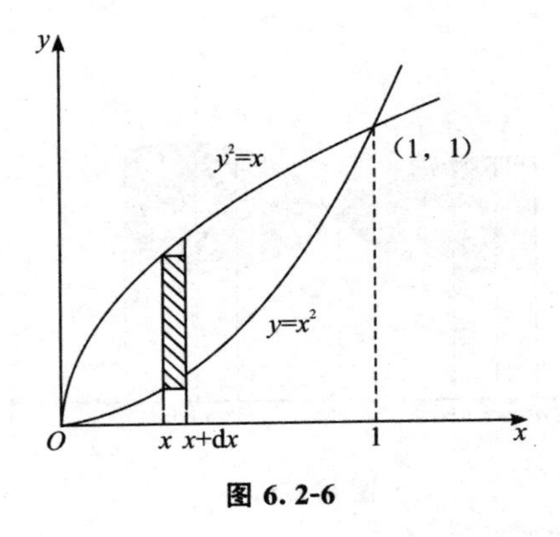

图 6.2-6

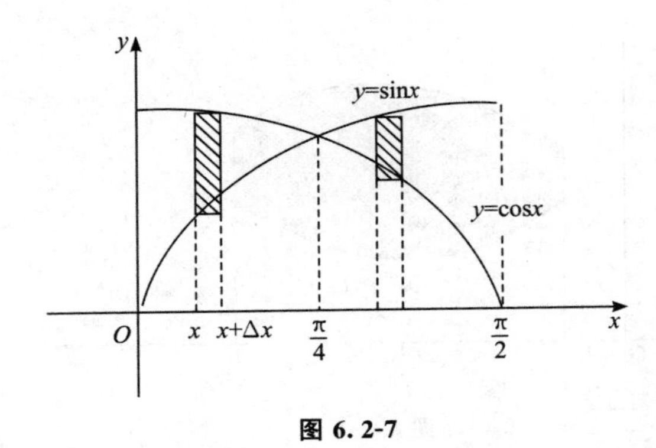

图 6.2-7

例 6.2.2 如图 6.2-7 所示,求由曲线 $y=\sin x$,$y=\cos x$ 及由直线 $x=0$,$x=\frac{\pi}{2}$ 所围平面图形的面积.

解 曲线 $y=\sin x$,$y=\cos x$ 的交点为$\left(\frac{\pi}{4},\frac{\sqrt{2}}{2}\right)$,故所求的面积为

$$A=\int_0^{\frac{\pi}{2}}|\sin x-\cos x|\,dx=\int_0^{\frac{\pi}{4}}(\cos x-\sin x)\,dx+\int_{\frac{\pi}{4}}^{\frac{\pi}{2}}(\sin x-\cos x)\,dx$$

$$=(\sin x+\cos x)\Big|_0^{\frac{\pi}{4}}+(-\cos x-\sin x)\Big|_{\frac{\pi}{4}}^{\frac{\pi}{2}}=2(\sqrt{2}-1).$$

例 6.2.3 计算抛物线 $y^2=2x$ 与直线 $y=x-4$ 所围成的图形的面积.

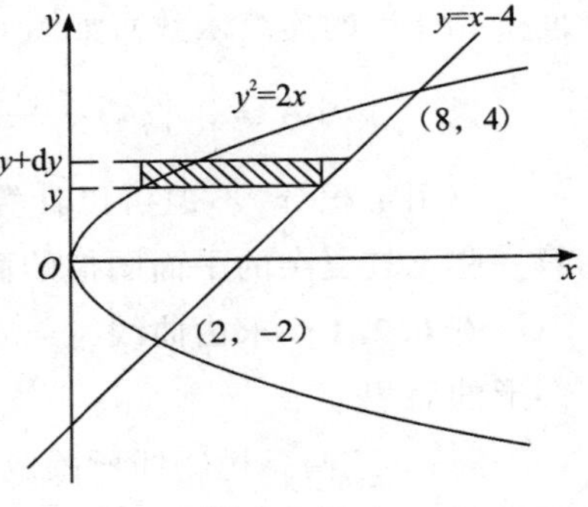

图 6.2-8

解 这个图形如图 6.2-8 所示.为了定出这图形所在的范围,先求出所给抛物线和直线的交点.解方程组

$$\begin{cases}y^2=2x\\y=x-4\end{cases},$$

得交点(2,−2)和(8,4),从而知道这图形在直线 $y=-2$ 及 $y=4$ 之间.

现在,选取纵坐标 y 为积分变量,它的变化区间为[−2,4](可以思考一下,如果取横坐标 x 为积分变量,有什么不方便的地方).相应于[−2,4]上任一小区间$[y,y+dy]$的窄条面积近似于高为 dy、底为$(y+4)-\frac{1}{2}y^2$ 的窄矩形的面积,从而得到面积元素

$$dA=\left(y+4-\frac{1}{2}y^2\right)dy,$$

以$\left(y+4-\frac{1}{2}y^2\right)dy$ 为被积表达式,在闭区间[−2,4]上做定积分,便得所求的面积为

$$A=\int_{-2}^{4}\left(y+4-\frac{1}{2}y^2\right)dy=\left[\frac{y^2}{2}+4y-\frac{y^3}{6}\right]\Bigg|_{-2}^{4}=18.$$

积分变量选得适当,可使计算更加方便.

例 6.2.4　如图 6.2-9 所示，求由曲线 $2y^2=x+4$ 及 $y^2=x$ 所围平面图形的面积.

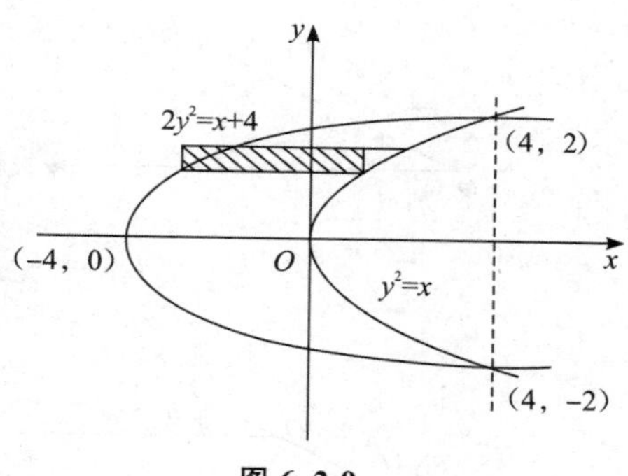

图 6.2-9

解　曲线 $2y^2=x+4$ 及 $y^2=x$ 两曲线的交点为(4,2),(4,−2),故所求的面积为

$$A=\int_{-2}^{2}[y^2-(2y^2-4)]\mathrm{d}y=2\int_{0}^{2}(4-y^2)\mathrm{d}y$$

$$=2\left(4y-\frac{1}{3}y^3\right)\Big|_0^2=\frac{32}{3}.$$

例 6.2.5　求椭圆 $\frac{x^2}{a^2}+\frac{y^2}{b^2}=1$ 所围成的面积 $(a>0,b>0)$.

解:如图 6.2-10 所示，据椭圆图形的对称性，整个椭圆面积应为位于第一象限内面积的 4 倍.椭圆在第一象限部分在 x 轴上的投影区间为$[0,a]$.

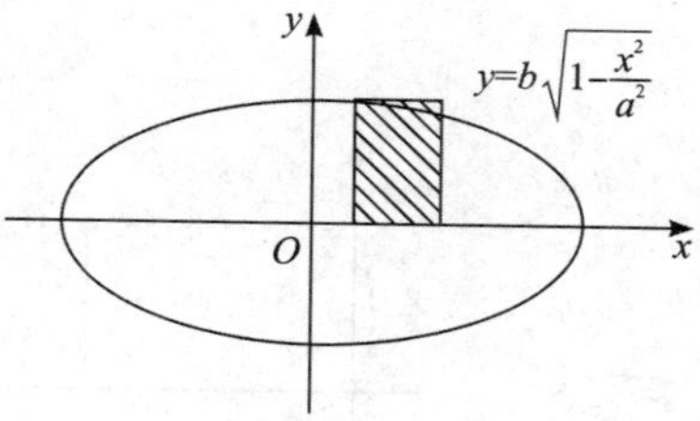

图 6.2-10

取 x 为积分变量，则 $0\leqslant x\leqslant a, y=b\sqrt{1-\frac{x^2}{a^2}}$.

因为面积元素为 $y\mathrm{d}x$, $\mathrm{d}A=y\mathrm{d}x=b\sqrt{1-\frac{x^2}{a^2}}\mathrm{d}x$,故

$$A=4\int_0^a y\mathrm{d}x=4\int_0^a b\sqrt{1-\frac{x^2}{a^2}}\mathrm{d}x.$$

作变量替换 $x=a\cos t\left(0\leqslant t\leqslant\frac{\pi}{2}\right)$,椭圆的参数方程为:$x=a\cos t, y=b\sin t$,则

$$y=b\sqrt{1-\frac{x^2}{a^2}}=b\sin t, \mathrm{d}x=-a\sin t\mathrm{d}t,$$

$$A=4\int_{\frac{\pi}{2}}^{0}(b\sin t)(-a\sin t)\mathrm{d}t=4ab\int_0^{\frac{\pi}{2}}\sin^2 t\mathrm{d}t=4ab\cdot\frac{\pi}{2}=ab\pi.$$

2. 极坐标情形

直角坐标是利用两个互相垂直的轴来描述物体的位置，但是在某些情况下，使用直角坐标无法让人们立刻了解某物体的位置.假设我们现在处在一片一望无际的沙漠，要描述某一个物体和我们的相对位置，最简单的表示法就是，东北方 30°，距离 2 公里，这种利用方向以及距离两个数字描述物体位置的表示法，就称为极坐标.

观察图 6.2-11(a)，若采用极坐标表示，则 A 的位置可写成 $A(r,\theta)$，其中 $|r|$ 表示 A 点与原点的距离.

极坐标允许 r 是负数，若为 r 负数时，表示位置在正数 180° 的相反方向，如图 6.2-11(b)所示.

极坐标与直角坐标之间的关系：由三角函数关系可知两个坐标间满足 $x=r\cos\theta, y=r\sin\theta$，且 $x^2+y^2=r^2$.图 6.2-12 为两者关系示意图.

极坐标转换成直角坐标可通过下列公式进行：

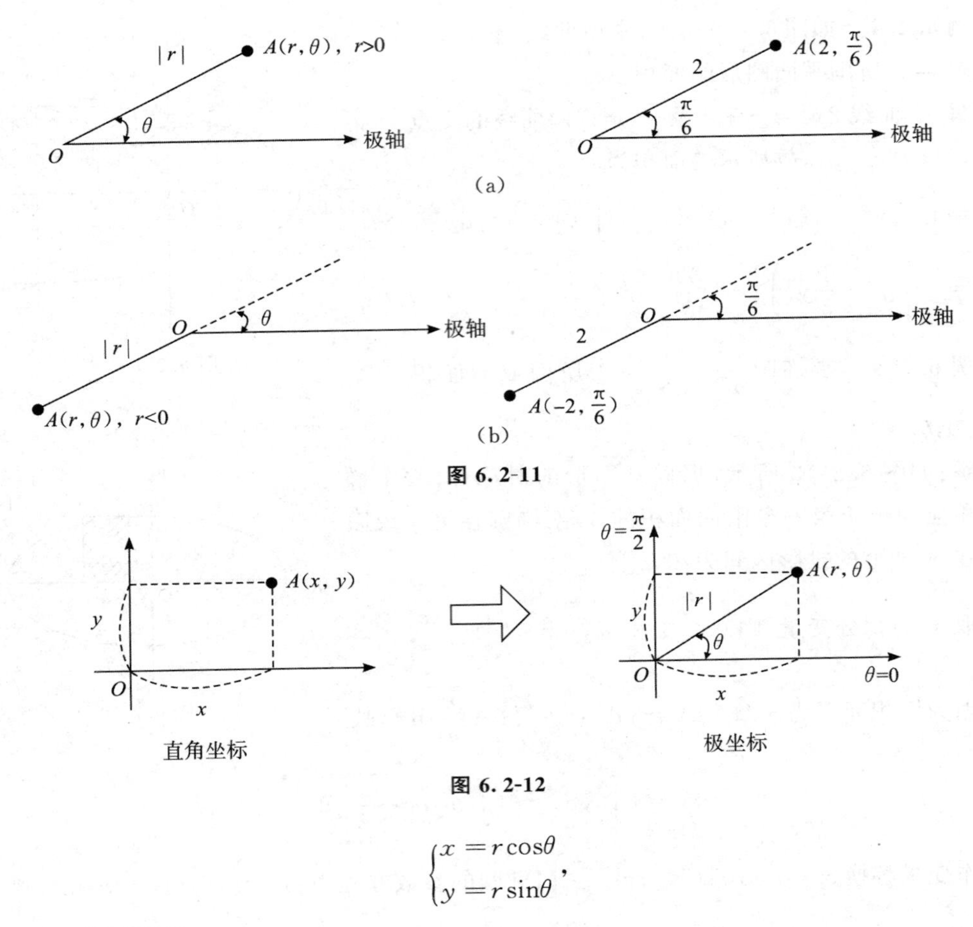

图 6.2-11

图 6.2-12

$$\begin{cases} x = r\cos\theta \\ y = r\sin\theta \end{cases},$$

其中 $r=\sqrt{x^2+y^2}$.

而直角坐标转换成极坐标可通过下列公式进行:

$$\begin{cases} r = \sqrt{x^2+y^2} \\ \theta = \arctan\dfrac{y}{x} \end{cases}.$$

由于 θ 每 $360°$ 会绕一圈回到原点,因此把直角坐标转换成极坐标时,θ 有无限多个,若没有特别说明角度的范围,θ 必须使用通式把所有可能的情况都表示出来.

某些平面图形用极坐标来计算它们的面积比较方便.

设由曲线 $\rho=\rho(\theta)$ 及射线 $\theta=\alpha,\theta=\beta$ 围成一图形(简称为曲边扇形),现在要计算它的面积(图 6.2-13).其中,$\rho(\theta)$ 在$[\alpha,\beta]$上连续,且 $\rho(\theta)\geqslant 0, 0<\beta-\alpha\leqslant 2\pi$.

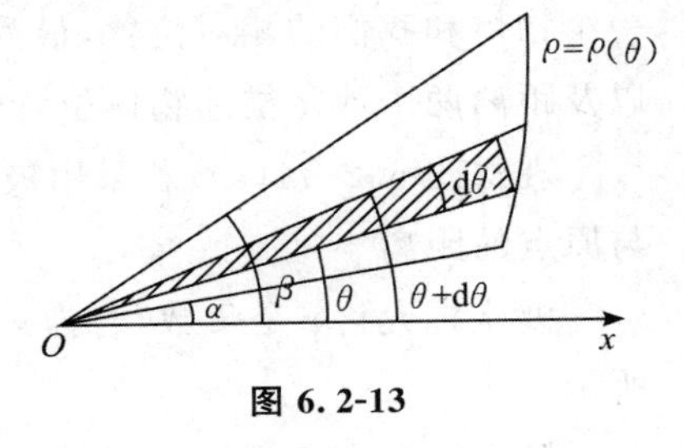

图 6.2-13

由于当 θ 在$[\alpha,\beta]$上变动时,极径 $\rho=\rho(\theta)$ 也随之变动,因此所求图形的面积不能直接利用扇形面积的公式 $A=\dfrac{1}{2}R^2\theta$ 来计算.

取极角 θ 为积分变量,它的变化区间为$[\alpha,\beta]$.相应于任一小区间$[\theta,\theta+d\theta]$的窄曲边扇形的面积可以用半径为 $\rho=\rho(\theta)$、中心角为 $\mathrm{d}\theta$ 的扇形的面积来近似代替，从而得到这窄曲边扇形面积的近似值，即曲边扇形的面积元素

$$\mathrm{d}A=\frac{1}{2}[\rho(\theta)]^2\mathrm{d}\theta,$$

以 $\frac{1}{2}[\rho(\theta)]^2\mathrm{d}\theta$ 为被积表达式，在闭区间 $[\alpha,\beta]$ 上做定积分，便得所求曲边扇形的面积为

$$A=\int_\alpha^\beta\frac{1}{2}[\rho(\theta)]^2\mathrm{d}\theta.$$

我们再简单重复一下极坐标面积求法的步骤：

设有曲线 $\rho=\rho(\theta)$（这里 $\rho=\rho(\theta)$ 是 θ 的单值函数），求由 $\rho=\rho(\theta)$ 及射线 $\theta=\alpha,\theta=\beta$ 所围成的曲边扇形的面积 A（图 6.2-13）.

(1) 分割角度 θ 的变化区间 $[\alpha,\beta]$，考虑典型小区间 $[\theta,\theta+\mathrm{d}\theta]$.相应于这个小区间的小曲边扇形面积 ΔA 可用小圆扇形的面积 $\mathrm{d}A$ 来近似代替，这个小圆扇形的半径是 $\rho(\theta)$，因而由圆扇形面积的公式得到面积

$$\mathrm{d}A=\frac{1}{2}[\rho(\theta)]^2\mathrm{d}\theta.$$

(2) 当 $\Delta\theta\to0$ 时，将 $\mathrm{d}A$ 无限求和，即将上式从 α 到 β 求定积分，得到面积

$$A=\int_\alpha^\beta\mathrm{d}A=\frac{1}{2}\int_\alpha^\beta[\rho(\theta)]^2\mathrm{d}\theta.$$

例 6.2.6　求双纽线 $r^2=a^2\cos2\theta(a>0)$ 围成的区域的面积（如图 6.2-14）.

解　双纽线关于两个坐标轴都对称，双纽线围成区域的面积是第一象限那部分区域面积的 4 倍.在第一象限中，θ 的变化范围是 $[0,\frac{\pi}{4}]$，于是双纽线围成区域的面积为

$$A=4\int_0^{\frac{\pi}{4}}\frac{1}{2}r^2\mathrm{d}\theta=2\int_0^{\frac{\pi}{4}}a^2\cos2\theta\mathrm{d}\theta$$

$$=2a^2\cdot\frac{\sin2\theta}{2}\Big|_0^{\frac{\pi}{4}}=a^2.$$

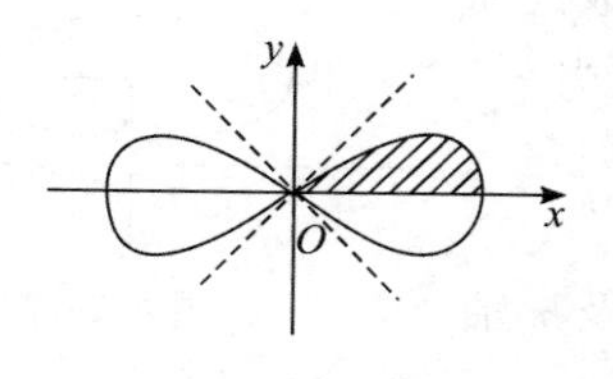

图 6.2-14

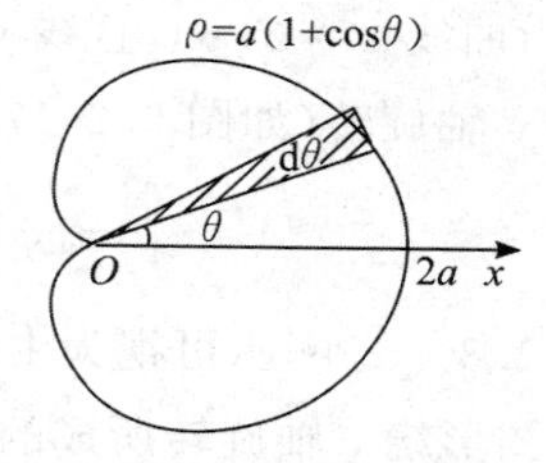

图 6.2-15

例 6.2.7　计算心形线 $r=a(1+\cos\theta)(a>0)$ 所围成的图形的面积（如图 6.2-15）.

解　心形线所围成的图形如图 6.2-15 所示.图形对称于极轴，因此所求面积是极轴以上部分面积的两倍.

对于极轴以上部分的图形，θ 的变化区间为 $[0,\pi]$.相应于 $[0,\pi]$ 上任一小区间 $[\theta,\theta+\mathrm{d}\theta]$ 的窄

曲边扇形的面积近似于半径为 $a(1+\cos\theta)$、中心角为 $\mathrm{d}\theta$ 的扇形的面积，从而得到面积元素

$$\mathrm{d}A=\frac{1}{2}a^2(1+\cos\theta)^2\mathrm{d}\theta,$$

于是

$$\begin{aligned}A&=2\int_0^{\pi}\frac{1}{2}r^2\mathrm{d}\theta=\int_0^{\pi}a^2(1+\cos\theta)^2\mathrm{d}\theta\\&=a^2\int_0^{\pi}(1+2\cos\theta+\cos^2\theta)\mathrm{d}\theta=a^2\int_0^{\pi}\left(\frac{3}{2}+2\cos\theta+\frac{1}{2}\cos2\theta\right)\mathrm{d}\theta\\&=a^2\left(\frac{3}{2}\theta+2\sin\theta+\frac{1}{4}\sin2\theta\right)\Bigg|_0^{\pi}\\&=\frac{3}{2}\pi a^2.\end{aligned}$$

二、体积

1. 旋转体的体积

由一个平面图形绕这平面内一条直线旋转一周而成的立体，即为旋转体，这条直线叫作旋转轴.

(1) 求由连续曲线 $y=f(x)$，直线 $x=a$，$x=b$ 及 x 轴所围成的曲边梯形绕 x 轴旋转一周所得旋转体的体积(如图6.2-16所示).

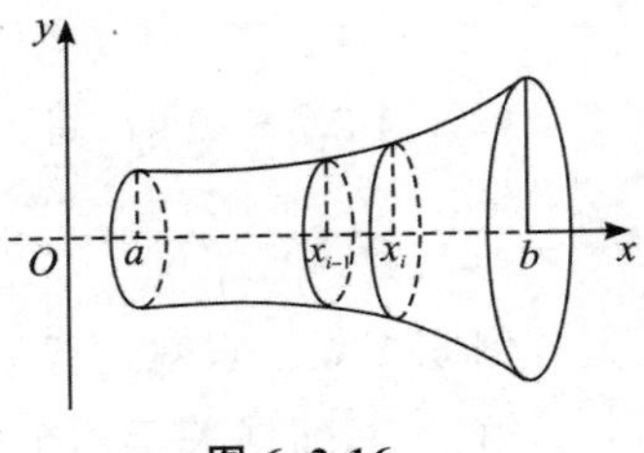

图 6.2-16

取 x 为积分变量，则 $x\in[a,b]$，对于区间 $[a,b]$ 上的任一区间 $[x,x+\mathrm{d}x]$，它所对应的窄曲边梯形绕 x 轴旋转而生成的薄片似的立体的体积近似等于以 $f(x)$ 为底半径，$\mathrm{d}x$ 为高的圆柱体体积.即体积元素为

$$\mathrm{d}V=\pi[f(x)]^2\mathrm{d}x,$$

所求的旋转体的体积为

$$V=\int_a^b\pi[f(x)]^2\mathrm{d}x.$$

(2) 由曲线 $x=\varphi(y)$，直线 $y=c$，$y=d$ 及 y 轴所围成的曲边梯形绕 y 轴旋转(如图6.2-17所示)，所得旋转体体积为

$$V=\int_c^d\pi[\varphi(y)]^2\mathrm{d}y.$$

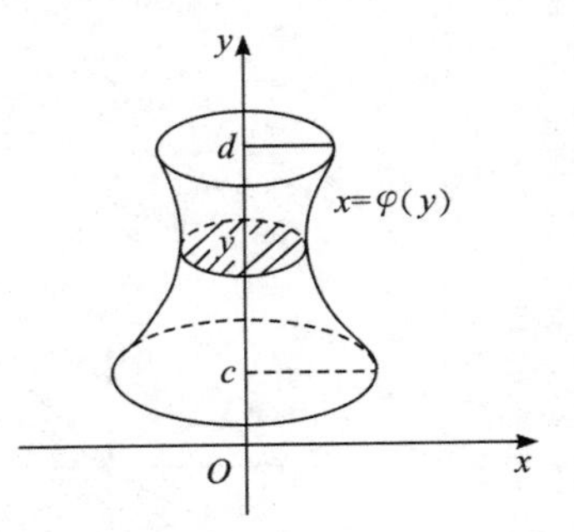

图 6.2-17

例 6.2.8 一喇叭可视为由曲线 $y=x^2$、直线 $x=1$ 及 x 轴所围成的图形绕 x 轴旋转所成的旋转体(如图6.2-18所示)，求此旋转体的体积.

解 在 $[0,1]$ 上任取一点 x，此旋转体的体积微元可近似地视为以 $f(x)$ 为半径的圆为底(即以面积为 $A(x)=\pi[f(x)]^2$ 的圆为底)的柱体，从而体积微元为

$$\mathrm{d}V=\pi(x^2)^2\mathrm{d}x,$$

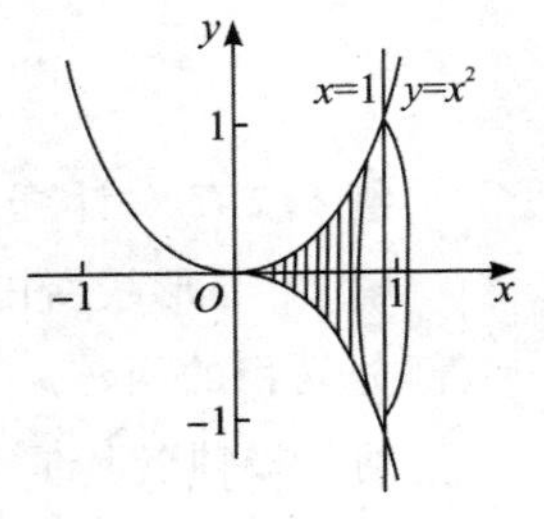

图 6.2-18

所求旋转体的体积 V 为

$$V=\int\pi x^4\mathrm{d}x=\pi(\frac{1}{5}x^5)\ |_0^1=\frac{1}{5}\pi.$$

例 6.2.9　计算椭圆$\frac{x^2}{a^2}+\frac{y^2}{b^2}=1$分别绕 x 轴和 y 轴旋转一周所成的旋转体(旋转椭球体)的体积.

解　(1) 设椭圆绕 x 轴旋转所成的旋转体的体积为 V_x,这个旋转椭球体也可以看作是由半个椭圆 $y=\frac{b}{a}\sqrt{a^2-x^2}$,及 x 轴所围成的图形绕x 轴旋转而成的旋转体(如图 6.2-19 所示),于是所求旋转椭球体的体积为

$$\begin{aligned}V_x&=\int_{-a}^{a}\pi\frac{b^2}{a^2}(a^2-x^2)\mathrm{d}x=\pi\frac{b^2}{a^2}(a^2x-\frac{1}{3}x^3)\ |_{-a}^{a}\\&=\frac{4}{3}\pi\cdot ab^2.\end{aligned}$$

(2) 设椭圆绕 y 轴旋转所成的旋转体的体积为 V_y,则 $x=\frac{a}{b}\sqrt{b^2-y^2}$,于是所求旋转椭球体的体积为

$$V_y=\int_{-b}^{b}\pi\frac{a^2}{b^2}(b^2-y^2)\mathrm{d}y=\frac{4}{3}\pi a^2b.$$

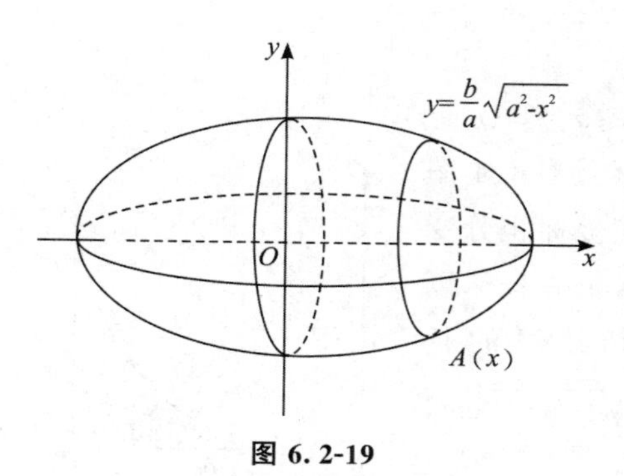

图 6.2-19

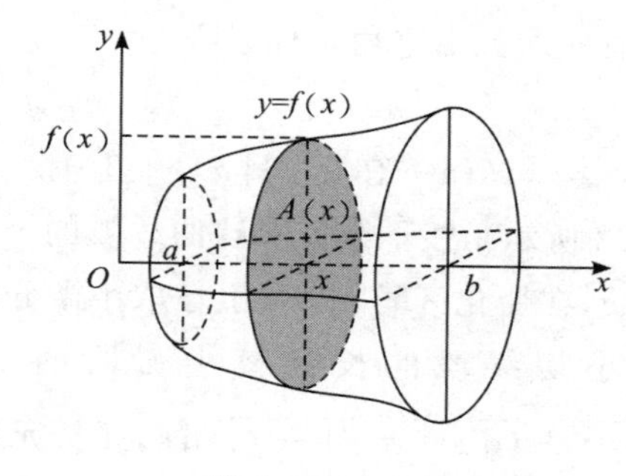

图 6.2-20

2. 平行截面面积为已知的立体的体积

如果一个立体不是旋转体,但知道该立体上垂直于一定轴的各个截面面积,那么这个立体的体积也可用定积分来计算(如图 6.2-20 所示).

设 $A(x)$ 表示过点 x 且垂直于x 轴的截面面积,$A(x)$ 为 x 的已知连续函数,取 x 为积分变量,体积元素 $\mathrm{d}V=A(x)\mathrm{d}x$,则立体体积为

$$V=\int_a^b A(x)\mathrm{d}x.$$

例 6.2.10　一平面经过半径为 R 的圆柱体的底圆中心,并与底面交成角 α,计算这平面截圆柱体所得立体的体积.

解　取坐标系(如图6.2-21所示),底圆方程为$x^2+y^2=R^2$.

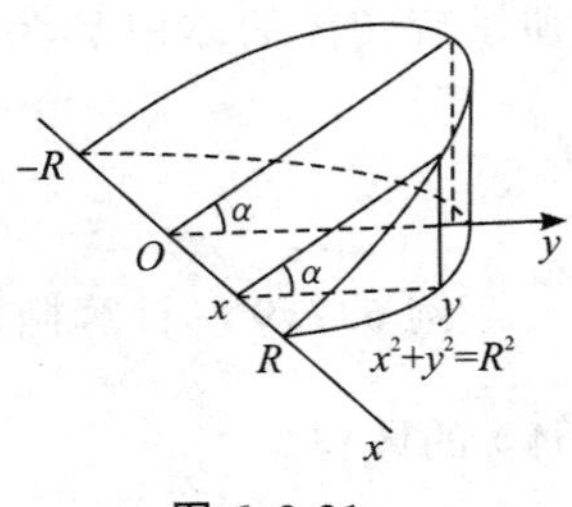

图 6.2-21

取这平面与圆柱体的底面的交线为x轴,底面上过圆中心,且垂直于x轴的直线为y轴,那么底圆的方程为$x^2+y^2=R^2$. 立体中过点x且垂直于x轴的截面是一个直角三角形,两条直角边分别为$\sqrt{R^2-x^2}$及$\sqrt{R^2-x^2}\tan\alpha$,因而截面积为

$$A(x)=\frac{1}{2}(R^2-x^2)\tan\alpha,$$

则所求的立体体积

$$V=\frac{1}{2}\int_{-R}^{R}(R^2-x^2)\tan\alpha\,dx=\frac{2}{3}R^3\tan\alpha.$$

三、平面曲线的弧长

设A、B是曲线弧上的两个端点,在弧AB上插入分点$A=M_0,M_1,\cdots,M_i,\cdots,M_{n-1},M_n=B$并依次连接相邻分点得一内接折线(如图6.2-22所示),当分点的数目无限增加且每个小弧段都缩向一点时,此折线的长$\sum\limits_{i=1}^{n}\left|M_{i-1}M_i\right|$的极限存在,则称此极限为曲线弧$AB$的弧长,并称此曲线弧$AB$是可求长的.

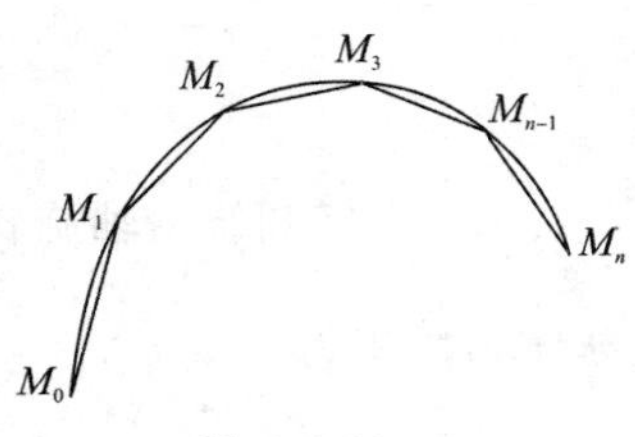

图 6.2-22

1. 直角坐标情形

设曲线弧由直角坐标方程

$$y=f(x)(a\leqslant x\leqslant b)$$

给出,其中$f(x)$在区间$[a,b]$上有一阶连续导数(如图6.2-23所示),接下来计算这曲线弧的长度.取横坐标积分变量为x,在变化区间$[a,b]$上任取小微分区间$[x,x+dx]$,以对应小切线段的长代替小弧段的长,小切线段的长$\sqrt{(dx)^2+(dy)^2}=\sqrt{1+y'^2}\,dx$,弧长元素$ds=\sqrt{1+y'^2}\,dx$,所求弧长为

$$s=\int_a^b\sqrt{1+y'^2}\,dx.$$

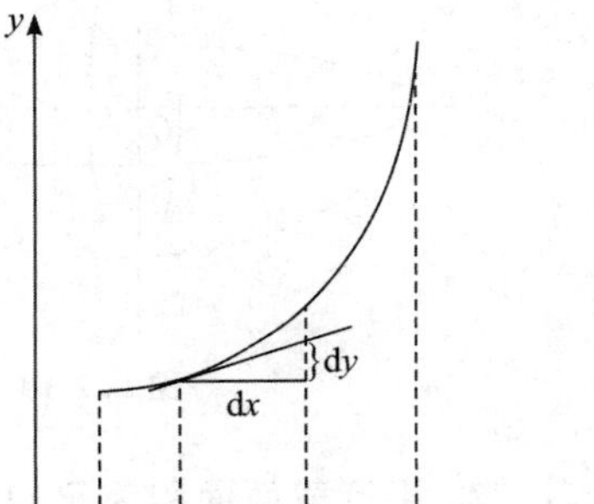

图 6.2-23

例 6.2.11　计算曲线$y=\int_0^{\frac{x}{n}}n\sqrt{\sin\theta}\,d\theta$的弧长($0\leqslant x\leqslant n\pi$).

解　$y'=n\sqrt{\sin\frac{x}{n}}\cdot\frac{1}{n}=\sqrt{\sin\frac{x}{n}}$,所求弧长为

$$s=\int_a^b\sqrt{1+y'^2}\,dx=\int_0^{n\pi}\sqrt{1+\sin\frac{x}{n}}\,dx\xlongequal{x=nt}\int_0^{\pi}\sqrt{1+\sin t}\cdot n\,dt$$

$$=\int_0^{\pi}\sqrt{\left(\sin\frac{t}{2}\right)^2+\left(\cos\frac{t}{2}\right)^2+2\sin\frac{t}{2}\cos\frac{t}{2}}\,dt=n\int_0^{\pi}\left(\sin\frac{t}{2}+\cos\frac{t}{2}\right)dt=4n.$$

2. 参数方程情形

设曲线弧由参数方程 $x=\varphi(t), y=\psi(t)(\alpha \leqslant t \leqslant \beta)$ 给出，曲线弧方程为

$$\begin{cases} x=\varphi(t) \\ y=\psi(t) \end{cases}(\alpha \leqslant t \leqslant \beta),$$

其中，$\varphi(t)$，$\psi(t)$ 在$[\alpha, \beta]$上具有连续导数，现在来计算这段曲线弧的长度.取参数 t 为积分变量，因为

$$\frac{\mathrm{d} y}{\mathrm{d} x}=\frac{\psi'(t)}{\varphi'(t)}, \mathrm{d} x=\varphi'(t) \mathrm{d} t,$$

所以弧长元素为

$$\mathrm{d} s=\sqrt{(\mathrm{d} x)^{2}+(\mathrm{d} y)^{2}}=\sqrt{\left[\varphi'^{2}(t)+\psi'^{2}(t)\right](\mathrm{d} t)^{2}}=\sqrt{\varphi'^{2}(t)+\psi'^{2}(t)} \mathrm{d} t,$$

所求弧长为

$$s=\int_{\alpha}^{\beta} \sqrt{\varphi'^{2}(t)+\psi'^{2}(t)} \mathrm{d} t.$$

例 6.2.12　求星形线 $x^{\frac{2}{3}}+y^{\frac{2}{3}}=a^{\frac{2}{3}}(a>0)$ 的全长.

解　星形线的参数方程为$\begin{cases} x=a \cos^{3} t \\ y=a \sin^{3} t \end{cases}(0 \leqslant t \leqslant 2\pi)$，根据对称性 $s=4s_{1}$（s_{1} 为第一象限部分的弧长），则

$$s=4s_{1}=4 \int_{0}^{\frac{\pi}{2}} \sqrt{(x')^{2}+(y')^{2}} \mathrm{d} t=4 \int_{0}^{\frac{\pi}{2}} 3a \sin t \cos t \mathrm{d} t=6a.$$

3. 极坐标情形

设曲线弧由极坐标方程

$$r=r(\theta)(\alpha \leqslant \theta \leqslant \beta)$$

给出，其中 $r(\theta)$ 在$[\alpha, \beta]$上具有连续导数.现在来计算这段曲线弧的长度.

由直角坐标和极坐标的关系可得

$$\begin{cases} x=r(\theta) \cos\theta \\ y=r(\theta) \sin\theta \end{cases}(\alpha \leqslant \theta \leqslant \beta).$$

这是以极角 θ 为参数的曲线弧的参数方程.于是弧微分为

$$\mathrm{d} s=\sqrt{(\mathrm{d} x)^{2}+(\mathrm{d} y)^{2}}=\sqrt{r^{2}(\theta)+r'^{2}(\theta)} \mathrm{d} \theta,$$

故所求弧长为

$$s=\int_{\alpha}^{\beta} \sqrt{r^{2}(\theta)+r'^{2}(\theta)} \mathrm{d} \theta.$$

例 6.2.13　求阿基米德螺线 $r=a\theta(a>0)$ 上相应于 θ 从 0 到 2π 的弧长.

解　$r'=a$，弧长元素为

$$\mathrm{d} s=\sqrt{a^{2} \theta^{2}+a^{2}} \mathrm{d} \theta=a \sqrt{1+\theta^{2}} \mathrm{d} \theta$$

因此所求弧长为

$$\begin{aligned} s &=\int_{\alpha}^{\beta} \sqrt{r^{2}(\theta)+r'^{2}(\theta)} \mathrm{d} \theta=\int_{0}^{2\pi} \sqrt{a^{2} \theta^{2}+a^{2}} \mathrm{d} \theta \\ &=a \int_{0}^{2\pi} \sqrt{\theta^{2}+1} \mathrm{d} \theta=\frac{a}{2}\left[2\pi \sqrt{1+4\pi^{2}}+\ln\left(2\pi+\sqrt{1+4\pi^{2}}\right)\right]. \end{aligned}$$

习题 6-2

1. 求由下列各曲线所围成的图形的面积：

(1)$y=\dfrac{1}{x}$ 与直线 $y=x$ 及 $x=2$；

(2)$y=e^{x}$，$y=e^{-x}$ 与直线 $x=1$；

(3)$y=\ln x$，y 轴与直线 $y=\ln a$，$y=\ln b(b>a>0)$.

2. 求抛物线 $y=-x^{2}+4x-3$ 及其在点$(0,-3)$ 和$(3,0)$ 处的切线所围成的图形的面积.

3. 求抛物线 $y^{2}=2px$ 及其在点$\left(\dfrac{p}{2},p\right)$ 处的法线所围成的图形的面积.

4. 求由下列各曲线所围成的图形的面积；

(1)$\rho=2a\cos\theta$；

(2)$x=a\cos^{3}t$，$y=a\sin^{3}t$；

(3)$\rho=2a(2+\cos\theta)$.

总习题六

1. 求下列图形的面积：

(1) 由曲线 $y=2-x^{2}$ 及直线 $y=-x$ 所围成的图形；

(2) 由曲线 $xy=1$ 与直线 $y=x$，$y=2$ 所围成的图形；

(3) 由抛物线 $y=x^{2}$，$y=(x-2)^{2}$ 与直线 $y=0$ 所围成的图形；

(4) 由心形线 $\rho=a(1+\cos\varphi)$ 所围成的图形.

2. 求下列旋转体的体积：

(1) 求圆$(x-5)^{2}+y^{2}=16$ 绕 y 轴旋转一周生成的旋转体体积；

(2) 求 $y=x^{2}$ 与 $x=y^{2}$ 所围图形，绕 x 轴旋转一周而成的旋转体体积；

(3) 求椭圆$\dfrac{x^{2}}{4}+\dfrac{y^{2}}{9}=1$ 分别绕 x 轴和 y 轴旋转一周生成的旋转体的体积；

(4) 由 $y=x^{3}$，$x=2$，$y=0$ 所围图形分别绕 x 轴和 y 轴旋转一周生成的两个旋转体的体积.

3. 求下列图形的弧长：

(1) 曲线 $y=\ln x$ 相应于$\sqrt{3}\leqslant x\leqslant\sqrt{8}$ 的一段弧长；

(2) 求星形线 $x=\cos^{3}t$，$y=\sin^{3}t$ 的全长.

第七章　微分方程

微分方程是数学家利用分析数学的理论与技术，对自然科学、社会科学及经济、管理学中的许多实际问题，建立微分方程，再求解的一门重要学科.对于学习理、工科的人员来说是必不可少的数学工具.

举凡研究问题中涉及变动极微者，所列出的方程式称为微分方程式.通常此类问题，在求解过程，除了某些变量之间的函数关系外，都含有这些变量的导式或微分方程.若微分方程式的未知函数中只含一个自变量及其导数，则称为常微分方程或微分方程.若未知函数中含两个或多个自变量及其导数，则称为偏微分方程.本章仅介绍常微分方程的基本知识、初级微分方程的求解及其在自然科学中的简单应用.以下提到微分方程应理解为常微分方程.

第一节　微分方程的基本概念

一、微分方程的定义及其相关术语

1. 微分方程、阶数与次数的定义

微分方程指的是一个未知函数(只含一个自变量)、未知函数的导数与自变量之间关系的等式，其中所含导数的最高阶数，称为该微分方程的**阶**，而所含最高阶导数的最高幂次，称为该微分方程的**次数**.例如：

(1) $\dfrac{dy}{dx}+f(x,y)=0$ 或 $y'+f(x,y)=0$ 为一阶一次微分方程；

(2) $\left(\dfrac{dy}{dx}\right)^2+x^3+y^3=0$ 或 $y'^2+x^3+y^3=0$ 为一阶二次微分方程；

(3) $y'''+x^3(y')^2+y^3=0$ 为三阶一次微分方程；

(4) $(y''')^2+x(y')^2+x^2y=0$ 为三阶二次微分方程.

通常，n 阶微分方程式的形式记为

$$F(x,y,y',\cdots,y^{(n)})=0 \text{ 或 } y^{(n)}=f(x,y,y',\cdots,y^{(n-1)}).$$

微分方程中，是否明显包含自变量或未知函数无关紧要，但必须含有未知函数的导数，否则就不能称为微分方程，例如，$e^x-\sin x=0$，$f(x)+f(y)=2xy$ 都不是微分方程.

2. 齐次与非齐次线性微分方程的定义

若微分方程对于未知函数及其各阶导数的全体都是一次的且无相互乘积，称为线性微分方程.否则,称为非线性微分方程.下仅举二阶为例,同理可推广至高阶.

二阶线性微分方程的一般形式为

$$y''+P(x)y'+Q(x)y=f(x),$$

若方程右端 $f(x)\equiv 0$,方程称为齐次的,否则称为非齐次的.我们把方程

$$y''+P(x)y'+Q(x)y=0$$

叫作与非齐次方程 $y''+P(x)y'+Q(x)y=f(x)$ 对应的齐次方程.

例 7.1.1 试判断下列微分方程的为何型微分方程:

(1) $\dfrac{dy}{dx}+xy=0$; (2) $\dfrac{dy}{dx}+xy=e^x$; (3) $y''+py'+qy=\sin x$;

(4) $x^2y''+xy'+y=0$; (5) $xy'+(y')^2-xy=0$; (6) $yy'+x=0$.

解:(1) $\dfrac{dy}{dx}+xy=0$ 为一阶线性齐次微分方程;

(2) $\dfrac{dy}{dx}+xy=e^x$ 为一阶线性非齐次微分方程;

(3) $y''+py'+qy=\sin x$ 为二阶线性非齐次微分方程;

(4) $x^2y''+xy'+y=0$ 为二阶线性齐次微分方程;

(5)(6) 都是非线性微分方程.

二、建立微分方程的具体例子

以下举一些例子说明,在研究一些解析几何、物理、化学问题并求解时,如何建立微分方程,而求解方法将于后面章节给出.

1. 一阶线性微分方程

例 7.1.2 已知曲线上任一点的切线斜率等于此点纵坐标的 2 倍,求其微分方程.

解 根据导数的几何意义,曲线在某一点的导数为曲线过该点切线的斜率.因此,所求曲线应满足方程 $\dfrac{dy}{dx}=2y$,为一阶线性齐次微分方程.

例 7.1.3 在核化学理论中,放射性元素(如铀)的衰变速度与当时未衰变的原子的含量 M 成正比,求在衰变过程中铀含量 $M(t)$ 随时间 t 变化的微分方程.

解 令 $M(t)$ 为铀经历时间 t 后,所剩下未衰变原子的含量,而其衰变速度就是 $M(t)$ 对时间 t 的导数 $\dfrac{dM}{dt}$,由于铀的衰变速度与其含量成正比,故得微分方程 $\dfrac{dM}{dt}=-\lambda M$,其中 $\lambda(\lambda>0)$ 是常数,λ 前的负号表示当 t 增加时 M 单调减少,即 $\dfrac{dM}{dt}<0$,为一阶线性齐次微分方程.

2. 二阶线性或非线性微分方程

例 7.1.4 质量为 m 的物体从高处落下,只受重力的作用,试求其落下路程 s 与落下时间 t 的微分方程.

解 取物体降落的铅垂线为 s 轴,方向朝下(朝向地心).设物体在 t 时刻的位置为 $s=$

$s(t)$，则其加速度为 $a=\frac{d^2s}{dt^2}$.由牛顿第二定律，$F=ma$，得到微分方程式为 $m\frac{d^2s}{dt^2}=mg$ 或 $\frac{d^2s}{dt^2}=g$，为二阶一次非线性微分方程.

例 7.1.5　设有一个弹簧，弹性系数为 c，上端固定，下端挂一个质量为 m 的物体.设物体在运动过程中受到的阻力 R 的大小与速度成正比，比例系数为 μ.取 x 轴铅直向下，并取物体的平衡位置为坐标原点，给物体一个初始速度 $v_0\neq 0$ 后，物体在平衡位置附近做上下振动，求物体自由振动的微分方程.

解　在振动过程中，物体的位置 x 是 t 的函数：$x=x(t)$.因弹簧的回复力 $f=-cx$，又 $R=-\mu\frac{dx}{dt}$，由牛顿第二定律得

$$m\frac{d^2x}{dt^2}=-cx-\mu\frac{dx}{dt}.$$

移项，并记 $2n=\frac{\mu}{m}$，$k^2=\frac{c}{m}$，则上式化为

$$\frac{d^2x}{dt^2}+2n\frac{dx}{dt}+k^2x=0,$$

这就是在有阻尼的情况下，物体自由振动的微分方程，为二阶线性齐次微分方程.如果振动物体还受到铅直扰力 $F=H\sin pt$ 的作用，则有

$$\frac{d^2x}{dt^2}+2n\frac{dx}{dt}+k^2x=h\sin pt,$$

其中 $h=\frac{H}{m}$，这就是强迫振动的微分方程，为二阶线性非齐次微分方程.

* **例 7.1.6**　设有一个由电阻 R、自感 L、电容 C 和电源 E 串联组成的电路，其中 R、L 及 C 为常数，电源电动势是时间 t 的函数：$E=E_m\sin\omega t$，E_m 及 ω 是常数，求串联电路的振荡方程.

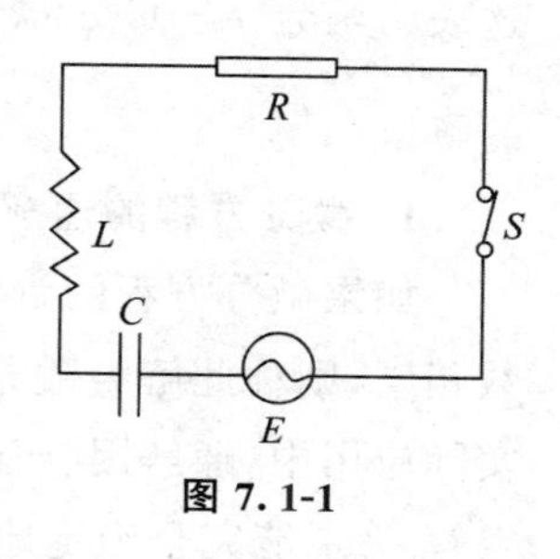

图 7.1-1

解　设电路中的电流为 $i(t)$，电容器极板上的电量为 $q(t)$，两极板间的电压为 u_C，自感电动势为 E_L.由电学知道 $i=\frac{dq}{dt}$，$u_C=\frac{q}{C}$，$E_L=-L\frac{di}{dt}$，根据回路电压定律，得

$$E-L\frac{di}{dt}-\frac{q}{C}-Ri=0,\text{即 } LC\frac{d^2u_C}{dt^2}+RC\frac{du_C}{dt}+u_C=E_m\sin\omega t,$$

或写成

$$\frac{d^2u_C}{dt^2}+2\beta\frac{du_C}{dt}+\omega_0^2u_C=\frac{E_m}{LC}\sin\omega t,$$

其中，$\beta=\frac{R}{2L}$，$\omega_0=\frac{1}{\sqrt{LC}}$，此是串联电路的振荡微分方程，为二阶线性非齐次微分方程.如果电容器经充电后撤去外电源($E=0$)，则上述成为

$$\frac{d^2u_C}{dt^2}+2\beta\frac{du_C}{dt}+\omega_0^2u_C=0,$$

为二阶线性齐次微分方程.

在以上范例中,我们通过对极小量 dx、dy 的分析得到微分方程的方法,是建立微分方程的常用方法.

三、微分方程的解

由上述范例所建立的微分方程,最终目的是寻求方程的解,后面各节主要讲述微分方程解题的常用技巧及应用.微分方程的解指的是,某函数代入微分方程能使该方程成为恒等式,则此函数称为该微分方程的**解**.以实例说明如下:

例 7.1.7 验证波动函数 $x=C_1\cos kt+C_2\sin kt$ 是否为微分方程

$$\frac{d^2x}{dt^2}+k^2x=0$$

的解.

解 求波动函数的二阶导数:

$$\frac{dx}{dt}=-kC_1\sin kt+kC_2\cos kt\Rightarrow\frac{d^2x}{dt^2}=-k^2C_1\cos kt-k^2C_2\sin kt.$$

将$\frac{d^2x}{dt^2}$及 x 的表达式代入所给方程,得

$$(-k^2C_1\cos kt-k^2C_2\sin kt)+k^2(C_1\cos kt+C_2\sin kt)=0.$$

这表明函数 $x=C_1\cos kt+C_2\sin kt$ 满足方程$\frac{d^2x}{dt^2}+k^2x=0$,因此已知函数是所给微分方程的解.

1. 微分方程的通解(积分曲线族)

如果微分方程的解中含有相互独立的任意常数,且此任意常数的个数与微分方程的阶数相同,则称此解为微分方程的**通解**(积分曲线簇).若通解为隐函数形式,又称为**通积分**.在实际应用中,通解因含任意常数,只能描述一般性规律,无法表现出某特定现象或问题的固定解.为了能完全确定地反映某特定现象的具体规律,需给予特定条件,用于确定通解中的任意常数,称此特定条件为**初始条件**.而此不含常数的解,称为**特解**,为一条通过初始条件点的积分曲线.而求微分方程满足初始条件的解的问题,称为**初值问题**(或柯西问题).当初始条件为 $x=x_0$ 时,$y=y_0$,$y'=y_0{}'$,一般写成 $y\big|_{x=x_0}=y_0$,$y'\big|_{x=x_0}=y'_0$.

例 7.1.8 如例 7.1.7 中,已知函数 $x=C_1\cos kt+C_2\sin kt(k\neq0)$ 是微分方程$\frac{d^2x}{dt^2}+k^2x=0$ 的通解,求满足初始条件 $x\big|_{t=0}=0.5$,$x'\big|_{t=0}=0$ 的特解.

解 由已知条件 $x\big|_{t=0}=0.5$ 及 $x=C_1\cos kt+C_2\sin kt$,得 $C_1=0.5$.

再由条件 $x'\big|_{t=0}=0$,及 $x'(t)=-kC_1\sin kt+kC_2\cos kt$,得 $C_2=0$.

把 C_1、C_2 的值代入 $x=C_1\cos kt+C_2\sin kt$ 中,得 $x=0.5\cos kt$.如此,确定了通解中的任意常数以后,就得到微分方程的特解,即不含任意常数的解.

初值问题中,通常给定初始条件的个数等于方程阶数,例如:

(1) 一阶微分方程的初值问题,记为

$$\begin{cases} y'=f(x,y) \\ y\big|_{x=x_0}=y_0 \end{cases}.$$

(2) 二阶微分方程的初值问题,记为

$$\begin{cases} y''=f(x,y,y') \\ y\big|_{x=x_0}=y_0, y'\big|_{x=x_0}=y_0' \end{cases}.$$

一般地,n 阶微分方程的初值问题,记为

$$\begin{cases} F(x,y,y',\cdots,y^{(n)})=0 \\ y\big|_{x=x_0}=y_0, y'\big|_{x=x_0}=y_0', \cdots, y^{(n-1)}\big|_{x=x_0}=y_0^{(n-1)} \end{cases}.$$

2. 微分方程的奇解

如果 $y=\varphi(x)$ 是微分方程的一个解,在曲线上的每一点所表示的积分曲线唯一性条件不成立,即在曲线上 $y=\varphi(x)$ 的每一点都有两条以上(含自己)的积分曲线在此点相切,则称 $y=\varphi(x)$ 是微分方程的**奇解**,而奇解上的点称为**奇点**.奇解 $y=\varphi(x)$ 不能由通解选择任意常数而得出,但其上任意点可以由通解选择特定常数(随着任意点而变动)而得到,即过奇解上任意点(奇点)的解并不唯一,奇解的求法将在本章第三节给出.

注:此处的唯一性是指"过一点沿同一方向(即由方程所确定的切线方向)仅有一条积分曲线通过".

习题 7-1

1. 试写出下列微分方程的阶数及次数:

(1)$x^3y'''+x^2y''-4xy'=3x^2$;　　(2)$y^{(4)}-4(y''')^2+10y''-12y'+5y=\sin 2x$;

(3)$(3+x)(y'')^2-4xy'=3x^2$;　　(4)$y^{(n)}+1=0$.

2. 试判断下列微分方程是否为线性微分方程:

(1) $\frac{dy}{dx}+x^2y=0$;　　(2) $(\frac{dy}{dx})^2+xy=0$;

(3)$y''+py'+qy^2=\sin x$;　　(4)$x^2y''+xy'+y=e^x$;

(5)$x\,y''+y'-xy=0$;　　(6)$y\,y'+x=0$.

3. 验证下列给定函数是其对应微分方程的通解:

(1)$y'+y=e^{-x}$,$y=(x+C)e^{-x}$;

(2)$xy''+2y'-xy=0$,$y=C_1e^x+C_2e^{-x}$;

(3)$y''+3y'+2y=0, y=\mathrm{e}^{-x}$ 及 $y=\mathrm{e}^{-2x}$;

(4)$x^2y''+6xy'+4y=0, y=\dfrac{1}{x}$ 及 $y=\dfrac{1}{x^4}$.

4. 若曲线上任一点 $P(x,y)$ 处的法线与 x 轴的交点为 Q,且线段 PQ 被 y 轴平分,写出曲线所满足的微分方程.

5. 确定函数 $y=(C_1+C_2x)\mathrm{e}^{2x}$ 中 C_1,C_2 的值,使得函数满足 $y|_{x=0}=0, y'|_{x=0}=1$.

6. 若曲线过一点 $P\left(1,\dfrac{3}{4}\right)$,曲线上任意点 Q,由过 Q 点的铅垂线和过 Q 点的切线以及两坐标轴所围成的梯形面积等于 Q 点横坐标平方的一半,求此曲线的微分方程和初始条件.

7. 若以曲线 $y=y(x)(y(x)>0)$ 为顶,以轴上的区间$[0,x]$为底的曲边梯形的面积与纵坐标 y 的 $n+1$ 次幂成正比(比例系数为 k),求此曲线的微分方程.

第二节　一阶微分方程——可分离变量

一阶微分方程通常可分成两大类,其中一类是已解出导数的一阶微分方程

$$\frac{\mathrm{d}y}{\mathrm{d}x}=f(x,y) \text{ 或 } P(x,y)\mathrm{d}x+Q(x,y)\mathrm{d}y=0,$$

另一类是一阶隐式微分方程

$$F(x,y,y')=0.$$

从本节至第五节,我们讨论一阶微分方程常用的可积类型及解法.如果一阶微分方程可以化为 $P_1(x)P_2(y)\mathrm{d}x+Q_1(x)Q_2(y)\mathrm{d}y=0$ 形式,则可分离变量成为

$$\frac{Q_2(y)}{P_2(y)}\mathrm{d}y=-\frac{P_1(x)}{Q_1(x)}\mathrm{d}x,$$

再两边积分

$$\int\frac{Q_2(y)}{P_2(y)}\mathrm{d}y=-\int\frac{P_1(x)}{Q_1(x)}\mathrm{d}x+C,$$

即可得解.具体例子如下:

一、求通解问题

例 7.2.1　求微分方程 $y'=1+x+y^2+xy^2$ 的通解.

解　原式为$\dfrac{\mathrm{d}y}{\mathrm{d}x}=(1+x)(1+y^2)$,分离变量得

$$\frac{1}{1+y^2}\mathrm{d}y=(1+x)\mathrm{d}x,$$

两边积分$\displaystyle\int\frac{1}{1+y^2}\mathrm{d}y=\int(1+x)\mathrm{d}x$,得

$$\arctan y=\frac{1}{2}x^2+x+C.$$

于是原方程的通解为 $y=\tan(\frac{1}{2}x^2+x+C)$.

一般地,方程 $y'=f(x)$ 的通解为 $y=\int f(x)\mathrm{d}x+C$.

例 7.2.2 求微分方程 $y'=\sin x$ 的通解.

解 原式的通解 $y=\int \sin x\,\mathrm{d}x+C$,可得通解为 $y=-\cos x+C$.

例 7.2.3 求微分方程 $y'=\frac{2xy}{1+x^2}$ 的通解.

解 原式为$\frac{\mathrm{d}y}{\mathrm{d}x}=\frac{2xy}{1+x^2}$,因此可分离变量为$\frac{\mathrm{d}y}{y}=\frac{2x}{1+x^2}\mathrm{d}x$,再两边积分,可得 $\ln|y|=\ln(1+x^2)+\ln C_1$,因此通解为 $y=C(1+x^2)$,其中 $C=\pm C_1$.

此处 C 与 $\pm C_1$ 都是常数,以后在不混淆的情况下,直接用 C 取代 $\pm C_1$,不再特别强调.

例 7.2.4 求微分方程$\sec^2 x\tan y\,\mathrm{d}x+\sec^2 y\tan x\,\mathrm{d}y=0$ 的通解.

解 原式分离变量为$\frac{\sec^2 x}{\tan x}\mathrm{d}x=-\frac{\sec^2 y}{\tan y}\mathrm{d}y$,再两边积分得

$$\ln|\tan x|=-\ln|\tan y|+\ln C_1 \text{ 或 } \tan x\tan y=C.$$

二、求解初值与定解问题

例 7.2.5 求微分方程$\begin{cases}\cos x\sin y\,\mathrm{d}y-\cos y\sin x\,\mathrm{d}x=0\\ y\big|_{x=0}=\frac{\pi}{4}\end{cases}$的解.

解 原式可分离变量为$\frac{\sin y}{\cos y}\mathrm{d}y=\frac{\sin x}{\cos x}\mathrm{d}x$,再两边积分后,得

$$-\ln|\cos y|=-\ln|\cos x|+\ln C_1,$$

因此通解为 $\cos x-C\cos y=0$.

初始条件 $x=0$ 时,$y=\frac{\pi}{4}$,代入通解得 $1-\frac{\sqrt{2}}{2}C=0\Rightarrow C=\sqrt{2}$,于是所求特解为 $\cos x-\sqrt{2}\cos y=0$.

例 7.2.6 求解定解问题:$x^2y'=\cos 2y+1$,$y(+\infty)=\frac{\pi}{4}$.

解 原式可分离变量为$\frac{1}{\cos^2 y}\mathrm{d}y=\frac{2}{x^2}\mathrm{d}x$ 或$\sec^2 y\,\mathrm{d}y=\frac{2}{x^2}\mathrm{d}x$,再两边积分得通解为 $\tan y=-\frac{2}{x}+C$.再将定解条件 $y(+\infty)=\frac{\pi}{4}$(即 $x\to\infty$,$y(x)=\frac{\pi}{4}$),代入通解,得 $1=0+C\Rightarrow C=1$,因此特解为 $\tan y=-\frac{2}{x}+1$ 或 $y=\arctan(-\frac{2}{x}+1)$.

例 7.2.7 求解定解问题：$y^2\dfrac{dy}{dx}+8x=2xy^3$，当 $x\to\infty$，$y(x)$ 有界.

解 原式可分离变量为$\dfrac{y^2}{y^3-4}dy=2xdx$，再两边积分得

$$\frac{1}{3}\ln|y^3-4|=x^2+C_1 \text{ 或 } y^3-4=Ce^{3x^2},$$

因当 $x\to\infty$，$y(x)$ 有界，所以 $C=0$，因此解为 $y^3-4=0$.

三、分离变量的应用问题

例 7.2.8 由核化学的原理知，放射性元素的衰变速度与当时未衰变的原子的含量 M 成正比.已知 $t=0$ 时，铀的含量为 M_0，求在衰变过程中铀含量 $M(t)$ 随时间 t 变化的规律.

解 由例 7.1.3 知微分方程为

$$\frac{dM}{dt}=-\lambda M(\lambda>0),$$

将方程分离变量得

$$\frac{dM}{M}=-\lambda dt,$$

两边积分$\int\dfrac{dM}{M}=\int(-\lambda)dt$，得 $\ln M=-\lambda t+\ln C$，或 $M=Ce^{-\lambda t}$.

由题意，初始条件为 $M\big|_{t=0}=M_0$，因此得 $M_0=Ce^0=C$，所以铀含量 $M(t)$ 随时间 t 变化的规律 $M=M_0e^{-\lambda t}$.

例 7.2.9 直升机于灾区空投救灾物品一件，救灾物品落下过程，所受空气阻力 R 与落下速度 $v=v(t)$ 成正比，即 $R=-kv$(k 为常数)，并设救灾物品开始落下时，速度为零.求救灾物品下落速度 v、位移 y 与时间的函数关系.(取直升机位置为原点，y 轴铅直向下)

解: 由物理学原理知，救灾物品所受外力为 $F=mg-kv$.又根据牛顿第二运动定律 $F=ma$，得函数 $v(t)$ 应满足的方程为 $m\dfrac{dv}{dt}=mg-kv$，且初始条件为 $v\big|_{t=0}=0$.

方程分离变量，得

$$\frac{dv}{mg-kv}=\frac{dt}{m},$$

两边积分$\int\dfrac{dv}{mg-kv}=\int\dfrac{dt}{m}$，得

$$-\frac{1}{k}\ln(mg-kv)=\frac{t}{m}+C_1,$$

即

$$v=\frac{mg}{k}+Ce^{-\frac{k}{m}t}\left(C=-\frac{e^{-kC_1}}{k}\right).$$

将初始条件 $v\big|_{t=0}=0$ 代入通解得 $C=-\dfrac{mg}{k}$，于是救灾物品下落速度与时间的函数关系

为 $v=\frac{mg}{k}(1-e^{-\frac{k}{m}t})$.若 $t\to\infty, v\to\frac{mg}{k}$(定值).

再求位移,因 $v=\frac{dy}{dt}$,从而有 $\frac{dy}{dt}=\frac{mg}{k}(1-e^{-\frac{k}{m}t})$,积分后得

$$y=\frac{mg}{k}t+\frac{m^2g}{k^2}e^{-\frac{k}{m}t}+C_1,$$

因初始值 $y\big|_{t=0}=0$,得 $C_1=-\frac{m^2g}{k^2}$,因此位移与时间关系为 $y=\frac{mg}{k}t+\frac{m^2g}{k^2}(e^{-\frac{k}{m}t}-1)$.

例 7.2.10　有高为 10 cm,顶角为 60° 的圆锥形漏斗容器,水从它的底部小孔流出,小孔横截面面积为 0.5 cm². 开始时容器内盛满了水,求水从小孔流出过程中容器里水面高度 h 随时间 t 变化的规律.(水流量公式 $Q=\frac{dV}{dt}=0.62S\sqrt{2gh}$,其中 0.62 为流量系数,$S$ 为孔口横截面面积,g 为重力加速度)

解　定坐标如图 7.2-1,设在微小时间间隔 $[t,t+dt]$ 内,水面高度由 h 降至 $h+dh(dh<0)$,则

$$dV=-\pi r^2dh=-\pi(h\tan30°)^2dh=-\frac{\pi}{3}h^2dh,$$

又有

$$Q=\frac{dV}{dt}=0.62S\sqrt{2gh},$$

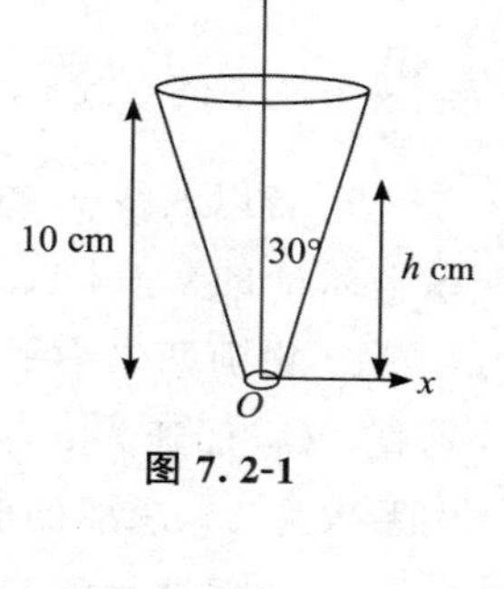

图 7.2-1

因此

$$0.62S\sqrt{2gh}\,dt=-\frac{\pi}{3}h^2dh\Rightarrow dt=-\frac{\pi}{3\times0.62\times0.5\sqrt{2g}}h^{\frac{3}{2}}dh,$$

两边积分,得

$$t=-\frac{2\pi}{5\times3\times0.31\times\sqrt{2g}}h^{\frac{5}{2}}+C,$$

由初始条件 $h\big|_{t=0}=10$ 知,$C=9.65$,因此化简得

$$t=-0.0305h^{\frac{5}{2}}+9.65,$$

将 $h=0$,代入得 $t\approx9.65$,因此,水流完时间约为 10 秒.

习题 7-2

1. 求下列各微分方程式的通解:

(1) $\frac{dy}{dx}=2xy^2$;　　(2) $y'=\frac{1+y}{1-x}$;

(3) $(1+y^2)dx-(xy+x^3y)dy=0$;　　(4) $xy'-y\ln y=0$;

(5) $\dfrac{\mathrm{d}x}{\mathrm{d}y}=\sqrt{\dfrac{1-x^2}{1-y^2}}$；　　　(6) $\sqrt{y^2+1}=xyy'$；

(7) $\dfrac{\mathrm{d}y}{\mathrm{d}x}=-\dfrac{\mathrm{e}^{x+y}-\mathrm{e}^x}{\mathrm{e}^{x+y}+\mathrm{e}^y}$；　　　(8) $x\dfrac{\mathrm{d}y}{\mathrm{d}x}=y\ln y$.

2. 求下列各微分方程式在初值条件下的特解：

(1) $\dfrac{\mathrm{d}y}{\mathrm{d}x}=\dfrac{x+x^3}{\mathrm{e}^y}, y\big|_{x=1}=1$；　　　(2) $\dfrac{\mathrm{d}y}{\mathrm{d}x}=-\dfrac{x}{y}, y\big|_{x=0}=1$；

(3) $\dfrac{\mathrm{d}y}{\mathrm{d}x}=1+y^2, y\big|_{x=0}=1$；　　　(4) $\dfrac{\mathrm{d}y}{\mathrm{d}x}=\dfrac{\mathrm{e}^x}{2(1+\mathrm{e}^x)y}, y\big|_{x=0}=0$；

(5) $\dfrac{(x^2-1)}{y^2}\dfrac{\mathrm{d}y}{\mathrm{d}x}+2x=0, y\big|_{x=0}=1$；　　　(6) $y'=\mathrm{e}^{2x-y}, y\big|_{x=0}=0$.

3. 一条曲线过点(2,3)，它在两轴之的任意切线长被切点平分，求这条曲线的方程.

4. 有高为1 m的半球形容器，水从它的底部小孔流出，小孔横截面面积为1 cm^2.开始时容器内盛满了水，求水从小孔流出过程中，容器里水面高度 h 随时间 t 变化的规律.(公式 $Q=\dfrac{\mathrm{d}V}{\mathrm{d}t}=0.62S\sqrt{2gh}$，其中0.62为流量系数，$S$ 为孔口横截面面积，g 为重力加速度)

5. 若以曲线 $y=y(x)(y(x)>0)$ 为顶，以轴上的区间 $[0,x]$ 为底的曲边梯形的面积与纵坐标 y 的 $n+1$ 次幂成正比(比例系数为 k)，且 $y(0)=0, y(1)=1$，求解曲线方程.

6. 设河两岸为平行直线，今有一船从河边一点 O 出发驶向对岸，船行方向始终与河岸垂直，又设船速为 a，河宽为 h，河中任一点处的水流速与该点到两岸距离的乘积成正比(比例系数为 k)，求船的航行路线.(以 O 为原点，y 轴指向对岸，水流方向为 x 轴)

7. 放射性元素 E 的衰变速度与当时未衰变的原子的含量 M 成正比.已知 $t=0$ 时，E 的含量为 M_0，经1600年后，剩下 $\dfrac{1}{2}M_0$，求在衰变过程中铀含量 $M(t)$ 随时间 t 变化的规律.

*第三节　一阶微分方程——奇解的求法

如果 $y=\varphi(x)$ 是微分方程的一个解，在曲线上的每一点所表示的积分曲线的唯一性条件不成立，即在曲线 $y=\varphi(x)$ 上的每一点都有两条以上(含自己)的积分曲线在此点相切，则称 $y=\varphi(x)$ 是微分方程的**奇解**，而奇解上的点称为**奇点**.

在一阶显式微分方程

$$\frac{\mathrm{d}y}{\mathrm{d}x}=f(x,y)$$

及一阶隐式微分方程

$$F(x,y,p)=0,\text{其中 } p=\frac{\mathrm{d}y}{\mathrm{d}x}$$

都可能出现奇解.

一、验证奇解的方法

奇解主要在找出破坏微分方程$\frac{dy}{dx}=f(x,y)$解的唯一性条件的点集$L(x,y)=0$,通常为一曲线,需验证.

验证奇解的方法:利用奇解上任意点(x_0,y_0)都至少有两个解方程$y=\varphi_1(x)$,$y=\varphi_2(x)$在该点相切的特性,即检验两种情况是否成立:(1) 两条曲线过(x_0,y_0),即$\varphi_1(x_0)=\varphi_2(x_0)$;(2) 过$(x_0,y_0)$为同一条切线,即$\varphi_1{}'(x_0)=\varphi_2{}'(x_0)$.

例 7.3.1　已知微分方程$\frac{dy}{dx}=\sqrt{y}\ (y\geqslant 0)$的通解为$y=\frac{1}{4}(x+C)^2$.试验证$y=0$是方程的奇解并以图形说明通解与奇解的关系.

解　显然$y=0$为方程的解,今验证其上任意点(奇点)都至少有两个解方程.

因方程的两个解$y=\frac{1}{4}(x+C)^2$与$y=0$在奇点$(x_0,0)$相切的条件为

$$\frac{1}{4}(x_0+C)^2=0\text{ 且 }\frac{1}{2}(x_0+C)=0,$$

显然地只要$C=-x_0$即成立,且C随着x_0变动,则在$y=0$上奇点$(x_0,0)$,都存在一积分曲线$y=\frac{1}{4}(x-x_0)^2$(如图 7.3-1 粗线)与其在$(x_0,0)$相切,因此$y=0$是方程的奇解.

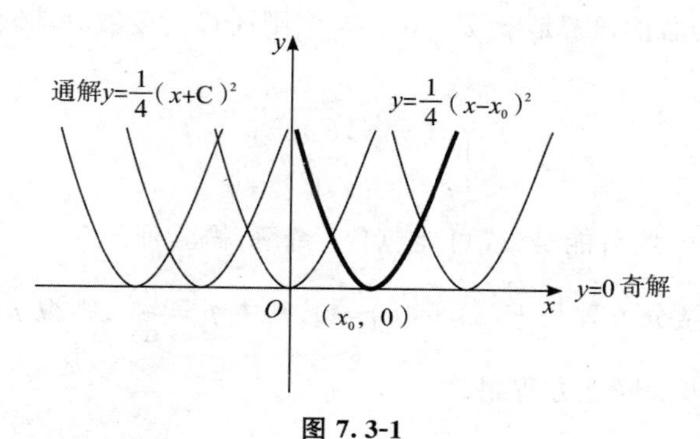

图 7.3-1

由此例可知,奇解$y=\varphi(x)$不能由通解选择任意常数而得出,但每一奇点可以由通解选择特定常数(随着任意点而变动)而得到,即过奇点的解并不唯一.

二、奇解的求法

求奇解的方法通常有四种:

(1) 回收零点法:在解微分方程的过程中,若两边需同约去某些不含导数的因式,回收被约去的因式并令其等于零,则此等式可能是奇解,需验证.

例 7.3.2　求微分方程$\frac{dy}{dx}=\sqrt{1-y^2}\ (|y|\leqslant 1)$的通解与奇解.

解 原式分离变量得$\frac{\mathrm{d}y}{\sqrt{1-y^2}}=\mathrm{d}x$,求得通解为

$$\arcsin y = x + C \text{ 或 } y=\sin(x+C)\left(-\frac{\pi}{2}\leqslant x+C\leqslant\frac{\pi}{2}\right).$$

原式分离变量时,令约去的因式$\sqrt{1-y^2}=0$,得$y=\pm1$可能是奇解,需加以验证.在$y=1$上任意取一点$(x_0,1)$,由验证奇解的方法知

$$\sin(x_0+C)=1 \text{ 且 } \cos(x_0+C)=0.$$

故只要取$C=\frac{\pi}{2}-x_0$,随着x_0变动,则在$y=1$上任意点$(x_0,1)$,都存在一积分曲线$\sin\left(x+\frac{\pi}{2}-x_0\right)=1$与其在$(x_0,1)$相切,因此$y=1$(同理$y=-1$)是方程的奇解.

例 7.3.3 讨论方程$(\cos^2 x)y'=0$是否有奇解.

解 原式分离变量得$\mathrm{d}y=\frac{\mathrm{d}x}{\cos^2 x}$,解得通解为$y=\tan x+C$.

原式分离变量时,令约去的因式$\cos^2 x=0$,得$x=n\pi+\frac{\pi}{2},n\in\mathbf{Z}$,可能是奇解,验证如下:因$x\to n\pi+\frac{\pi}{2},y\to\infty$,所以$x=n\pi+\frac{\pi}{2}$是方程的解,但无任何一条积分曲线与$x=n\pi+\frac{\pi}{2}$相切,因此$x=n\pi+\frac{\pi}{2}$非方程的奇解,而是对应$C=\infty$的特解.

(2)C消去法:若方程的通解是$\varphi(x,y,C)=0$,则视C为变数对其做偏微分得$\varphi_C(x,y,C)=0$,再从联立方程组

$$\begin{cases}\varphi(x,y,C)=0\\ \varphi_C(x,y,C)=0\end{cases}$$

消去C得$F(x,y)=0$,此可能是(或可能包含)奇解,需验证.

(3)p消去法:若微分方程是$F(x,y,p)=0$,其中$p=\frac{\mathrm{d}y}{\mathrm{d}x}$,则视$p$为变数对其做偏微分得$F_p(x,y,p)=0$,再从联立方程组

$$\begin{cases}F(x,y,p)=0\\ F_p(x,y,p)=0\end{cases}$$

消去p得$\varphi(x,y)=0$,此可能是(或可能包含)奇解,需验证.

(4)C-p消去法:同时使用上两种消去法而得$F(x,y)=0$与$\varphi(x,y)=0$,若它们有公共的单因式,令其为零,则是奇解,不需验证.

例 7.3.4 已知微分方程$y=x+p-\ln p\,(p=y')$的通解为$y=\mathrm{e}^{x-C}+C$,求其奇解.

解 法一:C消去法.由通解对C求导得$0=-\mathrm{e}^{x-C}+1$,再解联立方程组

$$\begin{cases}y=\mathrm{e}^{x-C}+C\\ 0=-\mathrm{e}^{x-C}+1\end{cases},$$

消去C得C判别式$y=x+1$,需验证.

法二：p 消去法.由原式 $y=x+p-\ln p$ 对 p 求导得 $0=1-\frac{1}{p}$，再解联立方程组

$$\begin{cases} y=x+p-\ln p \\ 0=1-\dfrac{1}{p} \end{cases},$$

消去 p 得 p 判别式 $y=x+1$，需验证.

法三：C-p 消去法.即上两种方法的合并，由上结论知 $y=x+1$ 为上两种方法所共有的单因式且是方程的解，因而是方程的奇解.

习题 7-3

1. 求微分方程 $y\frac{\mathrm{d}y}{\mathrm{d}x}=\sqrt{a^2-y^2}\,(a\geqslant 0)$ 的通解与奇解.
2. 已知微分方程 $xp^2-2yp+4x=0\,(p=y')$ 的通解为 $2Cy=(x+C)^2$，求其奇解.
3. 求 $8y'^3=27y$ 的通解与奇解.
4. 已知微分方程 $x^2p^2-2xyp+2xy=0\,(p=y')$ 的通解为 $y^2=(x+C)^3$，求其奇解.

第四节　一阶微分方程——齐次方程

如果函数 $f(x,y)$ 满足条件 $f(tx,ty)=t^n f(x,y)$，t 为任意实数，则称 $f(x,y)$ 为 x，y 的 n 次齐次函数.

一、一阶齐次微分方程

形如

$$M(x,y)\mathrm{d}x+N(x,y)\mathrm{d}y=0$$

的方程称为**一阶齐次微分方程**，其中 $M(x,y)$，$N(x,y)$ 均为 n 次齐次函数.

首先，证明一阶齐次微分方程总可化为

$$\frac{\mathrm{d}y}{\mathrm{d}x}=\varphi\left(\frac{y}{x}\right)$$

的形式，其中 $x\neq 0$.证明如下：

令 $M(x,y)$，$N(x,y)$ 都是 n 次的齐次函数，则

$$M(tx,ty)=t^n M(x,y) \text{ 且 } N(tx,ty)=t^n N(x,y).$$

令 $t=\frac{1}{x}$，$x\neq 0$，则 $M\left(1,\frac{y}{x}\right)=\frac{1}{x^n}M(x,y)\Leftrightarrow x^n M\left(1,\frac{y}{x}\right)=M(x,y)$.

同理可得 $x^n N\left(1,\dfrac{y}{x}\right)=N(x,y)$,因此,将上两式代入

$$M(x,y)\mathrm{d}x+N(x,y)\mathrm{d}y=0 \text{ 或} \frac{\mathrm{d}y}{\mathrm{d}x}=-\frac{M(x,y)}{N(x,y)}$$

$$\Leftrightarrow \frac{\mathrm{d}y}{\mathrm{d}x}=-\frac{x^n M\left(1,\dfrac{y}{x}\right)}{x^n N\left(1,\dfrac{y}{x}\right)}$$

$$\Leftrightarrow \frac{\mathrm{d}y}{\mathrm{d}x}=-\frac{M\left(1,\dfrac{y}{x}\right)}{N\left(1,\dfrac{y}{x}\right)}\equiv\varphi\left(\frac{y}{x}\right),$$

得证.

因此,一阶微分方程 $\dfrac{\mathrm{d}y}{\mathrm{d}x}=f(x,y)$ 中的函数 $f(x,y)$ 可写成 $\dfrac{y}{x}$ 的函数,即满足 $f(x,y)=\varphi\left(\dfrac{y}{x}\right)$ 形式的方程也称为一阶齐次微分方程.

例 7.4.1 下列方程哪些是齐次方程?

(1) $xy'-2y-\sqrt{y^2-x^2}=0$; (2) $\sqrt{1-x^3}\,y'=\sqrt{1-y^3}$;

(3) $(x^2+y^2)\mathrm{d}x-xy\mathrm{d}y=0$; (4) $(x+2y-5)\mathrm{d}x+(x+y-1)\mathrm{d}y=0$.

解: (1) $xy'-2y-\sqrt{y^2-x^2}=0\Rightarrow\dfrac{\mathrm{d}y}{\mathrm{d}x}=\dfrac{2y+\sqrt{y^2-x^2}}{x}\Rightarrow\dfrac{\mathrm{d}y}{\mathrm{d}x}=\dfrac{2y}{x}+\sqrt{\left(\dfrac{y}{x}\right)^2-1}$,是齐次方程

(2) $\sqrt{1-x^3}\,y'=\sqrt{1-y^3}\Rightarrow\dfrac{\mathrm{d}y}{\mathrm{d}x}=\sqrt{\dfrac{1-y^3}{1-x^3}}$,不是齐次方程.

(3) $(x^2+y^2)\mathrm{d}x-xy\mathrm{d}y=0\Rightarrow\dfrac{\mathrm{d}y}{\mathrm{d}x}=\dfrac{x^2+y^2}{xy}\Rightarrow\dfrac{\mathrm{d}y}{\mathrm{d}x}=\dfrac{x}{y}+\dfrac{y}{x}$,是齐次方程.

(4) $(x+2y-5)\mathrm{d}x+(x+y-1)\mathrm{d}y=0\Rightarrow\dfrac{\mathrm{d}y}{\mathrm{d}x}=-\dfrac{x+2y-5}{x+y-1}$,不是齐次方程.

二、一阶齐次微分方程的解法

在齐次方程 $\dfrac{\mathrm{d}y}{\mathrm{d}x}=\varphi\left(\dfrac{y}{x}\right)$ 中,令 $u=\dfrac{y}{x}$,即 $y=ux\Rightarrow\dfrac{\mathrm{d}y}{\mathrm{d}x}=u+x\dfrac{\mathrm{d}u}{\mathrm{d}x}$,因此

$$u+x\frac{\mathrm{d}u}{\mathrm{d}x}=\varphi(u),$$

经分离变量,得

$$\frac{\mathrm{d}u}{\varphi(u)-u}=\frac{\mathrm{d}x}{x}.$$

两端积分得

$$\int \frac{\mathrm{d}u}{\varphi(u)-u}=\int \frac{\mathrm{d}x}{x}+C.$$

求出积分后，再用$\frac{y}{x}$代替u，便得所给一阶齐次微分方程的通解.

例 7.4.2　解方程 $xy'=y+\sqrt{x^2-y^2}$

解　原式可化为$\frac{\mathrm{d}y}{\mathrm{d}x}=\frac{y}{x}+\sqrt{1-\frac{y^2}{x^2}}$.令 $u=\frac{y}{x}$，则 $y=ux\Rightarrow \frac{\mathrm{d}y}{\mathrm{d}x}=u+x\frac{\mathrm{d}u}{\mathrm{d}x}$.

$u+x\frac{\mathrm{d}u}{\mathrm{d}x}=u+\sqrt{1-u^2}$，再做分离变量得$\frac{\mathrm{d}u}{\sqrt{1-u^2}}=\frac{\mathrm{d}x}{x}$，两边积分得

$$\arcsin u=\ln|x|+C\Rightarrow \arcsin\frac{y}{x}=\ln|x|+C.$$

例 7.4.3　解方程：(1)$y^2+x^2y'=xyy'$；(2) 若满足初始条件 $y\big|_{x=1}=1$，求其特解.

解　(1) 原方程可写成

$$\frac{\mathrm{d}y}{\mathrm{d}x}=\frac{y^2}{xy-x^2}=\frac{\left(\frac{y}{x}\right)^2}{\frac{y}{x}-1},$$

因此原方程是一阶齐次微分方程．令$\frac{y}{x}=u$，则 $y=ux\Rightarrow\frac{\mathrm{d}y}{\mathrm{d}x}=u+x\frac{\mathrm{d}u}{\mathrm{d}x}$，于是原方程变为

$$u+x\frac{\mathrm{d}u}{\mathrm{d}x}=\frac{u^2}{u-1}\text{ 或 }x\frac{\mathrm{d}u}{\mathrm{d}x}=\frac{u}{u-1}.$$

分离变量，得

$$(1-\frac{1}{u})\mathrm{d}u=\frac{\mathrm{d}x}{x}.$$

两边积分，得 $u-\ln|u|+C=\ln|x|$，或写成 $\ln|xu|=u+C$.

以$\frac{y}{x}$代上式中的u，便得所给方程的通解

$$\ln|y|=\frac{y}{x}+C.$$

(2) 因初始条件为 $x=1$ 时，$y=1$，所以 $C=-1$，因而特解为

$$\ln|y|=\frac{y}{x}-1.$$

例 7.4.4　车前大灯为一旋转曲面形状的凹镜，且由旋转轴上某一定点发出的一切光线经此凹镜反射后都会与旋转轴平行.求这旋转曲面与 xy 平面相交的曲线的方程并判断曲线为何种形状.

解　设此凹镜由 xy 面上曲线$L:y=y(x)(y>0)$绕 x 轴旋转而成(如图 7.4-1)，光源在原点.在 L 上任取一点$M(x,y)$，作 L 的切线交x 轴于点A，点 O 发出的光线经点M 反射后是一条平行于 x 轴的射线.由光学及几何原理可以证明$\overline{OA}=\overline{OM}$，过点 M 作x 轴垂线

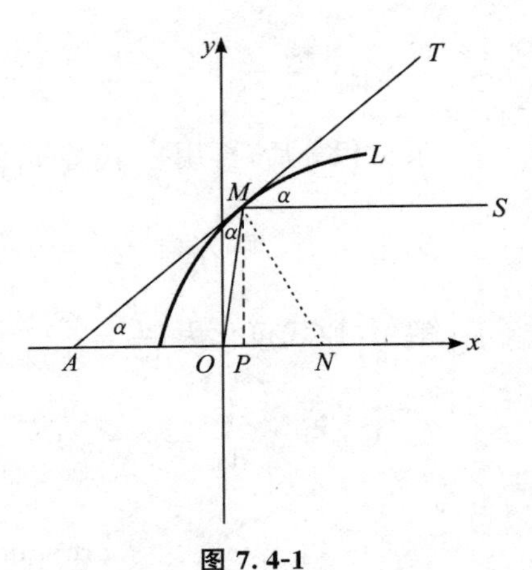

图 7.4-1

交 x 轴于P,因为$\overline{OA}=\overline{AP}-\overline{OP}=\overline{PM}\cot\alpha-\overline{OP}=\frac{y}{y'}-x$,而$\overline{OM}=\sqrt{x^2+y^2}$. 于是得微分方程$\frac{y}{y'}-x=\sqrt{x^2+y^2}$,整理得

$$\frac{\mathrm{d}x}{\mathrm{d}y}=\frac{x}{y}+\sqrt{\left(\frac{x}{y}\right)^2+1},$$

这是一阶齐次微分方程.

令$\frac{x}{y}=v$,即 $x=yv$,得 $v+y\frac{\mathrm{d}v}{\mathrm{d}y}=v+\sqrt{v^2+1}$,即 $y\frac{\mathrm{d}v}{\mathrm{d}y}=\sqrt{v^2+1}$,分离变量得$\frac{\mathrm{d}v}{\sqrt{v^2+1}}=\frac{\mathrm{d}y}{y}$,两边积分,得

$$\ln|v+\sqrt{v^2+1}|=\ln|y|-\ln C_1\Rightarrow v+\sqrt{v^2+1}=\frac{y}{C}$$

$$\Rightarrow\left(\frac{y}{C}-v\right)^2=v^2+1\Rightarrow\frac{y^2}{C^2}-\frac{2yv}{C}=1,$$

以$\frac{x}{y}=v$ 代入上式,得 $y^2=2C(x+\frac{C}{2})$.这是以 x 轴为轴、焦点在原点的抛物线.

*三、可化为齐次方程的方程

一阶微分方程中,型如:

$$(a_1x+b_1y+c_1)\mathrm{d}x-(a_2x+b_2y+c_2)\mathrm{d}y=0(其中\ c_1\cdot c_2\neq 0),\qquad(7.4\text{-}1)$$

为非齐次方程,可经由下列变换转为齐次方程:

首先令 $x=X+h$,$y=Y+k$(h、k 为待定常数),则 $\mathrm{d}x=\mathrm{d}X$,$\mathrm{d}y=\mathrm{d}Y$,因此(7.4-1)式可转成

$$\frac{\mathrm{d}Y}{\mathrm{d}X}=\frac{a_1X+b_1Y+(a_1h+b_1k+c_1)}{a_2X+b_2Y+(a_2h+b_2k+c_2)}.\qquad(7.4\text{-}2)$$

对(7.4-2)右边分子与分母的常数项分两种情形讨论:

情形一:若方程组 $a_1h+b_1k+c_1=0$ 且 $a_2h+b_2k+c_2=0$ 有解,且其解 h、k 代入(7.4-2)式可使(7.4-2)式成为齐次方程,再利用齐次方程的解法可求出通解,最后,将 $x-h$ 代入 X,$y-k$ 代入 Y,即得(7.4-1)式的通解.

例 7.4.5 求解$(2x-5y+3)\mathrm{d}x-(5x-12y+8)\mathrm{d}y=0$.

解 令 $x=X+h$,$y=Y+k$,则原式可化为

$$\frac{\mathrm{d}Y}{\mathrm{d}X}=\frac{2X-5Y+(2h-5k+3)}{5X-12Y+(5h-12k+8)},$$

解方程组 $2h-5k+3=0$ 与 $5h-12k+8=0$,解得 $h=-4$,$k=-1$,且

$$\frac{\mathrm{d}Y}{\mathrm{d}X}=\frac{2X-5Y}{5X-12Y}=\frac{2-5Y/X}{5-12Y/X}=\frac{2-5u}{5-12u},$$

其中 $u=\dfrac{Y}{X}$，即 $Y=uX$，得 $\dfrac{dY}{dX}=u+X\dfrac{du}{dX}$.因此 $u+X\dfrac{du}{dX}=\dfrac{2-5u}{5-12u}$，分离变量得

$$\frac{5-12u}{2-10u+12u^2}du=\frac{1}{X}dX\Rightarrow-\frac{1}{2}\ln|2-10u+12u^2|=\ln|X|+\ln C_1$$

$$\Rightarrow|2-10u+12u^2|^{-\frac{1}{2}}=C_1|X|\Rightarrow(2-10u+12u^2)X^2=C_2,$$

再将 $u=\dfrac{Y}{X}$ 代入得

$$X^2-5XY+6Y^2=C，即(X-2Y)(X-3Y)=C,$$

再将 $X=x+4,Y=y+1$ 代入得

$$(x-2y+2)(x-3y+1)=C.$$

情形二：若方程组 $a_1h+b_1k+c_1=0$ 且 $a_2h+b_2k+c_2=0$ 无解，即

$$\frac{a_1}{a_2}=\frac{b_1}{b_2}\text{ 且 }c_1\neq c_2,$$

此时令 $a_1=ta_2,b_1=tb_2$，则(7.4-1)式可写成

$$\frac{dy}{dx}=\frac{t(a_2x+b_2y)+c_1}{a_2x+b_2y+c_2},$$

令 $u=a_2x+b_2y$，则 $\dfrac{dy}{dx}=\dfrac{tu+c_1}{u+c_2}$ 且 $\dfrac{du}{dx}=a_2+b_2\dfrac{dy}{dx}$，因此 $\dfrac{1}{b_2}\left(\dfrac{du}{dx}-a_2\right)=\dfrac{tu+c_1}{u+c_2}$，再利用分离变量解之.

例 7.4.6　求解 $(x+2y+1)dy-(2x+4y+3)dx=0$.

解　原式 $\Rightarrow\dfrac{dy}{dx}=\dfrac{2x+4y+3}{x+2y+1}$，因 $h+2k+1=0$ 与 $2h+4k+3=0$ 无解，所以令 $u=x+2y$，得 $\dfrac{du}{dx}=1+2\dfrac{dy}{dx}$，且 $\dfrac{dy}{dx}=\dfrac{2x+4y+3}{x+2y+1}=\dfrac{2u+3}{u+1}$，比较两式得，$\dfrac{1}{2}\left(\dfrac{du}{dx}-1\right)=\dfrac{2u+3}{u+1}$，分离变量得 $\dfrac{u+1}{5u+7}du=dx$，积分后得

$$\frac{1}{5}\left[u-\frac{2}{5}\ln|5u+7|\right]=x+C_1\Rightarrow5u-25x=\ln(5u+7)^2+25C_1,$$

最后，将 $u=x+2y$ 代入并化简得

$$e^{10y-20x}=C(5x+10y+7)^2.$$

习题 7-4

1. 求下列齐次方程的通解：

(1) $(x^3+y^3)dx-3xy^2dy=0$；　　(2) $xy'=y+x\tan\dfrac{y}{x}$；

(3) $(x-y)y'=y+x$；　(4) $x\frac{dy}{dx}=y\ln\frac{y}{x}$；

(5) $(1+2e^{\frac{x}{y}})dx+2e^{\frac{x}{y}}(1-\frac{x}{y})dy=0$；　(6) $(x^2-xy+y^2)dy-(2y^2-xy)dx=0$.

2. 求下列齐次方程满足所给初值条件的特解：

(1) $(x^2+2xy-y^2)dx-(y^2+2xy-x^2)dy=0, y\big|_{x=1}=1$；

(2) $ydx+(2\sqrt{xy}-x)dy=0, y\big|_{x=0}=1$；

(3) $xdy-(y-x\cos^2\frac{y}{x})dx=0, y\big|_{x=1}=1$；

(4) $xydy-(x^2+y^2)dx=0, y\big|_{x=1}=2$.

3. 设一条河的两岸为平行直线，河边点 O 的正对岸为点 A，河宽 $OA=h$，水流速度为 a. 有一鸭子从岸边点 A 游向正对岸点 O，设鸭子的游速为 $b(b>a)$，且鸭子游动方向始终朝着点 O，求鸭子游过的迹线的方程.(取 O 为坐标原点，河岸朝顺水方向为 x 轴，y 轴指向对岸.)

4. 若曲线过一点 $P\left(1,\frac{3}{4}\right)$，过曲线上任意点 Q 的铅垂线和过 Q 点的切线以及两坐标轴所围成的梯形面积等于 Q 点横坐标平方的一半，求此曲线的方程.

第五节　一阶线性微分方程

形如

$$\frac{dy}{dx}+P(x)y=Q(x) \text{ 或 } dy+yP(x)dx=Q(x)dx$$

的方程，其中 y 与 y' 都是线性的，称为**一阶线性微分方程**.如果 $Q(x)\equiv 0$，则方程称为**齐次线性方程**，否则方程称为**非齐次线性方程**.方程 $\frac{dy}{dx}+P(x)y=0$ 叫作对应于非齐次线性方程 $\frac{dy}{dx}+P(x)y=Q(x)$ 的齐次线性方程.

例 7.5.1　下列方程各是什么类型方程？

(1) $(2x-3)\frac{dy}{dx}=xy$；　(2) $15x^2+25e^x-5y'=0$；

(3) $y'+y\cos x=e^{-\sin x}$；　(4) $\frac{dy}{dx}=e^{x+y}$；

(5) $(y+1)^2\frac{dy}{dx}+x^3=0$.

解： (1) $\Rightarrow \frac{dy}{dx}-\frac{x}{2x-3}y=0$ 是一阶齐次线性方程.

(2)$\Rightarrow y'=3x^2+5e^x$,其中 $Q(x)=3x^2+5e^x\neq 0$,是一阶非齐次方程.

(3) 因 $Q(x)=e^{-\sin x}\neq 0$,是一阶非齐次线性方程.

(4) 因$\frac{dy}{dx}-e^x e^y=0$,e^y 是非线性的,所以不是线性方程.

(5)$\Rightarrow \frac{dy}{dx}+\frac{x^3}{(y+1)^2}=0$,其中 y 是非线性的,所以不是线性方程.

一、一阶齐次线性微分方程的解法

一阶齐次线性微分方程

$$\frac{dy}{dx}+P(x)y=0 \tag{7.5-1}$$

是变量可分离方程,分离变量后得$\frac{dy}{y}=-P(x)dx$,两边积分得

$$\ln|y|=-\int P(x)dx+C_1 \text{ 或 } y=Ce^{-\int P(x)dx}(C=\pm e^{C_1}),$$

这就是一阶齐次线性微分方程(7.5-1)的通解.

例 7.5.2 求方程$(x^2-x+3)dy-(2x-1)ydx=0$ 的通解.

解 这是一阶齐次线性方程,分离变量得

$$\frac{dy}{y}=\frac{(2x-1)dx}{x^2-x+3},$$

两边积分得

$$\ln|y|=\ln|x^2-x+3|+\ln C_1,$$

方程的通解为

$$y=C(x^2-x+3)(C=\pm C_1).$$

二、一阶非齐次线性微分方程的解法

常数变易法:将对应于非齐次线性微分方程$\frac{dy}{dx}+P(x)y=Q(x)$ 的齐次线性微分方程(7.5-1)的通解 $y=Ce^{-\int P(x)dx}$ 中的常数 C,换成 x 的未知函数 $u(x)$,则

$$y=u(x)e^{-\int P(x)dx}, \tag{7.5-2}$$

代入非齐次线性方程,得

$$u'(x)e^{-\int P(x)dx}-u(x)e^{-\int P(x)dx}P(x)+P(x)u(x)e^{-\int P(x)dx}=Q(x),$$

化简得

$$u'(x)=Q(x)e^{\int P(x)dx} \text{ 或 } u(x)=\int Q(x)e^{\int P(x)dx}dx+C,$$

于是非齐次线性方程的通解为

$$y=e^{-\int P(x)dx}\left[\int Q(x)e^{\int P(x)dx}dx+C\right]$$

或
$$y = C\mathrm{e}^{-\int P(x)\mathrm{d}x} + \mathrm{e}^{-\int P(x)\mathrm{d}x}\int Q(x)\mathrm{e}^{\int P(x)\mathrm{d}x}\mathrm{d}x. \quad (7.5\text{-}3)$$

由(7.5-3)式知,非齐次线性方程的通解等于对应的齐次线性方程通解与非齐次线性方程的一个特解之和.

例 7.5.3 求方程$\frac{\mathrm{d}y}{\mathrm{d}x} - \frac{2xy}{x^2+1} = \frac{4x}{x^2+1}$的通解.

解 先求对应的齐次线性方程$\frac{\mathrm{d}y}{\mathrm{d}x} - \frac{2xy}{x^2+1} = 0$的通解.分离变量得

$$\frac{\mathrm{d}y}{y} = \frac{2x\,\mathrm{d}x}{x^2+1},$$

两边积分得

$$\ln|y| = \ln(x^2+1) + \ln C_1,$$

齐次线性方程的通解为

$$y = C(x^2+1)(C = \pm C_1).$$

用常数变易法,把C换成$u = u(x)$,即令

$$y = u(x^2+1). \quad (7.5\text{-}4)$$

由(7.5-4)式微分得到$\frac{\mathrm{d}y}{\mathrm{d}x} = u' \cdot (x^2+1) + 2ux$,再代入所给非齐次线性方程,得

$$u' \cdot (x^2+1) + 2ux - \frac{2x}{x^2+1}u \cdot (x^2+1) = \frac{4x}{x^2+1},$$

化简得

$$u' = \frac{4x}{(x^2+1)^2} \text{ 或 } \frac{\mathrm{d}u}{\mathrm{d}x} = \frac{4x}{(x^2+1)^2},$$

两边积分,得$u = \int \frac{4x}{(x^2+1)^2}\mathrm{d}x + C$,得$u = \frac{-2}{x^2+1} + C$.

再把上式代入(7.5-4)式的u中,即得所求方程的通解为$y = (x^2+1)\left(\frac{-2}{x^2+1} + C\right)$.

一般(7.5-3)式可当一阶非齐次线性方程的通解公式用.

例 7.5.4 求解$\left(y\mathrm{e}^y + \frac{x}{y}\right)\frac{\mathrm{d}y}{\mathrm{d}x} = 1$.

解 原式对y而言既不是齐次方程也不是线性的,因此可改写成

$$\frac{\mathrm{d}x}{\mathrm{d}y} - \frac{1}{y}x = y\mathrm{e}^y,$$

即为x的一阶非齐次线性方程,再由通解(7.5-3)公式,得

$$x = \mathrm{e}^{-\int(-\frac{1}{y})\mathrm{d}y}\left[\int y\mathrm{e}^y\mathrm{e}^{\int(-\frac{1}{y})\mathrm{d}y}\mathrm{d}y + C\right] = y\mathrm{e}^y + Cy.$$

例 7.5.5 有一个R-L电路如图 7.5-1 所示,其中电源电动势为$E(t) = E_m\sin\omega t$,这里E_m(V)、ω以及电阻$R(\Omega)$和电感L(H)都是常量,求电流$i(t)$(A)的变化规律.

解 由电学理论知道,当开关K合上时,随着时间t,电流产生变化时,L上有感应电动

势 $-L\dfrac{\mathrm{d}i}{\mathrm{d}t}$.由回路电压定律得出

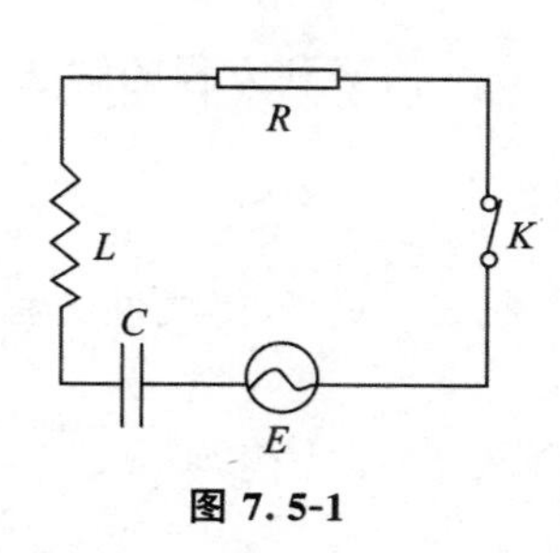

图 7.5-1

$$E(t)-L\frac{\mathrm{d}i}{\mathrm{d}t}-iR=0 \text{ 或 } \frac{\mathrm{d}i}{\mathrm{d}t}+\frac{R}{L}i=\frac{E(t)}{L}.$$

把 $E(t)=E_{\mathrm{m}}\sin\omega t$ 代入上式,得

$$\frac{\mathrm{d}i}{\mathrm{d}t}+\frac{R}{L}i=\frac{E_{\mathrm{m}}}{L}\sin\omega t.$$

初始条件为 $i\big|_{t=0}=0$.

方程 $\dfrac{\mathrm{d}i}{\mathrm{d}t}+\dfrac{R}{L}i=\dfrac{E_{\mathrm{m}}}{L}\sin\omega t$ 为非齐次线性方程,其中 $P(t)=\dfrac{R}{L}$,$Q(t)=\dfrac{E_{\mathrm{m}}}{L}\sin\omega t$.

由通解(7.5-3)公式,得

$$\begin{aligned} i(t)&=\mathrm{e}^{-\int P(t)\mathrm{d}t}\left[\int Q(t)\mathrm{e}^{\int P(t)\mathrm{d}t}\mathrm{d}t+C\right]=\mathrm{e}^{-\int\frac{R}{L}\mathrm{d}t}\left(\int\frac{E_{\mathrm{m}}}{L}\sin\omega t\,\mathrm{e}^{\int\frac{R}{L}\mathrm{d}t}\mathrm{d}t+C\right)\\ &=\frac{E_{\mathrm{m}}}{L}\mathrm{e}^{-\frac{R}{L}t}\left(\int\sin\omega t\,\mathrm{e}^{\frac{R}{L}t}\mathrm{d}t+C\right)\\ &=\frac{E_{\mathrm{m}}}{R^2+\omega^2L^2}(R\sin\omega t-\omega L\cos\omega t)+C\mathrm{e}^{-\frac{R}{L}t}\ (C\text{ 为常数}). \end{aligned}$$

将初始条件 $i\big|_{t=0}=0$ 代入通解,得 $C=\dfrac{\omega LE_{\mathrm{m}}}{R^2+\omega^2L^2}$,因此,所求函数 $i(t)$ 为

$$i(t)=\frac{\omega LE_{\mathrm{m}}}{R^2+\omega^2L^2}\mathrm{e}^{-\frac{R}{L}t}+\frac{E_{\mathrm{m}}}{R^2+\omega^2L^2}(R\sin\omega t-\omega L\cos\omega t).$$

*三、伯努利方程

形如

$$\frac{\mathrm{d}y}{\mathrm{d}x}+P(x)y=Q(x)y^n\ (n\neq 0,1)$$

的方程称为伯努利方程.

例 7.5.6　下列方程哪些是伯努利方程?

(1) $\dfrac{\mathrm{d}y}{\mathrm{d}x}+\dfrac{1}{3}y=\dfrac{1}{3}(1-2x)y^4$;　　(2) $\dfrac{\mathrm{d}y}{\mathrm{d}x}=y+xy^5$;

(3) $y'=\dfrac{x}{y}+\dfrac{y}{x}$;　　(4) $\dfrac{\mathrm{d}y}{\mathrm{d}x}-2xy=4x$.

解:(1) $\dfrac{\mathrm{d}y}{\mathrm{d}x}+\dfrac{1}{3}y=\dfrac{1}{3}(1-2x)y^4$,是伯努利方程.

(2)$\Rightarrow\dfrac{\mathrm{d}y}{\mathrm{d}x}-y=xy^5$,是伯努利方程.

(3)$\Rightarrow y'-\dfrac{1}{x}y=xy^{-1}$,是伯努利方程.

(4) 是线性方程,不是伯努利方程.

伯努利方程的解法:以 y^n 除方程的两边,得

$$y^{-n}\frac{\mathrm{d}y}{\mathrm{d}x}+P(x)y^{1-n}=Q(x),$$

令 $z=y^{1-n}$,得线性方程

$$\frac{\mathrm{d}z}{\mathrm{d}x}+(1-n)P(x)z=(1-n)Q(x).$$

例 7.5.7 求方程 $\frac{\mathrm{d}y}{\mathrm{d}x}+\frac{2y}{x}=y^2\ln x$ 的通解.

解 方程的两端同乘 y^{-2},得

$$y^{-2}\frac{\mathrm{d}y}{\mathrm{d}x}+\frac{2}{x}y^{-1}=\ln x,$$

令 $z=y^{-1}$,则上述方程成为

$$\frac{\mathrm{d}z}{\mathrm{d}x}-\frac{2}{x}z=-\ln x.$$

这是一个一阶非齐次线性方程.由公式(7.5-3),有

$$\begin{aligned}z&=\mathrm{e}^{-\int(-\frac{2}{x})\mathrm{d}x}\left[\int(-\ln x)\mathrm{e}^{\int(-\frac{2}{x})\mathrm{d}x}\mathrm{d}x+C\right]\\&=x^2\left[\int(-\ln x)\frac{1}{x^2}\mathrm{d}x+C\right]=x^2\left[\int(\ln x)\mathrm{d}(\frac{1}{x})+C\right]\\&=x^2\left[\frac{1}{x}\ln x+\frac{1}{x}+C\right]=x\ln x+x+Cx^2,\end{aligned}$$

它的通解为 $y=\frac{1}{x\ln x+x+Cx^2}$.

习题 7-5

1. 求下列微分方程的通解:

(1) $\frac{\mathrm{d}y}{\mathrm{d}x}-\frac{2y}{x+1}=(x+1)^{\frac{5}{2}}$;

(2) $\frac{\mathrm{d}y}{\mathrm{d}x}+\frac{2xy}{x^2+1}=\frac{4x^2}{x^2+1}$;

(3) $\frac{\mathrm{d}y}{\mathrm{d}x}=\frac{1}{x+y}$;

(4) $\sin x\frac{\mathrm{d}y}{\mathrm{d}x}=y\cos x+\sin^2 x$;

(5) $y\ln y\mathrm{d}x+(x-\ln y)\mathrm{d}y=0$;

(6) $xy'+y=x^2+3x+2$;

(7) $y'+y=\mathrm{e}^{-x}\cos x$;

(8) $y'+2xy=x\mathrm{e}^{-x^2}$;

(9) $y'+y\tan x=\sin 2x$;

(10) $(y^2-6x)y'+2y=0$.

2. 求下列微分方程在初值条件下的特解:

(1) $(1-x^2)y'+xy=\sqrt{1-x^2}, y\big|_{x=0}=1$;

(2) $\frac{dy}{dx}-y\tan x=\sec x, y\Big|_{x=0}=0$；

(3) $\frac{dy}{dx}+\frac{y}{x}=\frac{\sin x}{x}, y\Big|_{x=\pi}=1$；

(4) $\frac{dy}{dx}+y\cot x=5e^{\cos x}, y\Big|_{x=\frac{\pi}{2}}=-4$；

(5) $\frac{dy}{dx}+y=e^{-x}, y\Big|_{x=0}=1$.

*3. 求下列伯努利方程的通解：

(1) $\frac{dy}{dx}+\frac{y}{x}=a(\ln x)y^2$；　　(2) $\frac{dy}{dx}+y=y^2(\cos x-\sin x)$；

(3) $x\frac{dy}{dx}-4y=x^2\sqrt{y}$；　　(4) $(y^4-3x^2)y'+xy=0$.

4. 有一车辆从静止开始，以一个大小与时间成正比（比例系数为 k_1）的作用力往前行驶，并受一个与速度成正比（比例系数为 k_2）的阻力作用，求车辆的速度与时间的函数关系.

5. 若一曲线通过原点，并且它在点 (x,y) 的切线斜率等于 $x+y$，求其方程.

第六节　特殊型的高阶微分方程

高阶微分方程的形式为

$$F(x,y,y',\cdots,y^{(n)})=0 \text{ 或 } y^{(n)}=f(x,y,y',\cdots,y^{(n-1)}).$$

对于高阶微分方程，除了常系数高阶线性方程外，没有较普遍的一般解法，但在某些特殊情况下，可以通过代换法将其降成低阶方程来求解.本节仅介绍几种较容易降阶的高阶微分方程，大致分为两型，一型不显含未知函数 y，而另一型不显含自变量 x.

一、方程中不显含未知函数 y 型

仅就此型中的两类展开讨论.

(1) 方程 $F(x,y^{(n)})=0$ 中，若可解出 $y^{(n)}=f(x)$ 型微分方程，则两端连续积分 n 次便可得出通解.

其解法原理为：利用 $\frac{dy^{(n-1)}}{dx}=y^{(n)}$ 或 $y^{(n-1)}=\int y^{(n)}dx+C$，将 $y^{(n)}=f(x)$，连续积分 n 次，即

$$y^{(n-1)}=\int y^{(n)}dx+C_1=\int f(x)dx+C_1,$$

$$y^{(n-2)}=\int y^{(n-1)}dx+C=\int\left[\int f(x)dx+C_1\right]dx+C_2,$$

$$\vdots$$

见下面的例子.

例 7.6.1 求微分方程 $y''' - 6x - e^{3x} + \sin x = 0$ 的通解.

解 对所给方程 $y''' = 6x + e^{3x} - \sin x$,接连积分 3 次,得

$$y'' = 3x^2 + \frac{1}{3}e^{3x} + \cos x + C_1,$$

$$y' = x^3 + \frac{1}{9}e^{3x} + \sin x + C_1 x + C_2,$$

$$y = \frac{1}{4}x^4 + \frac{1}{27}e^{3x} - \cos x + \frac{1}{2}C_1 x^2 + C_2 x + C_3,$$

因此通解可写为 $y = \frac{1}{4}x^4 + \frac{1}{27}e^{3x} - \cos x + C_1 x^2 + C_2 x + C_3$.

例 7.6.2 沿 x 轴做直线运动的物体,其质量为 m,且受 $F = F(t)$ 力的作用.在开始时刻 $F(0) = F_0$,随着时间 t 的增大,此力 F 均匀地减小,直到 $t = T$ 时,$F(T) = 0$.如果开始时质点位于原点,且初速度为零,求这质点的运动规律.

解 设 $x = x(t)$ 表示在时刻 t 时质点的位置,根据牛顿第二定律,质点运动的微分方程为

$$F(t) = m\frac{d^2x}{dt^2}.$$

因力 $F(t)$ 随 t 增大而均匀地减小,且 $F(0) = F_0$,所以 $F(t) = F_0 - kt$;又当 $t = T$ 时,$F(T) = 0$,因此得到 $k = \frac{F_0}{T}$,从而

$$F(t) = F_0\left(1 - \frac{t}{T}\right).$$

于是质点运动的微分方程又写为

$$\frac{d^2x}{dt^2} = \frac{F_0}{m}\left(1 - \frac{t}{T}\right), \tag{7.6-1}$$

把微分方程(7.6-1)两边积分,得

$$\frac{dx}{dt} = \frac{F_0}{m}\left(t - \frac{t^2}{2T}\right) + C_1.$$

再积分一次,得

$$x = \frac{F_0}{m}\left(\frac{1}{2}t^2 - \frac{t^3}{6T}\right) + C_1 t + C_2.$$

再由初始条件 $x\Big|_{t=0} = 0, \frac{dx}{dt}\Big|_{t=0} = 0$,得 $C_1 = C_2 = 0$.

于是所求质点的运动规律为

$$x = \frac{F_0}{m}\left(\frac{1}{2}t^2 - \frac{t^3}{6T}\right), 0 \leqslant t \leqslant T.$$

(2) 方程 $F(x, y^{(n-1)}, y^{(n)}) = 0$ 中,仅讨论可解出 $y'' = f(x, y')$ 型的微分方程.

解法:设 $y' = p$,则 $y'' = \frac{dp}{dx} = p'$,方程化为 $p' = f(x, p)$.再设其通解为 $p = \varphi(x, C_1)$,

则

$$\frac{\mathrm{d}y}{\mathrm{d}x}=\varphi(x,C_1).$$

再积分得原方程的通解为

$$y=\int\varphi(x,C_1)\mathrm{d}x+C_2.$$

见下面的例子.

例 7.6.3　求微分方程$(x^2+x+1)y''=(2x+1)y'$,满足初始条件$y\big|_{x=0}=1,y'\big|_{x=0}=3$的特解.

解　设$y'=p$,代入方程并分离变量后,有

$$\frac{\mathrm{d}p}{p}=\frac{2x+1}{x^2+x+1}\mathrm{d}x.$$

两边积分,得$\ln|p|=\ln(x^2+x+1)+\ln C_1$,即$p=y'=C(x^2+x+1)(C=\pm C_1)$.由条件$y'\big|_{x=0}=3$,得$C=3$,所以$y'=3(x^2+x+1)$.

两边再积分,得$y=x^3+\frac{3}{2}x^2+3x+C_2$.又由条件$y\big|_{x=0}=1$,得$C_2=1$,于是所求的特解为$y=x^3+\frac{3}{2}x^2+3x+1$.

例 7.6.4　设墙上挂有一均匀、柔软的晒衣绳索,其密度为ρ,两端固定,若绳索仅受重力的作用而下垂,最低点的高度为h,试求该绳索在平衡状态时的曲线方程.

解　定坐标(如图 7.6-1),取y轴通过最低点A,且$\overline{OA}=h$,由力学原理知,A点的张力向左,令其大小为f;而任意点B的张力为T,方向为沿B的切线方向,令其倾角为θ,重力$G=\rho gs$,其中s为绳弧AB长,则当静止平衡时,绳中每点之受力为零,因而$T\sin\theta=\rho gs$,$T\cos\theta=f$(如图 7.6-2),因此相除得

$$\tan\theta=\frac{\rho gs}{f}.\tag{7.6-2}$$

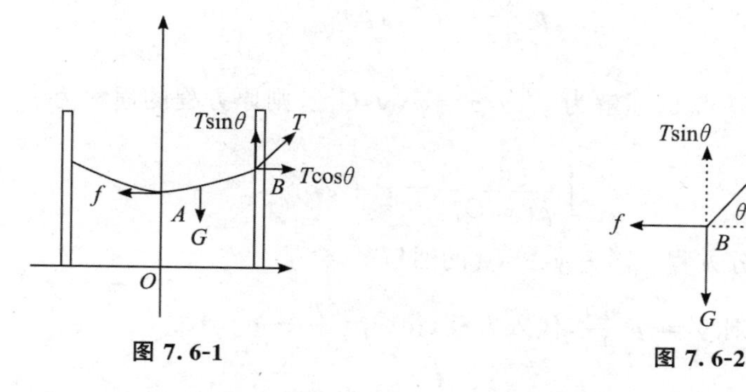

图 7.6-1　　图 7.6-2

由于$\tan\theta=y'$且$s=\int_0^x\sqrt{1+y'^2}\,\mathrm{d}x$,代入(7.6-2)式得

$$y'=\frac{\rho g}{f}\int_0^x\sqrt{1+y'^2}\,\mathrm{d}x\Rightarrow y''=\frac{\rho g}{f}\sqrt{1+y'^2}. \tag{7.6-3}$$

此(7.6-3)微分方程的解即为晒衣绳索的曲线方程.

令 $p=y'$,则(7.6-3)$\Rightarrow\dfrac{\mathrm{d}p}{\mathrm{d}x}=\dfrac{\rho g}{f}\sqrt{1+p^2}\Rightarrow\dfrac{\mathrm{d}p}{\sqrt{1+p^2}}=\dfrac{\rho g}{f}\mathrm{d}x$,

令$\dfrac{\rho g}{f}=a$,则

$$\frac{\mathrm{d}p}{\sqrt{1+p^2}}=a\,\mathrm{d}x, \tag{7.6-4}$$

且初始值为 $y\big|_{x=0}=h,y'\big|_{x=0}=0$.

(7.6-4)式两端积分得 $\ln(p+\sqrt{1+p^2})=ax+C_1$,由初始值 $y'\big|_{x=0}=0$ 得 $C_1=0$,因此

$$\ln(p+\sqrt{1+p^2})=ax\Rightarrow p=\frac{1}{2}(\mathrm{e}^{ax}-\mathrm{e}^{-ax})\Rightarrow y'=\frac{1}{2}(\mathrm{e}^{ax}-\mathrm{e}^{-ax}),$$

再两端积分得 $y=\dfrac{1}{2a}(\mathrm{e}^{ax}+\mathrm{e}^{-ax})+C_2$,由初始值 $y\big|_{x=0}=h$ 得 $C_2=h-\dfrac{1}{a}$,因此曲线方程为

$$y=\frac{1}{2a}(\mathrm{e}^{ax}+\mathrm{e}^{-ax})+h-\frac{1}{a},\text{其中 } a=\frac{\rho g}{f}.$$

二、方程中不显含自变量 x 型

仅讨论 $y''=f(y,y')$ 型的微分方程.

解法:设方程 $y''=f(y,y')$ 中,$y'=p$,则

$$y''=\frac{\mathrm{d}p}{\mathrm{d}x}=\frac{\mathrm{d}p}{\mathrm{d}y}\cdot\frac{\mathrm{d}y}{\mathrm{d}x}=p\frac{\mathrm{d}p}{\mathrm{d}y}.$$

原方程化为

$$p\frac{\mathrm{d}p}{\mathrm{d}y}=f(y,p),$$

解出方程 $p\dfrac{\mathrm{d}p}{\mathrm{d}y}=\varphi(y,p)$ 的通解为 $y'=p=\varphi(y,C_1)$,则原方程的通解为

$$\int\frac{\mathrm{d}y}{\varphi(y,C_1)}=x+C_2.$$

例 7.6.5 求微分方程 $yy''-y'^2=0$ 的通解.

解 设 $y'=p$,则 $y''=p\dfrac{\mathrm{d}p}{\mathrm{d}y}$,代入方程,得 $yp\dfrac{\mathrm{d}p}{\mathrm{d}y}-p^2=0$.

在 $y\neq0,p\neq0$ 时,约去 p 并分离变量,得$\dfrac{\mathrm{d}p}{p}=\dfrac{\mathrm{d}y}{y}$,两边积分得

$$\ln|p|=\ln|y|+\ln C_1,$$

即
$$p=Cy \text{ 或 } y'=Cy(C=\pm C_1).$$

再分离变量并两边积分，便得原方程的通解为
$$\ln|y|=Cx+\ln C_3 \text{ 或 } y=C_2e^{Cx}(C_2=\pm C_3).$$

例 7.6.6　一架等速度 s 的飞行体，等高移动中掉落一个质量 m 的零件，零件受地球引力（引力常数为 G）的作用，铅直方向，由静止开始落向地面.设其与地心距离 l，而地球半径为 R，质量为 M，如图 7.6-3，求它落到地面时的速度和所需的时间，并求出在地面横移的距离.（不计空气阻力且零件横移速度与落下速度无关）

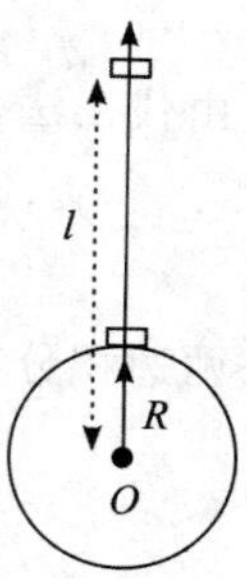

图 7.6-3

解　定地心为原点 O，飞行体与地心连线为 y 轴，则由万有引力定律知：
$$m\frac{\mathrm{d}^2y}{\mathrm{d}t^2}=-\frac{GmM}{y^2} \text{ 或 } \frac{\mathrm{d}^2y}{\mathrm{d}t^2}=-\frac{GM}{y^2},\tag{7.6-5}$$
其中，$y=y(t)$ 为零件与地心的距离.因当 $y=R$ 时，
$$\frac{\mathrm{d}^2y}{\mathrm{d}t^2}=-g,$$
所以
$$g=\frac{GM}{R^2}\Rightarrow gR^2=GM,$$
代入(7.6-5)式得
$$\frac{\mathrm{d}^2y}{\mathrm{d}t^2}=-\frac{gR^2}{y^2}.\tag{7.6-6}$$
因落下速度
$$v=\frac{\mathrm{d}y}{\mathrm{d}t},\frac{\mathrm{d}^2y}{\mathrm{d}t^2}=\frac{\mathrm{d}v}{\mathrm{d}t}=\frac{\mathrm{d}v}{\mathrm{d}y}\frac{\mathrm{d}y}{\mathrm{d}t}=v\frac{\mathrm{d}v}{\mathrm{d}y},$$
则代入(7.6-6)式得
$$v\frac{\mathrm{d}v}{\mathrm{d}y}=-\frac{gR^2}{y^2},$$
分离变量得
$$v\mathrm{d}v=-\frac{gR^2}{y^2}\mathrm{d}y\Rightarrow\frac{1}{2}v^2=\frac{gR^2}{y}+C.$$
又 $y=l$ 时，$v=0$，因而得 $C=-\dfrac{gR^2}{l}$，从而得
$$v=\sqrt{\frac{2gR^2}{y}-\frac{2gR^2}{l}}\text{，方向朝下，}\tag{7.6-7}$$
因此当 $y=R$ 时，落地速度值 $v=\sqrt{2gR-\dfrac{2gR^2}{l}}$，方向朝下.

再来求零件落地时间，由(7.6-7)式有
$$\frac{\mathrm{d}y}{\mathrm{d}t}=v=-\sqrt{\frac{2gR^2}{y}-\frac{2gR^2}{l}}=-R\sqrt{2g}\sqrt{\frac{1}{y}-\frac{1}{l}},$$

负号表方向朝下.

分离变量得

$$\frac{\sqrt{ly}\,\mathrm{d}y}{\sqrt{l-y}}=-R\sqrt{2g}\,\mathrm{d}t \tag{7.6-8}$$

由代换法,令 $y=l\cos^2\theta$,则 $t=0$ 时,$y=l\Rightarrow\theta=0$ 且 $\mathrm{d}y=-2l\cos\theta\sin\theta\,\mathrm{d}\theta$,代入(7.6-8)得

$$\frac{-2l^2\cos^2\theta\sin\theta\,\mathrm{d}\theta}{\sqrt{l}\sin\theta}=-R\sqrt{2g}\,\mathrm{d}t\Rightarrow 2\sqrt{l^3}\cos^2\theta\,\mathrm{d}\theta=R\sqrt{2g}\,\mathrm{d}t,$$

两边积分得

$$2\sqrt{l^3}\left(\frac{\theta}{2}+\frac{\sin 2\theta}{4}\right)=R\sqrt{2g}\,t+C,$$

因 $t=0$ 时,$\theta=0$,因而 $C=0$,从而有

$$2\sqrt{l^3}\left(\frac{\theta}{2}+\frac{\sin 2\theta}{4}\right)=R\sqrt{2g}\,t,$$

再转换回 y 得

$$l\left(\arccos\sqrt{\frac{y}{l}}+\frac{\sqrt{ly-y^2}}{l}\right)=\frac{R\sqrt{2g}}{\sqrt{l}}t\Rightarrow t=\frac{\sqrt{l}}{R\sqrt{2g}}\left(l\arccos\sqrt{\frac{y}{l}}+\sqrt{ly-y^2}\right),$$

令 $y=R$,便得零件落地时间

$$t=\frac{\sqrt{l}}{R\sqrt{2g}}\left(l\arccos\sqrt{\frac{R}{l}}+\sqrt{lR-R^2}\right).$$

再将落地时间 t 乘以飞行速度 s 即得零件横移的距离

$$ts=\frac{\sqrt{l}}{R\sqrt{2g}}\left(l\arccos\sqrt{\frac{R}{l}}+\sqrt{lR-R^2}\right)s.$$

习题 7-6

1. 求下列微分方程的通解:

(1) $y'''=\mathrm{e}^{2x}-\cos x$;　　(2) $y''=x+\sin x$;

(3) $x^2y'''=\ln x$;　　(4) $x=y''^2+1$;

(5) $(1+x^2)y''=1$;　　(6) $y''-y'^2=1$;

(7) $y''-y'=\mathrm{e}^x$;　　(8) $y''+\sqrt{1-y'^2}=0$;

(9) $y''y^3=1$;　　(10) $2yy''=1+y'^2$.

2. 求下列微分方程满足初始条件的特解:

(1) $(1+x^2)y''=2xy'$,$y\big|_{x=0}=1$,$y'\big|_{x=0}=3$;

(2) $y''=1-(y')^2$,$y\big|_{x=0}=0$,$y'\big|_{x=0}=0$;

(3) $y''y^3+1=0, y\big|_{x=1}=1, y'\big|_{x=1}=0$;

(4) $y''-e^{2y}=0, y\big|_{x=1}=0, y'\big|_{x=1}=0$;

(5) $y''-3\sqrt{y}=0, y\big|_{x=0}=1, y'\big|_{x=0}=2$;

(6) $y''=\dfrac{1}{1+x^2}, y\big|_{x=0}=1, y'\big|_{x=0}=1$;

(7) $y''-2yy'=0, y\big|_{x=0}=1, y'\big|_{x=0}=1$;

(8) $y''=y, y\big|_{x=0}=2, y'\big|_{x=0}=2$.

3. 求 $y''=x$ 的经过点 $M(0,1)$ 且在此点与直线 $y=2x+1$ 相切的积分曲线.

4. 设一质量为 m 的物体，由静止自由落下，所受空气阻力 $R=cv$（其中 c 为常数，v 为速度），求物体下落距离 s 与时间 t 的函数关系.

第七节　高阶线性微分方程解的结构

n 阶线性微分方程的一般形式为

$$y^{(n)}+p_1(x)y^{(n-1)}+p_2(x)y^{(n-2)}+\cdots+p_{n-1}(x)y'+p_n(x)y=f(x), \tag{7.7-1}$$

其中，未知函数 y 及其各阶导数都是一次的.若 $f(x)\neq 0$，为非齐次式；$f(x)=0$，则对应于(7.7-1)的齐次式.若系数 $p_i(x)(i=1,2,\cdots,n)$ 都为常数，则称为 **n 阶常系数线性微分方程**.本节主要讲述建立高阶线性微分方程解的结构理论.

一、函数的线性相关与线性无关

设 $y_1(x),y_2(x),\cdots,y_n(x)$ 为定义在区间 I 上的 n 个函数，如果存在 n 个不全为零的常数 $k_1,k_2,\cdots,k_n$，使得当 $x\in I$ 时有恒等式

$$k_1y_1(x)+k_2y_2(x)+\cdots+k_ny_n(x)\equiv 0$$

成立，那么称这 n 个函数在区间 I 上为**线性相关**；否则，称为**线性无关**.

例如，函数组 $1,\cos^2x,\sin^2x$ 在整个数轴上是线性相关的，因存在 $k_1=-1,k_2=1,k_3=1$，使得 $k_1\cdot 1+k_2\cos^2x+k_3\sin^2x=0$.而函数组 $1,x,x^2$ 在任何区间 (a,b) 内是线性无关的，因欲使 $k_1\cdot 1+k_2\cdot x+k_3\cdot x^2\equiv 0$，则 $k_1=0,k_2=0,k_3=0$.要判别两个函数是否线性相关，只要看它们的比值是否为常数.如果比值为常数，那么它们就线性相关；否则，就线性无关.例如，$\cos x,\sin x$ 在整个数轴上是线性无关的，因 $\dfrac{\sin x}{\cos x}=\tan x\neq$ 常数.而函数组 $1,\cos^2x+\sin^2x$ 在整个数轴上是线性相关的，因 $\dfrac{1}{\cos^2x+\sin^2x}=1$ 为常数.

二、二阶非齐次线性方程解的结构

二阶线性微分方程的一般形式为

$$y''+P(x)y'+Q(x)y=f(x).$$

若方程右端 $f(x)\equiv 0$ 时，方程称为齐次的，否则称为非齐次的.我们把方程 $y''+P(x)y'+Q(x)y=0$ 叫作与非齐次方程 $y''+P(x)y'+Q(x)y=f(x)$ 对应的齐次方程.

定理 7.7.1 如果函数 $y_1(x)$ 与 $y_2(x)$ 是方程 $y''+P(x)y'+Q(x)y=0$ 的两个解，那么 $y=C_1y_1(x)+C_2y_2(x)$ 也是方程的解，其中 C_1、C_2 是任意常数.

此定理说明齐次线性方程的解符合叠加原理.

证明 因为 y_1 与 y_2 是方程 $y''+P(x)y'+Q(x)y=0$ 的两个解，所以有

$$y_1''+P(x)y_1'+Q(x)y_1=0 \text{ 及 } y_2''+P(x)y_2'+Q(x)y_2=0,$$

又因

$$[C_1y_1+C_2y_2]'=C_1y_1'+C_2y_2', \text{且} [C_1y_1+C_2y_2]''=C_1y_1''+C_2y_2'',$$

从而

$$[C_1y_1+C_2y_2]''+P(x)[C_1y_1+C_2y_2]'+Q(x)[C_1y_1+C_2y_2]$$
$$=C_1[y_1''+P(x)y_1'+Q(x)y_1]+C_2[y_2''+P(x)y_2'+Q(x)y_2]=0+0=0.$$

这就证明了 $y=C_1y_1(x)+C_2y_2(x)$ 也是方程 $y''+P(x)y'+Q(x)y=0$ 的解.

特别注意，此定理只说明解的叠加亦是方程的解，但不一定是通解，需满足定理 7.7.2 的条件，才是通解.

定理 7.7.2 如果函数 $y_1(x)$ 与 $y_2(x)$ 是方程 $y''+P(x)y'+Q(x)y=0$ 的两个**线性无关**的解，那么 $y=C_1y_1(x)+C_2y_2(x)$（C_1、C_2 是任意常数）是方程的通解.

例 7.7.1 验证 $y_1=\cos x$ 与 $y_2=\sin x$ 是方程 $y''+y=0$ 的线性无关解，并写出其通解.

解 因为 $y''_1+y_1=-\cos x+\cos x=0$，$y''_2+y_2=-\sin x+\sin x=0$，所以 $y_1=\cos x$ 与 $y_2=\sin x$ 都是方程的解.因为对于任意两个常数 k_1、k_2，要使 $k_1\cos x+k_2\sin x\equiv 0$，只有 $k_1=k_2=0$，所以 $\cos x$ 与 $\sin x$ 在 $(-\infty,+\infty)$ 内是线性无关的.因此 $y_1=\cos x$ 与 $y_2=\sin x$ 是方程 $y''+y=0$ 的线性无关解，方程的通解为 $y=C_1\cos x+C_2\sin x$.

例 7.7.2 验证 $y_1=x$ 与 $y_2=e^x$ 是方程 $(x-1)y''-xy'+y=0$ 的线性无关解，并写出其通解.

解 将 $y_1=x$ 与 $y_2=e^x$ 代入方程都成立，所以 $y_1=x$ 与 $y_2=e^x$ 都是方程的解.且因为比值 e^x/x 不恒为常数，所以 $y_1=x$ 与 $y_2=e^x$ 在 $(-\infty,+\infty)$ 内是线性无关的.

因此，$y_1=x$ 与 $y_2=e^x$ 是方程 $(x-1)y''-xy'+y=0$ 的线性无关解，从而方程的通解为 $y=C_1x+C_2e^x$.

推论 7.7.1 如果 $y_1(x),y_2(x),\cdots,y_n(x)$ 是方程

$$y^{(n)}+a_1(x)y^{(n-1)}+\cdots+a_{n-1}(x)y'+a_n(x)y=0$$

的 n 个线性无关的解，那么，此方程的通解为

$$y=C_1y_1(x)+C_2y_2(x)+\cdots+C_ny_n(x),$$

其中，$C_1,C_2,\cdots,C_n$ 为任意常数.

定理 7.7.3 设 $y^*(x)$ 是二阶非齐次线性方程 $y''+P(x)y'+Q(x)y=f(x)$ 的一个特解，$Y(x)$ 是对应的齐次方程的通解，则

$$y=Y(x)+y^*(x)$$

是二阶非齐次线性微分方程的通解.

证明 将 $y=Y(x)+y^*(x)$ 代入原方程式得

$$[Y(x)+y^*(x)]''+P(x)[Y(x)+y^*(x)]'+Q(x)[Y(x)+y^*(x)]$$
$$=[Y''+P(x)Y'+Q(x)Y]+[y^{*\prime\prime}+P(x)y^{*\prime}+Q(x)y^*]$$
$$=0+f(x)=f(x).$$

又 $Y(x)$ 是对应的二阶齐次方程的通解,因此得证.

例如,$Y=C_1\cos x+C_2\sin x$ 是齐次方程 $y''+y=0$ 的通解,而 $y^*=x^2-2$ 是 $y''+y=x^2$ 的一个特解,因此 $y=C_1\cos x+C_2\sin x+x^2-2$ 是方程 $y''+y=x^2$ 的通解.

定理 7.7.4 设非齐次线性微分方程 $y''+P(x)y'+Q(x)y=f(x)$ 的右端 $f(x)$ 是几个函数之和,如 $y''+P(x)y'+Q(x)y=f_1(x)+f_2(x)$,而 $y_1^*(x)$ 与 $y_2^*(x)$ 分别是方程

$$y''+P(x)y'+Q(x)y=f_1(x) \text{ 与 } y''+P(x)y'+Q(x)y=f_2(x)$$

的特解,则 $y_1^*(x)+y_2^*(x)$ 就是原方程的特解.

证明 将 $y_1^*(x)+y_2^*(x)$ 代入原方程式得

$$(y_1^*+y_2^*)''+P(x)(y_1^*+y_2^*)'+Q(x)(y_1^*+y_2^*)$$
$$=(y_1^{*\prime\prime}+P(x)y_1^{*\prime}+Q(x)y_1^*)+(y_2^{*\prime\prime}+P(x)y_2^{*\prime}+Q(x)y_2^*)$$
$$=f_1(x)+f_2(x).$$

因此得证.

习题 7-7

1. 下列函数组在其定义区间内哪些是线性无关的?

(1)$2\cos^2x,2\sin^2x$; (2)x,x^4; (3)e^{-x},e^x;
(4)$e^{-x},2e^{-x}$; (5)$\sin 2x,\cos x\sin x$; (6)$\sin 2x,\sin x$;
(7)$x+x^2,3x+3x^2$; (8)$\ln x,\ln x^2$; (9)$e^{\alpha x}\cos\beta x,e^{\alpha x}\sin\beta x$;
(10)$1,x,x^4$; (11)$x^4,2x^4,3x^4$; (12)$1,2\cos^2x,2\sin^2x$.

2. 验证 $y_1=\cos 2x$ 与 $y_2=\sin 2x$ 是方程 $y''+4y=0$ 的线性无关解,并写出其通解.

3. 验证 $y_1=e^{x^2}$ 与 $y_2=xe^{x^2}$ 是方程 $y''-4xy'+(4x^2-2)y=0$ 的线性无关解,并写出其通解.

4. 验证 $y_1=e^{-x}$ 与 $y_2=e^{-2x}$ 是方程 $y''+3y'+2y=0$ 的线性无关解,并写出其通解.

5. 验证 $y_1=e^{-x}\cos 2x$ 与 $y_2=e^{-x}\sin 2x$ 是方程 $y''+2y'+5y=0$ 的线性无关解,并写出其通解.

第八节　常系数齐次线性微分方程

在上节(7.7-1)式中,若系数 $p_i(x)(i=1,2,\cdots,n)$ 都为常数,则称它为 n 阶常系数线性微分方程.本节主要讨论二阶常系数齐次线性微分方程的解法,相关结论可推广至 n 阶.

一、二阶常系数齐次线性微分方程

形如

$$y''+py'+qy=0 \tag{7.8-1}$$

的方程,称为**二阶常系数齐次线性微分方程**,其中,p、q 均为常数.如果 y_1、y_2 是二阶常系数齐次线性微分方程的两个线性无关解,那么 $y=C_1y_1+C_2y_2$ 就是它的通解.

我们考察一下,看能否适当选取 r,使 $y=\mathrm{e}^{rx}$ 满足二阶常系数齐次线性微分方程,为此将 $y=\mathrm{e}^{rx}$ 代入方程 $y''+py'+qy=0$ 得 $(r^2+pr+q)\mathrm{e}^{rx}=0$.由此可见,只要 r 满足代数方程 $r^2+pr+q=0$,函数 $y=\mathrm{e}^{rx}$ 就是微分方程的解,因此称方程 $r^2+pr+q=0$ 为微分方程 $y''+py'+qy=0$ 的特征方程.特征方程的两个根 r_1、r_2 可用公式

$$r_i=\frac{-p\pm\sqrt{p^2-4q}}{2},i=1,2$$

求出,由判别式 $D=p^2-4q$ 判断,可分三种情形讨论特征方程的根与通解的关系:

(1) 当 $D>0$ 时,特征方程是两个不相等的实根 r_1 与 r_2,则函数 $y_1=\mathrm{e}^{r_1x}$ 与 $y_2=\mathrm{e}^{r_2x}$ 是方程(7.8-1)的两个解,又因

$$\frac{y_1}{y_2}=\frac{\mathrm{e}^{r_1x}}{\mathrm{e}^{r_2x}}=\mathrm{e}^{(r_1-r_2)x}$$

不是常数,为线性无关的,因此方程(7.8-1)的通解为

$$y=C_1\mathrm{e}^{r_1x}+C_2\mathrm{e}^{r_2x}.$$

(2) 当 $D=0$ 时,特征方程有两个相等的实根 $r_1=r_2$,则函数 $y_1=\mathrm{e}^{r_1x}$ 是方程(7.8-1)的一解,而另一线性无关的解可设为 $y_2=u(x)\mathrm{e}^{r_1x}$,此处线性无关是因 $\dfrac{y_2}{y_1}=\dfrac{u(x)\mathrm{e}^{r_1x}}{\mathrm{e}^{r_1x}}=u(x)$,而 $u(x)$ 不是常数.再将其代入方程(7.8-1)可得 $u(x)''=0$,因此取 $u(x)=x$,从而得 $y_2=x\mathrm{e}^{r_1x}$ 也是方程(7.8-1)的另一异于 y_1 的线性无关的解,因此方程的通解为

$$y=C_1\mathrm{e}^{r_1x}+C_2x\mathrm{e}^{r_1x}.$$

(3) 当 $D<0$ 时,特征方程有一对共轭复根 $r_{1,2}=\alpha\pm\mathrm{i}\beta$ 时,则函数 $y=\mathrm{e}^{(\alpha+\mathrm{i}\beta)x}$,$y=\mathrm{e}^{(\alpha-\mathrm{i}\beta)x}$ 是微分方程的两个线性无关的复数形式的解.再由欧拉公式 $\mathrm{e}^{\mathrm{i}\theta}=\cos\theta+\mathrm{i}\sin\theta$,得

$$y_1=\mathrm{e}^{(\alpha+\mathrm{i}\beta)x}=\mathrm{e}^{\alpha x}(\cos\beta x+\mathrm{i}\sin\beta x) \text{ 与 } y_2=\mathrm{e}^{(\alpha-\mathrm{i}\beta)x}=\mathrm{e}^{\alpha x}(\cos\beta x-\mathrm{i}\sin\beta x)$$

是微分方程的两个线性无关的解.因此

$$\mathrm{e}^{\alpha x}\cos\beta x=\frac{1}{2}(y_1+y_2) \text{ 与 } \mathrm{e}^{\alpha x}\sin\beta x=\frac{1}{2\mathrm{i}}(y_1-y_2)$$

也是方程的解.可以验证,$e^{\alpha x}\cos\beta x$、$e^{\alpha x}\sin\beta x$ 是方程的线性无关解.因此方程的通解为

$$y=e^{\alpha x}(C_1\cos\beta x+C_2\sin\beta x).$$

综上所述,求二阶常系数齐次线性微分方程 $y''+py'+qy=0$ 的通解的步骤为:

第一步,写出微分方程的特征方程 $r^2+pr+q=0$.

第二步,求出特征方程的两个根 r_1、r_2.

第三步,根据特征方程的两个根的不同情况,写出微分方程的通解.

(1) 两个不相等的实根 r_1、r_2 时,通解为 $y=C_1e^{r_1x}+C_2e^{r_2x}$;

(2) 两个相等的实根 $r_1=r_2$ 时,通解为 $y=C_1e^{r_1x}+C_2xe^{r_1x}$;

(3) 一对共轭复根 $r_{1,2}=\alpha\pm i\beta$ 时,通解为 $y=e^{\alpha x}(C_1\cos\beta x+C_2\sin\beta x)$.

例 7.8.1 求微分方程 $y''-3y'+2y=0$ 的通解.

解 所给微分方程的特征方程为 $r^2-3r+2=0$,即 $(r-1)(r-2)=0$. 其根 $r_1=1$, $r_2=2$ 是两个不相等的实根,因此所求通解为 $y=C_1e^x+C_2e^{2x}$.

例 7.8.2 求方程 $y''+4y'+4y=0$ 满足初始条件 $y\big|_{x=0}=3, y'\big|_{x=0}=-2$ 的特解.

解 所给方程的特征方程为 $r^2+4r+4=0$,即 $(r+2)^2=0$.

其根 $r_1=r_2=-2$ 是两个相等的实根,因此所给微分方程的通解为 $y=(C_1+C_2x)e^{-2x}$.

将条件 $y\big|_{x=0}=3$ 代入通解,得 $C_1=3$,从而 $y=(3+C_2x)e^{-2x}$.

将上式对 x 求导,得 $y'=(C_2-6-2C_2x)e^{-2x}$.

再把条件 $y'\big|_{x=0}=-2$ 代入上式,得 $C_2=4$. 于是所求特解为 $y=(3+4x)e^{-2x}$.

例 7.8.3 求微分方程 $y''+2y'+5y=0$ 的通解.

解 所给方程的特征方程为 $r^2+2r+5=0$. 特征方程的根为 $r_1=-1+2i$, $r_2=-1-2i$,是一对共轭复根,因此所求通解为 $y=e^{-x}(C_1\cos2x+C_2\sin2x)$.

二、n 阶常系数齐次线性微分方程

形如

$$y^{(n)}+p_1y^{(n-1)}+p_2y^{(n-2)}+\cdots+p_{n-1}y'+p_ny=0,$$

的方程,称为 n 阶常系数齐次线性微分方程,其中,$p_1,p_2,\cdots,p_{n-1},p_n$ 都是常数.

二阶常系数齐次线性微分方程所用的求解方法以及方程的通解形式,可推广到 n 阶常系数齐次线性微分方程上.

首先引入微分算子 D,及微分算子的 n 次多项式:

$$L(D)=D^n+p_1D^{n-1}+p_2D^{n-2}+\cdots+p_{n-1}D+p_n,$$

则 n 阶常系数齐次线性微分方程可记作

$$(D^n+p_1D^{n-1}+p_2D^{n-2}+\cdots+p_{n-1}D+p_n)y=0 \text{ 或 } L(D)y=0.$$

此处 $D=\dfrac{d}{dx}$ 叫作微分算子,即 $D^0y=y, Dy=y', D^2y=y'', D^3y=y''', \cdots, D^ny=y^{(n)}$.

分析:令 $y=e^{rx}$,则

$$L(D)y=L(D)e^{rx}=(r^n+p_1r^{n-1}+p_2r^{n-2}+\cdots+p_{n-1}r+p_n)e^{rx}=L(r)e^{rx}.$$

因此,如果 r 是多项式 $L(r)$ 的根,则 $y=e^{rx}$ 是微分方程 $L(D)y=0$ 的解.

微分方程中的方程

$$L(r)=r^n+p_1r^{n-1}+p_2r^{n-2}+\cdots+p_{n-1}r+p_n=0$$

称为 n 阶常系数齐次线性微分方程 $L(D)y=0$ 的特征方程.

特征方程的根与通解中项的对应:

(1) 单实根 r 对应于一项:Ce^{rx};

(2) 一对单复根 $r_{1,2}=\alpha\pm i\beta$ 对应于两项:$e^{\alpha x}(C_1\cos\beta x+C_2\sin\beta x)$;

(3) k 重实根 r 对应于 k 项:$e^{rx}(C_1+C_2x+\cdots+C_kx^{k-1})$;

(4) 一对 k 重复根 $r_{1,2}=\alpha\pm i\beta$ 对应于 $2k$ 项:

$$e^{\alpha x}[(C_1+C_2x+\cdots+C_kx^{k-1})\cos\beta x+(D_1+D_2x+\cdots+D_kx^{k-1})\sin\beta x].$$

以上讨论,特征方程的每一个根对应着通解中的一项,且每项各含一个任意常数,由代数学中,n 次方程式含有 n 个根,这样就得到 n 阶常系数齐次线性微分方程上的通解.

例 7.8.4 求方程 $y^{(4)}-4y'''+5y''=0$ 的通解.

解 这里的特征方程为 $r^4-4r^3+5r^2=0$,即 $r^2(r^2-4r+5)=0$,它的根是 $r_1=r_2=0$ 和 $r_{3,4}=2\pm i$.因此,所给微分方程的通解为

$$y=C_1+C_2x+e^{2x}(C_3\cos x+C_4\sin x).$$

例 7.8.5 求方程 $y^{(4)}+16y=0$ 的通解.

解 这里的特征方程为 $r^4+16=0$.它的根为 $r_{1,2}=\sqrt{2}(1\pm i)$,$r_{3,4}=-\sqrt{2}(1\pm i)$,因此所给微分方程的通解为

$$y=e^{\sqrt{2}x}(C_1\cos\sqrt{2}x+C_2\sin\sqrt{2}x)+e^{-\sqrt{2}x}(C_3\cos\sqrt{2}x+C_4\sin\sqrt{2}x).$$

习题 7-8

1. 求下列微分方程的通解:

(1) $y''+y'=2y$; (2) $y''+3y'=0$;

(3) $y''+6y'+13y=0$; (4) $y''+y=0$;

(5) $y''-4y'+14y=0$; (6) $\dfrac{d^2x}{dt^2}-4\dfrac{dx}{dt}+4x=0$;

(7) $y'''-y''=0$; (8) $y^{(4)}+2y''+y=0$;

(9) $y^{(4)}+\beta^4y=0(\beta>0)$; (10) $y^{(4)}-2y'''+5y''=0$.

2. 求下列微分方程式的特解:

(1) $y''+2y'-3y=0$,$y\big|_{x=0}=0$,$y'\big|_{x=0}=-2$;

(2) $y''-4y'+5y=0$,$y\big|_{x=\frac{\pi}{2}}=e^{\pi}$,$y'\big|_{x=\frac{\pi}{2}}=2e^{\pi}$;

(3) $4y''+4y'+y=0, y\big|_{x=0}=2, y'\big|_{x=0}=0$；

(4) $y''+25y=0, y\big|_{x=0}=3, y'\big|_{x=0}=5$；

(5) $y''-4y'+13y=0, y\big|_{x=0}=0, y'\big|_{x=0}=3$；

(6) $y''+4y'+29y=0, y\big|_{x=0}=0, y'\big|_{x=0}=15$；

(7) $y'''-y''+2y'-2y=0, y\big|_{x=0}=-1, y'\big|_{x=0}=2, y''\big|_{x=0}=5$.

第九节　二阶常系数非齐次线性微分方程

形如

$$y''+py'+qy=f(x) \tag{7.9-1}$$

的方程，称为二阶常系数非齐次线性微分方程，其中 p、q 是常数.

二阶常系数非齐次线性微分方程(7.9-1)的通解是对应的齐次方程的通解 $y=Y(x)$ 与非齐次方程本身的一个特解 $y=y^*(x)$ 之和，即

$$y=Y(x)+y^*(x).$$

本节只介绍当方程(7.9-1)中，$f(x)$ 为两种常见的特殊形式时，方程的特解的求法：

一、$f(x)=P_m(x)e^{\lambda x}$ 型，其中 $P_m(x)$ 为 x 的 m 次多项式且 λ 为常数

因多项式与指数的乘积的导数仍是多项式与指数的乘积，从而可以猜想，方程的特解也应具有这种形式.因此，设特解形式为 $y^*=Q(x)e^{\lambda x}$，将其代入方程(7.9-1)并化简后，可得等式

$$Q''(x)+(2\lambda+p)Q'(x)+(\lambda^2+p\lambda+q)Q(x)=P_m(x). \tag{7.9-2}$$

此式依 λ 的特性可分三种情况：

(1) 如果 λ 不是特征方程 $r^2+pr+q=0$ 的根，则(7.9-2)式中的 $\lambda^2+p\lambda+q\neq 0$.要使(7.9-2)式成立，$Q(x)$ 应设为 m 次多项式，设 $Q(x)=Q_m(x)=b_0x^m+b_1x^{m-1}+\cdots+b_{m-1}x+b_m$，代入(7.9-2)式后，通过比较等式两边同次项系数，可确定 $b_0,b_1,\cdots,b_m$，并得所求特解

$$y^*=Q_m(x)e^{\lambda x}.$$

(2) 如果 λ 是特征方程 $r^2+pr+q=0$ 的单根，则(7.9-2)式中的 $\lambda^2+p\lambda+q=0$，但 $2\lambda+p\neq 0$，要使(7.9-2)式成立，$Q(x)$ 应设为 $m+1$ 次多项式，$Q(x)=xQ_m(x)$，代入(7.9-2)式后，比较等式两边同次项系数，可确定 $b_0,b_1,\cdots,b_m$，并得所求特解

$$y^*=xQ_m(x)e^{\lambda x}.$$

(3) 如果 λ 是特征方程 $r^2+pr+q=0$ 的二重根，则(7.9-2)式中的 $\lambda^2+p\lambda+q=0$，$2\lambda+p=0$，要使(7.9-2)式成立，$Q(x)$ 应设为 $m+2$ 次多项式，$Q(x)=x^2Q_m(x)$，代入

(7.9-2) 式后,比较等式两边同次项系数,可确定 $b_0,b_1,\cdots,b_m$,并得所求特解

$$y^* = x^2 Q_m(x) e^{\lambda x}.$$

综上所述,我们有如下结论:如果(7.9-2) 式中 $f(x) = P_m(x)e^{\lambda x}$,则二阶常系数非齐次线性微分方程 $y'' + py' + qy = f(x)$ 有形如

$$y^* = x^k Q_m(x) e^{\lambda x}$$

的特解,其中 $Q_m(x)$ 是与 $P_m(x)$ 同 m 次的多项式,而 k 按 λ 不是特征方程的根、是特征方程的单根或是特征方程的重根依次取为 0、1 或 2.

例 7.9.1 求微分方程 $y'' - y' - 2y = 4x + 6$ 的一个特解.

解 因方程为(7.9-1) 型且 $f(x)$ 是 $P_m(x)e^{\lambda x}$ 型,其中 $P_m(x) = 4x + 6$,$\lambda = 0$.而所给方程所对应的齐次方程为 $y'' - y' - 2y = 0$,它的特征方程为 $r^2 - r - 2 = 0$. 由于这里 $\lambda = 0$ 不是特征方程的根,所以应设特解为 $y^* = b_0x + b_1$,从而 $y^{*\prime} = b_0$,且 $y^{*\prime\prime} = 0$,把它们代入所给方程,得

$$-2b_0x - b_0 - 2b_1 = 4x + 6,$$

比较两端 x 同次幂的系数,得

$$\begin{cases} -2b_0 = 4 \\ -b_0 - 2b_1 = 6 \end{cases},$$

由此求得 $b_0 = -2$,$b_1 = -2$.于是求得所给方程的一个特解为 $y^* = -2x - 2$.

例 7.9.2 求微分方程 $y'' - y' - 2y = xe^{2x}$ 的通解.

解 因方程为(7.9.1) 型且 $f(x)$ 是 $P_m(x)e^{\lambda x}$ 型,其中 $P_m(x) = x$,$\lambda = 2$.而所给方程所对应的齐次方程为 $y'' - y' - 2y = 0$,它的特征方程为 $r^2 - r - 2 = 0$.特征方程有两个实根 $r_1 = 2$,$r_2 = -1$. 于是所给方程对应的齐次方程的通解为 $Y = C_1e^{2x} + C_2e^{-x}$.

由于 $\lambda = 2$ 是特征方程的单根,所以应设方程的特解为 $y^* = x(b_0x + b_1)e^{2x}$,从而

$$y^{*\prime} = [2b_0x^2 + (2b_0 + 2b_1)x + b_1]e^{2x},$$

且

$$y^{*\prime\prime} = [4b_0x^2 + (8b_0 + 4b_1)x + 2b_0 + 4b_1]e^{2x},$$

把它们代入所给方程,得

$$6b_0x + 2b_0 + 3b_1 = x.$$

比较两端 x 同次幂的系数,得

$$\begin{cases} 6b_0 = 1 \\ 2b_0 + 3b_1 = 0 \end{cases},$$

由此求得 $b_0 = \frac{1}{6}$,$b_1 = -\frac{1}{9}$. 于是求得所给方程的一个特解为 $y^* = x\left(\frac{1}{6}x - \frac{1}{9}\right)e^{2x}$,从而所给方程的通解为

$$y = C_1e^{2x} + C_2e^{-x} + \left(\frac{1}{6}x^2 - \frac{1}{9}x\right)e^{2x}.$$

二、$f(x) = e^{\lambda x}[P_l(x)\cos\omega x + P_n(x)\sin\omega x]$ 型的特解形式

由定义 $e^{i\theta} = \cos\theta + i\sin\theta$ 可得

$$\cos\theta=\frac{e^{i\theta}+e^{-i\theta}}{2},\sin\theta=\frac{e^{i\theta}-e^{-i\theta}}{2i},$$

从而

$$\begin{aligned}f(x)&=e^{\lambda x}[P_l(x)\cos\omega x+P_n(x)\sin\omega x]\\&=e^{\lambda x}\left[P_l(x)\frac{e^{i\omega x}+e^{-i\omega x}}{2}+P_n(x)\frac{e^{i\omega x}-e^{-i\omega x}}{2i}\right]\\&=\frac{1}{2}[P_l(x)-iP_n(x)]e^{(\lambda+i\omega)x}+\frac{1}{2}[P_l(x)+iP_n(x)]e^{(\lambda-i\omega)x}\\&=P(x)e^{(\lambda+i\omega)x}+\overline{P}(x)e^{(\lambda-i\omega)x},\end{aligned}\tag{7.9-3}$$

其中，$P(x)=\frac{1}{2}(P_l(x)-iP_n(x))$，$\overline{P}(x)=\frac{1}{2}(P_l(x)+iP_n(x))$是互为共轭的$m$次多项式，而$m=\max\{l,n\}$.

将(7.9-3)式分成两个方程$y''+py'+qy=P(x)e^{(\lambda+i\omega)x}$与$y''+py'+qy=\overline{P}(x)e^{(\lambda-i\omega)x}$观察，再由本节一的结论，可进行如下讨论：

设方程$y''+py'+qy=P(x)e^{(\lambda+i\omega)x}$的特解为

$$y_1{}^*=x^kQ_m(x)e^{(\lambda+i\omega)x},$$

其中，k按$\lambda+i\omega$不是特征方程的根或是特征方程的单根依次取0或1.同理可得

$$\overline{y}_1{}^*=x^k\overline{Q}_m(x)e^{(\lambda-i\omega)x}$$

必是方程$y''+py'+qy=\overline{P}(x)e^{(\lambda-i\omega)}$的特解.

于是由定理7.7.4，方程$y''+py'+qy=e^{\lambda x}[P_l(x)\cos\omega x+P_n(x)\sin\omega x]$的特解为

$$\begin{aligned}y^*&=x^kQ_m(x)e^{(\lambda+i\omega)x}+x^k\overline{Q}_m(x)e^{(\lambda-i\omega)x}\\&=x^ke^{\lambda x}[Q_m(x)(\cos\omega x+i\sin\omega x)+\overline{Q}_m(x)(\cos\omega x-i\sin\omega x)]\\&=x^ke^{\lambda x}[R_m^{(1)}(x)\cos\omega x+R_m^{(2)}(x)\sin\omega x].\end{aligned}$$

其中，$R_m^{(1)}(x)$、$R_m^{(2)}(x)$是m次多项式，而$m=\max\{l,n\}$且k按$\lambda+i\omega$(或$\lambda-i\omega$)不是特征方程的根或是特征方程的单根依次取0或1.

综上所述，我们有如下结论：

如果$f(x)=e^{\lambda x}[P_l(x)\cos\omega x+P_n(x)\sin\omega x]$，则二阶常系数非齐次线性微分方程(7.9-1)的特解可设为

$$y^*=x^ke^{\lambda x}[R_m^{(1)}(x)\cos\omega x+R_m^{(2)}(x)\sin\omega x],$$

其中，$R_m^{(1)}(x)$、$R_m^{(2)}(x)$是m次多项式，$m=\max\{l,n\}$，而k按$\lambda+i\omega$(或$\lambda-i\omega$)不是特征方程的根或是特征方程的单根依次取0或1.

例 7.9.3　求微分方程$y''+y'+y=x\cos 2x$的通解.

解　所给方程是二阶常系数非齐次线性微分方程，且(7.9-1)中的$f(x)$属于$e^{\lambda x}[P_l(x)\cos\omega x+P_n(x)\sin\omega x]$型，其中$\lambda=0,\omega=2,P_l(x)=x,P_n(x)=0$.而所给方程对应的齐次方程为$y''+y'+y=0$，它的特征方程为$r^2+r+1=0$. 因$\lambda+i\omega=2i$不是特征方程的根，所以应设特解为$y^*=(ax+b)\cos 2x+(cx+d)\sin 2x$，从而得

$$y^{*\prime}=(2cx+a+2d)\cos 2x+(-2ax-2b+c)\sin 2x,$$

$$y^{*\prime\prime}=(-4ax-4b+4c)\cos2x+(-4cx-4a-4d)\sin2x.$$

把它代入所给方程,得

$$[(-3a+2c)x+a-3b+4c+2d]\cos2x+[(-2a-3c)x-4a-2b+c-3d]\sin2x$$
$$=x\cos2x.$$

比较两端同类项的系数,得

$$\begin{cases}-3a+2c=1\\-3b+4c+2d=0\\-2a-3c=0\\-4a-2b+c-3d=0\end{cases}\Rightarrow a=-\frac{3}{13},b=\frac{4}{13},c=\frac{2}{13},d=\frac{2}{13}.$$

于是求得一个特解为

$$y^{*}=\left(-\frac{3}{13}x+\frac{4}{13}\right)\cos2x+\left(\frac{2}{13}x+\frac{2}{13}\right)\sin2x.$$

又 $y''+y'+y=0$ 的特征方程为 $r^2+r+1=0$,得解为 $r=\dfrac{-1\pm\sqrt{3}\mathrm{i}}{2}$,因此 $y''+y'+y=0$ 通解为

$$Y=\mathrm{e}^{-\frac{1}{2}x}\left(C_1\cos\frac{\sqrt{3}}{2}x+C_2\sin\frac{\sqrt{3}}{2}x\right),$$

从而通解为

$$y=\mathrm{e}^{-\frac{1}{2}x}\left(C_1\cos\frac{\sqrt{3}}{2}x+C_2\sin\frac{\sqrt{3}}{2}x\right)+\left(-\frac{3}{13}x+\frac{4}{13}\right)\cos2x+\left(\frac{2}{13}x+\frac{2}{13}\right)\sin2x.$$

例 7.9.4 求微分方程 $y''+y=\mathrm{e}^x\sin2x$ 的一个特解.

解 所给方程是(7.9-1)中的 $f(x)$ 属于 $\mathrm{e}^{\lambda x}[P_l(x)\cos\omega x+P_n(x)\sin\omega x]$ 型,其中 $\lambda=1,\omega=2,P_l(x)=0,P_n(x)=1$.因 $\lambda+\mathrm{i}\omega=1+2\mathrm{i}$ 不是特征方程 $r^2+1=0$ 的根,所以应设特解为

$$y^{*}=\mathrm{e}^x(a\cos2x+b\sin2x).$$

从而得

$$y^{*\prime}=\mathrm{e}^x[(a+2b)\cos2x+(-2a+b)\sin2x],$$
$$y^{*\prime\prime}=\mathrm{e}^x[(-3a+4b)\cos2x+(-4a-3b)\sin2x],$$

代入原式,得

$$\mathrm{e}^x[(-2a+4b)\cos2x+(-4a-2b)\sin2x]=\mathrm{e}^x\sin2x.$$

再比较两边同类项的系数,得

$$-2a+4b=0\text{ 且 }-4a-2b=1\Rightarrow a=-\frac{1}{5}\text{ 且 }b=-\frac{1}{10},$$

所以特解为

$$y^{*}=\mathrm{e}^x\left(\frac{-1}{5}\cos2x+\frac{-1}{10}\sin2x\right).$$

习题 7-9

1. 求下列微分方程式的通解：

(1)$y''-2y'-3y=3x+1$；

(2)$y''-5y'+6y=xe^{2x}$；

(3)$y''+3y'+2y=3xe^{-x}$；

(4)$2y''+y'-y=2e^{-x}$；

(5)$y''+y'=x^2+1$；

(6)$y''+y=x\cos 2x$；

(7)$y''-2y'+5y=e^x\sin 2x$；

(8)$y''+y=\sin x-\cos 2x$；

(9)$y''-y=\sin^2 x$；

(10)$y''+y=e^x+\cos x$.

2. 求下列微分方程满足初始条件的特解：

(1)$y''-2y'+y=x+1,y\big|_{x=0}=1,y'\big|_{x=0}=2$；

(2)$y''-3y'+2y=xe^x,y\big|_{x=0}=1,y'\big|_{x=0}=1$；

(3)$y''+y=-\sin 2x,y\big|_{x=\pi}=1,y'\big|_{x=\pi}=1$；

(4)$y''-3y'+2y=5,y\big|_{x=0}=1,y'\big|_{x=0}=2$；

(5)$y''-y=4xe^x,y\big|_{x=0}=0,y'\big|_{x=0}=1$；

(6)$y''-4y'=5,y\big|_{x=0}=1,y'\big|_{x=0}=0$.

总习题七

1. 选择题

(1) 函数 $y=\sin x+C$(其中 C 是任意常数) 是方程$\frac{d^2y}{dx^2}=\sin x$ 的(　　).

A.通解

B.特解

C.是解，但既非通解也非特解

D.不是解

(2) 微分方程$\frac{dy}{dx}+xy=e^x$ 是(　　).

A.可分离变量方程

B.一阶线性微分方程

C.伯努利方程

D.齐次方程

(3) 下列给定函数(　　)是其对应微分方程的通解.

A.$y'+y=e^{-x},y=(x+C)e^{-x}$

B.$xy''+2y'-xy=0,y=C_1e^x+C_2e^{-x}$

C.$y''+3y'+2y=0, y=e^{-x}$ 及 $y=e^{-2x}$

D.$x^2y''+6xy'+4y=0, y=\frac{1}{x}$ 及 $y=\frac{1}{x^4}$

(4) 微分方程 $xy'+y=\frac{1}{1+x^2}$ 的通解是( ).

A.$y=\arctan x+C$ B.$y=\frac{1}{x}(\arctan x+C)$

C.$y=\frac{1}{x}\arctan x+C$ D.$y=\frac{C}{x}+\arctan x$

(5) 下列函数组线性相关的是( ).

A.x^3, x^2 B.$\cos x, \sin x$

C.$\sin 2x, \frac{\cos x}{\csc x}$ D.$x\ln x, \ln x$

(6) 微分方程 $y''-y'=0$ 的通解是 $y=$( ).

A.$(C_1+C_2)e^x$ B.$C_1e^x+C_2x$ C.$C(e^x+1)$ D.$C_1e^x+C_2$

(7) 微分方程 $y''-y=2e^x+3$ 的特解应具有形式( ).

A.ae^x+bxe^x B.axe^x+bx

C.ae^x+bx D.axe^x+b(a, b 为任意常数)

(8) 微分方程 $y''+y=e^x\sin 2x$ 的特解应具有形式( ).

A.$y^*=e^x(a\cos 2x+b\sin 2x)$

B.$y^*=xe^x(a\cos 2x+b\sin 2x)$

C.$y^*=e^x(a\cos x+b\sin x)$

D.$y^*=xe^x(a\cos x+b\sin x)$($a, b$ 为任意常数)

2. 填空题

(1) 若曲线在(x, y)处切线的斜率等于该点横坐标的平方,则该曲线满足的微分方程是__________.

(2) 微分方程$\sqrt{1-y^2}=y(y')$通解为__________.

(3) 微分方程 $xyy'=1-x^2, y\big|_{x=1}=0$ 的特解为__________.

(4) 求微分方程$\frac{dy}{dx}=\sqrt{1-y^2}(|y|\leqslant 1)$的通解与奇解为__________.

(5) 微分方程 $y'+y\tan x=\cos x, y\big|_{x=0}=\frac{\pi}{2}$ 的特解为__________.

(6) 微分方程 $y''-2y'+y=0$ 的通解是__________.

(7) 已知 $y_1^*=\frac{1}{4}x\sin 2x$ 是微分方程 $y''+4y=\cos 2x$ 的特解,$y_2^*=\frac{x}{4}$ 是微分方程 $y''+4y=x$ 的特解,则方程 $y''+4y=\cos 2x+x$ 的通解是__________.

(8) 微分方程 $x^2y'+xy=y^2, y(1)=1$ 的解是__________.

(9) 微分方程 $y''+y'=x^2$ 的通解是__________.

(10) 微分方程 $y''-y=0$ 的通解是 ____________.

(11) 微分方程$(x^2+x+1)y''=(2x+1)y'$,满足初始条件 $y\big|_{x=0}=1,y'\big|_{x=0}=3$ 的特解是 ____________.

附　录

附录 1　常用曲线

(1) 三次抛物线

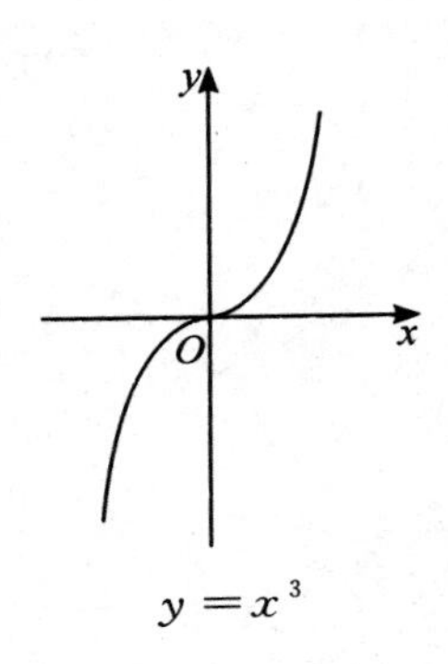

$y=x^3$

(2) 半立方抛物线

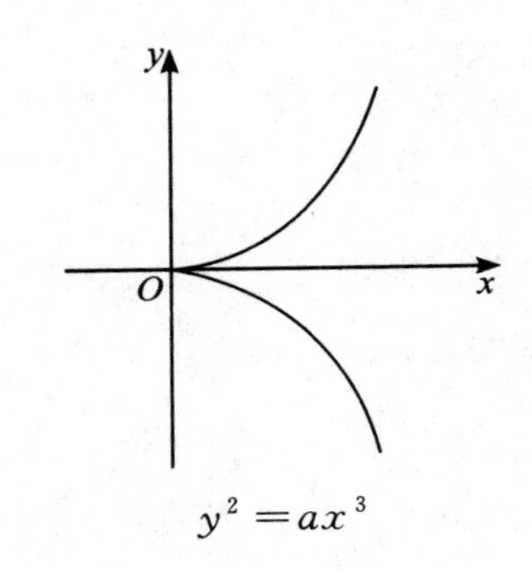

$y^2=ax^3$

(3) 概率曲线

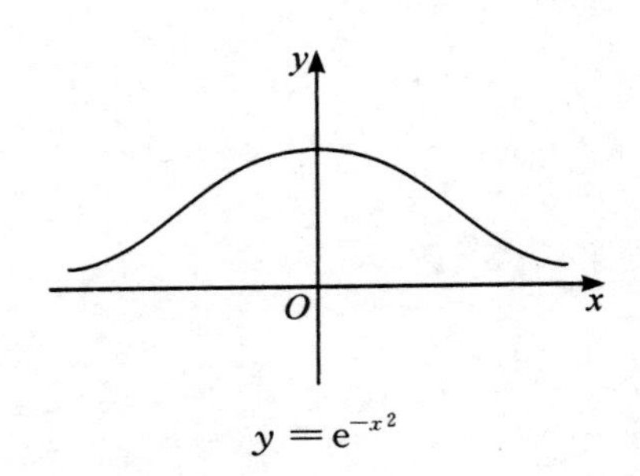

$y=\mathrm{e}^{-x^2}$

(4) 箕舌线

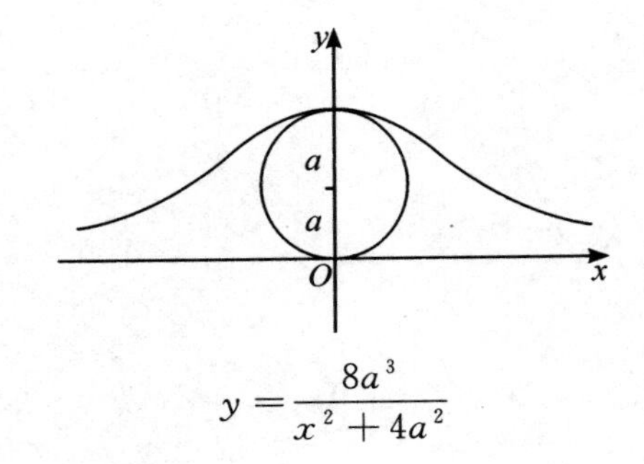

$y=\dfrac{8a^3}{x^2+4a^2}$

(5) 蔓叶线

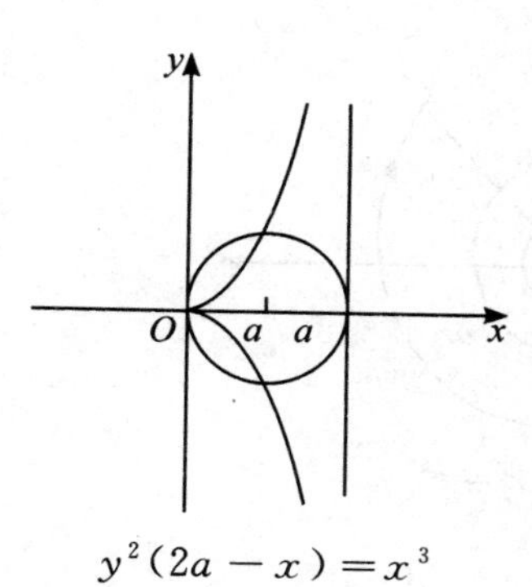

$y^2(2a-x)=x^3$

(6) 笛卡尔叶形线

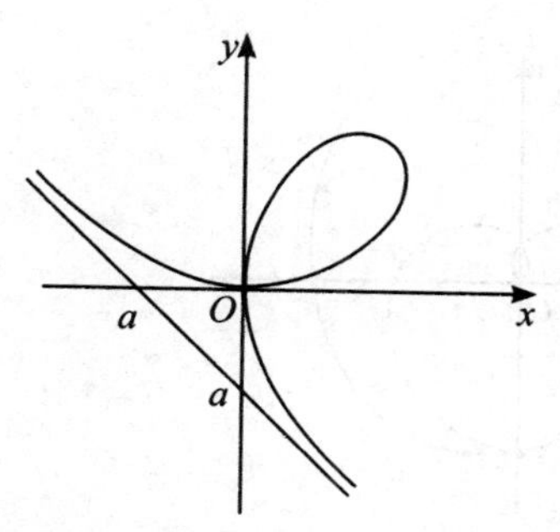

$x^3+y^3-3axy=0$

$x=\dfrac{3at}{1+t^3},y=\dfrac{3at^2}{1+t^3}$

(7) 星形线

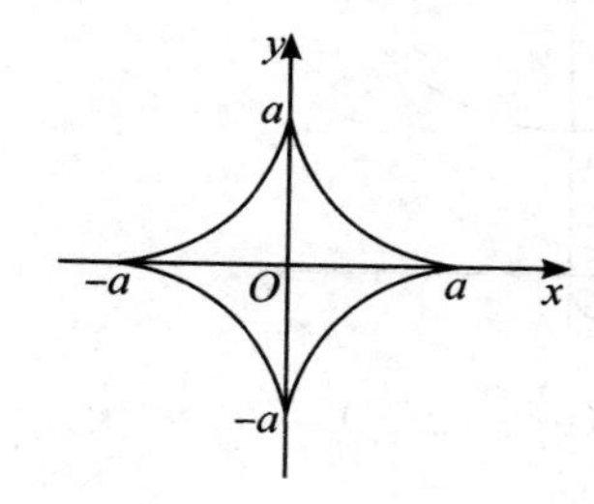

$x^{\frac{2}{3}}+y^{\frac{2}{3}}=a^{\frac{2}{3}},\begin{cases}x=a\cos^3\theta\\y=a\sin^3\theta\end{cases}$

(8) 摆线

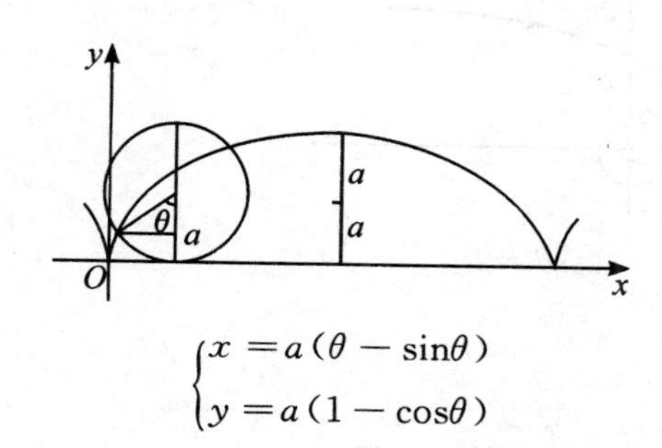

$\begin{cases}x=a(\theta-\sin\theta)\\y=a(1-\cos\theta)\end{cases}$

(9) 心形线

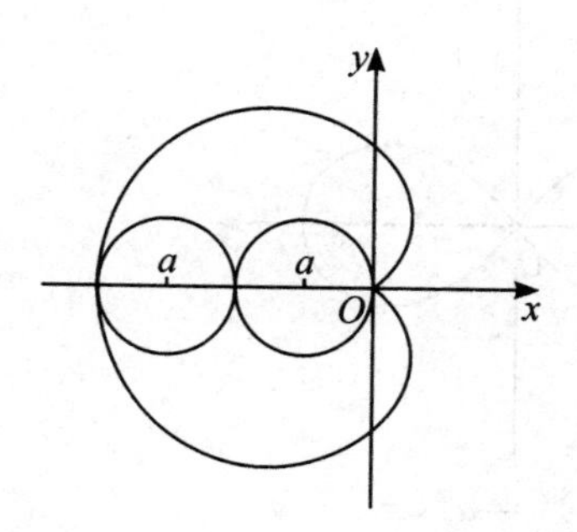

$x^2+y^2+ax=a\sqrt{x^2+y^2}$

$r=a(1-\cos\theta)$

(10) 心形线

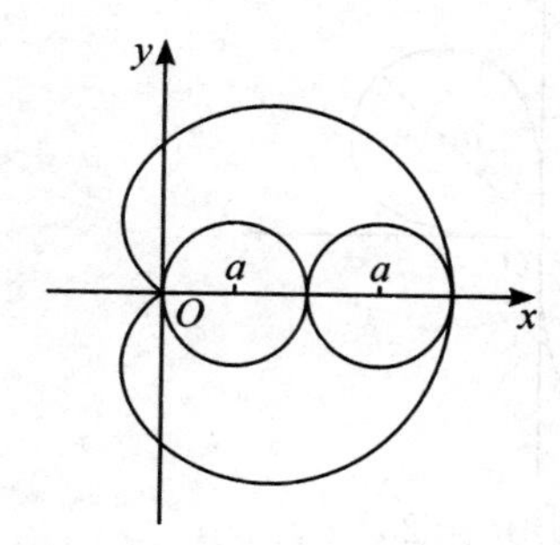

$x^2+y^2-ax=a\sqrt{x^2+y^2}$

$r=a(1+\cos\theta)$

(11) 阿基米德螺线

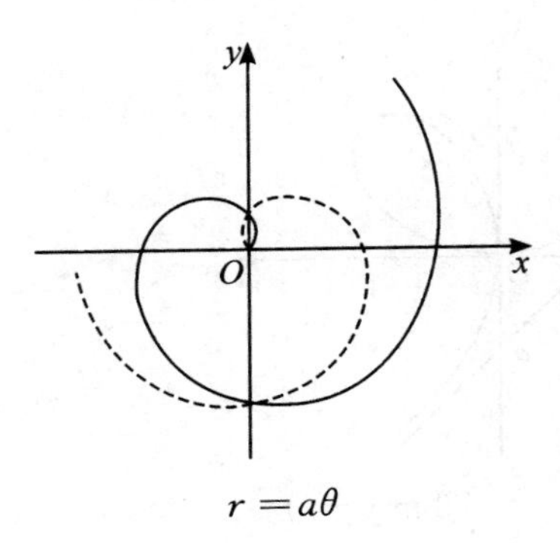

$r=a\theta$

(12) 对数螺线

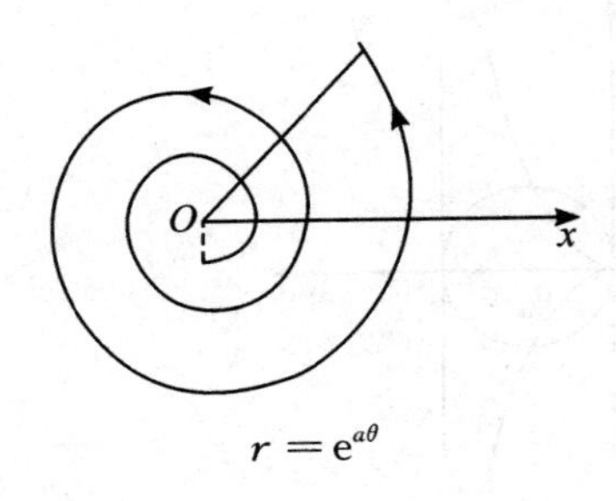

$r=e^{a\theta}$

(13) 双曲螺线

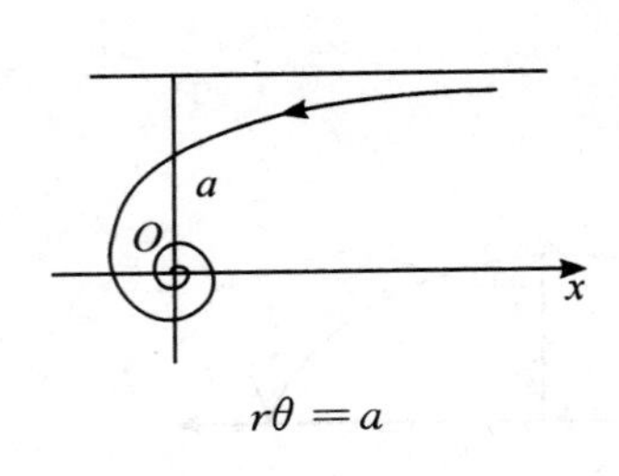

$r\theta=a$

(14) 悬链线

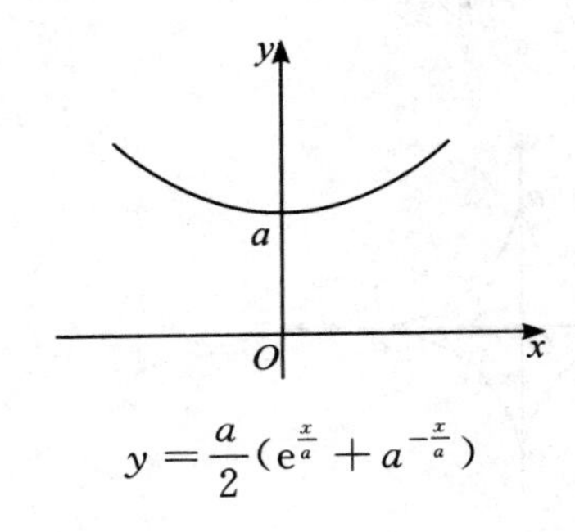

$y=\frac{a}{2}(e^{\frac{x}{a}}+a^{-\frac{x}{a}})$

(15) 伯努利双纽线

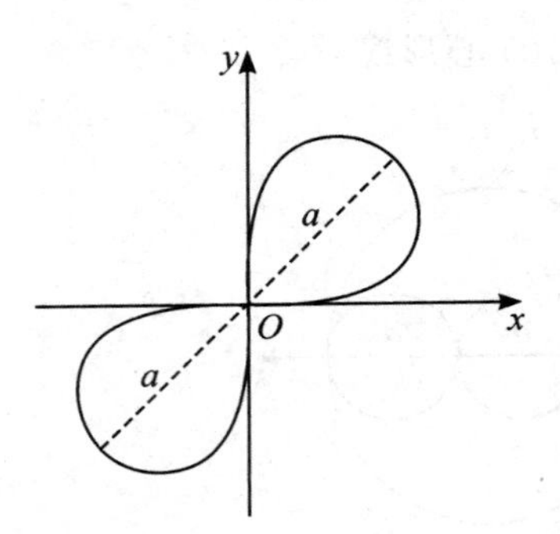

$(x^2+y^2)^2=2a^2xy$

$r^2=a^2\sin2\theta$

(16) 伯努利双纽线

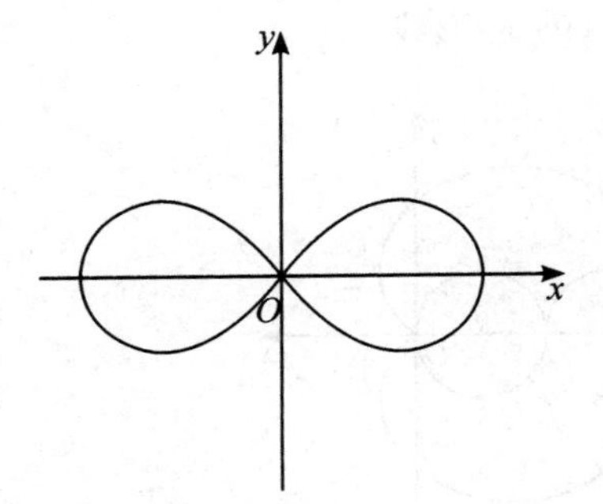

$(x^2+y^2)^2=a^2(x^2-y^2)$

$r^2=a^2\cos2\theta$

（17）三叶玫瑰线

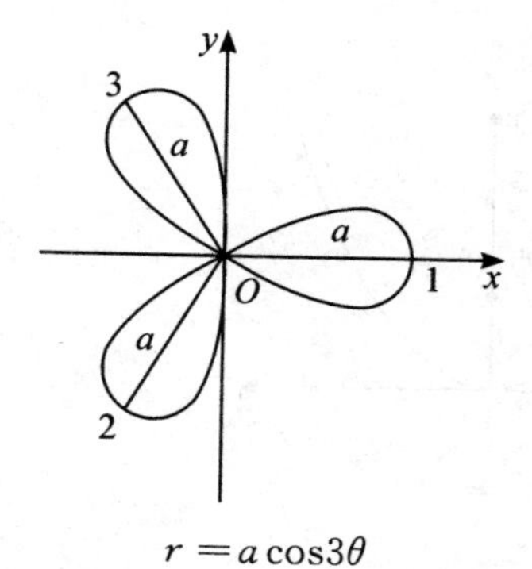

$r = a\cos 3\theta$

（18）三叶玫瑰线

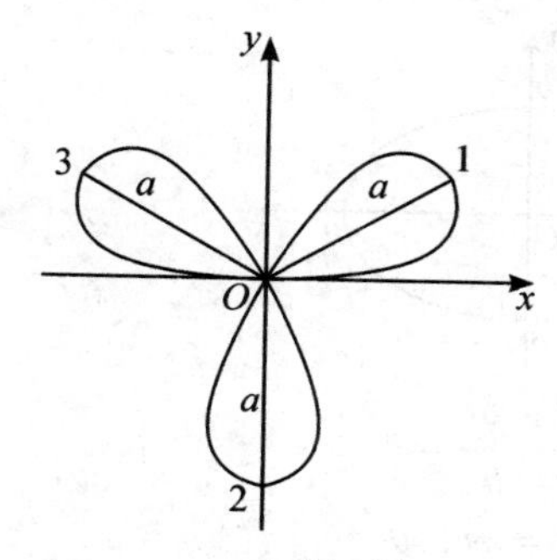

$r = a\sin 3\theta$

（19）四叶玫瑰线

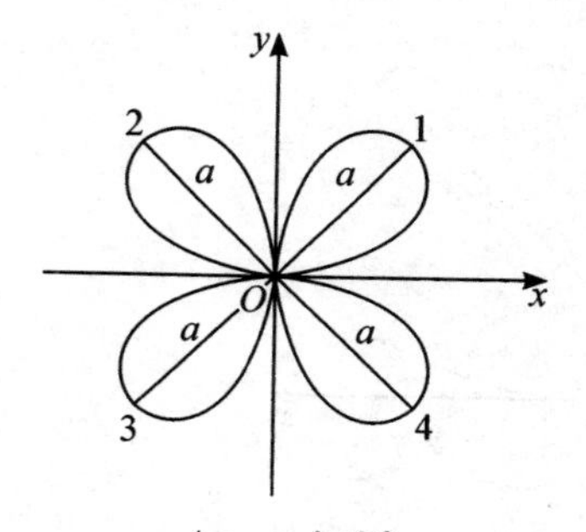

$4 = a\sin 2\theta$

（20）四叶玫瑰线

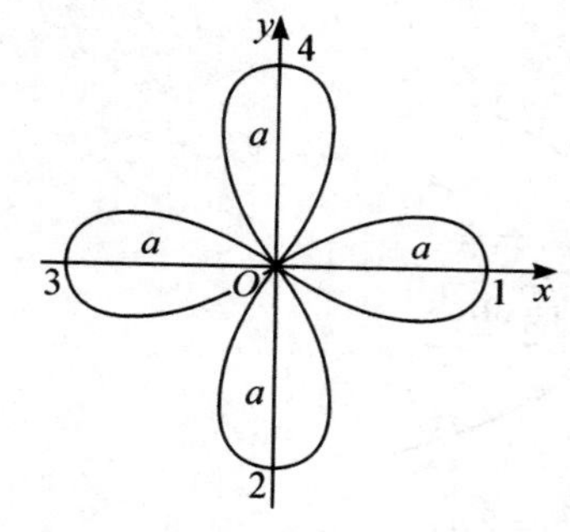

$r = a\cos 2\theta$

（21）圆

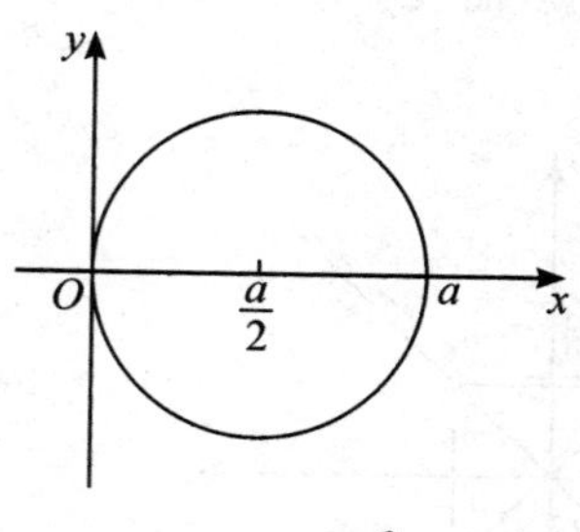

$r = a\cos\theta$

（22）圆

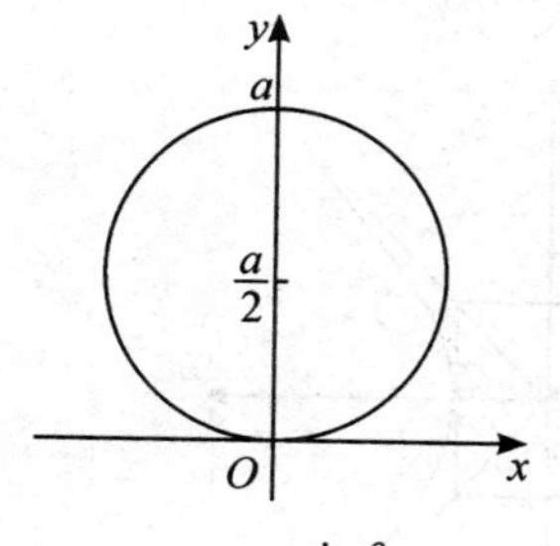

$r = a\sin\theta$

(23) 椭圆

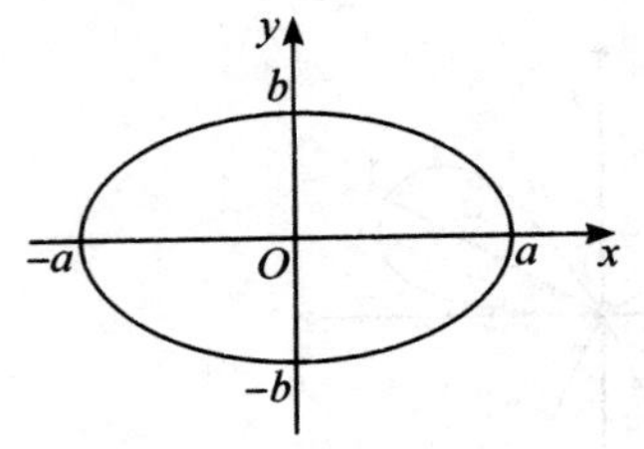

$$\frac{x^2}{a^2}+\frac{y^2}{b^2}=1$$

$$\begin{cases}x=a\cos\theta\\y=b\sin\theta\end{cases}$$

(24) 抛物线

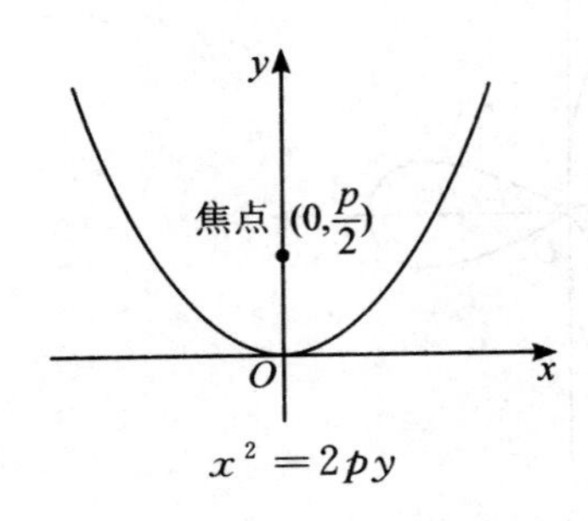

$$x^2=2py$$

(25) 抛物线

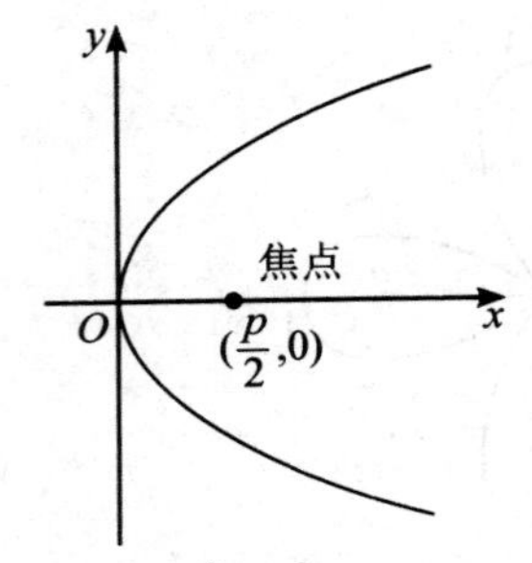

$$y^2=2px$$

$$r=\frac{p}{1-\cos\theta}$$

(26) 抛物线

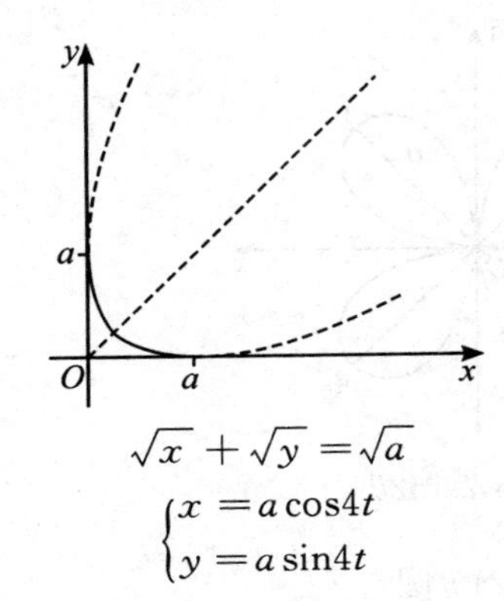

$$\sqrt{x}+\sqrt{y}=\sqrt{a}$$

$$\begin{cases}x=a\cos 4t\\y=a\sin 4t\end{cases}$$

(27) 双曲线

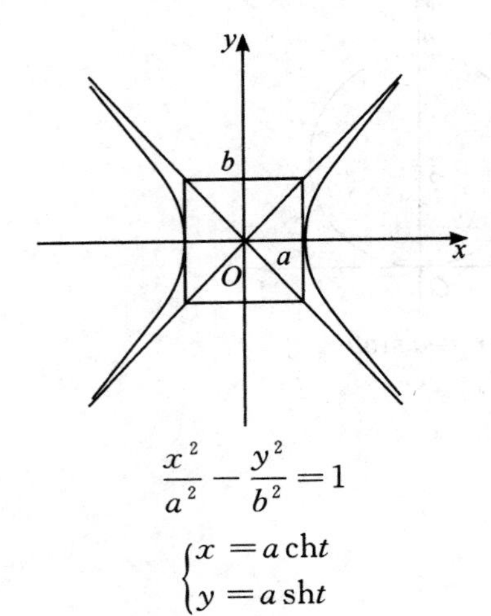

$$\frac{x^2}{a^2}-\frac{y^2}{b^2}=1$$

$$\begin{cases}x=a\,\mathrm{ch}t\\y=a\,\mathrm{sh}t\end{cases}$$

(28) 双曲线

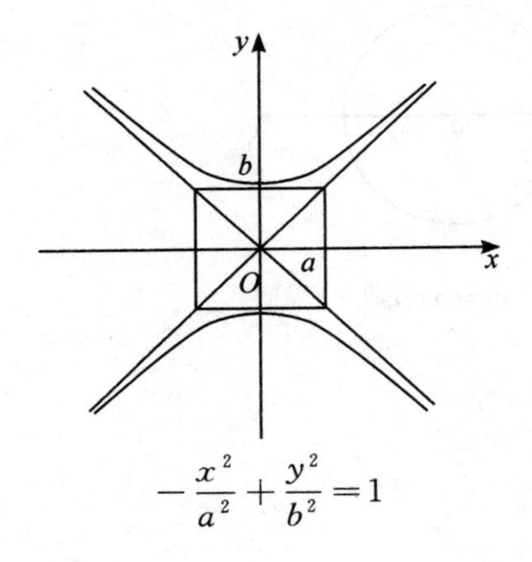

$$-\frac{x^2}{a^2}+\frac{y^2}{b^2}=1$$

附录 2　简易积分表

一、含有 $a+bx$ 的积分

1. $\int \frac{dx}{a+bx}=\frac{1}{b}\ln|a+bx|+c$

2. $\int (a+bx)^n dx=\frac{(a+bx)^{n+1}}{b(n+1)}+c(n\neq -1)$

3. $\int \frac{x\,dx}{a+bx}=\frac{1}{b^2}(bx-a\ln|a+bx|)+c$

4. $\int \frac{x^2dx}{a+bx}=\frac{1}{b^3}\left[\frac{1}{2}(a+bx)^2-2a(a+bx)+a^2\ln|a+bx|\right]+c$

5. $\int \frac{dx}{x(a+bx)}=-\frac{1}{a}\ln\left|\frac{a+bx}{x}\right|+c$

6. $\int \frac{dx}{x^2(a+bx)}=-\frac{1}{ax}+\frac{b}{a^2}\ln\left|\frac{a+bx}{x}\right|+c$

7. $\int \frac{x\,dx}{(a+bx)^2}=\frac{1}{b^2}\left(\ln|a+bx|+\frac{a}{a+bx}\right)+c$

8. $\int \frac{x^2dx}{(a+bx)^2}=\frac{1}{b^3}\left(a+bx-2a\ln|a+bx|-\frac{a^2}{a+bx}\right)+c$

9. $\int \frac{dx}{x(a+bx)^2}=\frac{1}{a(a+bx)}-\frac{1}{a^2}\ln\left|\frac{a+bx}{x}\right|+c$

二、含有 $\sqrt{a+bx}$ 的积分

10. $\int \sqrt{a+bx}\,dx=\frac{2}{3b}\sqrt{(a+bx)^3}+c$

11. $\int x\sqrt{a+bx}\,dx=-\frac{2(2a-3bx)\sqrt{(a+bx)^3}}{15b^2}+c$

12. $\int x^2\sqrt{a+bx}\,dx=\frac{2(8a^2-12abx+15b^2x^2)\sqrt{(a+bx)^3}}{105b^3}+c$

13. $\int \frac{x\,dx}{\sqrt{a+bx}}=-\frac{2(2a-bx)}{3b^2}\sqrt{a+bx}+c$

14. $\int \frac{x^2dx}{\sqrt{a+bx}}=\frac{2(8a^2-4abx+3b^2x^2)}{15b^3}\sqrt{a+bx}+c$

15. $\int \frac{dx}{x\sqrt{a+bx}} = \begin{cases} \frac{1}{\sqrt{a}}\ln\frac{|\sqrt{a+bx}-\sqrt{a}|}{\sqrt{a+bx}+\sqrt{a}}+c(a>0) \\ \frac{2}{\sqrt{-a}}\arctan\sqrt{\frac{a+bx}{-a}}+c(a<0) \end{cases}$

16. $\int \frac{dx}{x^2\sqrt{a+bx}} = -\frac{\sqrt{a+bx}}{ax} - \frac{b}{2a}\int\frac{dx}{x\sqrt{a+bx}}$

17. $\int \frac{\sqrt{a+bx}\,dx}{x} = 2\sqrt{a+bx} + a\int\frac{dx}{x\sqrt{a+bx}}$

三、含有 $a^2 \pm x^2$ 的积分

18. $\int \frac{dx}{a^2+x^2} = \frac{1}{a}\arctan\frac{x}{a}+c$

19. $\int \frac{dx}{(a^2+x^2)^n} = \frac{x}{2(n-1)a^2(x^2+a^2)^{n-1}} + \frac{2n-3}{2(n-1)a^2}\int\frac{dx}{(x^2+a^2)^{n-1}}$

20. $\int \frac{dx}{a^2-x^2} = \frac{1}{2a}\ln\left|\frac{a+x}{a-x}\right|+c$

21. $\int \frac{dx}{x^2-a^2} = \frac{1}{2a}\ln\left|\frac{x-a}{x+a}\right|+c$

四、含有 $a \pm bx^2$ 的积分

22. $\int \frac{dx}{a+bx^2} = \frac{1}{\sqrt{ab}}\arctan\sqrt{\frac{b}{a}}x+c(a>0,b>0)$

23. $\int \frac{dx}{a-bx^2} = \frac{1}{2\sqrt{ab}}\ln\left|\frac{\sqrt{a}+\sqrt{b}x}{\sqrt{a}-\sqrt{b}x}\right|+c$

24. $\int \frac{x\,dx}{a+bx^2} = \frac{1}{2b}\ln|a+bx^2|+c$

25. $\int \frac{x^2dx}{a+bx^2} = \frac{x}{b} - \frac{a}{b}\int\frac{dx}{a+bx^2}$

26. $\int \frac{dx}{x(a+bx^2)} = \frac{1}{2a}\ln\left|\frac{x^2}{a+bx^2}\right|+c$

27. $\int \frac{dx}{x^2(a+bx^2)} = -\frac{1}{ax} - \frac{b}{a}\int\frac{dx}{a+bx^2}$

28. $\int \frac{dx}{(a+bx^2)^2} = \frac{x}{2a(a+bx^2)} + \frac{1}{2a}\int\frac{dx}{a+bx^2}$

五、含有 $\sqrt{x^2+a^2}\,(a>0)$ 的积分

29. $\int \sqrt{x^2+a^2}\,dx = \frac{x}{2}\sqrt{x^2+a^2} + \frac{a^2}{2}\ln(x+\sqrt{x^2+a^2})+c$

30. $\int\sqrt{(x^2+a^2)^3}\,dx=\frac{x}{8}(2x^2+5a^2)\sqrt{x^2+a^2}+\frac{3a^4}{8}\ln(x+\sqrt{x^2+a^2})+c$

31. $\int x\sqrt{x^2+a^2}\,dx=\frac{\sqrt{(x^2+a^2)^3}}{3}+c$

32. $\int x^2\sqrt{x^2+a^2}\,dx=\frac{x}{8}(2x^2+a^2)\sqrt{x^2+a^2}-\frac{a^4}{8}\ln(x+\sqrt{x^2+a^2})+c$

33. $\int\frac{dx}{\sqrt{x^2+a^2}}=\ln(x+\sqrt{x^2+a^2})+c$

34. $\int\frac{dx}{\sqrt{(x^2+a^2)^3}}=\frac{x}{a^2\sqrt{x^2+a^2}}+c$

35. $\int\frac{x\,dx}{\sqrt{x^2+a^2}}=\sqrt{x^2+a^2}+c$

36. $\int\frac{x^2dx}{\sqrt{x^2+a^2}}=\frac{x}{2}\sqrt{x^2+a^2}-\frac{a^2}{2}\ln(x+\sqrt{x^2+a^2})+c$

37. $\int\frac{x^2dx}{\sqrt{(x^2+a^2)^3}}=-\frac{x}{\sqrt{x^2+a^2}}+\ln(x+\sqrt{x^2+a^2})+c$

38. $\int\frac{dx}{x\sqrt{x^2+a^2}}=\frac{1}{a}\ln\frac{|x|}{a+\sqrt{x^2+a^2}}+c$

39. $\int\frac{dx}{x^2\sqrt{x^2+a^2}}=-\frac{\sqrt{x^2+a^2}}{a^2x}+c$

40. $\int\frac{\sqrt{x^2+a^2}\,dx}{x}=\sqrt{x^2+a^2}+a\ln\frac{\sqrt{x^2+a^2}-a}{|x|}+c$

41. $\int\frac{\sqrt{x^2+a^2}\,dx}{x^2}=-\frac{\sqrt{x^2+a^2}}{x}+\ln(x+\sqrt{x^2+a^2})+c$

六、含有$\sqrt{x^2-a^2}\,(a>0)$的积分

42. $\int\frac{dx}{\sqrt{x^2-a^2}}=\ln|x+\sqrt{x^2-a^2}|+c$

43. $\int\frac{dx}{\sqrt{(x^2-a^2)^3}}=-\frac{x}{a^2\sqrt{x^2-a^2}}+c$

44. $\int\frac{x\,dx}{\sqrt{x^2-a^2}}=\sqrt{x^2-a^2}+c$

45. $\int\sqrt{x^2-a^2}\,dx=\frac{x}{2}\sqrt{x^2-a^2}-\frac{a^2}{2}\ln|x+\sqrt{x^2-a^2}|+c$

46. $\int\sqrt{(x^2-a^2)^3}\,dx=\frac{x}{8}(2x^2-5a^2)\sqrt{x^2-a^2}+\frac{3a^4}{8}\ln|x+\sqrt{x^2-a^2}|+c$

47. $\int x\sqrt{x^2-a^2}\,dx=\frac{\sqrt{(x^2-a^2)^3}}{3}+c$

48. $\int x\sqrt{(x^2-a^2)^3}\,dx=\frac{\sqrt{(x^2-a^2)^5}}{5}+c$

49. $\int x^2\sqrt{x^2-a^2}\,dx=\frac{x}{8}(2x^2-a^2)\sqrt{x^2-a^2}-\frac{a^4}{8}\ln|x+\sqrt{x^2-a^2}|+c$

50. $\int\frac{x^2dx}{\sqrt{x^2-a^2}}=\frac{x}{2}\sqrt{x^2-a^2}+\frac{a^2}{2}\ln|x+\sqrt{x^2-a^2}|+c$

51. $\int\frac{x^2dx}{\sqrt{(x^2-a^2)^3}}=-\frac{x}{\sqrt{x^2-a^2}}+\ln|x+\sqrt{x^2-a^2}|+c$

52. $\int\frac{dx}{x\sqrt{x^2-a^2}}=\frac{1}{a}\arccos\frac{a}{|x|}+c$

53. $\int\frac{dx}{x^2\sqrt{x^2-a^2}}=\frac{\sqrt{x^2-a^2}}{a^2x}+c$

54. $\int\frac{\sqrt{x^2-a^2}}{x}dx=\sqrt{x^2-a^2}-a\arccos\frac{a}{|x|}+c$

55. $\int\frac{\sqrt{x^2-a^2}}{x^2}dx=-\frac{\sqrt{x^2-a^2}}{x}+\ln|x+\sqrt{x^2-a^2}|+c$

七、含有$\sqrt{a^2-x^2}\,(a>0)$的积分

56. $\int\frac{dx}{\sqrt{a^2-x^2}}=\arcsin\frac{x}{a}+c$

57. $\int\frac{dx}{\sqrt{(a^2-x^2)^3}}=\frac{x}{a^2\sqrt{a^2-x^2}}+c$

58. $\int\frac{x\,dx}{\sqrt{a^2-x^2}}=-\sqrt{a^2-x^2}+c$

59. $\int\frac{x\,dx}{\sqrt{(a^2-x^2)^3}}=\frac{1}{\sqrt{a^2-x^2}}+c$

60. $\int\frac{x^2dx}{\sqrt{a^2-x^2}}=-\frac{x}{2}\sqrt{a^2-x^2}+\frac{a^2}{2}\arcsin\frac{x}{a}+c$

61. $\int\sqrt{a^2-x^2}\,dx=\frac{x}{2}\sqrt{a^2-x^2}+\frac{a^2}{2}\arcsin\frac{x}{a}+c$

62. $\int\sqrt{(a^2-x^2)^3}\,dx=\frac{x}{8}(5a^2-2x^2)\sqrt{a^2-x^2}+\frac{3a^4}{8}\arcsin\frac{x}{a}+c$

63. $\int x\sqrt{a^2-x^2}\,dx=-\frac{\sqrt{(a^2-x^2)^3}}{3}+c$

64. $\int x\sqrt{(a^2-x^2)^3}\,dx=-\frac{\sqrt{(a^2-x^2)^5}}{5}+c$

65. $\int x^2\sqrt{a^2-x^2}\,dx=\frac{x}{8}(2x^2-a^2)\sqrt{a^2-x^2}+\frac{a^4}{8}\arcsin\frac{x}{a}+c$

66. $\int \frac{x^2 \mathrm{d}x}{\sqrt{(a^2-x^2)^3}} = \frac{x}{\sqrt{a^2-x^2}} - \arcsin \frac{x}{a} + c$

67. $\int \frac{\mathrm{d}x}{x\sqrt{a^2-x^2}} = \frac{1}{a}\ln\left|\frac{x}{a+\sqrt{a^2-x^2}}\right| + c$

68. $\int \frac{\mathrm{d}x}{x^2\sqrt{a^2-x^2}} = -\frac{\sqrt{a^2-x^2}}{a^2 x} + c$

69. $\int \frac{\sqrt{a^2-x^2}}{x}\mathrm{d}x = \sqrt{a^2-x^2} - a\ln\left|\frac{a+\sqrt{a^2-x^2}}{x}\right| + c$

70. $\int \frac{\sqrt{a^2-x^2}}{x^2}\mathrm{d}x = -\frac{\sqrt{a^2-x^2}}{x} - \arcsin\frac{x}{a} + c$

八、含有 $a+bx\pm cx^2\,(c>0)$ 的积分

71. $\int \frac{\mathrm{d}x}{a+bx-cx^2} = \frac{1}{\sqrt{b^2+4ac}}\ln\left|\frac{\sqrt{b^2+4ac}+2cx-b}{\sqrt{b^2+4ac}-2cx+b}\right| + c$

72. $\int \frac{\mathrm{d}x}{a+bx+cx^2} = \begin{cases} \frac{2}{\sqrt{4ac-b^2}}\arctan\frac{2cx+b}{\sqrt{4ac-b^2}} + c\,(b^2<4ac) \\ \frac{1}{\sqrt{b^2-4ac}}\ln\left|\frac{2cx+b-\sqrt{b^2-4ac}}{2ac+b+\sqrt{b^2-4ac}}\right| + c\,(b^2>4ac) \end{cases}$

九、含有 $\sqrt{a+bx\pm cx^2}\,(c>0)$ 的积分

73. $\int \frac{\mathrm{d}x}{\sqrt{a+bx+cx^2}} = \frac{1}{\sqrt{c}}\ln|2cx+b+2\sqrt{c}\sqrt{a+bx+cx^2}| + c$

74. $\int \sqrt{a+bx+cx^2}\,\mathrm{d}x = \frac{2cx+b}{4c}\sqrt{a+bx+cx^2} -$

$\frac{b^2-4ac}{8\sqrt{c^3}}\ln|2cx+b+2\sqrt{c}\sqrt{a+bx+cx^2}| + c$

75. $\int \frac{x\,\mathrm{d}x}{\sqrt{a+bx+cx^2}} = \frac{\sqrt{a+bx+cx^2}}{c} -$

$\frac{b}{2\sqrt{c^3}}\ln|2cx+b+2\sqrt{c}\sqrt{a+bx+cx^2}| + c$

76. $\int \frac{\mathrm{d}x}{\sqrt{a+bx-cx^2}} = -\frac{1}{\sqrt{c}}\arcsin\frac{2cx-b}{\sqrt{b^2+4ac}} + c$

77. $\int \sqrt{a+bx-cx^2}\,\mathrm{d}x = \frac{2cx-b}{4c}\sqrt{a+bx-cx^2} + \frac{b^2+4ac}{8\sqrt{c^3}}\arcsin\frac{2cx-b}{\sqrt{b^2+4ac}} + c$

78. $\int \frac{x\,\mathrm{d}x}{\sqrt{a+bx-cx^2}} = -\frac{\sqrt{a+bx-cx^2}}{c} + \frac{b}{2\sqrt{c^3}}\arcsin\frac{2cx-b}{\sqrt{b^2+4ac}} + c$

十、含有$\sqrt{\dfrac{a\pm x}{b\pm x}}$的积分和含有$\sqrt{(x-a)(b-x)}$的积分

79. $\int\sqrt{\dfrac{a+x}{b+x}}\mathrm{d}x=\sqrt{(a+x)(b+x)}+(a-b)\ln(\sqrt{a+x}+\sqrt{b+x})+c$

80. $\int\sqrt{\dfrac{a-x}{b+x}}\mathrm{d}x=\sqrt{(a-x)(b+x)}+(a+b)\arcsin\sqrt{\dfrac{b+x}{b+a}}+c$

81. $\int\sqrt{\dfrac{a+x}{b-x}}\mathrm{d}x=-\sqrt{(a+x)(b-x)}-(a+b)\arcsin\sqrt{\dfrac{b-x}{a+b}}+c$

82. $\int\dfrac{\mathrm{d}x}{\sqrt{(x-a)(b-x)}}=2\arcsin\sqrt{\dfrac{x-a}{b-a}}+c$

十一、含有三角函数的积分

83. $\int\sin x\,\mathrm{d}x=-\cos x+c$

84. $\int\cos x\,\mathrm{d}x=\sin x+c$

85. $\int\tan x\,\mathrm{d}x=-\ln|\cos x|+c$

86. $\int\cot x\,\mathrm{d}x=\ln|\sin x|+c$

87. $\int\sec x\,\mathrm{d}x=\ln|\sec x+\tan x|+c=\ln\left|\tan\left(\dfrac{\pi}{4}+\dfrac{x}{2}\right)\right|+c$

88. $\int\csc x\,\mathrm{d}x=\ln|\csc x-\cot x|+c=\ln\left|\tan\dfrac{x}{2}\right|+c$

89. $\int\sec^2 x\,\mathrm{d}x=\tan x+c$

90. $\int\csc^2 x\,\mathrm{d}x=-\cot x+c$

91. $\int\sec x\tan x\,\mathrm{d}x=\sec x+c$

92. $\int\csc x\cot x\,\mathrm{d}x=-\csc x+c$

93. $\int\sin^2 x\,\mathrm{d}x=\dfrac{x}{2}-\dfrac{1}{4}\sin 2x+c$

94. $\int\cos^2 x\,\mathrm{d}x=\dfrac{x}{2}+\dfrac{1}{4}\sin 2x+c$

95. $\int\sin^n x\,\mathrm{d}x=-\dfrac{\sin^{n-1}x\cos x}{n}+\dfrac{n-1}{n}\int\sin^{n-2}x\,\mathrm{d}x$

96. $\int\cos^n x\,\mathrm{d}x=\dfrac{\cos^{n-1}x\sin x}{n}+\dfrac{n-1}{n}\int\cos^{n-2}x\,\mathrm{d}x$

97. $\int\dfrac{\mathrm{d}x}{\sin^n x}=-\dfrac{1}{n-1}\dfrac{\cos x}{\sin^{n-1}x}+\dfrac{n-2}{n-1}\int\dfrac{\mathrm{d}x}{\sin^{n-2}x}$

98. $\int \frac{dx}{\cos^n x} = \frac{1}{n-1} \frac{\sin x}{\cos^{n-1} x} + \frac{n-2}{n-1} \int \frac{dx}{\cos^{n-2} x}$

99. $\int \cos^m x \sin^n x\, dx = \frac{\cos^{m-1} x \sin^{n+1} x}{m+n} + \frac{m-1}{m+n} \int \cos^{m-2} x \sin^n x\, dx$

$= -\frac{\sin^{n-1} x \cos^{m+1} x}{m+n} + \frac{n-1}{m+n} \int \cos^m x \sin^{n-2} x\, dx$

100. $\int \sin mx \cos nx\, dx = -\frac{\cos(m+n)x}{2(m+n)} - \frac{\cos(m-n)x}{2(m-n)} + c\ (m \neq n)$

101. $\int \sin mx \sin nx\, dx = -\frac{\sin(m+n)x}{2(m+n)} + \frac{\sin(m-n)x}{2(m-n)} + c\ (m \neq n)$

102. $\int \cos mx \cos nx\, dx = \frac{\sin(m+n)x}{2(m+n)} + \frac{\sin(m-n)x}{2(m-n)} + c\ (m \neq n)$

103. $\int \frac{dx}{a + b\sin x} = \frac{2}{\sqrt{a^2 - b^2}} \arctan \frac{a \tan \frac{x}{2} + b}{\sqrt{a^2 - b^2}} + c\ (a^2 > b^2)$

104. $\int \frac{dx}{a + b\sin x} = \frac{1}{\sqrt{b^2 - a^2}} \ln \left| \frac{a \tan \frac{x}{2} + b - \sqrt{b^2 - a^2}}{a \tan \frac{x}{2} + b + \sqrt{b^2 - a^2}} \right| + c\ (a^2 < b^2)$

105. $\int \frac{dx}{a + b\cos x} = \frac{2}{\sqrt{a^2 - b^2}} \arctan \left(\sqrt{\frac{a-b}{a+b}} \tan \frac{x}{2} \right) + c\ (a^2 > b^2)$

106. $\int \frac{dx}{a + b\cos x} = \frac{1}{\sqrt{b^2 - a^2}} \ln \left| \frac{\tan \frac{x}{2} + \sqrt{\frac{b+a}{b-a}}}{\tan \frac{x}{2} - \sqrt{\frac{b+a}{b-a}}} \right| + c\ (a^2 < b^2)$

107. $\int \frac{dx}{a^2 \cos^2 x + b^2 \sin^2 x} = \frac{1}{ab} \arctan \left(\frac{b \tan x}{a} \right) + c$

108. $\int \frac{dx}{a^2 \cos^2 x - b^2 \sin^2 x} = \frac{1}{2ab} \ln \left| \frac{b \tan x + a}{b \tan x - a} \right| + c$

109. $\int x \sin ax\, dx = \frac{1}{a^2} \sin ax - \frac{1}{a} x \cos ax + c$

110. $\int x^2 \sin ax\, dx = \frac{-1}{a} x^2 \cos ax + \frac{2}{a^2} x \sin ax + \frac{2}{a^3} \cos ax + c$

111. $\int x \cos ax\, dx = \frac{1}{a^2} \cos ax + \frac{1}{a} x \sin ax + c$

112. $\int x^2 \cos ax\, dx = \frac{1}{a} x^2 \sin ax + \frac{2}{a^2} x \cos ax - \frac{2}{a^3} \sin ax + c$

十二、含有反三角函数的积分

113. $\int \arcsin \frac{x}{a} dx = x \arcsin \frac{x}{a} + \sqrt{a^2 - x^2} + c$

114. $\int x\arcsin\frac{x}{a}\mathrm{d}x=\left(\frac{x^2}{2}-\frac{a^2}{4}\right)\arcsin\frac{x}{a}+\frac{x}{4}\sqrt{a^2-x^2}+c$

115. $\int x^2\arcsin\frac{x}{a}\mathrm{d}x=\frac{x^3}{3}\arcsin\frac{x}{a}+\frac{1}{9}(x^2+2a^2)\sqrt{a^2-x^2}+c$

116. $\int\arccos\frac{x}{a}\mathrm{d}x=x\arccos\frac{x}{a}-\sqrt{a^2-x^2}+c$

117. $\int x\arccos\frac{x}{a}\mathrm{d}x=\left(\frac{x^2}{2}-\frac{a^2}{4}\right)\arccos\frac{x}{a}-\frac{x}{4}\sqrt{a^2-x^2}+c$

118. $\int x^2\arccos\frac{x}{a}\mathrm{d}x=\frac{x^3}{3}\arccos\frac{x}{a}-\frac{1}{9}(x^2+2a^2)\sqrt{a^2-x^2}+c$

119. $\int\arctan\frac{x}{a}\mathrm{d}x=x\arctan\frac{x}{a}-\frac{a}{2}\ln(a^2+x^2)+c$

120. $\int x\arctan\frac{x}{a}\mathrm{d}x=\frac{1}{2}(x^2+a^2)\arctan\frac{x}{a}-\frac{ax}{2}+c$

121. $\int x^2\arctan\frac{x}{a}\mathrm{d}x=\frac{x^3}{3}\arctan\frac{x}{a}-\frac{ax^2}{6}+\frac{a^3}{6}\ln(a^2+x^2)+c$

十三、含有指数函数的积分

122. $\int a^x\mathrm{d}x=\frac{a^x}{\ln a}+c$

123. $\int \mathrm{e}^{ax}\mathrm{d}x=\frac{\mathrm{e}^{ax}}{a}+c$

124. $\int \mathrm{e}^{ax}\sin bx\mathrm{d}x=\frac{\mathrm{e}^{ax}(a\sin bx-b\cos bx)}{a^2+b^2}+c$

125. $\int \mathrm{e}^{ax}\cos bx\mathrm{d}x=\frac{\mathrm{e}^{ax}(b\sin bx+a\cos bx)}{a^2+b^2}+c$

126. $\int x\mathrm{e}^{ax}\mathrm{d}x=\frac{\mathrm{e}^{ax}}{a^2}(ax-1)+c$

127. $\int x^n\mathrm{e}^{ax}\mathrm{d}x=\frac{x^n\mathrm{e}^{ax}}{a}-\frac{n}{a}\int x^{n-1}\mathrm{e}^{ax}\mathrm{d}x$

128. $\int xa^{mx}\mathrm{d}x=\frac{xa^{mx}}{m\ln a}-\frac{a^{mx}}{(m\ln a)^2}+c$

129. $\int x^na^{mx}\mathrm{d}x=\frac{a^{mx}x^n}{m\ln a}-\frac{n}{m\ln a}\int x^{n-1}a^{mx}\mathrm{d}x$

130. $\int \mathrm{e}^{ax}\sin^n bx\mathrm{d}x=\frac{\mathrm{e}^{ax}\sin^{n-1}bx}{a^2+b^2n^2}(a\sin bx-nb\cos bx)+\frac{n(n-1)}{a^2+b^2n^2}b^2\int \mathrm{e}^{ax}\sin^{n-2}bx\mathrm{d}x$

131. $\int \mathrm{e}^{ax}\cos^n bx\mathrm{d}x=\frac{\mathrm{e}^{ax}\cos^{n-1}bx}{a^2+b^2n^2}(a\cos bx+nb\sin bx)+\frac{n(n-1)}{a^2+b^2n^2}b^2\int \mathrm{e}^{ax}\cos^{n-2}bx\mathrm{d}x$

十四、含有对数函数的积分

132. $\int\ln x\mathrm{d}x=x\ln x-x+c$

133. $\int \frac{dx}{x\ln x}=\ln|\ln x|+c$

134. $\int x^n \ln x\,dx = x^{n+1}\left[\frac{\ln x}{n+1}-\frac{1}{(n+1)^2}\right]+c$

135. $\int \ln^n x\,dx = x\ln^n x - n\int \ln^{n-1} x\,dx$

136. $\int x^m \ln^n x\,dx = \frac{x^{m+1}}{m+1}\ln^n x - \frac{n}{m+1}\int x^m \ln^{n-1} x\,dx$

十五、定积分

137. $\int_{-\pi}^{\pi} \cos nx\,dx = \int_{-\pi}^{\pi} \sin nx\,dx = 0$

138. $\int_{-\pi}^{\pi} \cos mx \sin nx\,dx = 0$

139. $\int_{-\pi}^{\pi} \cos mx \cos nx\,dx = \begin{cases}0 & (m\neq n)\\ \pi & (m=n)\end{cases}$

140. $\int_{-\pi}^{\pi} \sin mx \sin nx\,dx = \begin{cases}0 & (m\neq n)\\ \pi & (m=n)\end{cases}$

141. $\int_{0}^{\pi} \sin mx \sin nx\,dx = \begin{cases}0 & (m\neq n)\\ \frac{\pi}{2} & (m=n)\end{cases}$

$\int_{0}^{\pi} \cos mx \cos nx\,dx = \begin{cases}0 & (m\neq n)\\ \frac{\pi}{2} & (m=n)\end{cases}$

142. $I_n = \int_0^{\frac{\pi}{2}} \sin^n x\,dx = \int_0^{\frac{\pi}{2}} \cos^n x\,dx$

$I_n = \frac{n-1}{n} I_{n-2}$

$\begin{cases} I_n = \frac{n-1}{n}\cdot\frac{n-3}{n-2}\cdot\cdots\cdot\frac{4}{5}\cdot\frac{2}{3}\text{（}n\text{ 为大于 1 的正奇数），}I_1=1 \\ I_n = \frac{n-1}{n}\cdot\frac{n-3}{n-2}\cdot\cdots\cdot\frac{3}{4}\cdot\frac{1}{2}\cdot\frac{\pi}{2}\text{（}n\text{ 为正偶数），}I_0=\frac{\pi}{2} \end{cases}$

习题答案与提示

第一章

习题 1-1

1. (1) $[-2,0)\cup(0,2]$； (2) $[1,2]$； (3) $(1,3)\cup(3,+\infty)$； (4) $(-4,4)$.
2. (1) 不同； (2) 不同； (3) 不同； (4) 相同.
3. (1) $y=\frac{1}{2}(x^3-1)$； (2) $y=\frac{1}{x-2}-1$； (3) $y=\frac{1}{3}(e^{x+1}-2)$； (4) $y=\frac{-x+1}{3x+2}$.
4. 提示：利用奇函数与偶函数的定义.
5. (1) 偶函数； (2) 偶函数； (3) 奇函数； (4) 既非奇函数又非偶函数.
6. (1) 周期函数，2π； (2) 不是； (3) 周期函数，$\frac{\pi}{2}$； (4) 周期函数，π.
7. (1) 是； (2) 是； (3) 是； (4) 不是.
8. (1) $y=e^{2x\ln\tan x}$，$y=e^u$，$u=2x\cdot\ln v$，$v=\tan x$；
   (2) $y=e^{\sin x\cdot\ln(x+1)}$，$y=e^u$，$u=\sin x\cdot\ln v$，$v=x+1$；
   (3) $y=e^{2x\cdot\ln(1-\frac{1}{x})}$，$y=e^u$，$u=2x\cdot\ln v$，$v=1-\frac{1}{x}$.
9. (1) $y=\sqrt{u}$，$u=\arcsin v$，$v=a^w$，$w=3x$；
   (2) $y=u^3$，$u=\cos v$，$v=\ln w$，$w=x^2$；
   (3) $y=e^u$，$u=\ln v$，$v=w^3$，$w=\ln x$.
10. (1) $f[f(x)]=1$； (2) $g[g(x)]=e^{e^x}$； (3) $f[g(x)]=\begin{cases}1 & x\leqslant 0\\ -1 & x>0\end{cases}$；

    (4) $g[f(x)]=\begin{cases}e & |x|\leqslant 1\\ e^{-1} & |x|>1\end{cases}$.
11. (1) $(f+g)(x)=\begin{cases}3x+1 & x>0\\ 2 & x=0\\ 1 & x<0\end{cases}$； (2) $(f-g)(x)=\begin{cases}x-1 & x>0\\ 0 & x=0\\ -2x-1 & x<0\end{cases}$；

    (3) $(f\cdot g)(x)=\begin{cases}2x(x+1) & x>0\\ 1 & x=0\\ -x(x+1) & x<0\end{cases}$； (4) $\left(\frac{f}{g}\right)(x)=\begin{cases}\frac{2x}{x+1} & x>0\\ 1 & x=0\\ -\frac{x}{x+1} & x<0,x\neq -1\end{cases}$.

习题 1-2

1. (1) 无极限； (2)1； (3)2； (4) 无极限； (5) 无极限； (6) 无极限； (7) 无极限； (8)1.

2. (1)0； (2)0； (3)0； (4)0； (5) $\frac{1}{5}$； (6)0.

3. 略.

4. 必要条件.

5. 是，由上面题 4 即得.

6. 不是，例如 $\sin n$ 有界，但 $\lim\limits_{n\to\infty}\sin n$ 不存在.

7. 提示：利用数列极限定义.

习题 1-3

1. (1) $\lim\limits_{x\to0^-}f(x)=\lim\limits_{x\to0^+}f(x)=\lim\limits_{x\to0}f(x)=0$；

   (2) $\lim\limits_{x\to2^-}f(x)=2$，$\lim\limits_{x\to2^+}f(x)=-2$，$\lim\limits_{x\to2}f(x)$ 不存在；

   (3) $\lim\limits_{x\to-2^-}f(x)=-2$，$\lim\limits_{x\to-2^+}f(x)=2$，$\lim\limits_{x\to-2}f(x)$ 不存在.

2. (1) 无极限； (2)0； (3) 无极限； (4) 无极限.

3. (1)0； (2)0； (3)1； (4) $1+\frac{\pi}{2}$； (5) $-\pi$； (6) -3.

4. 略.

5. $\lim\limits_{x\to1^+}f(x)=2$，$\lim\limits_{x\to1^-}f(x)=-1$，$\lim\limits_{x\to1}f(x)$ 不存在.

6. $\lim\limits_{x\to0^+}f(x)=1$，$\lim\limits_{x\to0^-}f(x)=-1$，$\lim\limits_{x\to0}f(x)$ 不存在.

7. $2-\frac{3\pi}{2}$.

8. 提示：利用反证法.

9. 提示：利用函数极限定义.

10. 提示：利用函数极限定义.

11. 提示：利用函数极限定义.

12. 提示：利用函数极限定义.

13. 提示：利用反证法.

习题 1-4

1. (1) 当 $x\to0$ 时，是无穷小，当 $x\to\infty$ 时，是无穷大；

   (2) 当 $x\to\infty$ 时，是无穷小，当 $x\to1$ 时，是无穷大；

   (3) 当 $x\to+\infty$ 或 $x\to0^+$ 时，是无穷小，当 $x\to1$ 时，是无穷大；

   (4) 当 $x\to-\infty$ 时，是无穷小，当 $x\to+\infty$ 时，是无穷大.

2. (1) 无穷大;(2) 无穷小;(3) 当 $x \to 1^+$ 时,是无穷大,当 $x \to 1^-$ 时,是无穷小;(4) 既不是无穷小,也不是无穷大.

3. (1)0; (2) $-\frac{1}{2}$; (3)5; (4)0; (5)1; (6)0; (7)1; (8)0;

(9) $-\frac{\pi}{2}$; (10)0; (11)0; (12)1; (13)0; (14)1.

4. (1)0; (2)0; (3)0; (4)0.

5. (1)16; (2) $\sqrt{\frac{\pi}{2}}$; (3)1; (4) $\frac{1}{2}$.

6. $\frac{2n-3}{n^4},\frac{n^2-1}{n^4},\frac{1}{n}$.

7. $(x-1)^3(x+2),(x-1)(x^2-1),x^2+x-2$.

8. 比(1) 更低阶,比(2) 更低阶,比(3) 更高阶,与(4) 同阶且等价.

9. $\frac{\sqrt{3}}{3}$.

习题 1-5

1. (1)1; (2) $\frac{1}{2}$;(3) $\frac{1}{3}$;(4) $-\frac{1}{10}$;(5) $\frac{1}{4}$;(6)x^2.

2. $\arctan\left(x-\frac{\pi}{2}\right)^3,\left(x-\frac{\pi}{2}\right)^2,\cos x,\sin\sqrt{x-\frac{\pi}{2}}$.

3. 与(1)(2)(3)(5) 同阶;当 $\alpha=\beta$ 时,与(1) 等价;当 $\alpha=\mu$ 时,与(2) 等价;当 $\alpha=\sqrt{2}$ 时,与(3) 等价;当 $\alpha=2$ 时,与(5) 等价.

4. (1)e; (2)e^{-3};(3)1;(4)e^{-2};(5)e^{-1};(6)e^{-4}; (7)e^{-4};(8)e.

5. (1) 提示:利用夹逼准则. (2) 提示:利用夹逼准则.

6. 提示:利用"单调有界数列必有极限".

习题 1-6

1. (1)$x=1$ 是跳跃间断点,$f(x)$ 在 $x=1$ 右连续;

   (2)$x=1,x=-1$ 都是跳跃间断点,$f(x)$ 在 $x=1,x=-1$ 都右连续;

   (3)$x=1$ 是跳跃间断点,$f(x)$ 在 $x=1$ 左连续.

2. (1)$x=-2$ 是可去间断点,$x=1$ 是无穷间断点;

   (2)$x=0$ 是震荡间断点;

   (3)$x=0$ 是无穷间断点;

   (4)$x=1$ 是无穷间断点;

   (5)$x=0$ 是可去间断点;

   (6)$x=0$ 是无穷间断点.

3. $a=6$.

4.(1)1； (2)2； (3)eln2； (4) $\frac{\pi}{3}$.

5. $f(x)=\begin{cases}1 & x>0\\ 0 & x=0\\ -1 & x<0\end{cases}$ 在区间$(-\infty,0)$,$(0,+\infty)$上连续,$x=0$是跳跃间断点.

习题 1-7

1.(1)$f(x)$在区间$[0,1)$与$[1,2]$上连续,$x=1$是跳跃间断点.

(2)$f(x)$在区间$(-\infty,-1)$,$[-1,1)$与$[1,+\infty)$上连续,$x=1$是跳跃间断点,$x=-1$是无穷间断点.

2.(1)$f(x)$在区间$(-2,2)$与$(2,+\infty)$上连续,$x=2$是可去间断点.

(2)$f(x)$在区间$(-\infty,-3)$与$(3,+\infty)$上连续.

(3)$f(x)$在区间$(-\infty,0)$与$(0,+\infty)$上连续,$x=0$是可去间断点.

(4)$f(x)$在区间$(-\infty,0)$,$(0,1)$,$(1,2)$与$(2,+\infty)$上连续,$x=0$是无穷间断点,$x=1$是可去间断点,$x=2$是无穷间断点.

3. $f(x)=\begin{cases}-3 & 4<x\leqslant 7\\ -x+4 & 2<x\leqslant 4\\ -2 & x=2\\ x & 0\leqslant x<2\\ 3 & -4\leqslant x<0\end{cases}$,

函数$f(x)$在区间$[-4,0)$,$[0,2)$,$(2,4]$,$(4,7]$上连续,$x=0$,$x=4$是跳跃间断点,$x=2$是可去间断点.

4.(1)$3e^3$； (2)$\frac{4}{3}$； (3)$\frac{1}{4}$； (4)$\frac{\pi}{3}$； (5)$\frac{\pi}{4}$； (6)$(e+2)\ln 2e$； (7)$e+2$； (8)$e-1$.

习题 1-8

1. 提示:对$f(x)=x^4-x^2-2x+1$在$[0,1]$上用零点定理.
2. 提示:对$f(x)=\ln(1+e^x)-2x$在$[0,1]$上用零点定理.
3. 提示:对$f(x)=x-a\cos x-b$在$[0,a+b]$上用零点定理.
4. 提示:对$f(x+a)-f(x)$在$[0,a]$上用零点定理.
5. 提示:对$f(x)$在$[x_1,x_n]$上用介值定理.

总习题一

1.(1)$-2\leqslant x<2$； (2)$f[g(x)]=\begin{cases}e^x-1 & x<0\\ e^x & x\geqslant 0\end{cases}$； (3)$(f+g)(x)=\begin{cases}3x+2 & x\geqslant 0\\ 2x & x<0\end{cases}$；

(4)$\frac{1}{3}$； (5)3； (6)$(-\infty,-2)$,$(-2,-1)$,$[-1,+\infty)$； (7)x^3,$1-\cos 2x$,$\arcsin x$,

$\arctan\sqrt{x}$.

2. (1)B; (2)A; (3)B; (4)A; (5)D; (6)B; (7)A; (8)D; (9)D.

3. (1) $-\frac{\pi}{2}$; (2) $\frac{3}{2}$; (3)16; (4)1; (5)0; (6)4; (7)6; (8)$e^{-\frac{4}{3}}$.

4. (1)$x=1$ 是可去间断点,是第一类间断点,$x=2$ 是无穷间断点,是第二类间断点;

(2)$x=0$ 是跳跃间断点,是第一类间断点.

5. $k=-\frac{1}{2}, a=-1$.

6. $a=1, b=-1$.

7. 提示:对 $f(x)-g(x)$ 用零点定理.

第二章

习题 2-1

1. (1)$f'(x_0)$; (2)$3f'(x_0)$.

2. $f'(0)$.

3. (1)$5x^4$; (2) $\frac{2}{3\sqrt[3]{x}}$; (3) $\frac{3}{4\sqrt[4]{x}}$; (4) $-\frac{4}{x^5}$.

4. $3x-2y-1=0, 2x+3y-5=0$.

5. (1) 在 $x=0$ 处连续,不可导; (2) 在 $x=0$ 处连续且可导.

6. (1)$f'(x)=\begin{cases}\cos x & x<0\\ 1 & x\geqslant 0\end{cases}$; (2)$y'=\begin{cases}1 & x<1\\ -1 & x>1\end{cases}$ 在 $x=1$ 处不可导.

7. $a=2, b=-1$.

8. 略.

习题 2-2

1. (1)$(a+b)x^{a+b-1}z$; (2)$3-\frac{4}{(2-x)^2}$; (3)$x^{n-1}(n\ln x+1)$;

(4)$x\cos x\ln x+\sin x\ln x+\sin x$; (5) $\sec^2 x+e^x$;

(6) $\frac{x\sec x\tan x-\sec x}{x^2}-3\sec x\cdot\tan x$;

(7) $\frac{1}{x}\left(1-\frac{2}{\ln 10}+\frac{3}{\ln 2}\right)$; (8) $-\frac{1+2x}{(1+x+x^2)^2}$.

2. (1) $-1-6\pi, -1+6\pi$; (2) $\frac{x+\sin x}{1+\cos x}, \frac{2\pi+3\sqrt{3}}{9}$.

3. (1) $\frac{2\arcsin x}{\sqrt{1-x^2}}$; (2) $\frac{2^x\ln 2}{1+2^{2x}}$; (3)$\sec x$; (4) $-\frac{1}{2\sqrt{x(1-x)}}$;

(5) $\dfrac{e^{\arctan\sqrt{x}}}{2\sqrt{x}(1+x)}$；(6) $-\dfrac{1}{(1+x)\sqrt{2x(1-x)}}$.

4. (1) $2xf'(x^2)$；(2) $y'=\sec^2 x f'(\tan x)+\sec^2[f(x)]\cdot f'(x)$；(3) $\dfrac{f'(x)}{1+f^2(x)}$.

习题 2-3

1. (1) $4-\dfrac{1}{x^2}$；(2) $2e^{x^2}+10x^2e^{x^2}+4x^4e^{x^2}$；

   (3) $\dfrac{2(1-x^2)}{(1+x^2)^2}$；(4) $-3e^{-t}\sin 2t-4e^{-t}\cos 2t$.

2. (1) $e^x(n+x)$；(2) $(-1)^{n+1}\dfrac{(n-1)!}{(1+x)^n}$.

3. (1) $4+\dfrac{1}{e}$；(2) 1；(3) 0；(4) $\dfrac{4}{e},\dfrac{8}{e}$.

4. (1) $2f'(x^2)+4x^2f''(x^2)$；(2) $f''(x)\cos[f(x)]-[f'(x)]^2\sin[f(x)]$.

5. 略.

习题 2-4

1. (1) $y'=\dfrac{e^y}{1-xe^y},y''=\dfrac{e^{2y}(3-y)}{(2-y)^3}$；

   (2) $y'=-\csc^2(x+y),y''=-2\csc^2(x+y)\cot^3(x+y)$；

   (3) $y'=\dfrac{y}{x(y+\ln x)},y''=-\dfrac{y(1+\ln y)^2+1}{x^2y(1+\ln y)^3}$.

2. $y'\Big|_{\substack{x=0\\y=1}}=\dfrac{1}{4},y''\Big|_{\substack{x=0\\y=1}}=-\dfrac{1}{16}$.

3. (1) $y'=\left[\dfrac{2x-1}{x^2-x}+\dfrac{-2x}{2(1-x^2)}-\dfrac{2x}{3(1+x^2)}\right](x^2-x)\dfrac{\sqrt{1-x^2}}{\sqrt[3]{1+x^2}}$；

   (2) $y'=\left(\sec^2 x\ln(1+x^2)+\dfrac{2x}{1+x^2}\tan x\right)\tan x\ln(1+x^2)$.

4. (1) $\dfrac{dy}{dx}=\dfrac{(3t^2+2t)(1+t)}{t},\dfrac{d^2y}{dx^2}=\dfrac{(6t+5)(1+t)}{t}$；

   (2) $\dfrac{dy}{dx}=t,\dfrac{d^2y}{dx^2}=\dfrac{1}{f''(t)}$；

   (3) $\dfrac{dy}{dx}=-\tan t,\dfrac{d^2y}{dx^2}=\dfrac{1}{3a}\sec^4 t\cdot\csc t$；

   (4) $\dfrac{dy}{dx}=\dfrac{\sin t}{1-\cos t},\dfrac{d^2y}{dx^2}=-\dfrac{1}{a(1-\cos t)^2}$.

5. $x+3y-4=0$.

6. $144\pi\ \text{m}^2/\text{s}$.

习题 2-5

1. 当 $\Delta x=1$ 时,$\Delta y=18$,$dy=11$;当 $\Delta x=0.1$ 时,$\Delta y=0.161$,$dy=1.1$;
当 $\Delta x=0.01$ 时,$\Delta y=0.110601$,$dy=0.11$.

2. (1)$\left(2x+\dfrac{1}{2\sqrt{x}}\right)dx$;　(2)$\dfrac{-x}{\sqrt{(x^2+1)^3}}dx$;

(3)$x\sin x\,dx$;　(4)$-\dfrac{2\ln(1-x)}{1-x}dx$.

3. (1) $\dfrac{e^y}{1-xe^y}dx$;　(2)$-\dfrac{b^2x}{a^2y}dx$;　(3) $\dfrac{2}{2-\cos y}dx$;　(4) $\dfrac{\sqrt{1-y^2}}{1+2y\sqrt{1-y^2}}dx$.

4. (1)x^2+C;　(2)$-\dfrac{1}{\omega}\cos\omega t+C$;　(3)$\ln|1+x|+C$;　(4)$-\dfrac{1}{2}e^{-2x}+C$.

5. 约需加长 2.23 厘米.

总习题二

1. (1)D;　(2)A;　(3)C;　(4)C.
2. (1) 充分必要;　(2) 充分必要.
3. $f'(0)=1$.
4. (1) $\dfrac{1}{1+x^2}$;　(2)$\sin x\ln\tan x$;　(3)$-\dfrac{1}{\sqrt{x-x^2}}$;　(4) $\dfrac{1}{\sqrt{1+x^2}}$.
5. $\left.\dfrac{dy}{dx}\right|_{x=1}=\dfrac{e-1}{e^2+1}$.
6. $f'(x)=\begin{cases}2x\sin\dfrac{1}{x}-\cos\dfrac{1}{x} & x<0\\ 1 & x>0\end{cases}$,当 $x=0$ 时不可导.
7. $y'=\dfrac{xy\ln y-y^2}{xy\ln x-x^2}$.
8. (1) 切线方程为 $y=x-1$;

(2) 切线方程为 $y=-(1+\sqrt{2})^{-1}x+\dfrac{1}{2}$,法线方程为 $y=(1+\sqrt{2})x-1-\dfrac{\sqrt{2}}{2}$.

9. $y''(0)=e^{-2}$.
10. $\dfrac{d^2y}{dx^2}=-\dfrac{1+t^2}{t^3}$.
11. 连续.
12. 略.
13. $f'_-(0)=1$,$f'_+(0)=0$,$f'(0)$ 不存在.
14. 1.
15. -2.8 km/h.

第三章

习题 3-1

1. 略.

2. 3 个,分别在区间(1,2),(2,3),(3,4).

3—5. 略.

6. 提示:(1) 对 $f(t)=e^t-et$ 在 $t\in[1,x]$ 上应用单调性或拉格朗日中值定理; (2) 对 $y=\ln x$ 在 $x\in[b,a]$ 上应用拉格朗日中值定理.

7. 略.

8. 提示:对 $f(x)$,$F(x)=x^2$ 应用柯西定理.

习题 3-2

1. (1)2; (2)1; (3) $-\frac{3}{5}$; (4) $\frac{1}{2}$; (5)0; (6)0; (7)1;

(8) $\frac{3}{2}$; (9) $\frac{1}{2}$; (10) $-\frac{1}{2}$; (11)1; (12)1; (13)$e^{-\frac{2}{\pi}}$; (14)0.

2. 略.

3. $f''(x)$.

4. 连续.

5. $a=1,b=-\frac{3}{2}$.

习题 3-3

1. (1) $\frac{1}{x-1}=-1-x-x^2-\cdots-x^n-\frac{1}{(1-\theta x)^{n+2}}x^{n+1}(0<\theta<1)$;

(2)$xe^x=x+x^2+\frac{x^3}{2!}+\cdots+\frac{x^n}{(n-1)!}+\frac{1}{(n+1)!}(n+1+\theta x)e^{\theta x}x^{n+1}(0<\theta<1)$.

2. $\frac{1}{x}=-[1+(x+1)+(x+1)^2+\cdots+(x+1)^n]+(-1)^{n+1}\frac{(x+1)^{n+1}}{[-1+\theta(x+1)]^{n+2}},\theta\in(0,1)$.

3. (1) $\sqrt{x}=2+\frac{1}{4}(x-4)-\frac{1}{64}(x-4)^2+\frac{1}{512}(x-4)^3+o[(x-4)^3]$;

(2)$\tan x=x+\frac{1}{3}x^3+o(x^3)$.

4. (1) $\frac{1}{3}$; (2) $\frac{1}{2}$.

习题 3-4

1. (1)$(-\infty,-1)$ 和$(3,+\infty)$ 为增区间,$(-1,3)$ 为减区间;

(2)$(1,+\infty)$ 为增区间,$(0,1)$ 为减区间;

(3)$(-\infty,0)$ 和$(2,+\infty)$ 为增区间,$(0,1)$ 和$(1,2)$ 为减区间;

(4)$(-\infty,2)$ 为增区间,$(2,+\infty)$ 为减区间.

2. 略.

3. (1)$\left(-\infty,\frac{1}{3}\right)$凹,$\left(\frac{1}{3},+\infty\right)$凸,拐点$\left(\frac{1}{3},\frac{2}{27}\right)$;

(2)$(-\infty,-1)$ 和$(1,+\infty)$ 凸,$(-1,1)$ 凹,拐点为$(-1,\ln 2)$ 及$(1,\ln 2)$;

(3)$(-\infty,-2)$ 凸,$(-2,+\infty)$ 凹,拐点为$(-2,-2e^{-2})$;

(4)$(-\infty,+\infty)$ 凹,无拐点.

4. $a=-\frac{3}{2}, b=\frac{9}{2}$.

5. $k=\pm\frac{\sqrt{2}}{8}$.

6. (1)1 个零点; (2)$a>\frac{1}{e}$ 时没有零点;$a=\frac{1}{e}$ 时只有一个零点;$0<a<\frac{1}{e}$ 时有两个零点.

习题 3-5

1. (1) 极大值 $y(-1)=17$,极小值 $y(3)=-47$;

(2) 极小值 $y(0)=0$;

(3) 极小值 $y(e^{-2})=-2e^{-1}$;

(4) 极大值 $y(-1)=-2$,极小值 $y(1)=2$;

(5) 极大值 $y\left(\frac{3}{4}\right)=\frac{5}{4}$;

(6) 极大值 $y(0)=4$,极小值 $y(-2)=\frac{8}{3}$.

2. $a=2, f\left(\frac{\pi}{3}\right)=\sqrt{3}$ 为极大值.

3. (1) 最大值 $y(3)=11$,最小值 $y(2)=-14$;

(2) 最大值 $y\left(\frac{3}{4}\right)=\frac{5}{4}$,最小值 $y(-5)=-5+\sqrt{6}$.

4. 350.

5. 距离烟尘量较小的烟囱 6.67 km.

6. 57 km/h,总费用为 82.2 元.

习题 3-6

1. (1) 垂直渐近线 $x=0$;

(2) 水平渐近线 $y=0$;

(3) 水平渐近线 $y=0$,垂直渐近线 $x=\pm\sqrt{3}$;

(4) 垂直渐近线 $x=\frac{1}{2}$,斜渐近线 $y=\frac{1}{2}x+\frac{1}{4}$.

2. (1) $K=2,R=\frac{1}{2}$;　　(2) $K=2,R=\frac{1}{2}$;

(3) $K=\frac{\sqrt{2}}{4},R=2\sqrt{2}$;　　(4) $K=\frac{2+\pi^2}{a(1+\pi^2)^{\frac{3}{2}}},R=\frac{a(1+\pi^2)^{\frac{3}{2}}}{2+\pi^2}$.

3. 在点 $\left(\frac{\sqrt{2}}{2},-\frac{\ln 2}{2}\right)$ 处曲率半径有最小值 $\frac{3\sqrt{3}}{2}$.

总习题三

1. (1) $-\frac{1}{6}$;　(2) $1+\sqrt{2}$;　(3) $\frac{1}{3}(-1)^n n!\left(\frac{2}{3}\right)^n$;　(4) $y=x-1$;

(5) $(-\infty,1)$ 或 $(-\infty,1]$;　(6) $\frac{1}{\sqrt{e}}$;　(7) $\frac{(\ln 2)^n}{n!}$;　(8) $\lambda>2$.

2. (1)D;　(2)D;　(3)D;　(4)C;　(5)C;　(6)D;　(7)C;　(8)B.

3. 构造辅助函数 $F(x)=f(x)-g(x)$.

4. 曲线 $y=y(x)$ 在点(1,1)附近是凹的.

5. 提示:对函数 $\ln^2 x$ 在 $[a,b]$ 上应用拉格朗日中值定理,得

$$\ln^2 b-\ln^2 a=\frac{2\ln\xi}{\xi}(b-a),a<\xi<b.$$

设 $\varphi(t)=\frac{\ln t}{t}$,则 $\varphi'(t)=\frac{1-\ln t}{t^2}$,当 $t>e$ 时,$\varphi'(t)<0$,所以 $\varphi(t)$ 单调减少,从而 $\varphi(\xi)>\varphi(e^2)$,即 $\frac{\ln\xi}{\xi}>\frac{\ln e^2}{e^2}=\frac{2}{e^2}$,故 $\ln^2 b-\ln^2 a>\frac{4}{e^2}(b-a)$.

6. (1) $-\frac{1}{6}$;　(2) $\frac{4}{3}$.

7. (1) $f(x)=\begin{cases}kx(x+2)(x+4) & -2\leqslant x<0\\ 0 & x=0\end{cases}$;

(2) 当 $k=-\frac{1}{2}$ 时 $f(x)$ 在 $x=0$ 处可导.

8. 两条曲线有两个交点.

9. 1,0,不存在.

10. 提示:令 $g(x)=e^{-Kx}f(x)$,应用罗尔定理.

11. (1) $M(n)=\left(\frac{n}{n+1}\right)^{n+1}$;　(2) $\frac{1}{e}$.

12. 提示:应用三阶泰勒公式.

13. 驻点 $x=1$ 是极小值点.

14. 提示:$F(x)=f(x)-x$ 在 $[0,1]$ 上应用介值定理证存在性,再利用拉格朗日中值定理证唯一性.

第四章

习题 4-1

1. 略.

2. (1) $\frac{2}{5}x^{\frac{5}{2}}+C$;(2) $-\frac{2}{3}\frac{1}{x\sqrt{x}}+C$; (3) $\frac{8}{15}x^{\frac{15}{8}}+C$;

(4) $\frac{1}{2}x^2-6x+12\ln|x|+\frac{8}{x}+C$; (5) $\frac{a^x}{\ln a}+C$; (6) $\frac{(2e)^x}{\ln 2+1}+C$;

(7) $2x+\frac{\left(\frac{1}{2}\right)^x}{\ln 2}+C$; (8) $\ln|x|+\arctan x+C$; (9) $\frac{1}{3}x^2+x-\frac{1}{2}\ln\left|\frac{x-1}{x+1}\right|+C$;

(10) $\frac{1}{2}x-\frac{1}{4}\sin 2x+C$; (11) $\tan x-x+C$; (12) $\tan x-\sec x+C$;

(13) $\frac{1}{2}\tan x+C$; (14) $\frac{1}{2}\tan x+\frac{1}{2}x+C$.

3. $y=x^2+1$.

4. (1) $v(t)=3t^2+3\cos t+2$; (2) $s(t)=t^3+3\sin t+2t+1$.

习题 4-2

1. (1) $\frac{1}{a}$; (2) $\frac{1}{2}$; (3) 2; (4) $\frac{1}{3}$; (5) $\frac{1}{5}$; (6) $\frac{1}{2}$;

(7) -1; (8) $\frac{1}{2}$.

2. (1) $\frac{1}{8}(3+2x)^4+C$; (2) $-\frac{1}{3}e^{-3x}+C$;

(3) $\ln|\ln x|+C$; (4) $\frac{1}{2}\ln(1+x^2)+C$;

(5) $\ln(1+e^x)+C$; (6) $\frac{1}{3}\arctan(3x)+C$;

(7) $-\frac{1}{12}\ln\left|\frac{3x-2}{3x+2}\right|+C$; (8) $\frac{1}{3}\arcsin(3x)+C$;

(9) $\frac{1}{3}(x^2-4)^{\frac{3}{2}}+C$; (10) $\frac{1}{2}x-\frac{1}{8}\sin 4x+C$;

(11) $\frac{1}{3\cos^3 x}+C$; (12) $\ln|\tan x|+C$;

(13) $-\frac{1}{2}\cos x^2+C$; (14) $\frac{2}{3}(1+\ln x)^{\frac{3}{2}}+C$;

(15) $\frac{1}{2}\cos x-\frac{1}{10}\cos 5x+C$; (16) $\frac{1}{24}\ln\frac{x^6}{x^6+4}+C$;

(17) $\frac{1}{4}\arctan(\frac{1}{2}x^2)+C$；

(18) $-e^{\frac{1}{x}}+C$；

(19) $\frac{1}{2}\arctan[(\sin x)^2]+C$；

(20) $(\arctan\sqrt{x})^2+C$.

3. (1) $\ln(x+\sqrt{x^2+9})+C$；

(2) $\arcsin x-\frac{x}{1+\sqrt{1-x^2}}+C$；

(3) $2\arcsin\frac{x}{2}\sqrt{a^2-x^2}+C$；

(4) $-\frac{1}{3}(1-x^2)^{\frac{3}{2}}+C$.

习题 4-3

1. (1) $x\ln x-x+C$；

(2) $-\frac{1}{2}e^{-2x}(x+\frac{1}{2})+C$；

(3) $x\arcsin x+\sqrt{1-x^2}+C$；

(4) $\frac{1}{2}e^x(\cos x+\sin x)+C$；

(5) $x\ln(1+x^2)-2x+2\arctan x+C$；

(6) $-\frac{1}{2}x^2+x\tan x+\ln|\cos x|+C$；

(7) $\frac{1}{2}x^2\arctan 2x-\frac{x}{4}+\frac{1}{8}\arctan 2x+C$；

(8) $2\sqrt{x}\ln x-4x^{\frac{1}{2}}+C$；

(9) $\frac{x}{2}(\cos\ln x+\sin\ln x)+C$；

(10) $(x+1)\arctan\sqrt{x}-\sqrt{x}+C$；

(11) $2e^{\sqrt{x}}(\sqrt{x}-1)+C$；

(12) $2x\cos x+x^2\sin x-2\sin x+C$；

(13) $\frac{1}{2}(\sec x\tan x+\ln|\sec x+\tan x|)+C$；

(14) $2x\sqrt{e^x-3}-4\sqrt{e^x-3}+4\sqrt{3}\arctan\frac{\sqrt{e^x-3}}{\sqrt{3}}+C$.

2. $-2x^2e^{-x^2}-e^{-x^2}+C$.

习题 4-4

1. $6\ln|x-3|-5\ln|x-2|+C$.

2. $\ln|x|-\frac{1}{2}\ln|x^2+1|+C$.

3. $\ln|x-2|+\frac{1}{2}\ln|x^2-2x+5|+C$.

4. $2(\sqrt{x-1}-\arctan\sqrt{x-1})+C$.

5. $\ln\left|1+\sqrt{\frac{x+2}{x-2}}\right|-\ln\left|1-\sqrt{\frac{x+2}{x-2}}\right|-2\arctan\sqrt{\frac{x+2}{x-2}}+C$.

6. $\frac{3}{2}\sqrt[3]{(x+2)^2}-3\sqrt[3]{(x+2)^2}+3\ln|1+\sqrt[3]{x+2}|+C$.

7. $6(\sqrt[6]{x}-\arctan\sqrt[6]{x})+C$.

8. $\frac{2}{\sqrt{3}}\arctan\frac{2\tan\frac{x}{2}+1}{\sqrt{3}}+C$.

9. $-\cot x+\ln|\csc x-\cot x|-\dfrac{1}{\sin x}+\ln|\sin x|+C.$

10. $\dfrac{1}{4}\tan^2\dfrac{x}{2}+\tan\dfrac{x}{2}+\dfrac{1}{2}\ln\left|\tan\dfrac{x}{2}\right|+C.$

总习题四

1. (1)C； (2)A.

2. $x^2\cos x+C.$

3. (1) $\dfrac{4}{3}x^3+6x^2+9x+C$；　(2) $\arctan e^x+C$；

(3) $-\dfrac{1}{2}e^{-x^2}+C$；　(4) $-\sqrt{1-x^2}+C$；

(5) $\dfrac{1}{2}\arcsin x^2+C$；　(6) $\dfrac{1}{\sqrt{2}}\arctan\dfrac{\tan x}{\sqrt{2}}+C$；

(7) $\dfrac{1}{3}\sin^3x-\dfrac{2}{5}\sin^5x+\dfrac{1}{7}\sin^7x+C$；

(8) $\dfrac{1}{8}-\dfrac{1}{32}\sin 4x+C$；　(9) $2(\arctan x)^2-\dfrac{1}{2}\ln(1+x^2)+C$；

(10) $\dfrac{1}{2}(\ln\tan x)^2+C$；　(11) $-e^{\sin\frac{1}{x}}+C$；

(12) $x-4\sqrt{x+1}+4\ln(\sqrt{1+x}-1)+C$；

(13) $\arcsin\dfrac{x}{2}-\sqrt{4-x^2}+C$；　(14) $\sqrt{2x-3}+\ln(1+\sqrt{2x-3})+C$；

(15) $\dfrac{x}{\sqrt{1-x^2}}+C$；　(16) $-\dfrac{\sqrt{(1+x^2)^3}}{3x^2}+\dfrac{\sqrt{1+x^2}}{x}+C$；

(17) $2\sqrt{e^x-1}-2\sqrt{3}\arctan\dfrac{\sqrt{e^x-1}}{\sqrt{3}}+C$；

(18) $x\ln(1+x^2)-2x+2\arctan x+C$；

(19) $\dfrac{xe^x}{e^x+1}-\ln(1+e^x)+C$；　(20) $-\dfrac{2}{17}e^{-2x}\left(\cos\dfrac{x}{2}+4\sin\dfrac{x}{2}\right)+C$；

(21) $x(\arcsin x)^2+2\sqrt{1-x^2}-\arcsin x-2x+C$；

(22) $\dfrac{e^x}{1+x}+C$；　(23) $\dfrac{1}{2}\ln|x^2-1|+\dfrac{1}{x+1}+C$；

(24) $2\tan x+\dfrac{1}{2}\ln|\csc 2x-\cot 2x|+C$；

(25) $\dfrac{1}{2}x^2+x+\ln|x-1|-\arcsin x-2x+C$；

(26) $\dfrac{1}{2}\ln\left|\tan\dfrac{x}{2}\right|-\dfrac{1}{4}\tan^2\dfrac{x}{2}+C$；　(27) $\arcsin x-\sqrt{1-x^2}+C$；

(28)$\ln\dfrac{\sqrt{1+e^x}-1}{\sqrt{1+e^x}+1}+C$；　(29)$\dfrac{1}{2}\dfrac{x}{\sqrt{x^2+4}}+C$；

(30)$\sec x-\tan x+x+C$.

第五章

习题 5-1

1. $\dfrac{3}{2}$.

2. (1)3；　(2)1；　(3) $\dfrac{\pi a^2}{4}$；　(4)0.

3. (1) $\int_0^1 x\,dx$ 较大；　(2) $\int_3^4 (\ln x)^2 dx$ 较大.

4. (1)$9\leqslant\int_0^9 e^{\sqrt{x}}dx\leqslant 9e^3$；

(2) $-\dfrac{27}{512}\leqslant\int_{-1}^1(4x^4-2x^3+5)dx\leqslant 22$；

(3) $\dfrac{2}{5}\leqslant\int_1^2\dfrac{x}{1+x^2}dx\leqslant\dfrac{1}{2}$.

5. 略.

习题 5-2

1. (1)$2x\sqrt{1+x^2}$；　(2)$-\cos x^3$；　(3)$-\sin x\cdot e^{\cos^2 x}-\cos x\cdot e^{\sin^2 x}$.

2. (1) $\dfrac{1}{3}$；　(2)2；　(3)$-\dfrac{1}{\pi}$；　(4) $\dfrac{2}{3}$.

3. 极小值 $f(0)=0$.

4. $y'=-e^y\sin x$.

5. (1)1；　(2) $\dfrac{17}{4}$.

6. $-\dfrac{1}{6}$.

7. (1) $\dfrac{8}{3}$；　(2) $\dfrac{2}{3}$；　(3)2；　(4) $\dfrac{20}{3}$；　(5) $\dfrac{\pi}{3}$；　(6) $\dfrac{1}{10}\arctan\dfrac{1}{10}$；

(7) $\dfrac{\pi}{2}$；　(8)$1-\dfrac{\pi}{4}$.

8. 略.

习题 5-3

1. (1) $\dfrac{22}{3}$；　(2)$2+\ln\dfrac{3}{2}$；　(3)$\pi-2$；　(4)$1-\dfrac{2}{e}$；　(5) $\dfrac{\sqrt{3}}{12}\pi-\dfrac{1}{2}$；

(6)0； (7) $\dfrac{\pi^3}{324}$； (8)0； (9) $\dfrac{\pi}{2}$； (10) $\sqrt{2}-\dfrac{2}{3}\sqrt{3}$；

(11) $\dfrac{1}{2}$； (12) $\dfrac{1}{2}(1-\ln 2)$； (13) $\ln\dfrac{1+e}{1+e^{-1}}$； (14) $1-\cos 1$； (15) $\dfrac{5}{2}$；

(16) $2\sqrt{2}-2$； (17) $\dfrac{2}{3}$； (18) $2\sqrt{2}$.

2. 1.

3. $\ln 2+\dfrac{1}{e}-\dfrac{1}{e^2}$.

4. 略.

5. 略.

6. 略.

习题 5-4

1. (1)1； (2) $\dfrac{\pi}{20}$； (3) $\dfrac{\pi}{8}$； (4) $\dfrac{1}{p^2}$； (5) 发散； (6)1；

(7) 发散； (8)π； (9) $\dfrac{1}{2}$； (10) $\dfrac{3\pi^2}{32}$； (11)2； (12) -1.

2. $k>1$ 时，反常积分收敛；$k\leqslant 1$ 时，反常积分发散.

总习题五

1. (1) $\dfrac{9\pi}{4}$； (2)1； (3) -3； (4) $(0,1]$； (5) $F(x+a)-F(2a)$；

(6) $\dfrac{\pi}{2}$； (7) a.

2. (1)B； (2)A； (3)B； (4)B.

3. (1)2； (2) $\dfrac{\pi^2}{4}$.

4. (1) $\sqrt{2}-\dfrac{2\sqrt{3}}{3}$； (2) $2-\dfrac{\pi}{2}$； (3) $\dfrac{\pi}{8}+\dfrac{1}{2}\ln\dfrac{\sqrt{2}}{2}$； (4) $2-\dfrac{2}{e}$； (5) $\dfrac{\pi}{2}$；

(6) $\dfrac{\pi}{2}+\dfrac{\pi^3}{12}$； (7) $\dfrac{\pi}{2}$； (8) $e^{-2}\left(\dfrac{\pi}{2}-\arctan\dfrac{1}{e}\right)$.

5. $-\dfrac{1}{2}$.

6. 利用积分中值定理和罗尔定理.

7. $F'(x)=\int_0^x f(t)\mathrm{d}t$.

8. 略.

9. $\dfrac{\pi}{4-\pi}$.

10. (1) 对任意 t，$\int_a^b f^2(x)\mathrm{d}x + 2t\int_a^b f(x)g(x)\mathrm{d}x + t^2\int_a^b g^2(x)\mathrm{d}x \geqslant 0$.

(2) 利用(1) 的结论.

第六章

习题 6-1

1. πR^2.

2. $\dfrac{4}{3}\pi R^3$.

3. 只要把被积函数曲线和积分上、下限所围成的平面图形画出来，根据图形，在 x 轴上方的图形面积取正值，在 x 轴下方的图形面积取负值，定积分就是这些面积的代数和.上述各积分均正确.

习题 6-2

1. (1) $A = \int_1^2 (x - \dfrac{1}{x})\mathrm{d}x = \dfrac{3}{2} - \ln 2$；

(2) $A = \int_0^1 (\mathrm{e}^x - \mathrm{e}^{-x})\mathrm{d}x = \mathrm{e} + \dfrac{1}{\mathrm{e}} - 2$；

(3) $A = \int_{\ln a}^{\ln b} \mathrm{e}^y \mathrm{d}y = \mathrm{e}^y \Big|_{\ln a}^{\ln b} = b - a$.

2. $A = \int_0^{\frac{3}{2}} [4x - 3 - (-x^2 + 4x - 3)] + \int_{\frac{3}{2}}^3 [-2x + 6 - (-x^2 + 4x - 3)]\mathrm{d}x = \dfrac{9}{4}$.

3. $A = \int_{-3p}^{p} (\dfrac{3p}{2} - y - \dfrac{y^2}{2p})\mathrm{d}y = (\dfrac{3p}{2}y - \dfrac{1}{2}y^2 - \dfrac{1}{6p}y^3)\Big|_{-3p}^{p} = \dfrac{16}{3}p^2$.

4. (1) $A = \dfrac{1}{2}\int_{-\frac{\pi}{2}}^{\frac{\pi}{2}} (2a\cos\theta)^2 \mathrm{d}\theta = 4a^2 \int_0^{\frac{\pi}{2}} \cos^2\theta \mathrm{d}\theta = \pi a^2$；

(2) $A = 4\int_0^a y\mathrm{d}x = 4\int_{\frac{\pi}{2}}^0 (a\sin^3 t)\mathrm{d}(a\cos^3 t) = 4a^2\int_0^{\frac{\pi}{2}} 3\cos^2 t\sin^4 t\mathrm{d}t$

$= 12a^2[\int_0^{\frac{\pi}{2}} \sin^4 t\mathrm{d}t - \int_0^{\frac{\pi}{2}} \sin^6 t\mathrm{d}t] = \dfrac{3}{8}\pi a^2$；

(3) $A = \int_0^{2\pi} \dfrac{1}{2}[2a(2 + \cos\theta)]^2 \mathrm{d}\theta = 2a^2\int_0^{2\pi} (4 + 4\cos\theta + \cos^2\theta)\mathrm{d}\theta = 18\pi a^2$.

总习题六

1. (1) $4\dfrac{1}{2}$；　(2) $\dfrac{3}{2} - \ln 2$；　(3) $\dfrac{2}{3}$；　(4) $\dfrac{3}{2}\pi a^2$.

2. (1) $160\pi^2$；　(2) $\dfrac{3}{10}\pi$；　(3) $24\pi, 16\pi$；　(4) $\dfrac{128}{7}\pi, \dfrac{64}{5}\pi$.

3. (1)$1+\frac{1}{2}\ln\frac{3}{2}$； (2)6.

第七章

习题 7-1

1. (1) 三阶一次;(2) 四阶一次;(2) 二阶二次;(4)n 阶一次.
2. (1)(4)(5) 为线性的微分方程.
3. (1) 是;(2) 不是;(3) 不是;(4) 不是.
4. $yy'+2x=0$.
5. $C_1=0, C_2=1$.
6. $y'-\frac{2}{x}y=-1, y\big|_{x=1}=\frac{3}{4}$.
7. $y=k(n+1)y^n y'$.提示:$\int_0^x y(x)\mathrm{d}x=ky^{n+1}$ 再两边求导.

习题 7-2

1. (1)$y=-\frac{1}{x^2+C}$;

(2)$y=\frac{C}{1-x}-1$;

(3)$(1+x^2)(1+y^2)=Cx^2(C>0)$;

提示:原式$=\int\frac{\mathrm{d}x}{x(1+x^2)}=\int\frac{y}{1+y^2}\mathrm{d}y\Rightarrow\int\frac{(1+x^2)-x^2}{x(1+x^2)}\mathrm{d}x=\int\frac{y}{1+y^2}\mathrm{d}y\Rightarrow\cdots$

(4)$y=\mathrm{e}^{Cx}$;

(5)$\arcsin y=\arcsin x+C$;

(6)$\ln|x|=\sqrt{y^2+1}+C$;

(7)$(\mathrm{e}^x+1)(\mathrm{e}^y-1)=C$;

(8)$y=\mathrm{e}^{Cx}$.

2. (1)$y=\ln\left(\frac{1}{2}x^2+\frac{1}{4}x^4+\mathrm{e}-\frac{3}{4}\right)$;

(2)$x^2+y^2=1$;

(3)$y=\tan\left(x+\frac{\pi}{4}\right), -\frac{3\pi}{4}<x<\frac{3\pi}{4}$;

(4)$y^2=\ln(1+\mathrm{e}^x)-\ln2(x\geqslant0)$;

(5)$y[\ln(1-x^2)+1]=1$;

(6)$\mathrm{e}^y=\frac{1}{2}(1+\mathrm{e}^{2x})$.

3. $xy=6$.

4. 从小孔流出的过程中容器内水面高度 h 与时间 t 之间的函数关系

$$t=\frac{2\pi}{15\times 0.62\sqrt{2g}}(7-10h^{\frac{3}{2}}+3h^{\frac{5}{2}}).$$

5. $x=y^n$.

6. $x=\frac{k}{a}\left(\frac{h}{2}y^2-\frac{1}{3}y^3\right)$.

7. $M=M_0\mathrm{e}^{-0.000433t}$.

习题 7-3

1. 通解:$(x-C)^2+y^2=a^2$,奇解:$y=\pm a$.
2. 奇解:$y=\pm 2x$.
3. 通解 $y^2=(x+C)^3$,奇解:$y=0$.

   提示:$8y'^3=27y\Rightarrow\frac{\mathrm{d}y}{\mathrm{d}x}=\frac{3}{2}\sqrt[3]{y}\Rightarrow\frac{\mathrm{d}y}{\sqrt[3]{y}}=\frac{3}{2}\mathrm{d}x\Rightarrow\frac{3}{2}y^{\frac{2}{3}}=\frac{3}{2}x+\frac{3}{2}C_1\Rightarrow y^2=(x+C)^3$.

   奇解:$y=0$.
4. 奇解:$y=0$,$y=2x$.

习题 7-4

1. (1)$x^3-2y^3=Cx$;

   (2)$\sin\frac{y}{x}=Cx$;

   (3)$\sqrt{x^2+y^2}=C\mathrm{e}^{\arctan\frac{y}{x}}$;

   (4)$y=x\mathrm{e}^{Cx+1}$;

   (5)$x+2y\mathrm{e}^{\frac{x}{y}}=C$;

   (6)$y(y-2x)^3=C(y-x)^2$.

2. (1)$\frac{x^2+y^2}{x+y}=1$;

   (2)$\sqrt{\frac{x}{y}}+\ln y=0$;

   (3)$\ln x+\tan\frac{y}{x}=\tan 1$;

   (4)$y^2=2x^2(\ln x+2)$.

3. $x=\frac{h}{2}\left[\left(\frac{y}{h}\right)^{1-\frac{a}{b}}-\left(\frac{y}{h}\right)^{1+\frac{a}{b}}\right]$,$0\leqslant y\leqslant h$.

4. $y=-\frac{1}{4}x^2+x$.

习题 7-5

1. (1) $y=(x+1)^2[\frac{2}{3}(x+1)^{\frac{3}{2}}+C]$；

(2) $y=\frac{1}{x^2+1}\left(\frac{4}{3}x^3+C\right)$；

(3) $y-\ln|x+y+1|=-\ln|C|$，或 $x=Ce^y-y-1$；

(4) $y=(x+C)\sin x$；

(5) $(2x-\ln y)\ln y=C$；

(6) $y=\frac{1}{3}x^2+\frac{3}{2}x+2+\frac{C}{x}$；

(7) $y=e^{-x}(\sin x+C)$；

(8) $y=e^{-x^2}(\frac{1}{2}x^2+C)$；

(9) $y=C\cos x-2\cos^2 x$；

(10) $x=Cy^3+\frac{1}{2}y^2$.

2. (1) $y=\sqrt{1-x^2}(1+\frac{1}{2}\ln|\frac{x+1}{x-1}|)$；

(2) $y=x\sec x$；

(3) $y=\frac{\pi-1-\cos x}{x}$；

(4) $y\sin x+5e^{\cos x}=1$；

(5) $y=e^{-x}(x+1)$.

3. (1) $yx[C-\frac{a}{2}(\ln x)^2]=1$；

(2) $\frac{1}{y}=-\sin x+Ce^x$；

(3) $y=x^4(\frac{1}{2}\ln|x|+C)^2$；

(4) $x^2=y^4+Cy^6$.

4. $v=\frac{k_1}{k_2}t-\frac{k_1m}{k_2^2}(1-e^{-\frac{k_2}{m}t})$.

5. $y=e^x-x-1$.

习题 7-6

1. (1) $y=\frac{1}{8}e^{2x}+\sin x+C_1x^2+C_2x+C_3$；

(2) $y=\frac{1}{6}x^3-\sin x+C_1x+C_2$；

(3)$y=-\frac{1}{2}x(\ln x)^2+\frac{1}{2}C_1x^2+C_2x+C_3$;

(4)$y=\pm\frac{4}{15}(x-1)^{\frac{5}{2}}+C_1x+C_2$;

(5)$y=x\arctan x-\frac{1}{2}\ln(1+x^2)+C_1x+C_2$;

(6)$y=-\ln|\cos(x+C_1)|+C_2$;

(7)$y=xe^x-e^x+C_1e^x+C_2$;

(8)$y=\cos(-x+C_1)+C_2$;

(9)$C_1y^2-1=(C_1x+C_2)^2$;

(10)$4C_2(y-C_2)=(x+C_1)^2$.

2. (1)$y=x^3+3x+1$;

(2)$y=\ln(e^x+e^{-x})-\ln 2$;

(3)$y=\sqrt{2x-x^2}$;

(4)$y=\ln\sec x$;

(5)$y=\left(\pm\frac{1}{2}x+1\right)^4$;

(6)$y=x\arctan x-\frac{1}{2}\ln(1+x^2)+x+1$;

(7)$y(1-x)=1$;

(8)$\ln\frac{|y|}{2}=\pm x$.

3. $y=\frac{1}{6}x^3+2x+1$.

4. $s=\frac{mg}{c}\left(t+\frac{m}{c}e^{-\frac{c}{m}t}-\frac{m}{c}\right)$.

习题 7-7

1. (1) 线性无关;(2) 线性无关;(3) 线性无关;(4) 线性相关;
(5) 线性相关;(6) 线性无关;(7) 线性相关;(8) 线性相关;
(9) 线性无关;(10) 线性无关;(11) 线性相关;(12) 线性相关.

2. $y=C_1\cos 2x+C_2\sin 2x$.

3. $y=(C_1+C_2x)e^{x^2}$.

4. $y=C_1e^{-x}+C_2e^{-2x}$.

5. $y=e^{-x}(C_1\cos 2x+C_2\sin 2x)$.

习题 7-8

1. (1)$y=C_1e^x+C_2e^{-2x}$;　　(2)$y=C_1+C_2e^{-3x}$;

(3) $y=e^{-3x}(C_1\cos 2x+C_2\sin 2x)$;

(4) $y=C_1\cos x+C_2\sin x$;

(5) $y=e^{2x}(C_1\cos 3x+C_2\sin 3x)$;

(6) $x=(C_1+C_2t)e^{2x}$;

(7) $y=C_1+C_2x+C_3e^x$;

(8) $y=(C_1+C_2x)\cos x+(C_3+C_4x)\sin x$;

(9) $y=e^{\frac{\beta}{\sqrt{2}}x}\left(C_1\cos\frac{\beta}{\sqrt{2}}x+C_2\sin\frac{\beta}{\sqrt{2}}x\right)+e^{-\frac{\beta}{\sqrt{2}}x}\left(C_3\cos\frac{\beta}{\sqrt{2}}x+C_4\sin\frac{\beta}{\sqrt{2}}x\right)$;

(10) $y=C_1+C_2x+e^x(C_3\cos 2x+C_4\sin 2x)$.

2. (1) $y=-\frac{1}{2}e^x+\frac{1}{2}e^{-3x}$;

(2) $y=e^{2x}\sin x$;

(3) $x=(2+x)e^{-\frac{x}{2}}$;

(4) $y=3\cos 5x+\sin 5x$;

(5) $y=e^{2x}\sin 3x$;

(6) $y=3e^{-2x}\sin 5x$;

(7) $y=e^x-2\cos\sqrt{2}x+\frac{1}{\sqrt{2}}\sin\sqrt{2}x$.

习题 7-9

1. (1) $y=C_1e^{3x}+C_2e^{-x}-x+\frac{1}{3}$;

(2) $y=C_1e^{-x}+C_2e^{\frac{x}{2}}+e^x$;

(3) $y=C_1e^{-x}+C_2e^{-2x}+\left(\frac{3}{2}x^2-3x\right)e^{-x}$;

(4) $y=C_1e^{-x}+C_2e^{\frac{x}{2}}+e^x$;

(5) $y=C_1+C_2e^{-x}+\frac{1}{3}x^3-x^2+3x$;

(6) $y=C_1\cos x+C_2\sin x-\frac{1}{3}x\cos 2x+\frac{4}{9}\sin 2x$;

(7) $y=e^x(C_1\cos 2x+C_2\sin 2x)-\frac{1}{4}xe^x\cos 2x$;

(8) $y=C_1\cos x+C_2\sin x-\frac{1}{2}x\cos x+\frac{1}{3}\cos 2x$;

(9) $y=C_1e^{-x}+C_2e^x-\frac{1}{2}+\frac{1}{10}\cos 2x$;

(10) $y=C_1\cos x+C_2\sin x+\frac{1}{2}e^x+\frac{x}{2}\sin x$.

2. (1) $y=e^x+xe^x+x+3$;

(2) $y=e^{2x}-\left(\frac{1}{2}x^2+x\right)e^x$;

(3) $y=-\cos x-\frac{1}{3}\sin x+\frac{1}{3}\sin 2x$;

(4) $y=-5e^x+\frac{7}{2}e^{2x}+\frac{5}{2}$;

(5) $y=e^{x}-e^{-x}+e^{x}(x^{2}-x)$;

(6) $y=\frac{11}{16}+\frac{5}{16}e^{4x}-\frac{5}{4}x$.

总习题七

1. (1)C; (2)B; (3)A; (4)B; (5)C; (6)D; (7)D; (8)A.

2. (1) $y'=x^{2}$;

(2) $\sqrt{1-y^{2}}+x+C=0$;

(3) $y^{2}=\ln x^{2}-x^{2}+1$;

(4) 通解 $y=\sin(x+C)$,奇解 $y=\pm 1$;

(5) $y=(x+2)\cos x$;

(6) $y=C_{1}xe^{x}+C_{2}e^{x}$;

(7) $\frac{x}{4}(1+\sin 2x)$;

(8) $y=\frac{2x}{1+x^{2}}$;

(9) $y=\frac{1}{3}x^{3}-x^{2}+2x+C_{1}+C_{2}e^{-x}$;

(10) $y=C_{1}e^{x}+C_{2}e^{-x}$;

(11) $y=x^{3}+\frac{3}{2}x^{2}+3x+1$.